진도 BOOK

초등 수학 실력 향상 유형서

실력편

6·1

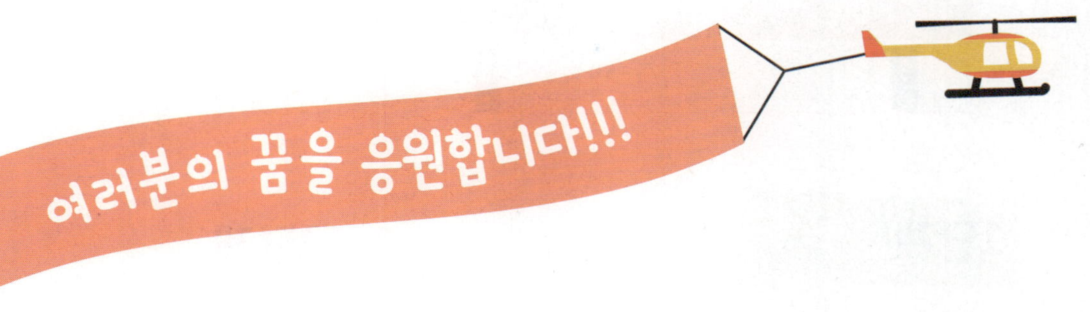

민들레에게는
하얀 씨앗을 더 멀리 퍼뜨리고 싶은 꿈이 있고,

연어에게는
고향으로 돌아가 알알이 붉은 알을 낳고 싶은 꿈이 있습니다.

여러분도 가지각색의 아름다운 꿈을 가지고 있지요?
꿈을 향한 마음으로
좋은 결과를 얻기 위해 달려 보아요.

여러분의 아름답고 소중한 꿈을 응원합니다.

구성과 특징

1단계

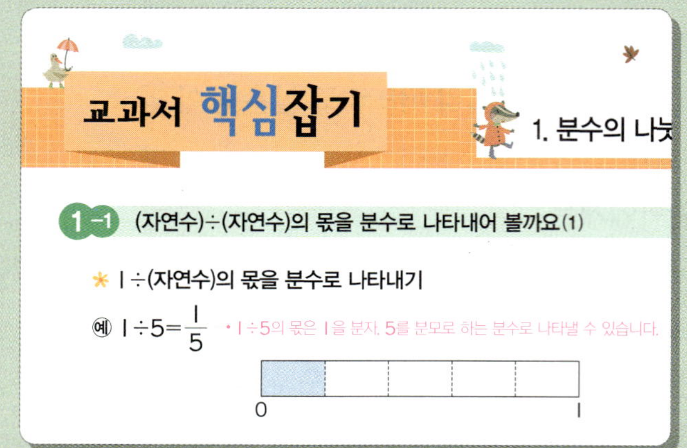

교과서 핵심 잡기

교과서 핵심 정리와 핵심 문제로 개념을 확실히 잡을 수 있습니다.

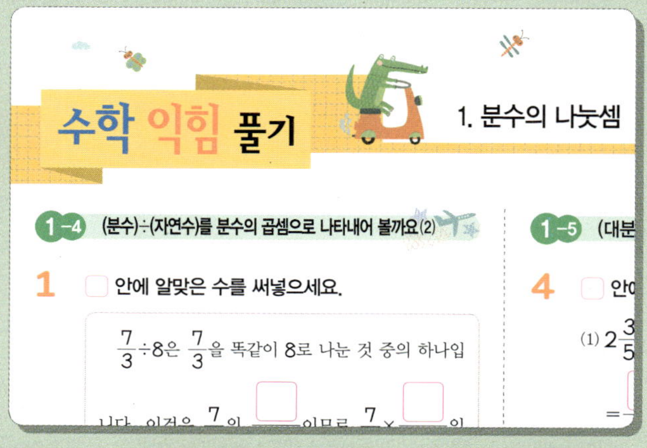

수학 익힘 풀기

차시마다 꼭 풀어야 할 익힘 문제로 기본 실력을 다질 수 있습니다.

2단계

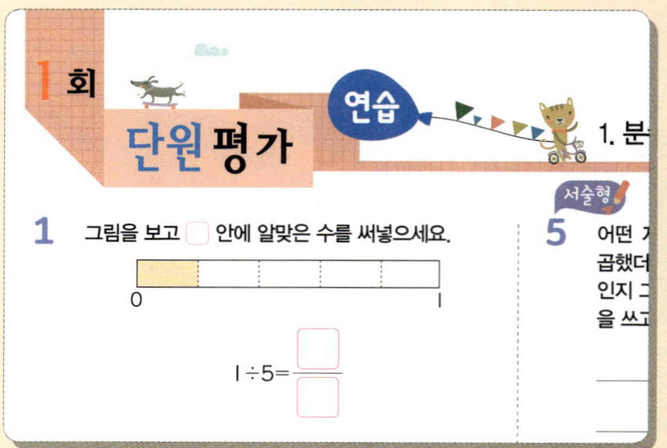

단원 평가

각 단원별로 4회씩 문제를 풀면서 단원 평가를 완벽하게 대비할 수 있습니다.

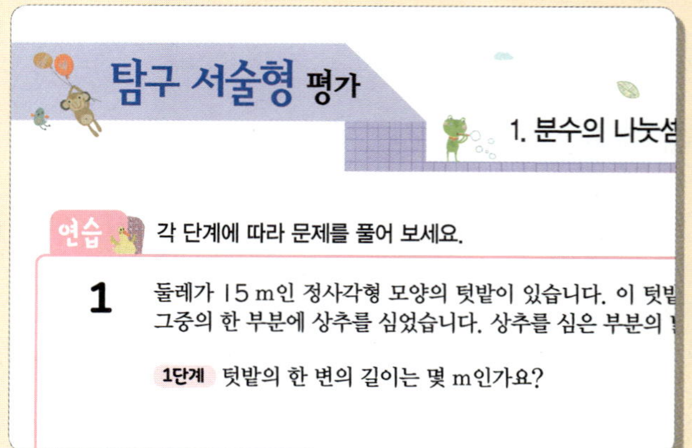

탐구 서술형 평가

각 단원의 대표적인 서술형 문제를 3단계에 걸쳐 단계별로 익힐 수 있습니다.

3단계

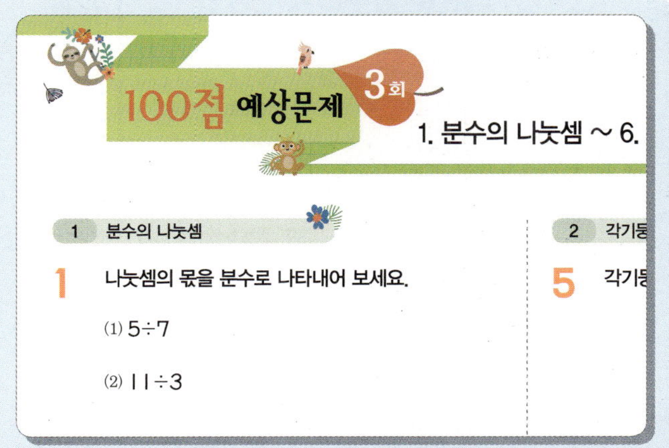

100점 예상문제

여러 단원을 묶은 문제 구성으로 여러 가지 학교 시험 형태에 완벽하게 대비할 수 있습니다.

특별 부록

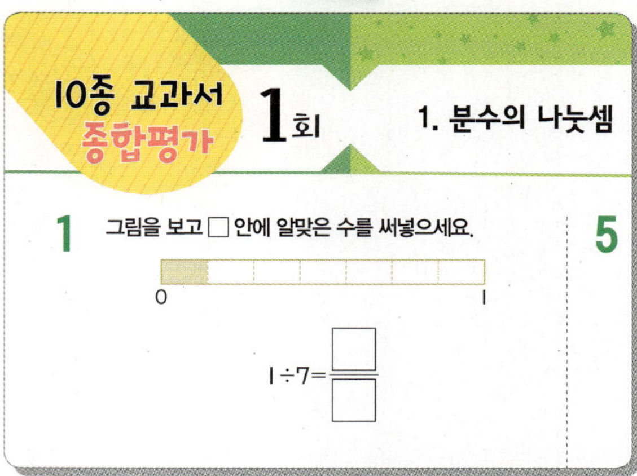

교과서 종합평가

수학 10종 검정 교과서를 완벽 분석한 종합평가를 2회씩 단원별로 풀어 볼 수 있습니다.

별책 부록

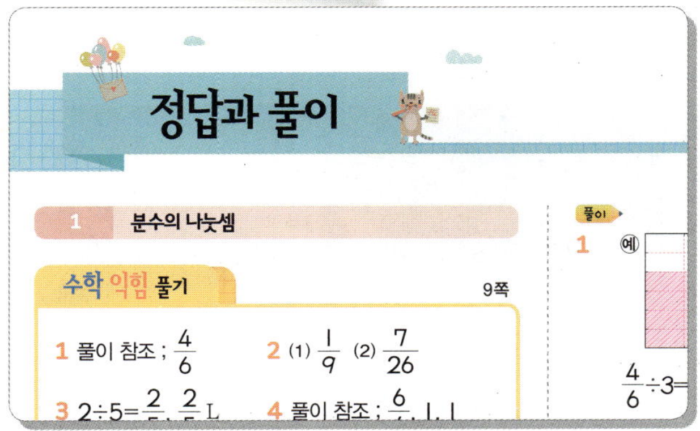

정답과 풀이

틀린 문제를 점검하고 왜 틀렸는지 확인할 수 있습니다.

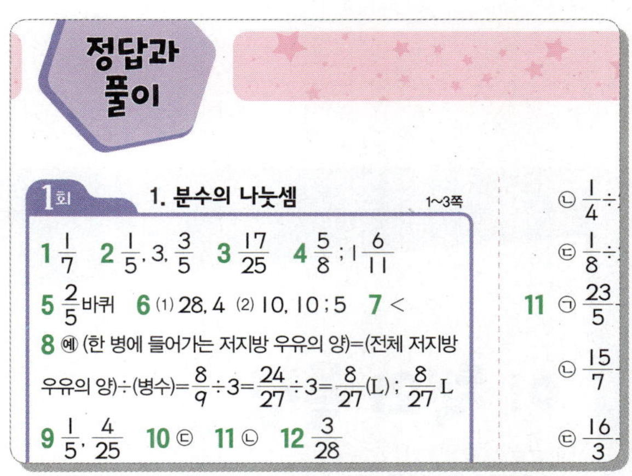

정답과 풀이

문제와 정답을 한 권에 수록하여 별책으로 활용할 수 있습니다.

이 책의 특징

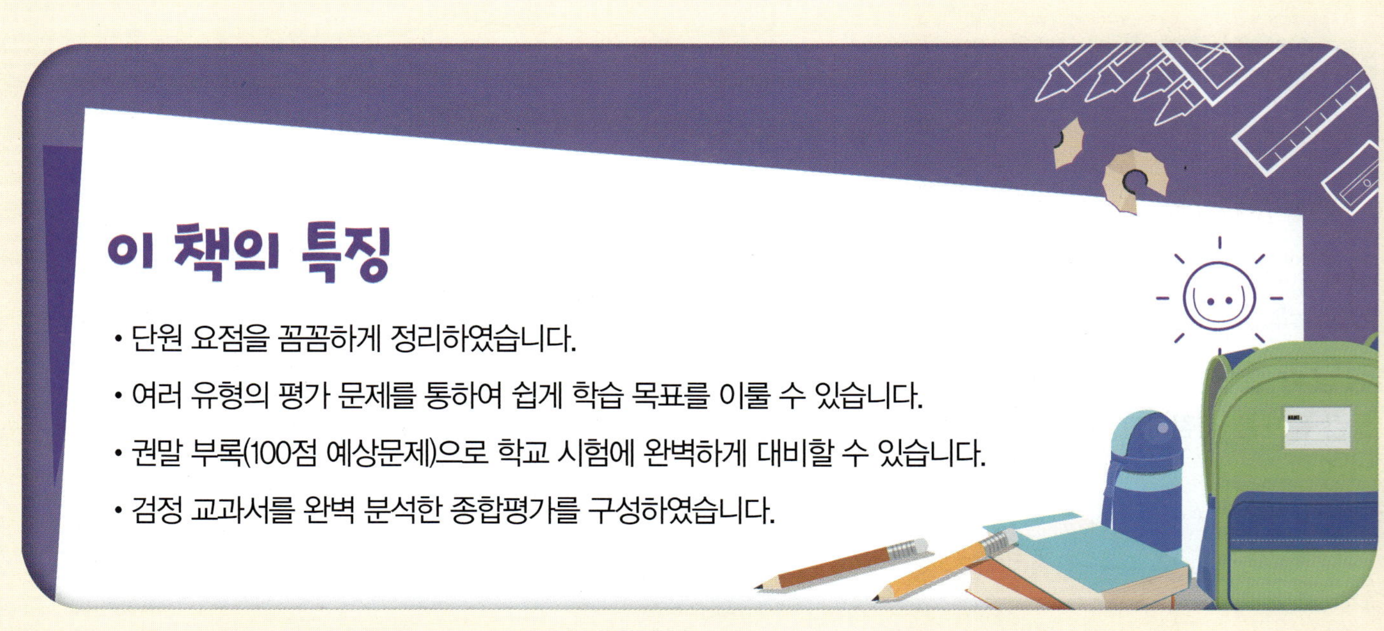

- 단원 요점을 꼼꼼하게 정리하였습니다.

- 여러 유형의 평가 문제를 통하여 쉽게 학습 목표를 이룰 수 있습니다.

- 권말 부록(100점 예상문제)으로 학교 시험에 완벽하게 대비할 수 있습니다.

- 검정 교과서를 완벽 분석한 종합평가를 구성하였습니다.

6·1
5~6학년군

요점 정리
+ 단원 평가

수학 6-1

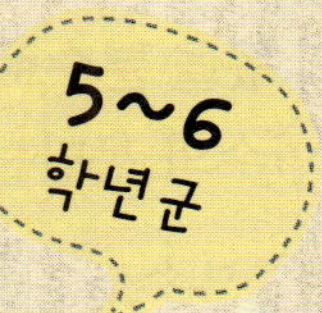

1-1 (자연수)÷(자연수)의 몫을 분수로 나타내어 볼까요(1)

＊ 1÷(자연수)의 몫을 분수로 나타내기

(예) $1 \div 5 = \dfrac{1}{5}$ → 1÷5의 몫은 1을 분자, 5를 분모로 하는 분수로 나타낼 수 있습니다.

＊ (자연수)÷(자연수)의 몫을 분수로 나타내기

(예) $2 \div 5 = \dfrac{2}{5}$ → 2÷5는 $\dfrac{1}{5}$이 2개입니다. 따라서 $2 \div 5 = \dfrac{2}{5}$ 입니다.

> • 1÷(자연수)의 몫을 분수로 나타내기
>
> 나누어지는 수 1은 분자가 되고, 나누는 수는 분모가 됩니다.
>
> $$1 \div \bullet = \dfrac{1}{\bullet}$$
>
> • (자연수)÷(자연수)의 몫을 분수로 나타내기
>
> (자연수)÷(자연수)의 몫은 나누어지는 수를 분자, 나누는 수를 분모로 하는 분수로 나타낼 수 있습니다.
>
> $$\blacktriangle \div \bullet = \dfrac{\blacktriangle}{\bullet}$$

1-2 (자연수)÷(자연수)의 몫을 분수로 나타내어 볼까요(2)

＊ 4÷3의 몫을 분수로 나타내기

방법 1 자연수의 몫만큼 나누어 가지고 나머지를 다시 나누어 주면 몫을 분수로 구할 수 있습니다. ➡ $4 \div 3 = 1\dfrac{1}{3}$

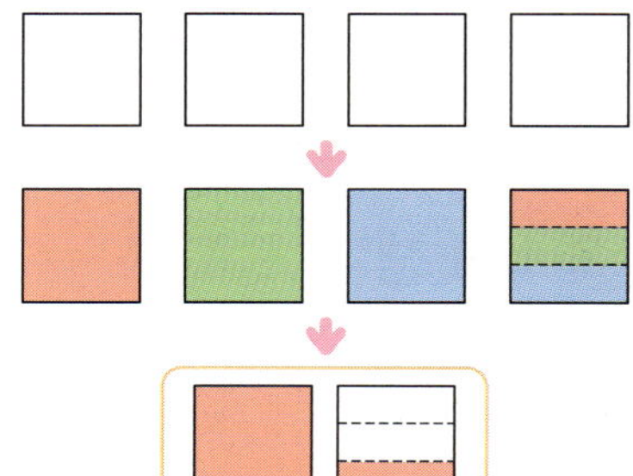

방법 2 1÷(자연수)를 먼저 구하고 나누어지는 자연수의 개수만큼 생각하면 몫을 분수로 구할 수 있습니다. ➡ $4 \div 3 = \dfrac{4}{3}$

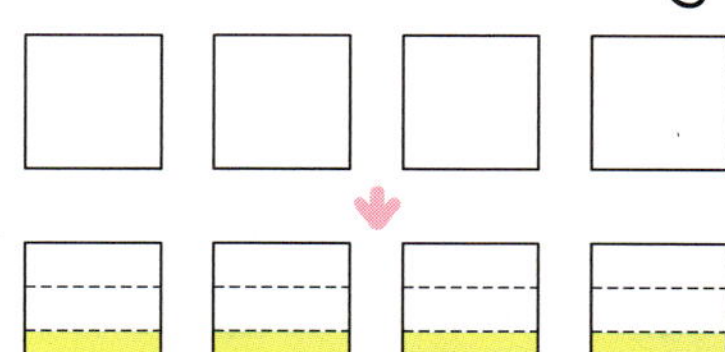

> **방법 1** 나눗셈의 자연수 몫과 나머지를 이용하여 생각합니다.
>
> $$4 \div 3 = 1\dfrac{1}{3}$$
>
> **방법 2** (자연수)÷(자연수)를 1÷(자연수)와 관련지어 생각합니다.
>
> $$4 \div 3 = \dfrac{4}{3}$$
>
> ➡ $4 \div 3 = 1\dfrac{1}{3} = \dfrac{4}{3}$
>
> • $4 \div 3 = 1 \cdots 1$ 이고, 나머지 1을 3으로 나누면 $\dfrac{1}{3}$ 입니다.
>
> ➡ $4 \div 3 = 1\dfrac{1}{3} = \dfrac{4}{3}$

1-1 (자연수)÷(자연수)의 몫을 분수로 나타내어 볼까요(1)

1 4÷6의 몫을 그림으로 나타내고, 분수로 나타내어 보세요.

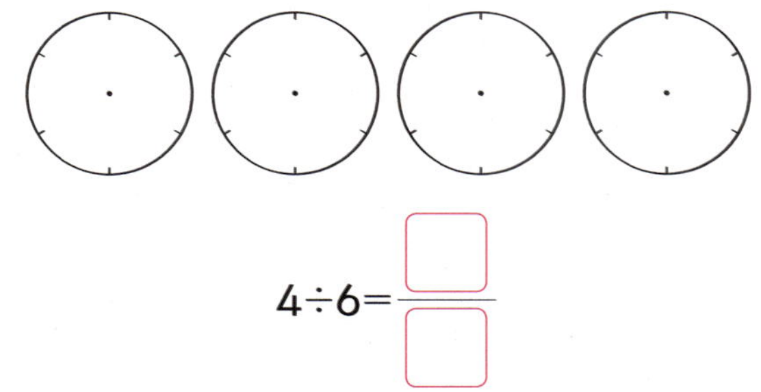

$$4 \div 6 = \frac{\Box}{\Box}$$

2 나눗셈의 몫을 분수로 나타내어 보세요.

(1) $1 \div 9$

(2) $7 \div 26$

3 한 명이 마신 우유는 몇 L인지 식을 쓰고 답을 구해 보세요.

식 ___________________________

답 ___________________________

1-2 (자연수)÷(자연수)의 몫을 분수로 나타내어 볼까요(2)

4 6÷4의 몫을 그림으로 나타내고, 분수로 나타내어 보세요.

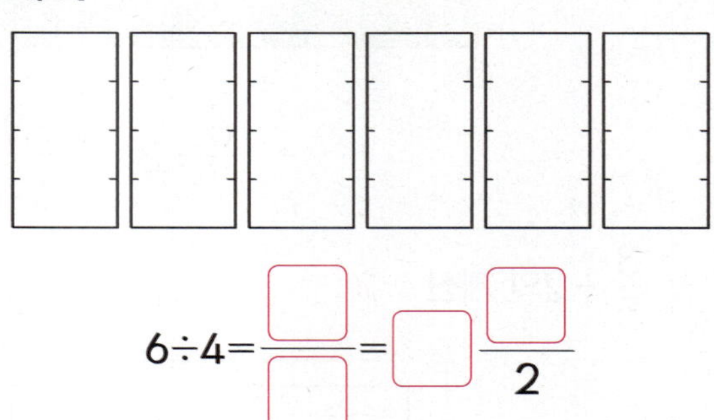

$$6 \div 4 = \frac{\Box}{\Box} = \Box \frac{\Box}{2}$$

5 ☐ 안에 알맞은 수를 써넣으세요.

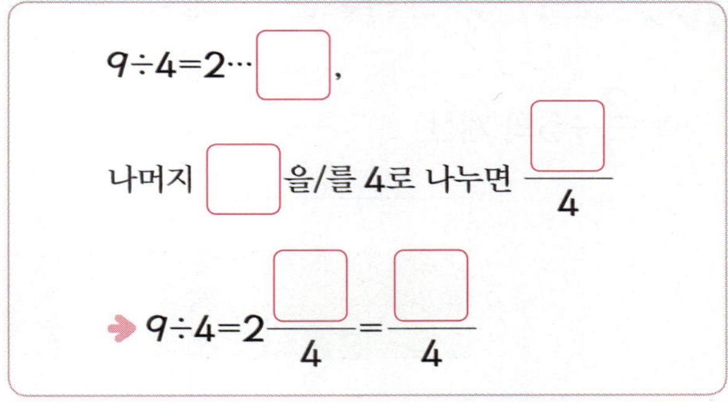

$$9 \div 4 = 2 \cdots \Box ,$$

나머지 ☐을/를 4로 나누면 $\dfrac{\Box}{4}$

→ $9 \div 4 = 2\dfrac{\Box}{4} = \dfrac{\Box}{4}$

6 나눗셈의 몫을 분수로 나타내어 보세요.

(1) $12 \div 5$

(2) $25 \div 6$

1-3 (분수)÷(자연수)를 알아볼까요

✳ $\dfrac{6}{7}÷3$의 계산 → 6을 3으로 나눌 수 있을 때(분자가 자연수의 배수일 때)

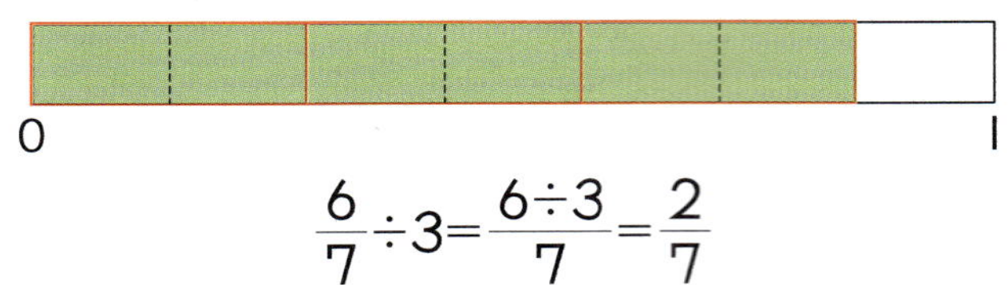

$$\frac{6}{7}÷3=\frac{6÷3}{7}=\frac{2}{7}$$

✳ $\dfrac{3}{5}÷2$의 계산 → 3을 2로 나눌 수 없을 때(분자가 자연수의 배수가 아닐 때)

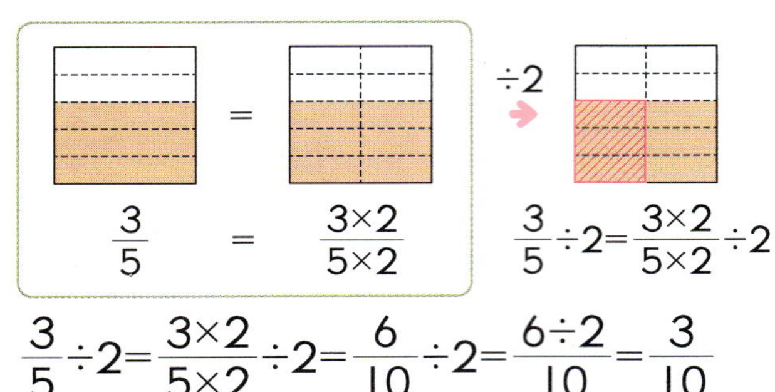

$$\frac{3}{5}÷2=\frac{3×2}{5×2}÷2=\frac{6}{10}÷2=\frac{6÷2}{10}=\frac{3}{10}$$

· (분수)÷(자연수)를 계산하는 방법
① 분자가 자연수의 배수일 때에는 분자를 자연수로 나눕니다.
② 분자가 자연수의 배수가 아닐 때에는 크기가 같은 분수 중에 분자가 자연수의 배수인 수로 바꾸어 계산합니다.

1-4 (분수)÷(자연수)를 분수의 곱셈으로 나타내어 볼까요(1)

✳ $\dfrac{2}{3}÷5$의 계산 → (진분수)÷(자연수)

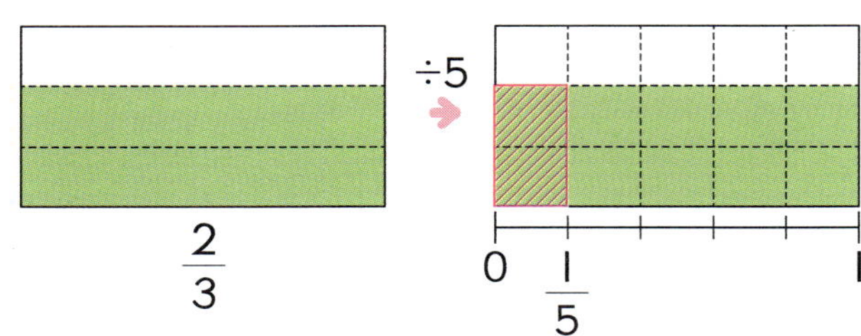

· (진분수)÷(자연수)를 계산하는 방법
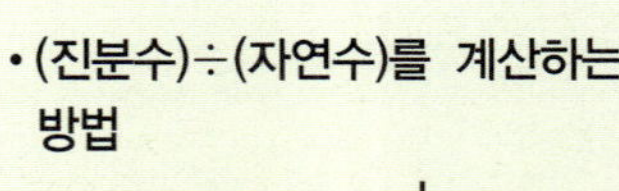
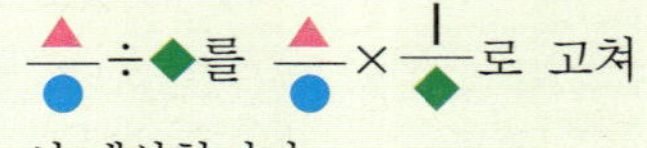
서 계산합니다.
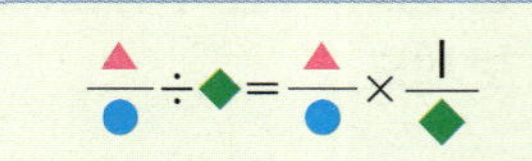

$\dfrac{2}{3}÷5$는 $\dfrac{2}{3}$를 똑같이 5로 나눈 것 중의 하나입니다.

이것은 $\dfrac{2}{3}$의 $\dfrac{1}{5}$이므로 $\dfrac{2}{3}×\dfrac{1}{5}$입니다. ➡ $\dfrac{2}{3}÷5=\dfrac{2}{3}×\dfrac{1}{5}=\dfrac{2}{15}$

🌰 **나눗셈을 곱셈으로 바꾸어 계산해 보세요.**

$$\frac{4}{5}÷7=$$

풀이

$\dfrac{4}{5}÷7$은 $\dfrac{4}{5}$를 똑같이 7로 나눈 것 중의 하나입니다. 이것은 $\dfrac{4}{5}$의 $\dfrac{1}{7}$이므로 $\dfrac{4}{5}×\dfrac{1}{7}$입니다.

답 $\dfrac{4}{5}×\dfrac{1}{7}=\dfrac{4}{35}$

수학 익힘 풀기

1. 분수의 나눗셈

1-3 (분수)÷(자연수)를 알아볼까요

1 $\frac{4}{6} \div 3$의 몫을 그림으로 나타내고, 분수로 나타내어 보세요.

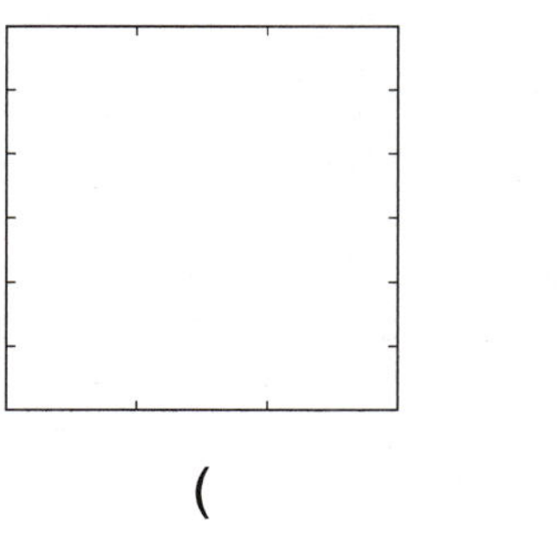

( )

2 계산해 보세요.

(1) $\frac{15}{17} \div 5$

(2) $\frac{13}{15} \div 3$

3 $\frac{5}{9} \div 3$에 대하여 옳게 말한 사람은 누구인가요?

( )

1-4 (분수)÷(자연수)를 분수의 곱셈으로 나타내어 볼까요(1)

4 ☐ 안에 공통으로 들어갈 분수를 써 보세요.

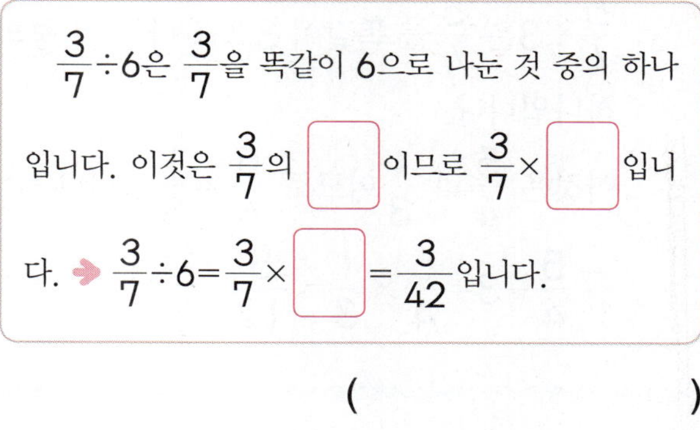

( )

5 계산해 보세요.

(1) $\frac{5}{7} \div 5$

(2) $\frac{5}{6} \div 4$

6 수 카드 3장을 한 번씩 사용하여 계산 결과가 가장 작은 나눗셈식을 만들고 계산해 보세요.

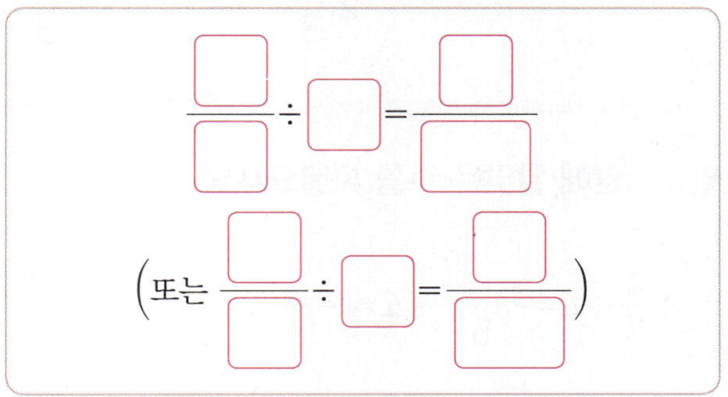

 **1-4** (분수)÷(자연수)를 분수의 곱셈으로 나타내어 볼까요(2)

❋ $\dfrac{5}{4}÷3$의 계산 → (가분수)÷(자연수)

$\dfrac{5}{4}÷3$은 $\dfrac{5}{4}$를 똑같이 3으로 나눈 것 중의 하나입니다.

이것은 $\dfrac{5}{4}$의 $\dfrac{1}{3}$이므로 $\dfrac{5}{4}×\dfrac{1}{3}$입니다.

➡ $\dfrac{5}{4}÷3=\dfrac{5}{4}×\dfrac{1}{3}=\dfrac{5}{12}$

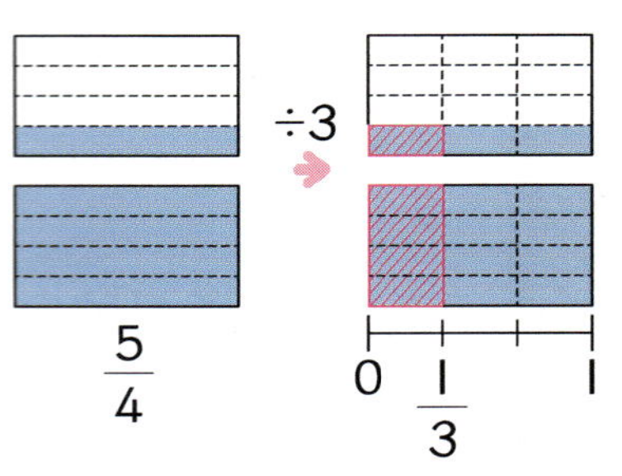

• (가분수)÷(자연수)를 계산하는 방법

(진분수)÷(자연수)와 같은 방법으로 계산합니다.

$\dfrac{▲}{●}÷◆$를 $\dfrac{▲}{●}×\dfrac{1}{◆}$로 고쳐서 계산합니다.

$$\dfrac{▲}{●}÷◆=\dfrac{▲}{●}×\dfrac{1}{◆}$$

🌰 나눗셈을 곱셈으로 바꾸어 계산해 보세요.

$$\dfrac{7}{3}÷5=\underline{\hspace{6cm}}$$

🐞 **풀이**

$\dfrac{7}{3}÷5$는 $\dfrac{7}{3}$을 똑같이 5로 나눈 것 중의 하나입니다. 이것은 $\dfrac{7}{3}$의 $\dfrac{1}{5}$이므로 $\dfrac{7}{3}×\dfrac{1}{5}$입니다.

🥕 **답** $\dfrac{7}{3}×\dfrac{1}{5}=\dfrac{7}{15}$

 **1-5** (대분수)÷(자연수)를 알아볼까요

❋ $2\dfrac{2}{3}÷5$의 계산 → (대분수)÷(자연수)

방법1 대분수를 가분수로 바꾸고 분수의 분자를 5의 배수로 바꾸어 계산합니다.

$$2\dfrac{2}{3}÷5=\dfrac{8}{3}÷5=\dfrac{8×5}{3×5}÷5=\dfrac{40}{15}÷5=\dfrac{8}{15}$$

방법2 대분수를 가분수로 바꾸고 나눗셈을 곱셈으로 나타내어 계산합니다.

$$2\dfrac{2}{3}÷5=\dfrac{8}{3}÷5=\dfrac{8}{3}×\dfrac{1}{5}=\dfrac{8}{15}$$

• (대분수)÷(자연수)를 계산하는 방법

① 대분수를 가분수로 바꿉니다.
② 분자를 자연수로 나누거나 나눗셈을 곱셈으로 나타내어 계산합니다.
③ 계산 과정에서 약분이 되면 약분하여 기약분수로 나타냅니다.
④ 계산 결과가 가분수이면 대분수로 나타냅니다.

🌰 ☐ 안에 알맞은 수를 써넣으세요.

$$1\dfrac{4}{5}÷4=\dfrac{\boxed{}}{5}÷4=\dfrac{\boxed{}}{5}×\dfrac{1}{\boxed{}}=\dfrac{9}{\boxed{}}$$

🐞 **풀이**

대분수를 가분수로 바꾸고 나눗셈을 곱셈으로 나타내어 계산합니다.

🥕 **답** 9, 9, 4, 20

1-4 (분수)÷(자연수)를 분수의 곱셈으로 나타내어 볼까요(2)

1 ☐ 안에 알맞은 수를 써넣으세요.

$\dfrac{7}{3}÷8$은 $\dfrac{7}{3}$을 똑같이 8로 나눈 것 중의 하나입니다. 이것은 $\dfrac{7}{3}$의 $\dfrac{\Box}{\Box}$이므로 $\dfrac{7}{3}×\dfrac{\Box}{\Box}$입니다. ➡ $\dfrac{7}{3}÷8=\dfrac{7}{3}×\dfrac{\Box}{\Box}=\dfrac{\Box}{\Box}$입니다.

2 계산해 보세요.

(1) $\dfrac{7}{5}÷5$

(2) $\dfrac{6}{5}÷4$

3 나눗셈의 몫이 더 큰 것은 누구의 계산 결과인지 써 보세요.

(　　　　　　　　)

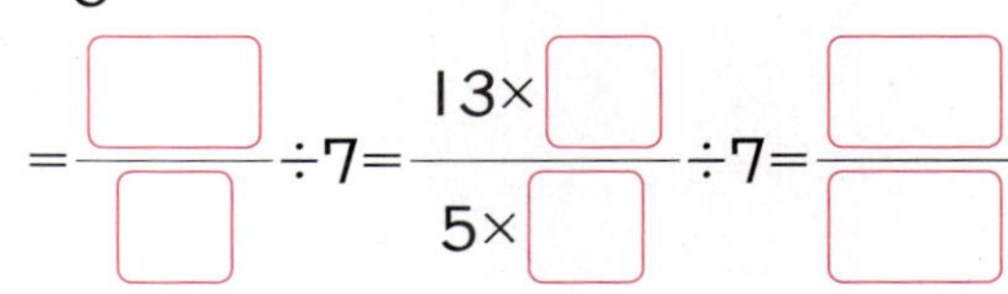

1-5 (대분수)÷(자연수)를 알아볼까요

4 ☐ 안에 알맞은 수를 써넣으세요.

(1) $2\dfrac{3}{5}÷7$

$=\dfrac{\Box}{\Box}÷7=\dfrac{13×\Box}{5×\Box}÷7=\dfrac{\Box}{\Box}$

(2) $2\dfrac{3}{5}÷7$

$=\dfrac{\Box}{\Box}÷7=\dfrac{13}{5}×\dfrac{\Box}{\Box}=\dfrac{\Box}{\Box}$

5 계산 결과를 찾아 선으로 이어 보세요.

(1) $2\dfrac{3}{4}÷5$ ・　　・ ㉠ $\dfrac{11}{20}$

(2) $2\dfrac{4}{5}÷4$ ・　　・ ㉡ $\dfrac{17}{20}$

(3) $1\dfrac{7}{10}÷2$ ・　　・ ㉢ $\dfrac{14}{20}$

6 계산해 보세요.

(1) $2\dfrac{2}{5}÷6$

(2) $5\dfrac{3}{5}÷3$

1
단원

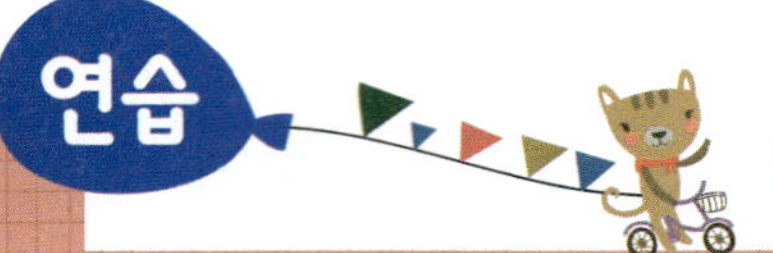

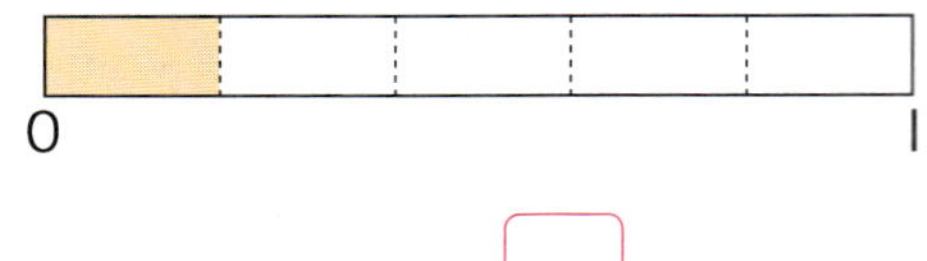

단원 평가

1 그림을 보고 ☐ 안에 알맞은 수를 써넣으세요.

0 ────────────── 1

$$1 \div 5 = \dfrac{\boxed{}}{\boxed{}}$$

2 나눗셈의 몫을 분수로 나타내어 보세요.

(1) $1 \div 8$　　　　　(　　　　　　　)

(2) $4 \div 15$　　　　　(　　　　　　　)

3 5월 한 달 동안 쌀 $15\,\text{kg}$을 매일 똑같이 나누어 먹으려고 합니다. 하루에 몇 kg씩 먹어야 하나요?

(　　　　　　　)

4 ☐ 안에 알맞은 수를 써넣으세요.

$$7 \div 4 = 1 \cdots \boxed{},$$

나머지 $\boxed{}$ 을/를 4로 나누면 $\dfrac{\boxed{}}{4}$

➡ $7 \div 4 = 1\dfrac{\boxed{}}{4} = \dfrac{\boxed{}}{4}$

5 어떤 자연수를 3으로 나누어야 할 것을 잘못하여 곱했더니 24가 되었습니다. 바르게 계산하면 얼마인지 그 몫을 분수로 나타내려고 합니다. 풀이 과정을 쓰고 답을 구해 보세요.

____

____

____

(　　　　　　　)

6 몫의 크기를 비교하여 ◯ 안에 $>$, $=$, $<$를 알맞게 써넣으세요.

$$16 \div 7 \;\bigcirc\; 14 \div 3$$

7 ☐ 안에 알맞은 수를 써넣으세요.

(1) $\dfrac{6}{7} \div 3 = \dfrac{\boxed{} \div 3}{7} = \dfrac{\boxed{}}{7}$

(2) $\dfrac{3}{4} \div 5 = \dfrac{\boxed{}}{20} \div 5 = \dfrac{\boxed{} \div 5}{20} = \dfrac{\boxed{}}{20}$

8 보기 와 같이 계산해 보세요.

보기

$$\frac{14}{15} \div 7 = \frac{14 \div 7}{15} = \frac{2}{15}$$

➡ $\dfrac{10}{11} \div 2 =$ _________________

9 빈칸에 알맞은 수를 써넣으세요.

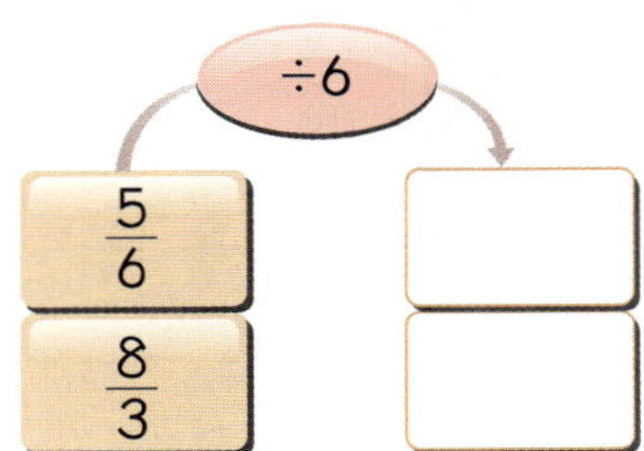

$\div 6$

$\dfrac{5}{6}$

$\dfrac{8}{3}$

10 몫이 다른 하나에 ◯표 해 보세요.

$\dfrac{5}{9} \div 2$	$\dfrac{5}{8} \div 2$	$\dfrac{5}{3} \div 6$
(　　　)	(　　　)	(　　　)

11 길이가 $\dfrac{4}{5}$ m인 통나무를 똑같이 10도막으로 잘랐습니다. 한 도막의 길이는 몇 m인가요?

(　　　　　　　　)

12 ☐ 안에 알맞은 분수를 써넣으세요.

$$\boxed{} \times 4 = \frac{9}{10}$$

🍄 $1\dfrac{3}{4} \div 3$을 두 가지 방법으로 계산하려고 합니다. ☐ 안에 알맞은 수를 써넣으세요. [13~14]

13 $1\dfrac{3}{4} \div 3 = \dfrac{7}{4} \div 3 = \dfrac{7 \times \boxed{}}{4 \times 3} \div 3$

$= \dfrac{\boxed{}}{12} \div 3 = \dfrac{\boxed{} \div 3}{12} = \dfrac{\boxed{}}{12}$

14 $1\dfrac{3}{4} \div 3 = \dfrac{7}{4} \div 3 = \dfrac{7}{4} \times \dfrac{1}{\boxed{}} = \dfrac{\boxed{}}{\boxed{}}$

15 계산해 보세요.

$$2\frac{1}{8} \div 5$$

16 다음 식과 계산한 값이 <u>다른</u> 것은 어느 것인가요?

( )

$$9\frac{3}{4} \div 3$$

① $9\frac{3}{4} \times \frac{1}{3}$ ② $\frac{39}{4} \times \frac{1}{3}$

③ $\frac{4}{39} \times 3$ ④ $\frac{39 \div 3}{4}$

⑤ $\frac{39}{4} \div 3$

17 잘못 계산한 곳을 찾아 바르게 계산해 보세요.

$$4\frac{8}{9} \div 4 = 4\frac{8 \div 4}{9} = 4\frac{2}{9}$$

➡ $4\frac{8}{9} \div 4 = $ ______________

18 빈 곳에 알맞은 수를 써넣으세요.

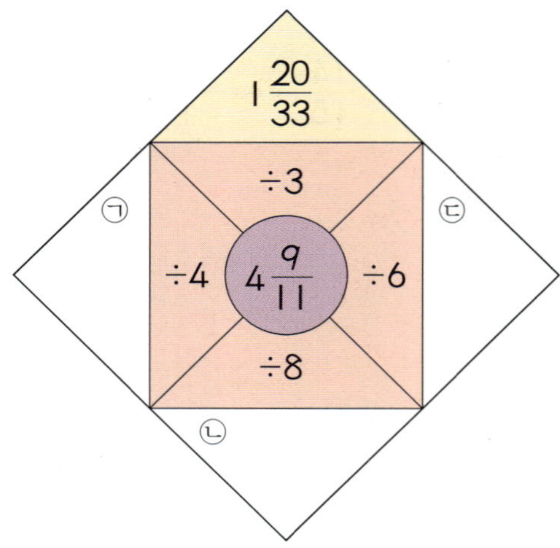

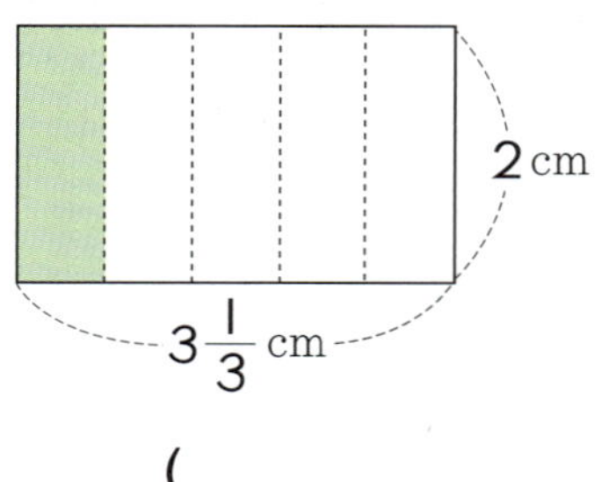

19 직사각형을 똑같이 나눈 것입니다. 색칠한 부분의 넓이는 몇 cm²인가요?

( )

20 주스 $8\frac{1}{2}$ L를 3개의 병에 똑같이 나누어 담은 후 이 중 한 개의 병에 담긴 주스를 5명이 똑같이 나누어 마셨습니다. 한 사람이 마신 주스의 양은 몇 L인지 풀이 과정을 쓰고 답을 구해 보세요.

____

____

____

( )

1 ☐ 안에 알맞은 수를 써넣으세요.

(1) $1 \div 3 = \dfrac{}{}$　　　(2) $5 \div 8 = \dfrac{}{}$

4 나눗셈의 몫을 분수로 나타내어 보세요.

(1) $4 \div 3$　　　(　　　　　)

(2) $20 \div 7$　　　(　　　　　)

주의

5 25를 4등분하여 수직선 위에 나타낸 것입니다. ㉠에 알맞은 분수를 구해 보세요.

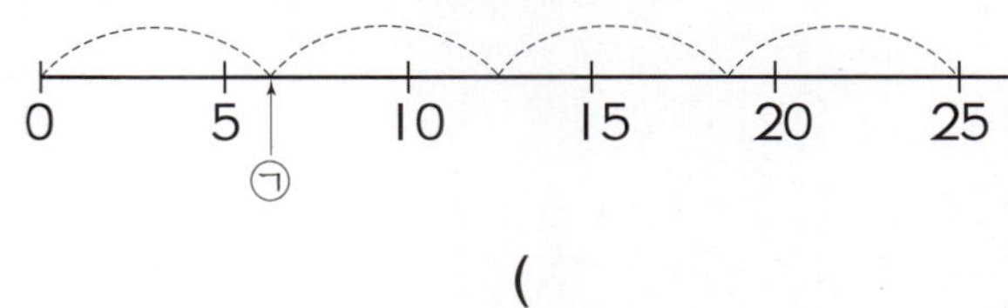

(　　　　　)

2 관계있는 것끼리 길을 따라 가 보세요.

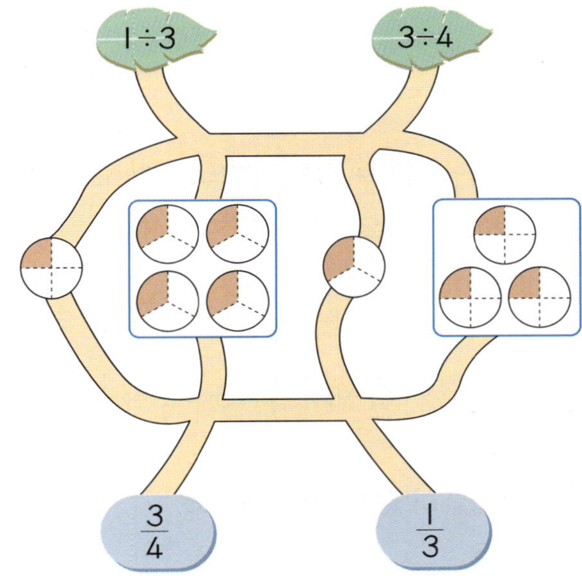

서술형

6 굵기가 일정한 철근 6 m의 무게가 11 kg입니다. 이 철근 1 m의 무게는 몇 kg인지 풀이 과정을 쓰고 답을 구해 보세요.

____

____

____

(　　　　　)

3 길이가 1 m인 색 테이프를 6명이 똑같이 나누어 가지려고 합니다. 한 명이 색 테이프를 몇 m씩 가지면 되나요?

(　　　　　)

7 ☐ 안에 알맞은 수를 써넣으세요.

(1) $\dfrac{2}{3} \div 7 = \dfrac{2}{3} \times \dfrac{}{} = \dfrac{}{}$

(2) $\dfrac{4}{7} \div 8 = \dfrac{4}{7} \times \dfrac{}{} = \dfrac{}{56} = \dfrac{}{14}$

중요

8 $\dfrac{5}{9} \div 3$의 계산을 바르게 한 것을 찾아 기호를 써 보세요.

> ㉠ $\dfrac{5}{9} \div 3 = \dfrac{5}{9 \div 3} = \dfrac{5}{3} = 1\dfrac{2}{3}$
>
> ㉡ $\dfrac{5}{9} \div 3 = \dfrac{15}{27} \div 3 = \dfrac{15 \div 3}{27} = \dfrac{5}{27}$

(   )

9 계산해 보세요.

(1) $\dfrac{4}{5} \div 3$

(2) $\dfrac{8}{7} \div 6$

10 계산 결과가 더 작은 것의 기호를 써 보세요.

> ㉠ $\dfrac{5}{6} \div 6$ ㉡ $\dfrac{7}{4} \div 9$

(   )

11 밀가루 반죽 $\dfrac{8}{9}$ kg을 똑같이 5덩이로 나누어 빵을 만들려고 합니다. 한 덩이가 몇 kg이 되도록 나누어야 하나요?

(   )

응용

12 3장의 수 카드 ③ , ⑤ , ⑨ 를 한 번씩 사용하여 (진분수)÷(자연수)의 계산을 하려고 합니다. 몫이 가장 크게 되도록 식을 완성하고 몫을 구하세요.

$$\dfrac{\square}{\square} \div \square$$

(   )

$1\dfrac{3}{7} \div 5$를 두 가지 방법으로 계산한 것입니다. 물음에 답하세요. [13~14]

> **방법 1** $1\dfrac{3}{7} \div 5 = \dfrac{10}{7} \div 5 = \dfrac{10 \div 5}{7} = \dfrac{2}{7}$
>
> **방법 2** $1\dfrac{3}{7} \div 5 = \dfrac{10}{7} \div 5 = \dfrac{10}{7} \times \dfrac{1}{5} = \dfrac{10}{35} = \dfrac{2}{7}$

13 **방법 1** 과 같이 계산해 보세요.

$$5\dfrac{5}{8} \div 9 = \underline{\hspace{4cm}}$$

14 **방법 2** 와 같이 계산해 보세요.

$$2\dfrac{1}{4} \div 3 = \underline{\hspace{4cm}}$$

15 계산 결과가 1보다 큰 것에 ◯표 해 보세요.

$$4\frac{1}{3} \div 5 \qquad 3\frac{4}{7} \div 2$$

(   )   (   )

16 빈 곳에 알맞은 수를 써넣으세요.

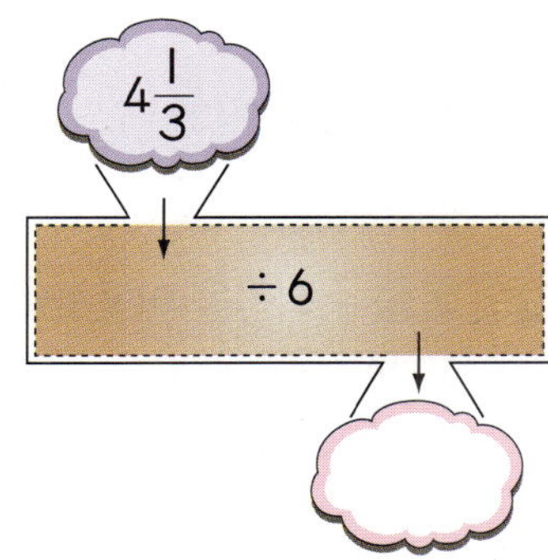

17 빈칸에 알맞은 수를 써넣으세요.

18 ☐ 안에 알맞은 수를 써넣으세요.

$$3\frac{1}{8} \div \boxed{} = 3$$

19 직사각형의 넓이는 $\dfrac{14}{9}$ m²입니다. 가로가 2 m일 때, 세로는 몇 m인가요?

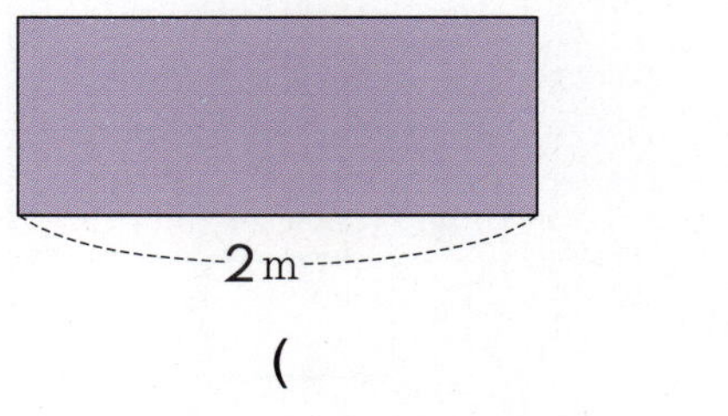

(   )

서술형

20 ☐ 안에 들어갈 수 있는 자연수는 모두 몇 개인지 풀이 과정을 쓰고 답을 구해 보세요.

$$\frac{\boxed{}}{8} < 2\frac{1}{2} \div 4$$

____

____

____

(   )

단원 **평가**

1. 분수의 나눗셈

1 1÷4를 색칠하고, 분수로 나타내어 보세요.

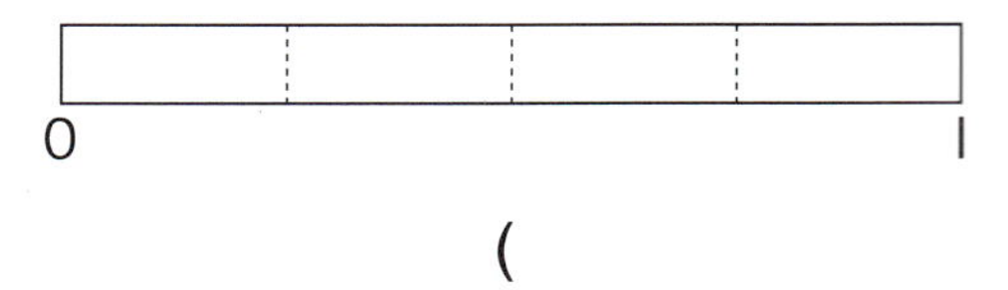

( )

2 빈칸에 알맞은 수를 써넣으세요.

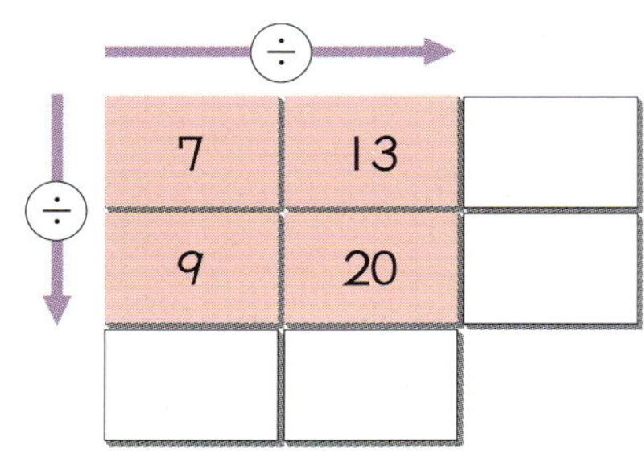

3 물 1 L와 물 2 L를 모양과 크기가 같은 병에 똑같이 나누어 담으려고 합니다. 물 1 L를 병 2개에, 물 2 L를 병 3개에 똑같이 나누어 담았을 때, 병 가와 병 나 중 어느 병에 물이 더 많은지 기호를 써 보세요.

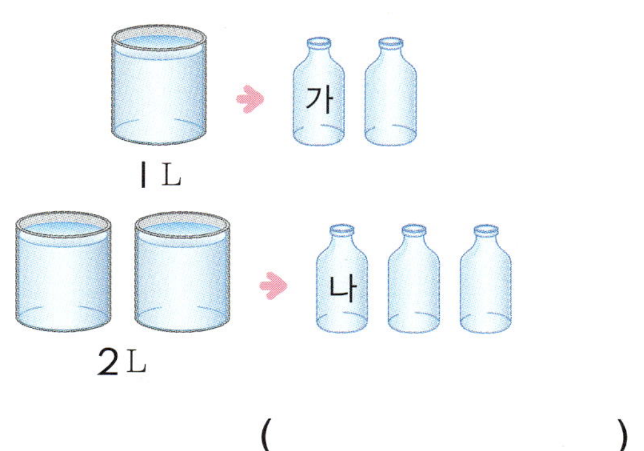

( )

4 나눗셈의 몫이 1보다 큰 것을 모두 찾아 기호를 써 보세요.

㉠ 3÷4   ㉡ 7÷4
㉢ 9÷10   ㉣ 12÷5

( )

5 직사각형의 넓이가 31 cm²일 때, 가로는 몇 cm인지 분수로 나타내어 보세요.

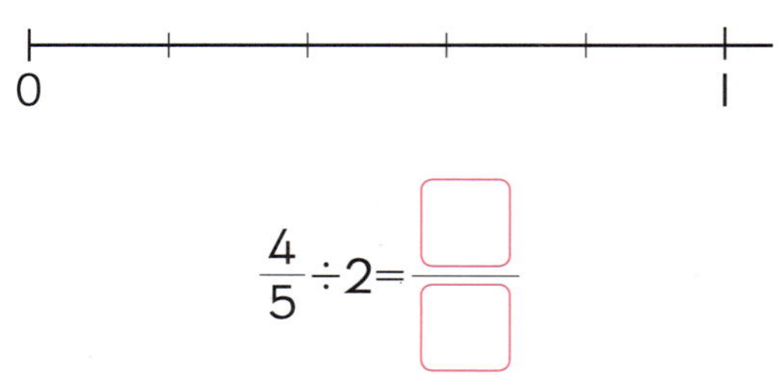

( )

6 $\frac{4}{5} \div 2$의 몫을 수직선을 이용하여 구해 보세요.

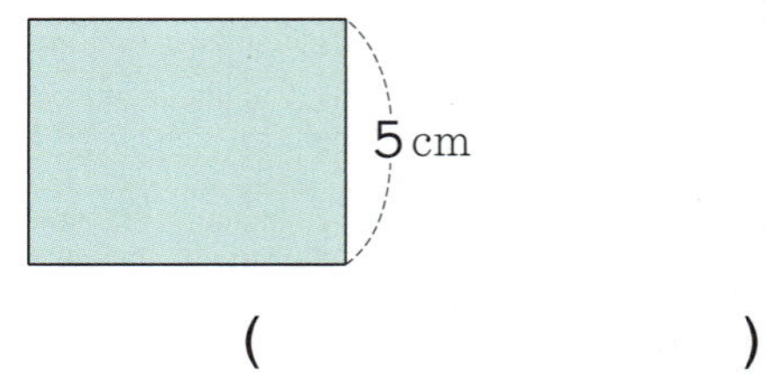

$$\frac{4}{5} \div 2 = \frac{\square}{\square}$$

7 $\frac{7}{12} \div 8$의 계산 과정으로 옳은 것은 어느 것인가요? ( )

① $\frac{7}{12} \div \frac{1}{8}$ ② $\frac{7}{12} \times \frac{1}{8}$

③ $\frac{7}{12} \times 8$ ④ $\frac{12}{7} \times 8$

⑤ $\frac{12}{7} \times \frac{1}{8}$

8 빈칸에 알맞은 수를 써넣으세요.

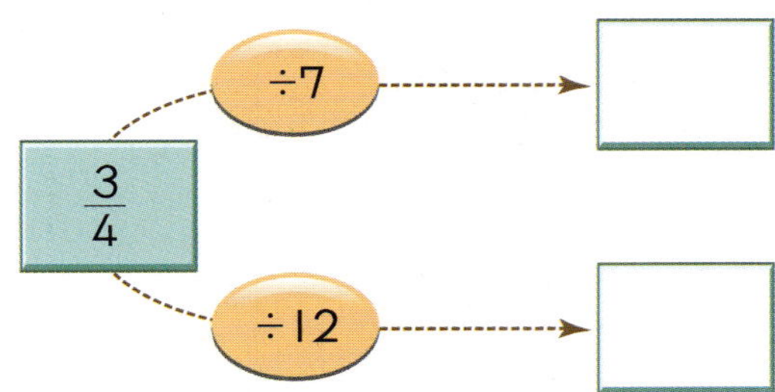

9 큰 수를 작은 수로 나눈 몫을 구해 보세요.

$$6 \qquad \dfrac{19}{3}$$

(   )

10 한 봉지에 $\dfrac{5}{9}$ kg씩 들어 있는 설탕이 2봉지 있습니다. 이 설탕을 4통에 똑같이 나누어 담으려면 한 통에 몇 kg씩 담아야 하는지 풀이 과정을 쓰고 답을 구해 보세요.

(   )

11 ●에 알맞은 수를 구해 보세요.

$$\dfrac{2}{3} \div 3 = \blacksquare, \ \blacksquare \div 5 = \bullet$$

(   )

12 보기 와 같이 계산해 보세요.

보기

$$1\dfrac{5}{6} \div 3 = \dfrac{11}{6} \div 3 = \dfrac{11}{6} \times \dfrac{1}{3} = \dfrac{11}{18}$$

➡ $2\dfrac{1}{4} \div 4 = $ ___________

13 ☐ 안에 알맞은 수를 써넣으세요.

$$4\dfrac{1}{2} \div 7 = \boxed{}$$

14 잘못 계산한 곳을 찾아 바르게 계산하고 이유를 써 보세요.

$$1\frac{5}{6}\div3=1\frac{5}{6}\times\frac{1}{3}=1\frac{5}{18}$$

➡ $1\frac{5}{6}\div3=$ ________________

____

____

15 어떤 수에 4를 곱하였더니 $\frac{3}{5}$이 되었습니다. 어떤 수를 3으로 나눈 몫을 구해 보세요.

(   )

16 몫의 크기를 비교하여 ◯ 안에 >, =, <를 알맞게 써넣으세요.

$$4\frac{1}{4}\div3 \bigcirc 5\frac{1}{6}\div4$$

17 색 테이프 $7\frac{1}{5}$ m를 똑같이 7도막으로 나누었습니다. 한 도막의 길이는 몇 m인가요?

(   )

18 ㉠에 알맞은 수를 구해 보세요.

$$\boxed{6\frac{1}{2}} \xrightarrow{\div2} \boxed{} \xrightarrow{\div3} \boxed{㉠}$$

(   )

19 정육각형을 6등분해서 3칸에 색칠했습니다. 정육각형의 넓이가 $4\frac{3}{5}$ cm²일 때 색칠한 부분의 넓이는 몇 cm²인가요?

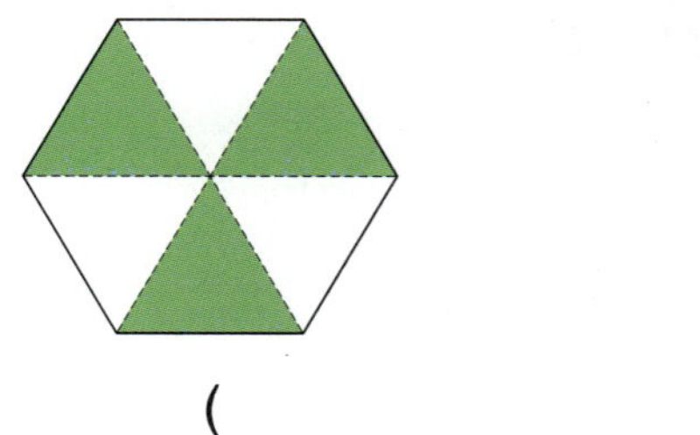

(   )

20 쌀 $10\frac{1}{2}$ kg을 10봉지에 똑같이 나누어 담아 6봉지를 팔았습니다. 팔고 남은 쌀은 몇 kg인지 풀이 과정을 쓰고 답을 구해 보세요.

____

____

____

____

(   )

단원 평가

1 3÷4의 몫을 그림으로 나타내고, 분수로 나타내어 보세요.

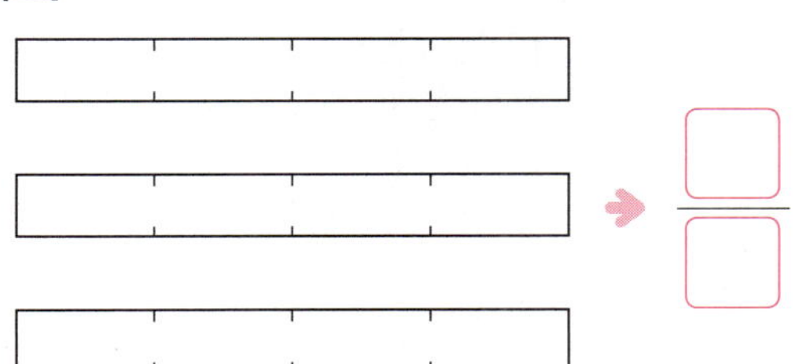

2 ☐ 안에 알맞은 수를 써넣으세요.

$$3 \div \boxed{} = \frac{3}{7}$$

3 무게가 같은 배 8개의 무게가 5 kg일 때, 배 한 개의 무게는 몇 kg인지 분수로 나타내어 보세요.

( )

4 둘레의 길이가 29 cm인 정육각형의 한 변의 길이는 몇 cm인가요?

( )

5 몫을 바르게 구한 것을 모두 고르세요.

( )

① $1 \div 7 = \dfrac{1}{7}$ ② $5 \div 3 = \dfrac{3}{5}$

③ $8 \div 3 = 2\dfrac{2}{3}$ ④ $15 \div 7 = 1\dfrac{5}{7}$

⑤ $2 \div 9 = \dfrac{9}{2}$

서술형

6 한 병에 $\dfrac{7}{5}$ L씩 들어 있는 우유가 5병 있습니다. 이 우유를 6일 동안 똑같이 나누어 마시려면 하루에 마셔야 할 우유는 몇 L인지 풀이 과정을 쓰고 답을 구해 보세요.

( )

7 그림을 보고 $\dfrac{1}{5} \div 4$를 곱셈으로 나타내어 계산해 보세요.

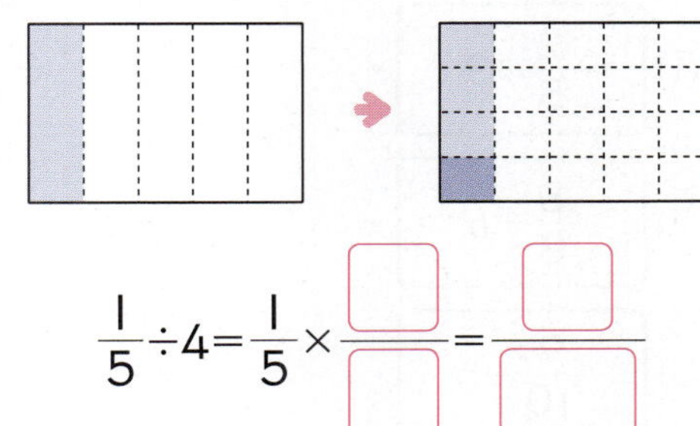

$$\frac{1}{5} \div 4 = \frac{1}{5} \times \frac{\boxed{}}{\boxed{}} = \frac{\boxed{}}{\boxed{}}$$

8 계산이 잘못된 곳을 찾아 바르게 계산해 보세요.

$$\frac{7}{9} \div 3 = \frac{7}{9 \div 3} = \frac{7}{3} = 2\frac{1}{3}$$

➡ $\dfrac{7}{9} \div 3 =$ _______________

9 빈 곳에 알맞은 수를 써넣으세요.

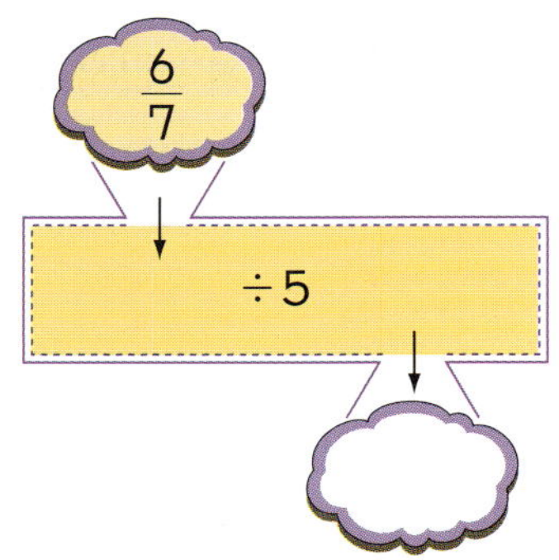

10 계산 결과가 같은 것끼리 선으로 이어 보세요.

(1) $\dfrac{2}{5} \div 3$ ・

(2) $\dfrac{5}{8} \div 6$ ・

(3) $\dfrac{9}{10} \div 5$ ・

㉠ $\dfrac{9}{10} \times \dfrac{1}{5}$

㉡ $\dfrac{5}{8} \times \dfrac{1}{6}$

㉢ $\dfrac{2}{5} \times \dfrac{1}{3}$

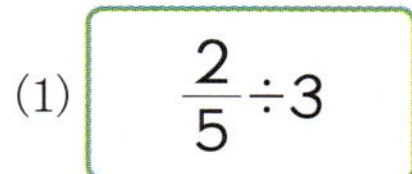

11 철사 $\dfrac{2}{3}$ m를 모두 사용하여 크기가 똑같은 정사각형 모양을 3개 만들었습니다. 이 정사각형의 한 변의 길이는 몇 m인지 풀이 과정을 쓰고 답을 구해 보세요.

____

____

____

(　　　　　　　)

12 수 카드 3장을 모두 사용하여 계산 결과가 가장 작은 나눗셈식을 만들고 계산해 보세요.

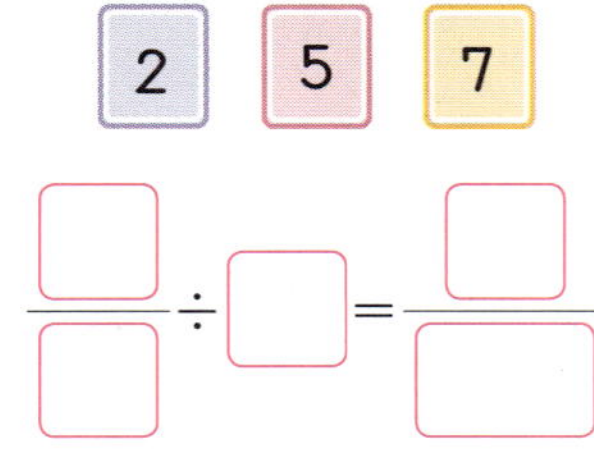

13 계산해 보세요.

$$1\frac{3}{5} \div 3$$

14 그림에서 색칠한 부분의 길이는 몇 m인가요?

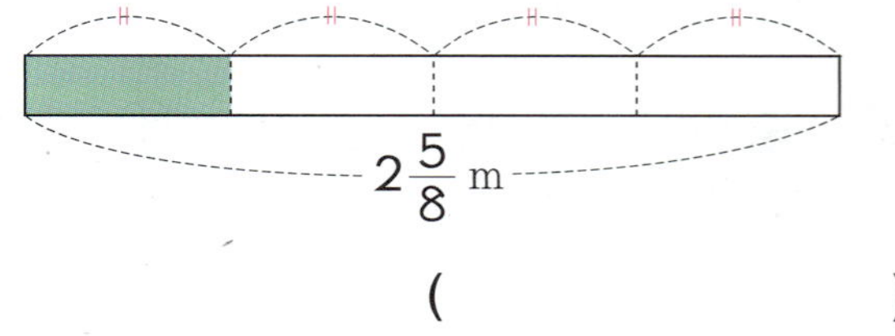

(　　　　　　　)

서술형

15 ㉠과 ㉡의 차는 얼마인지 풀이 과정을 쓰고 답을 구해 보세요.

$$㉠\ 1\frac{1}{8}\div 3 \qquad ㉡\ 2\frac{5}{6}\div 4$$

____

____

____

(   )

16 빈칸에 알맞은 수를 써넣으세요.

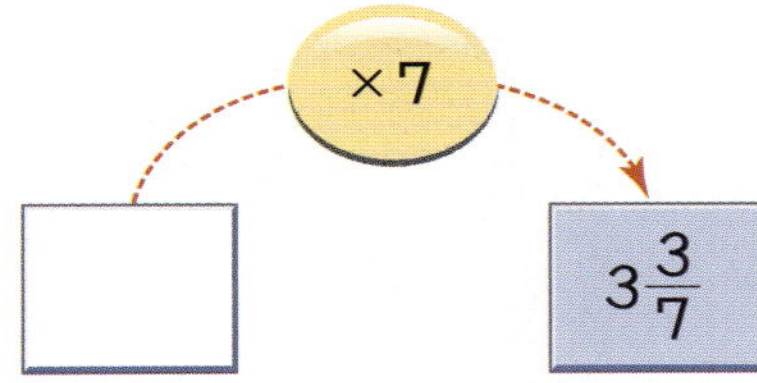

17 빈칸에 알맞은 수를 써넣으세요.

÷		
$5\frac{1}{3}$	5	
11	9	

18 둘레가 $2\frac{1}{8}$ km인 호수를 한 바퀴 도는 데 3시간이 걸렸습니다. 한 시간 동안 몇 km를 걸은 셈인지 ☐ 안에 알맞은 수를 써넣으세요.

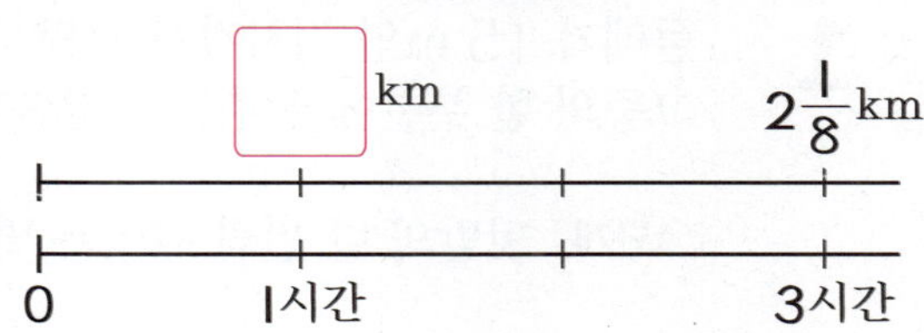

19 ☐ 안에 들어갈 수 있는 자연수는 모두 몇 개인가요?

$$2\frac{5}{6}\div 2 < ☐ < 22\frac{1}{2}\div 4$$

(   )

서술형

20 무게가 똑같은 오렌지 8개가 들어 있는 바구니의 무게가 $3\frac{1}{5}$ kg입니다. 빈 바구니의 무게가 $\frac{4}{5}$ kg이라면 오렌지 한 개의 무게는 몇 kg인지 풀이 과정을 쓰고 답을 구해 보세요.

____

____

____

(   )

연습 각 단계에 따라 문제를 풀어 보세요.

1 둘레가 15 m인 정사각형 모양의 텃밭이 있습니다. 이 텃밭의 넓이를 똑같이 5부분으로 나누어 그중의 한 부분에 상추를 심었습니다. 상추를 심은 부분의 넓이는 몇 m²인지 구해 보세요.

1단계 텃밭의 한 변의 길이는 몇 m인가요?

(   )

2단계 텃밭의 넓이는 몇 m²인가요?

(   )

3단계 상추를 심은 부분의 넓이는 몇 m²인가요?

(   )

도전 위에서 푼 방법을 생각하며 풀어 보세요.

1-1 둘레가 21 m인 정사각형 모양의 꽃밭이 있습니다. 이 꽃밭을 똑같이 5부분으로 나누어 그중의 한 부분에 장미를 심었습니다. 장미를 심은 부분의 넓이는 몇 m²인지 구해 보세요.

풀이

____

____

____

____

답 ____

이렇게 술술풀어요

① 꽃밭의 한 변의 길이를 구합니다.

② 꽃밭의 넓이를 구합니다.

③ 장미를 심은 부분의 넓이를 구합니다.

연습 각 단계에 따라 문제를 풀어 보세요.

2 보기 를 보고 주어진 식의 값을 구해 보세요.

> 보기
>
> ㉠☆㉡=㉠÷(㉡+1)
> ㉠◎㉡=(두 수 중에서 작은 수를 큰 수로 나누었을 때의 몫)

$$\left(1\frac{3}{5}☆2\right)+(5◎3)$$

1단계 $1\frac{3}{5}☆2$의 값을 구해 보세요.

(   )

2단계 $5◎3$의 값을 구해 보세요.

(   )

3단계 주어진 식의 값을 구해 보세요.

(   )

도전 위에서 푼 방법을 생각하며 풀어 보세요.

2-1 2번의 보기 를 보고 주어진 식의 값을 구해 보세요.

$$(10☆6)-\left(4◎\frac{15}{7}\right)$$

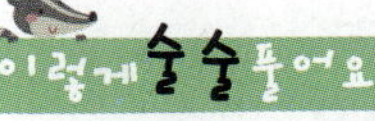

① $10☆6$의 값을 구합니다.

② $4◎\frac{15}{7}$의 값을 구합니다.

③ 주어진 식의 값을 구합니다.

풀이 

____

____

____

답  _______________________

연습 각 단계에 따라 문제를 풀어 보세요.

3 야구공이 한 상자에 14개씩 들어 있습니다. 야구공 5상자의 무게를 재었더니 $10\frac{3}{7}$ kg이었습니다. 빈 상자 한 개의 무게가 $\frac{3}{35}$ kg일 때 야구공 한 개의 무게는 몇 kg인지 구해 보세요.

1단계 야구공 한 상자의 무게는 몇 kg인가요?

(   )

2단계 야구공 14개의 무게는 몇 kg인가요?

(   )

3단계 야구공 한 개의 무게는 몇 kg인가요?

(   )

도전 위에서 푼 방법을 생각하며 풀어 보세요.

3-1 테니스공이 한 상자에 18개씩 들어 있습니다. 테니스공 6상자의 무게를 재었더니 $7\frac{2}{3}$ kg이었습니다. 빈 상자 한 개의 무게가 $\frac{5}{18}$ kg일 때 테니스공 한 개의 무게는 몇 kg인지 구해 보세요.

이렇게 술술풀어요

① 테니스공 한 상자의 무게를 구합니다.

② 테니스공 18개의 무게를 구합니다.

③ 테니스공 한 개의 무게를 구합니다.

풀이

____

____

____

____

답 ___________________________

실전 시험처럼 문제를 풀어 보세요.

4 보기 를 보고 주어진 식의 값을 구해 보세요.

보기

$$㉠☆㉡=(㉠÷3)+(㉡÷3)$$
$$㉠◎㉡=(두 수 중에서 큰 수를 작은 수로 나누었을 때의 몫)$$

$$\left(4☆5\frac{1}{2}\right)+\left(3◎4\frac{1}{4}\right)$$

풀이

답

실전 시험처럼 문제를 풀어 보세요.

5 농구공이 한 상자에 6개씩 들어 있습니다. 농구공 4상자의 무게를 재었더니 $14\frac{1}{3}$ kg이었습니다. 빈 상자 한 개의 무게가 $\frac{1}{6}$ kg일 때 농구공 한 개의 무게는 몇 kg인지 구해 보세요.

풀이

답

2-1 각기둥을 알아볼까요 (1)

✳ **각기둥**: 서로 평행한 두 면이 합동인 다각형으로 이루어진 입체도형을 각기둥이라고 합니다.
  → 모양과 크기가 같은 도형

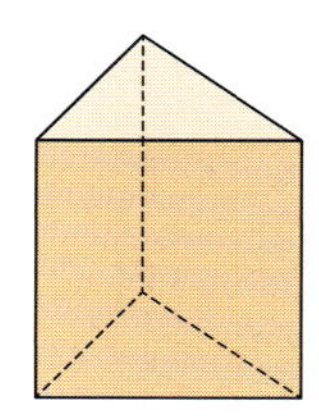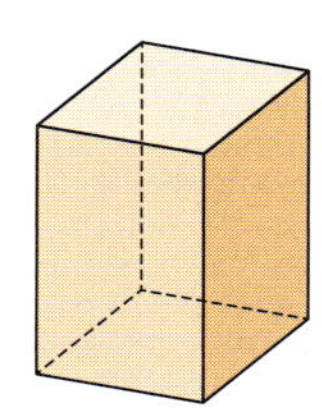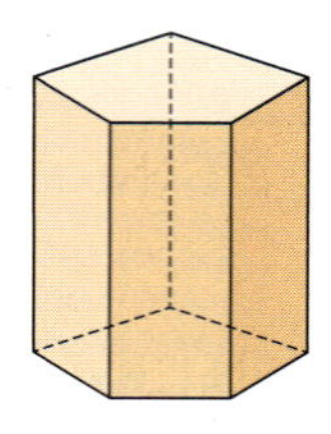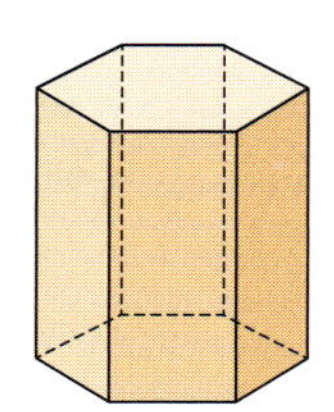

✳ **각기둥의 밑면과 옆면**

① **밑면**: 각기둥에서 면 ㄱㄴㄷ과 면 ㄹㅁㅂ과 같이 서로 평행하고 합동인 두 면을 밑면이라고 합니다.
  → 두 밑면은 나머지 면들과 모두 수직으로 만납니다.

② **옆면**: 각기둥에서 면 ㄱㄹㅁㄴ, 면 ㄴㅁㅂㄷ, 면 ㄱㄹㅂㄷ과 같이 두 밑면과 만나는 면을 옆면이라고 합니다.
  → 각기둥의 옆면은 모두 직사각형입니다.

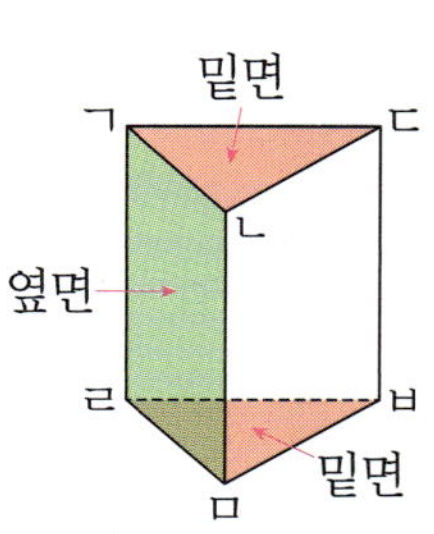

• 입체도형의 겨냥도를 그릴 때 보이는 모서리는 실선으로, 보이지 않는 모서리는 점선으로 나타냅니다.
  → 도형 따위의 모양이나 배치를 알기 쉽게 그린 그림을 겨냥도라고 합니다.

• 각기둥의 면의 수

> (면의 수)
> =(한 밑면의 변의 수)+2

㉣ (삼각기둥의 면의 수)
  =(한 밑면의 변의 수)+2
  =3+2=5(개)

2-2 각기둥을 알아볼까요 (2)

✳ **각기둥의 이름**: 각기둥은 밑면의 모양이 삼각형, 사각형, 오각형……일 때 삼각기둥, 사각기둥, 오각기둥……이라고 합니다.

각기둥	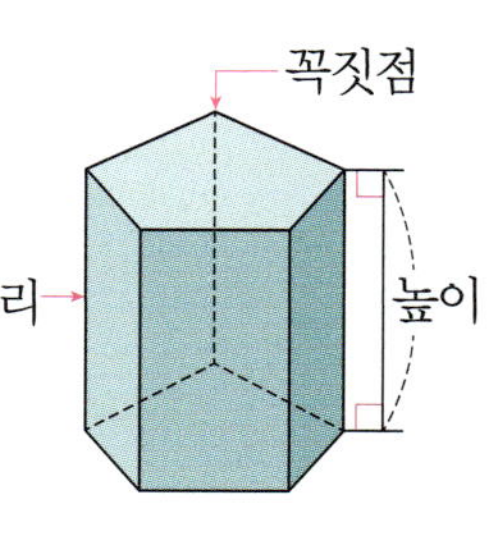		
밑면의 모양	삼각형	사각형	오각형
각기둥의 이름	삼각기둥	사각기둥	오각기둥

✳ **각기둥의 구성 요소**

① **모서리**: 면과 면이 만나는 선분을 모서리라고 합니다.

② **꼭짓점**: 모서리와 모서리가 만나는 점을 꼭짓점이라고 합니다.

③ **높이**: 두 밑면 사이의 거리를 높이라고 합니다.

• 각기둥의 높이를 재는 방법

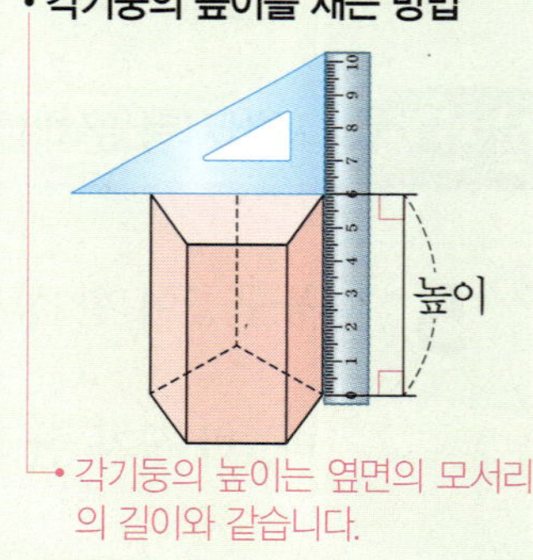

  → 각기둥의 높이는 옆면의 모서리의 길이와 같습니다.

• 각기둥의 꼭짓점의 수

> (꼭짓점의 수)
> =(한 밑면의 변의 수)×2

• 각기둥의 모서리의 수

> (모서리의 수)
> =(한 밑면의 변의 수)×3

수학 익힘 풀기

2-1 각기둥을 알아볼까요 (1)

1 ☐ 안에 알맞은 말을 써넣으세요.

> 서로 [   ]한 두 면이 [   ]인 다각형으로 이루어진 입체도형을 각기둥이라고 합니다.

2 각기둥을 찾아 기호를 써 보세요.

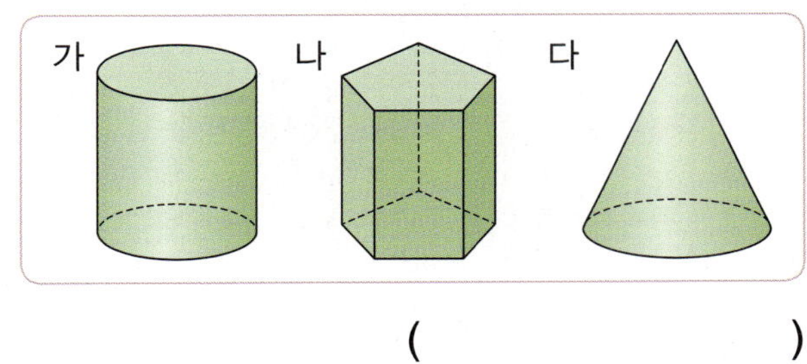

가   나   다

(   )

3 각기둥의 겨냥도를 완성해 보세요.

(1) 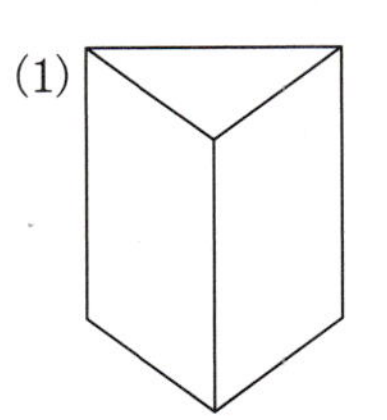   (2) 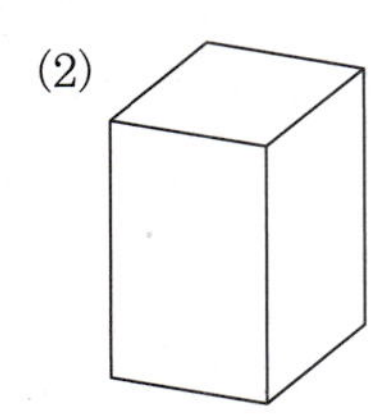

2-2 각기둥을 알아볼까요 (2)

4 각기둥을 보고 표를 완성해 보세요.

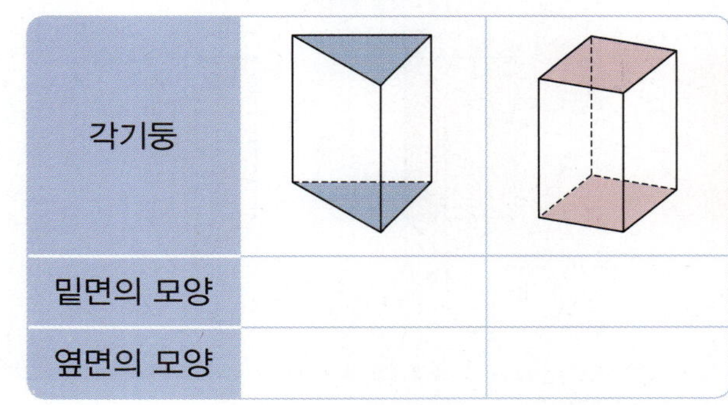

각기둥		
밑면의 모양		
옆면의 모양		

5 각 부분을 찾아 기호를 써 보세요.

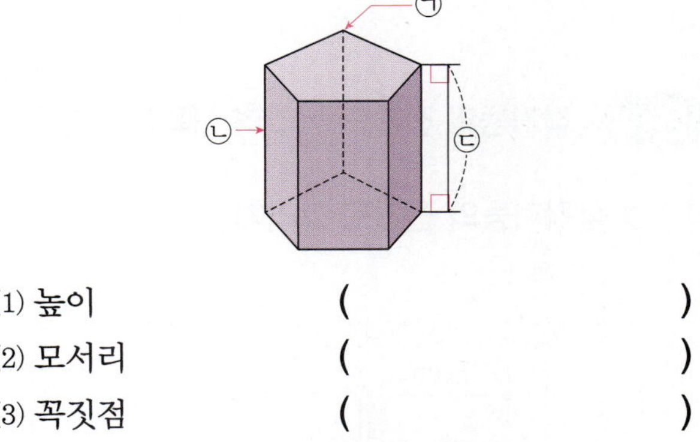

(1) 높이　　　　　(　　　　　　)
(2) 모서리　　　　(　　　　　　)
(3) 꼭짓점　　　　(　　　　　　)

6 각기둥을 보고 표를 완성해 보세요.

각기둥		
한 밑면의 변의 수(개)		
꼭짓점의 수(개)		
면의 수(개)		
모서리의 수(개)		

2-3 각기둥의 전개도를 알아볼까요

❋ **각기둥의 전개도**: 각기둥의 모서리를 잘라서 평면 위에 펼쳐 놓은 그림을 각기둥의 전개도라고 합니다.

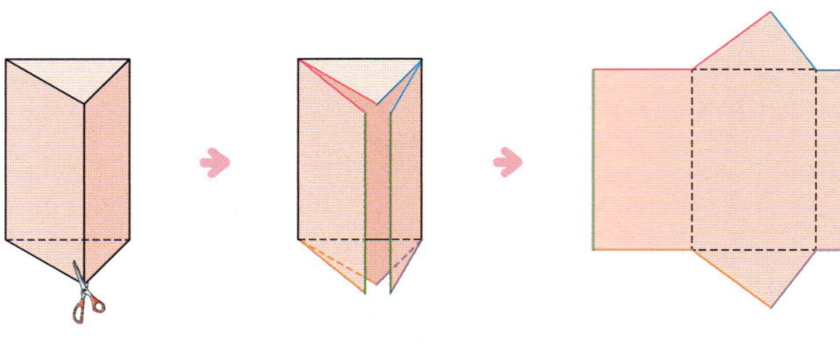

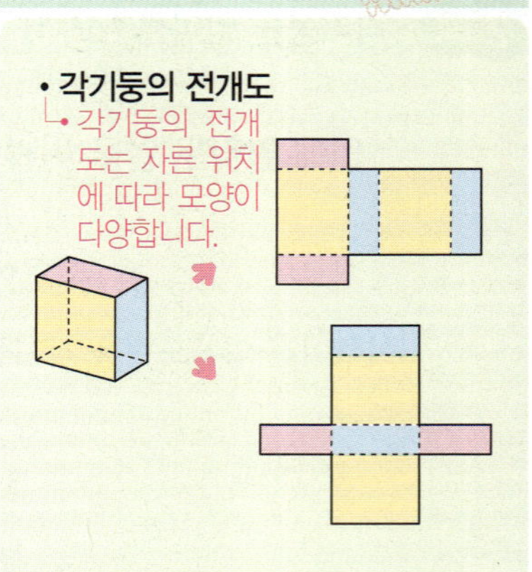

2-4 각기둥의 전개도를 그려 볼까요

❋ **삼각기둥의 전개도 그리기** → 자른 위치에 따라 전개도의 모양이 다양하게 나올 수 있습니다.

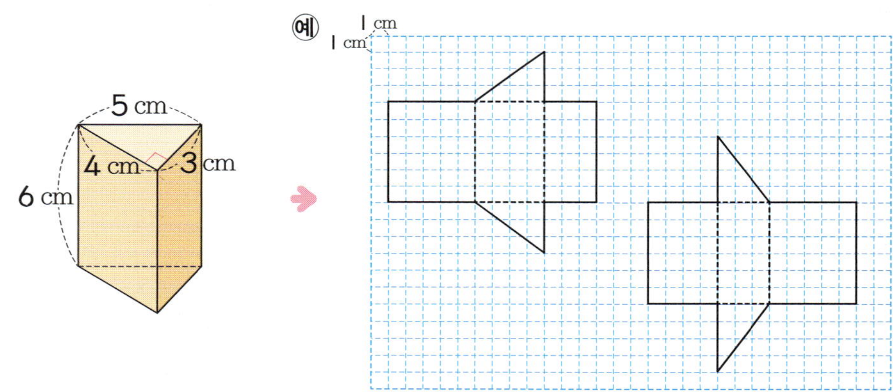

• **전개도를 그리는 방법**
① 마주 보는 두 밑면은 서로 합동이어야 합니다.
② 서로 맞닿는 변의 길이는 같아야 합니다.

❋ **사각기둥의 전개도 그리기**

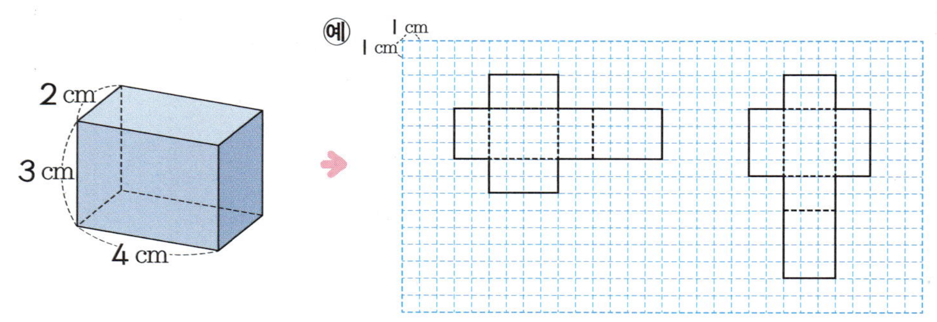

수학 익힘 풀기

2-3 각기둥의 전개도를 알아볼까요

전개도를 보고 물음에 답하세요. [1~3]

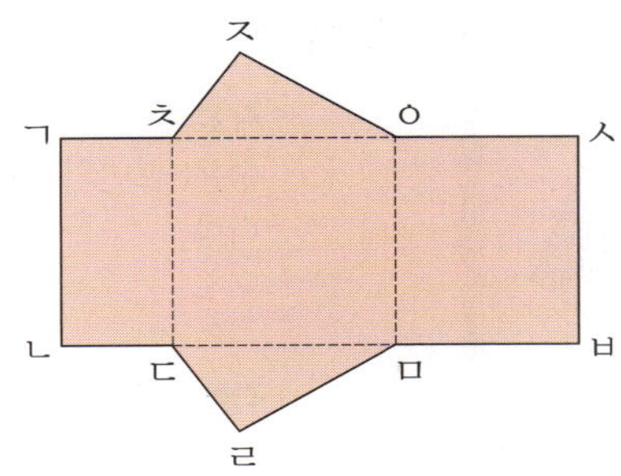

1 전개도를 접으면 어떤 도형이 되는지 써 보세요.

( )

2 전개도를 접었을 때 선분 ㅈㅇ과 맞닿는 선분을 찾아 써 보세요.

( )

3 전개도를 접었을 때 면 ㄷㄹㅁ과 만나는 면을 모두 찾아 써 보세요.

( )

4 전개도를 접었을 때 만들어지는 입체도형의 높이를 구해 보세요.

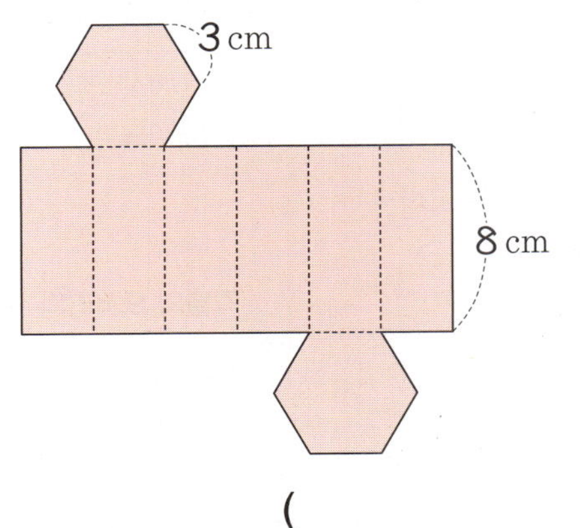

( )

2-4 각기둥의 전개도를 그려 볼까요

5 삼각기둥의 전개도를 그려 보세요.

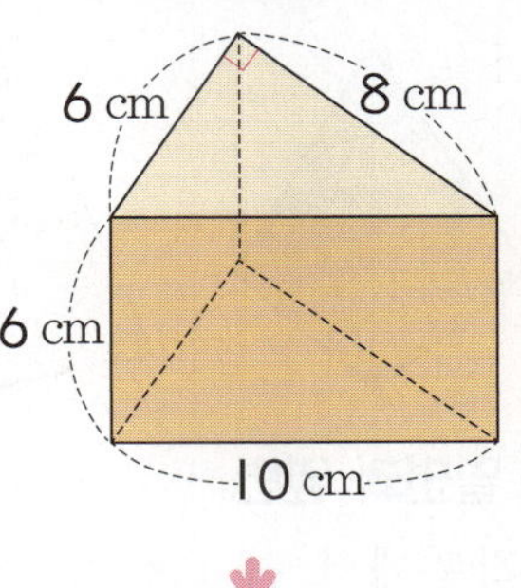

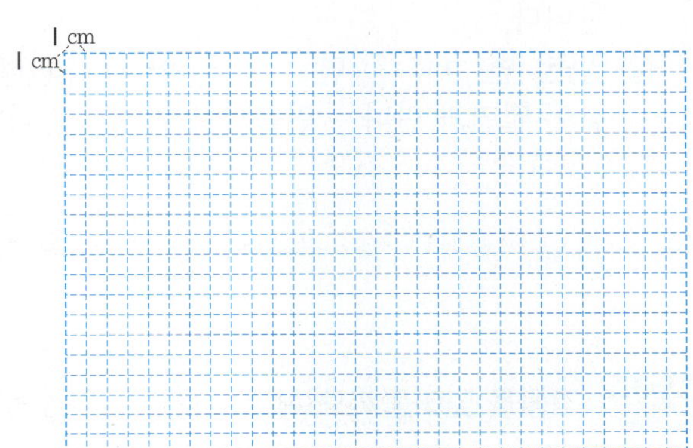

6 한 밑면은 가로가 3 cm이고, 세로가 4 cm인 사각형이고, 높이가 5 cm인 사각기둥의 전개도를 그려 보세요.

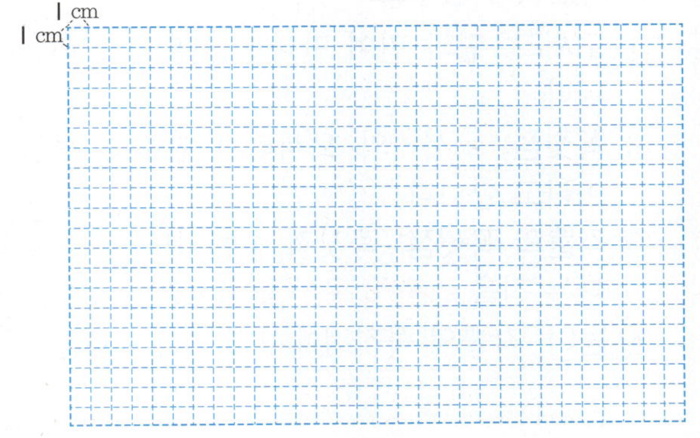

2-5 각뿔을 알아볼까요 (1)

✳ **각뿔**: 입체도형 중 밑에 놓인 면이 다각형이고 옆으로 둘러싸인 면이 모두 삼각형인 도형을 **각뿔**이라고 합니다.

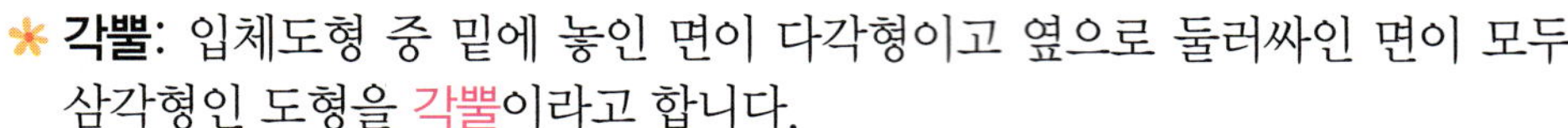

✳ **각뿔의 밑면과 옆면**

① **밑면**: 각뿔에서 면 ㄴㄷㄹㅁ과 같은 면을 **밑면**이라고 합니다.

② **옆면**: 면 ㄱㄴㄷ, 면 ㄱㄷㄹ, 면 ㄱㄴㅁ, 면 ㄱㄹㅁ과 같이 밑면과 만나는 면을 **옆면**이라고 합니다.
- 각뿔의 옆면은 모두 삼각형입니다.

- **각뿔의 밑면**: 각뿔의 종류에 관계없이 항상 1개입니다.

- **각뿔의 옆면**: 각뿔의 옆면의 수는 밑면의 변의 수와 같습니다.

- **각뿔의 면의 수**

> (면의 수)
> =(밑면의 변의 수)+1

예 (삼각뿔의 면의 수)
=(밑면의 변의 수)+1
=3+1=4(개)

2-6 각뿔을 알아볼까요 (2)

✳ **각뿔의 이름**: 각뿔은 밑면의 모양이 삼각형, 사각형, 오각형……일 때 **삼각뿔, 사각뿔, 오각뿔**……이라고 합니다. → 각뿔의 이름은 밑면의 모양에 따라 정해집니다.

각뿔	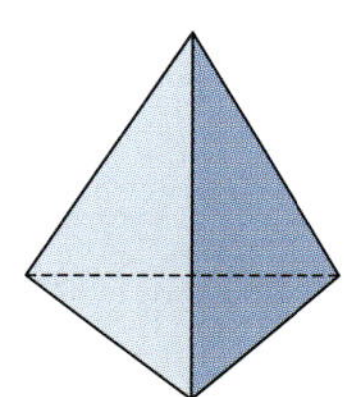	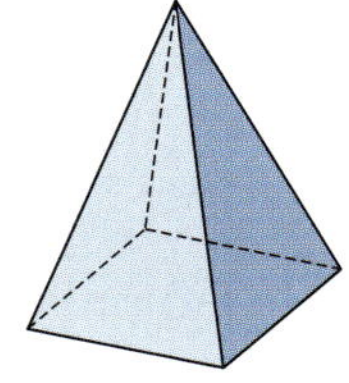	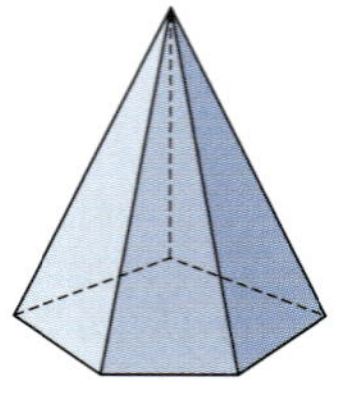
밑면의 모양	삼각형	사각형	오각형
각뿔의 이름	삼각뿔	사각뿔	오각뿔

✳ **각뿔의 구성 요소**

① **모서리**: 면과 면이 만나는 선분을 **모서리**라고 합니다.

② **꼭짓점**: 모서리와 모서리가 만나는 점을 **꼭짓점**이라고 합니다.

③ **각뿔의 꼭짓점**: 꼭짓점 중에서도 옆면이 모두 만나는 점을 **각뿔의 꼭짓점**이라고 합니다.

④ **높이**: 각뿔의 꼭짓점에서 밑면에 수직인 선분의 길이를 **높이**라고 합니다.

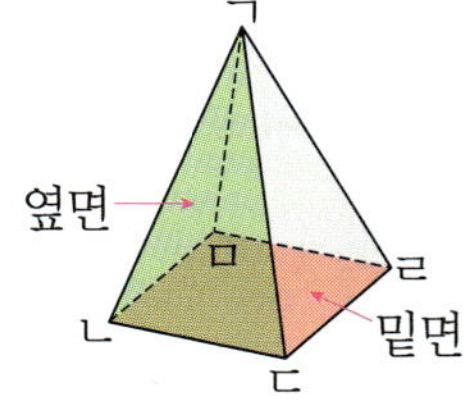

- **각기둥의 높이를 재는 방법**
- 각뿔의 높이를 잴 때 자와 삼각자의 직각을 이용하면 정확하고 쉽게 잴 수 있습니다.

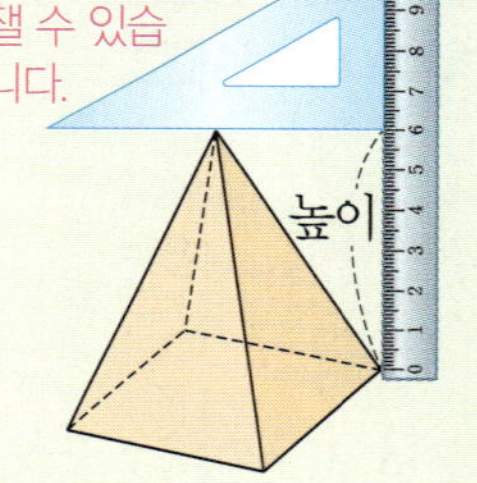

- **각뿔의 꼭짓점의 수**

> (꼭짓점의 수)
> =(밑면의 변의 수)+1

- **각뿔의 모서리의 수**

> (모서리의 수)
> =(밑면의 변의 수)×2

2-5　각뿔을 알아볼까요(1)

입체도형을 보고 물음에 답하세요. [1~3]

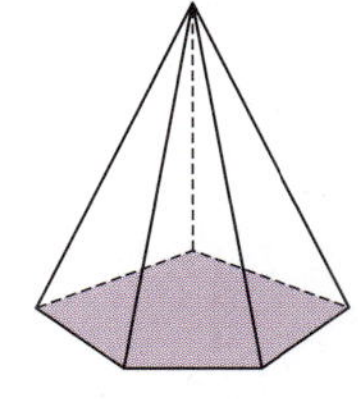

1 밑면의 모양과 수를 차례로 써 보세요.

(　　　　　, 　　　　　)

2 밑면과 만나는 면은 모두 몇 개인가요?

(　　　　　)

3 위 도형의 이름을 써 보세요.

(　　　　　)

4 각뿔의 겨냥도를 완성해 보세요.

(1) 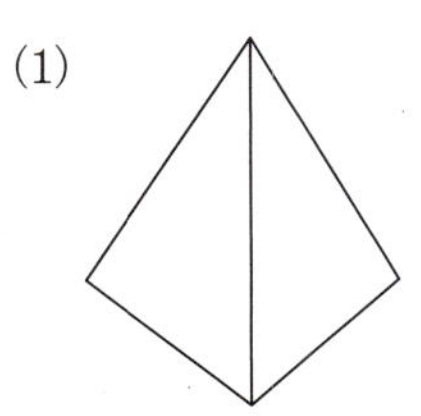　　　(2) 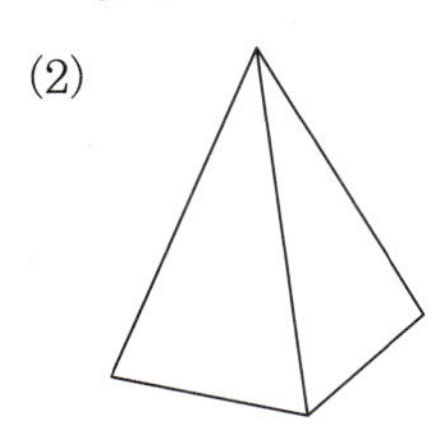

2-6　각뿔을 알아볼까요(2)

5 입체도형을 보고 표를 완성해 보세요.

입체도형		
밑면의 모양		
옆면의 모양		
밑면의 수(개)		

6 각 부분을 찾아 기호를 써 보세요.

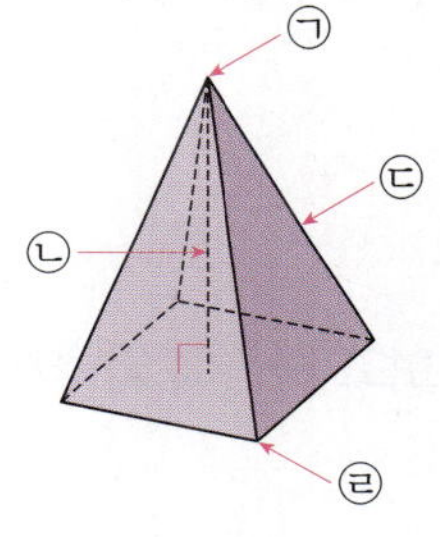

(1) 높이　　　　　(　　　　　)
(2) 모서리　　　　(　　　　　)
(3) 각뿔의 꼭짓점　(　　　　　)

7 각뿔을 보고 표를 완성해 보세요.

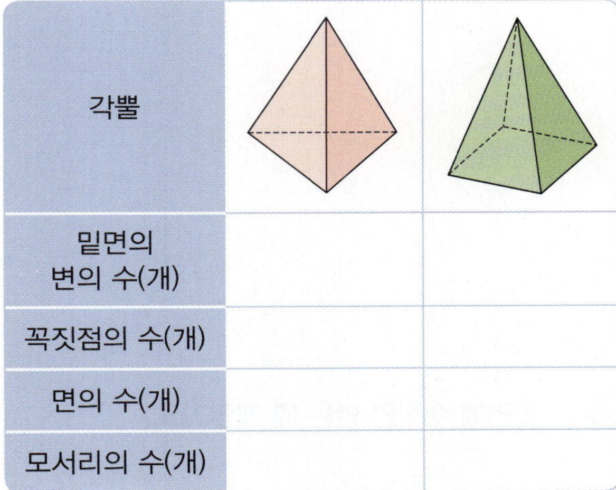

각뿔		
밑면의 변의 수(개)		
꼭짓점의 수(개)		
면의 수(개)		
모서리의 수(개)		

1 각기둥을 모두 찾아 기호를 써 보세요.

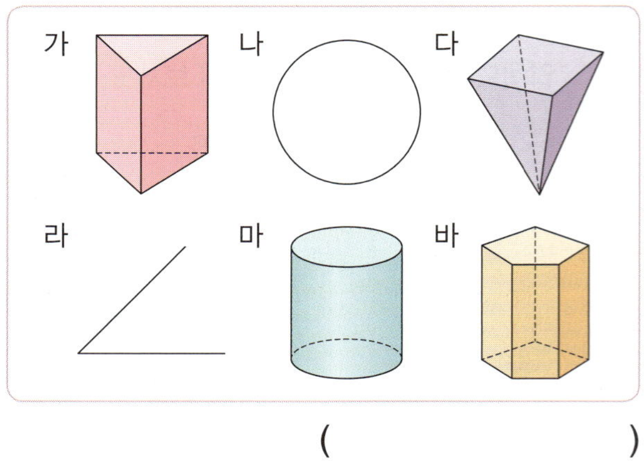

( )

4 각기둥을 보고 표를 완성해 보세요.

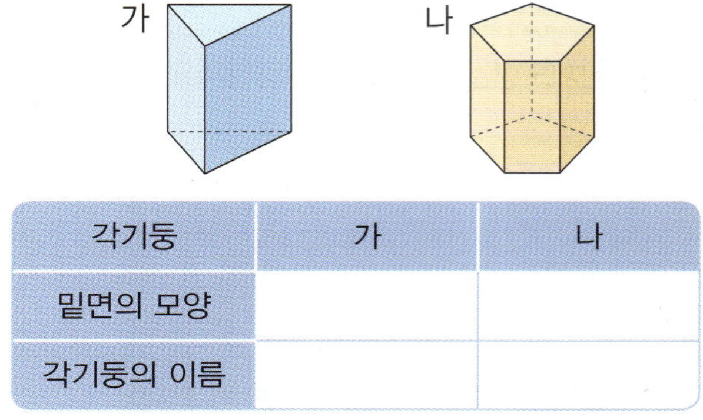

각기둥	가	나
밑면의 모양		
각기둥의 이름		

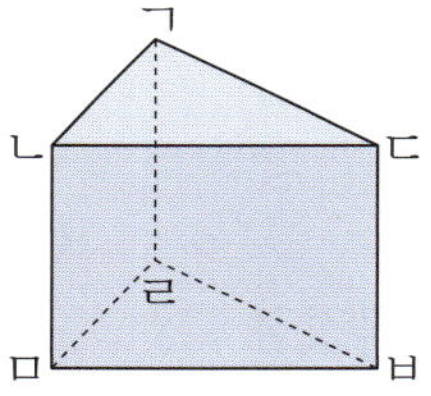

각기둥을 보고 물음에 답하세요. [2~3]

2 밑면을 모두 찾아 써 보세요.

( )

3 밑면에 수직인 면은 몇 개인가요?

( )

5 각기둥의 각 부분의 이름을 □ 안에 써넣으세요.

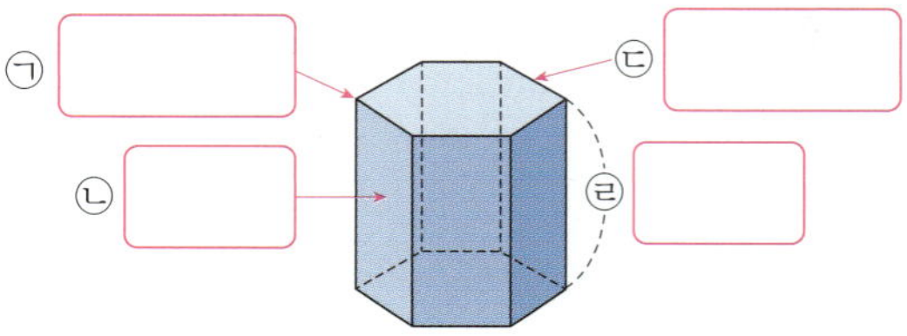

서술형

6 각기둥에서 면과 면이 만나는 선분은 모두 몇 개인지 풀이 과정을 쓰고 답을 구해 보세요.

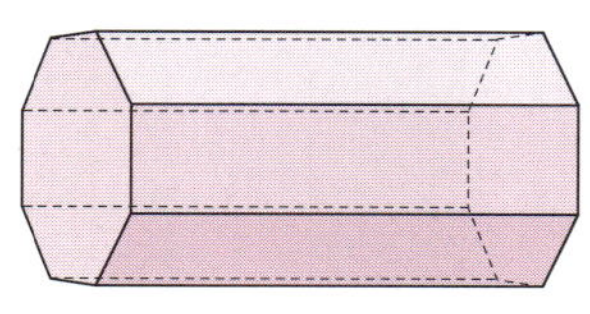

( )

7 구각기둥의 면, 모서리, 꼭짓점의 수의 합은 얼마인 가요?

( )

8 다음에서 설명하는 입체도형의 이름을 써 보세요.

- 밑면은 2개이고 합동입니다.
- 옆면은 직사각형이고 7개입니다.

( )

9 전개도를 접었을 때 만들어지는 입체도형의 이름을 써 보세요.

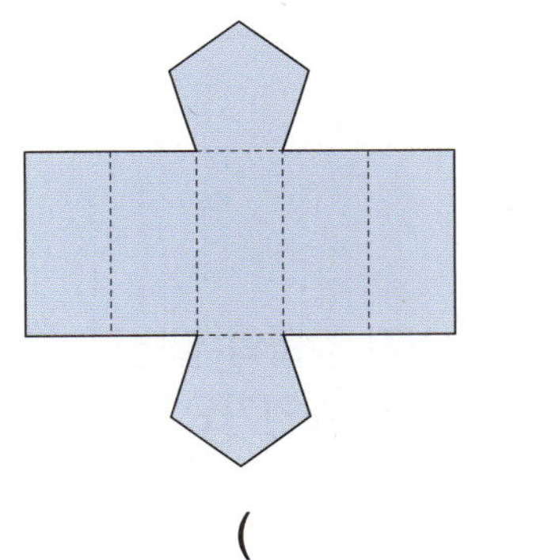

( )

10 전개도를 접어서 입체도형을 만들 때, 밑면이 되는 면에 색칠해 보세요.

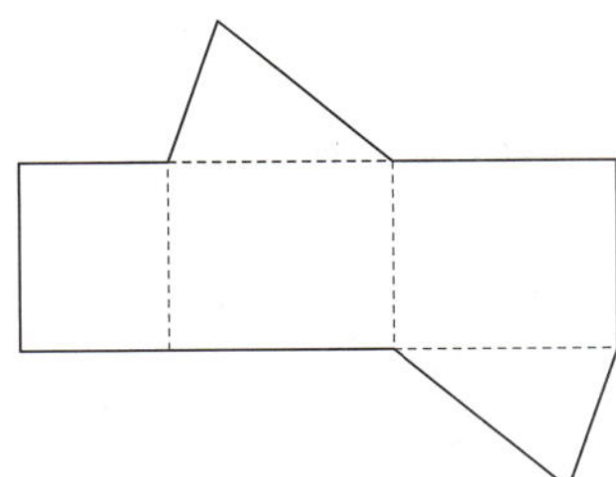

11 삼각기둥의 전개도를 보고 ☐ 안에 알맞은 수를 써 넣으세요.

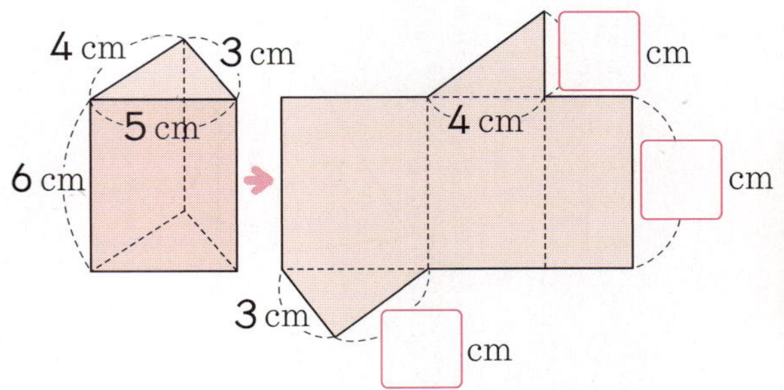

12 사각기둥의 전개도를 그려 보세요.

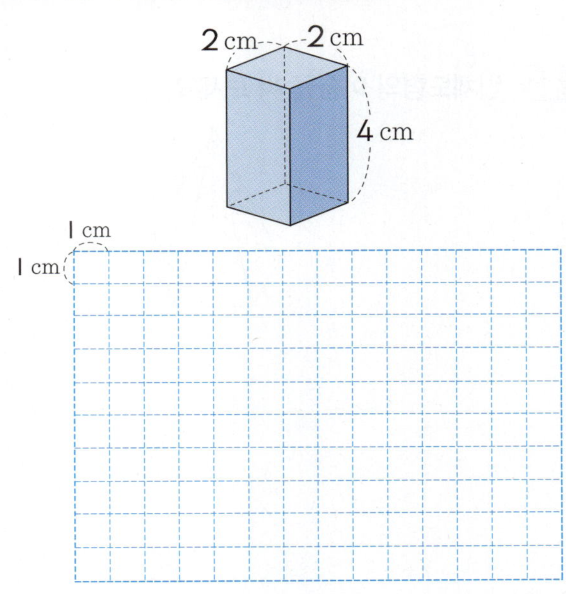

13 각뿔을 모두 찾아 기호를 써 보세요.

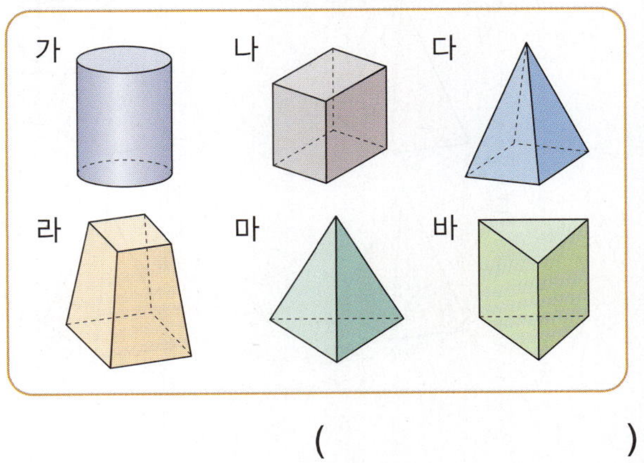

( )

14 각뿔의 밑면에 색칠하고 옆면은 모두 몇 개인지 구해 보세요.

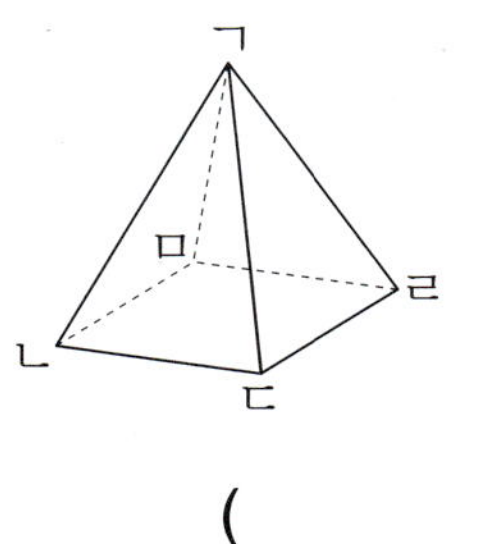

(　　　　　　)

15 입체도형의 이름을 써 보세요.

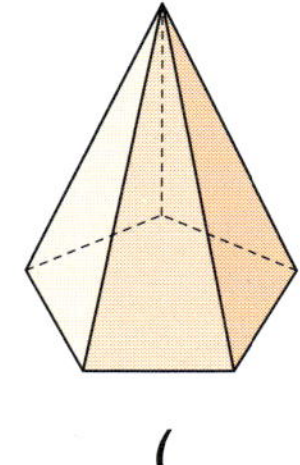

(　　　　　　)

16 각뿔의 높이를 바르게 잰 것을 찾아 기호를 써 보세요.

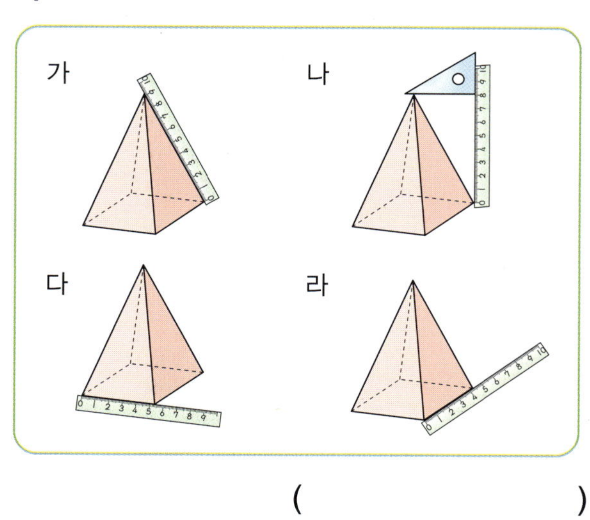

(　　　　　　)

17 다음 입체도형이 각뿔이 <u>아닌</u> 이유를 써 보세요.

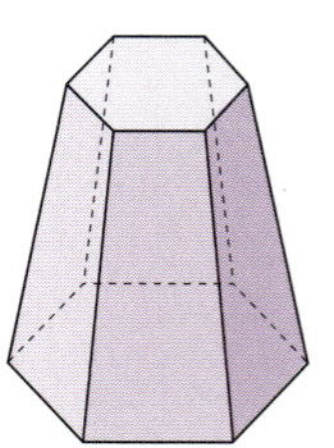

이유 　＿＿＿＿＿＿＿＿＿＿＿＿＿

18 표를 완성해 보세요.

각뿔	꼭짓점의 수(개)	면의 수(개)	모서리의 수(개)
사각뿔			
팔각뿔			

19 다음은 어떤 각뿔의 밑면입니다. 이 각뿔에서 꼭짓점은 모두 몇 개인가요?

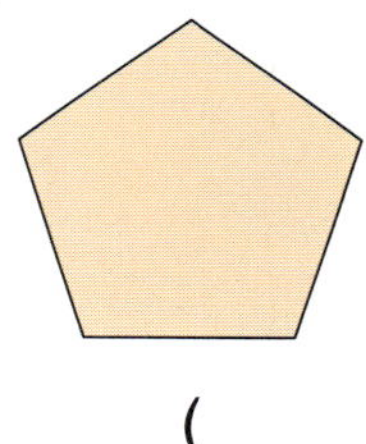

(　　　　　　)

20 육각뿔에서 다음 식의 결과는 얼마인가요?

(면의 수)＋(꼭짓점의 수)－(모서리의 수)

(　　　　　　)

단원 평가

도전

2. 각기둥과 각뿔

1 각기둥의 색칠한 면이 밑면일 때 다른 밑면을 찾아 색칠해 보세요.

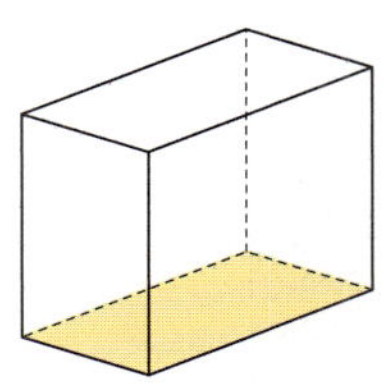

서술형

2 다음 도형이 각기둥이 아닌 이유를 써 보세요.

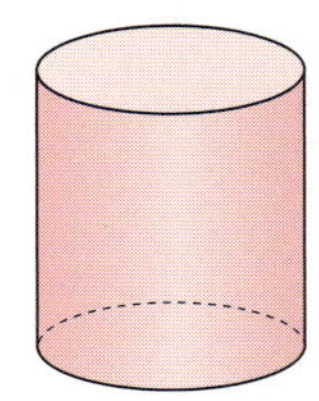

이유 ________________________________

____

3 각기둥에서 밑면에 수직인 면은 몇 개인가요?

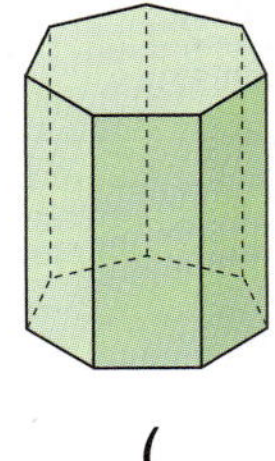

( )

4 각기둥의 이름을 써 보세요.

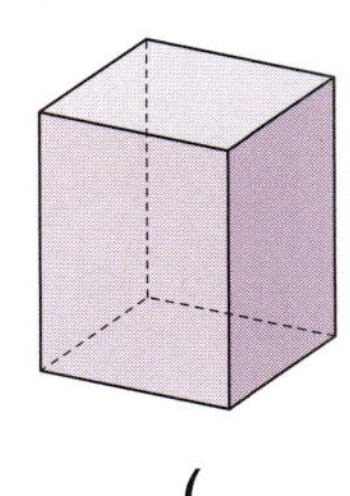

( )

5 다음 각기둥의 꼭짓점은 몇 개인가요?

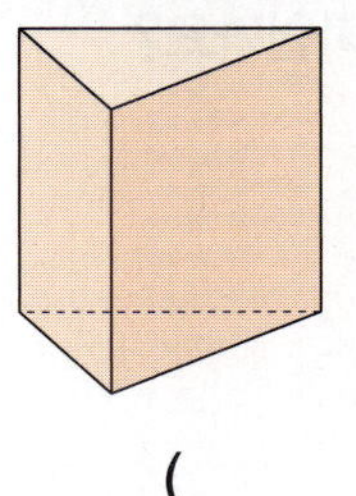

( )

6 각기둥에서 높이는 몇 cm인가요?

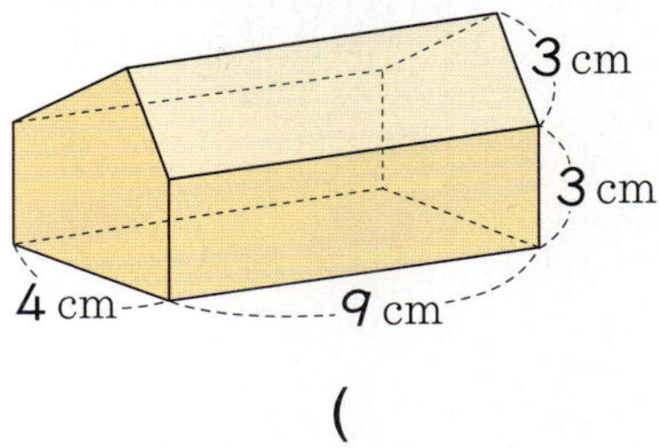

( )

7 다음에서 설명하는 입체도형의 이름을 써 보세요.

- 2개의 밑면은 합동이며 서로 평행한 다각형입니다.
- 옆면은 모두 직사각형입니다.
- 모서리의 수는 24개입니다.

( )

8 꼭짓점이 14개인 각기둥의 면의 수와 모서리의 수의 합은 얼마인가요?

(　　　　　　)

9 각기둥의 전개도를 잘라 모서리를 이어 붙였을 때, 점 ㅈ과 맞닿는 점을 모두 찾아 써 보세요.

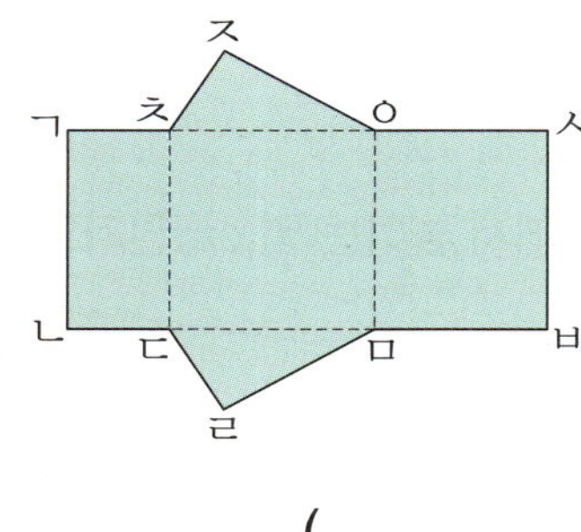

(　　　　　　)

10 전개도를 접어서 만들 수 있는 입체도형의 이름을 써 보세요.

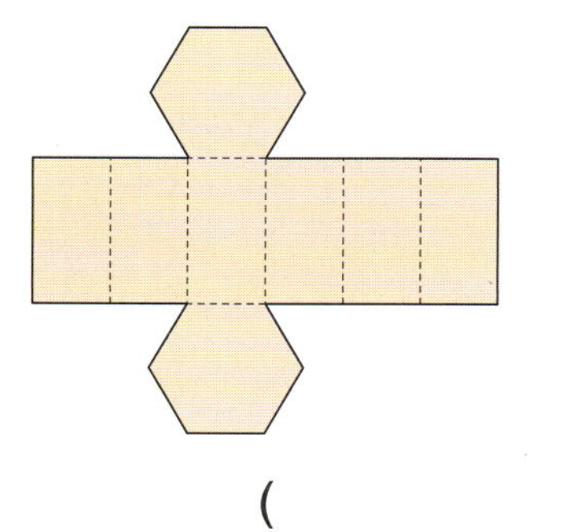

(　　　　　　)

11 삼각기둥의 전개도에서 선분 ㄴㅇ의 길이는 몇 cm 인가요?

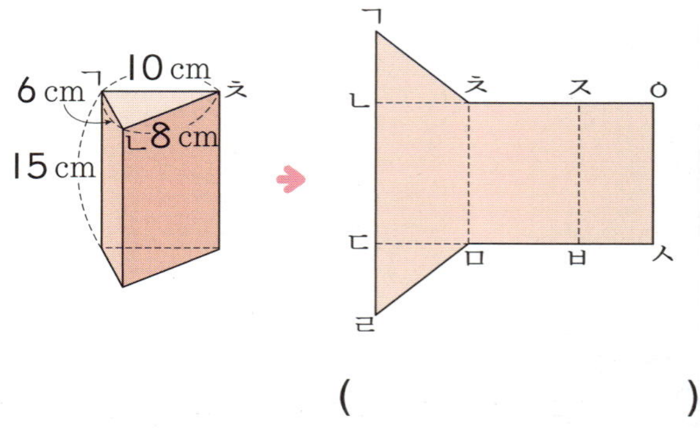

(　　　　　　)

12 밑면이 사다리꼴인 사각기둥의 전개도가 되도록 나머지 부분을 완성해 보세요.

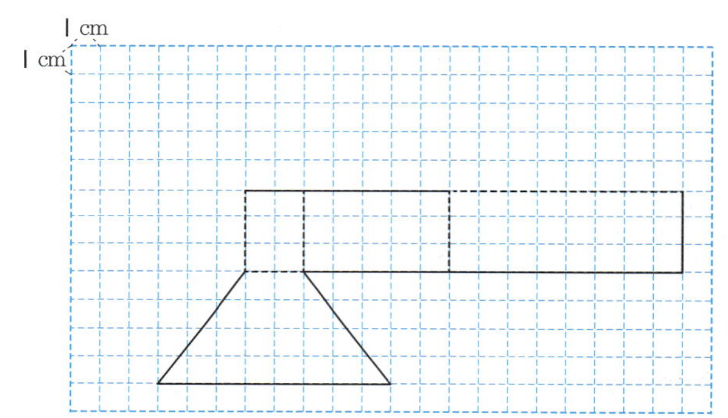

13 다음 중 각뿔은 어느 것인가요? (　　　　)

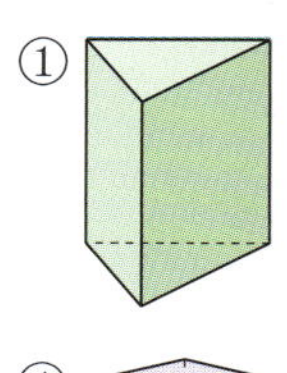
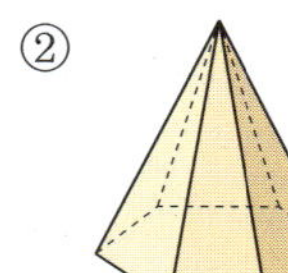

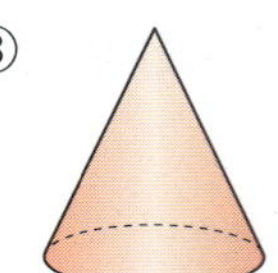
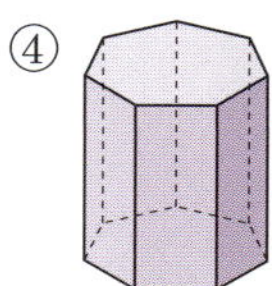
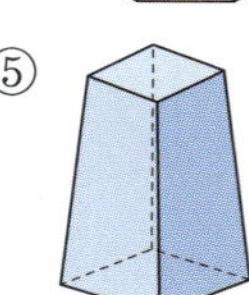

14 각뿔에서 밑면에는 ◯표, 옆면에는 △표 해 보세요.

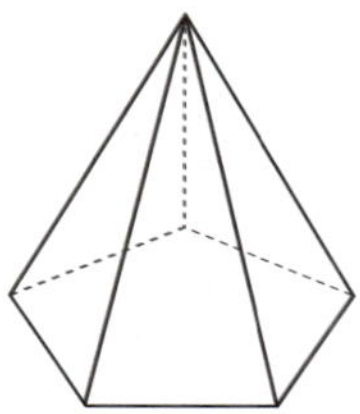

15 다음 그림에서 각뿔의 꼭짓점은 어느 것인가요?

(   )

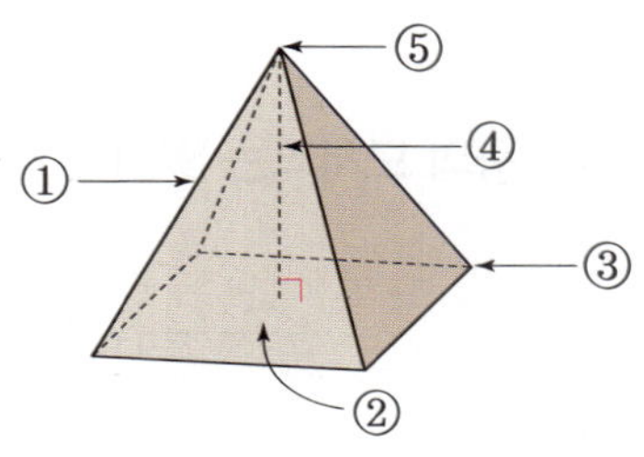

16 다음에서 설명하는 입체도형의 이름을 써 보세요.

- 밑면이 다각형이고, 옆면이 모두 삼각형입니다.
- 꼭짓점은 7개입니다.

(   )

17 사각기둥의 면의 수를 ㉠, 오각뿔의 꼭짓점의 수를 ㉡이라 할 때, ㉠+㉡은 몇인가요?

(   )

18 모서리가 18개인 각기둥과 각뿔의 면의 수의 차는 얼마인지 풀이 과정을 쓰고 답을 구해 보세요.

____

____

____

____

____

(   )

19 다음 중 잘못 설명한 것을 모두 고르세요.

(   )

① 각뿔의 밑면은 1개입니다.
② 각뿔의 옆면은 모두 삼각형입니다.
③ 각기둥에서 두 밑면은 수직으로 만납니다.
④ (각뿔의 모서리의 수)=(밑면의 변의 수)×3
⑤ (각기둥의 면의 수)=(한 밑면의 변의 수)+2

20 어떤 입체도형의 밑면은 1개이고, 옆면은 합동인 삼각형입니다. 이 입체도형의 꼭짓점의 수와 모서리의 수의 합이 31일 때, 입체도형의 이름을 써 보세요.

(   )

그림을 보고 물음에 답하세요. [1~3]

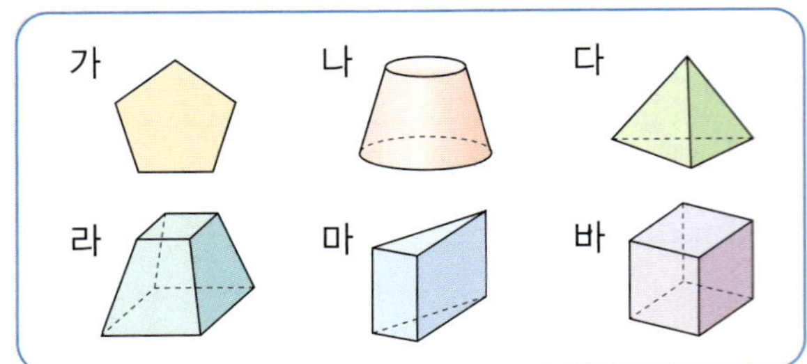

1 위와 아래에 있는 면이 서로 평행한 입체도형을 모두 찾아 기호를 써 보세요.

( )

2 각기둥을 모두 찾아 기호를 써 보세요.

( )

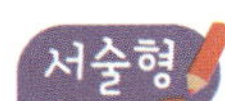
서술형

3 라는 각기둥이 아닙니다. 그 이유를 써 보세요.

이유 ________________________________

____

4 각기둥의 밑면에 모두 색칠해 보세요.

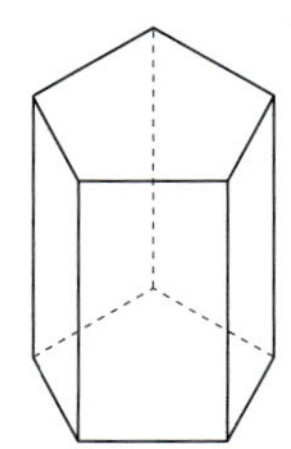

5 밑면의 모양이 다음과 같은 각기둥의 이름을 써 보세요.

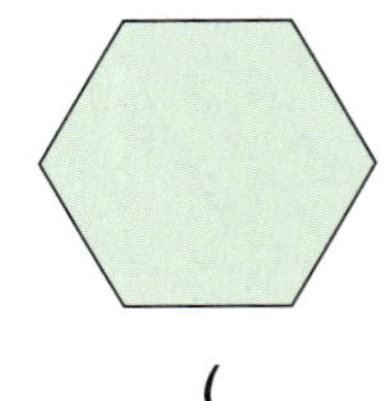

( )

6 다음 각기둥의 모서리는 몇 개인가요?

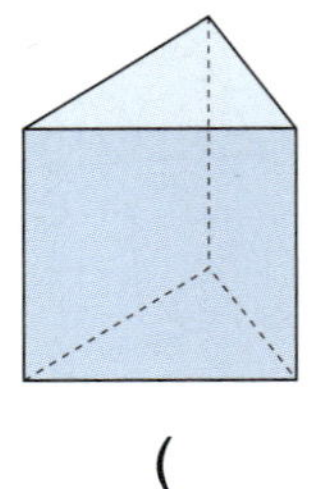

( )

7 각기둥을 보고 빈칸에 알맞은 수나 말을 써넣으세요.

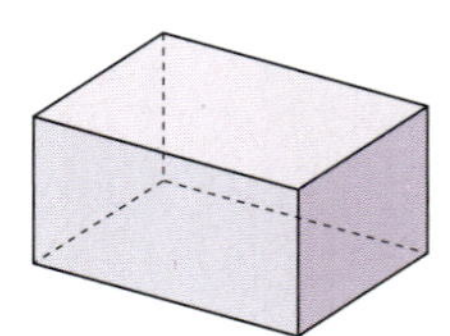

입체도형 이름	꼭짓점의 수(개)	면의 수(개)	모서리의 수(개)

8 혜원이는 미술 시간에 찰흙을 가지고 오각기둥을 만든 후 각각의 면에 서로 다른 색을 칠했습니다. 혜원이가 오각기둥에 칠한 색은 모두 몇 가지인지 풀이 과정을 쓰고 답을 구해 보세요.

____

(   )

11 전개도를 접어서 각기둥을 만들었습니다. ☐ 안에 알맞은 수를 써넣으세요.

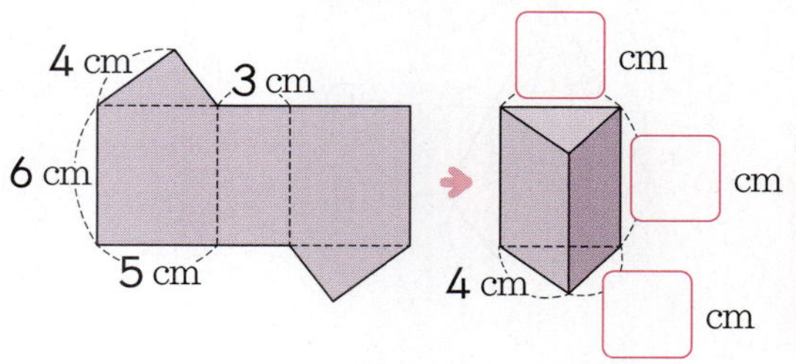

9 사각기둥의 전개도가 될 수 <u>없는</u> 것을 모두 고르세요. (   )

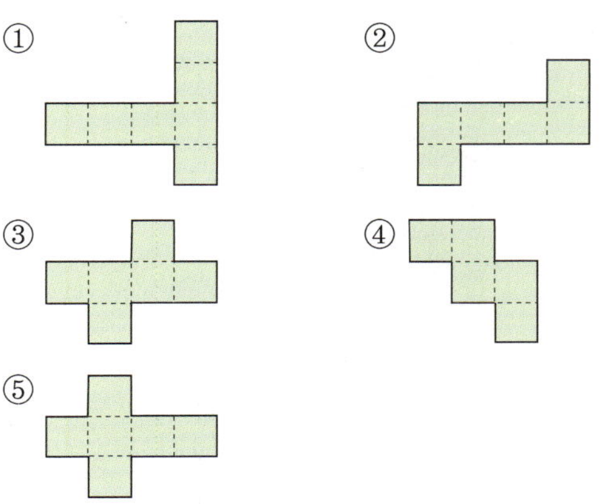

12 한 밑면이 오른쪽 그림과 같고 높이가 3 cm인 사각기둥의 전개도를 그려 보세요.

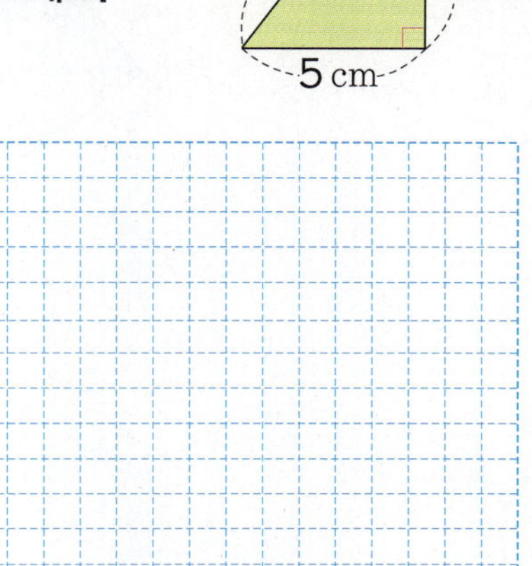

10 전개도를 접어서 삼각기둥을 만들 때 서로 평행한 두 면을 찾아 써 보세요.

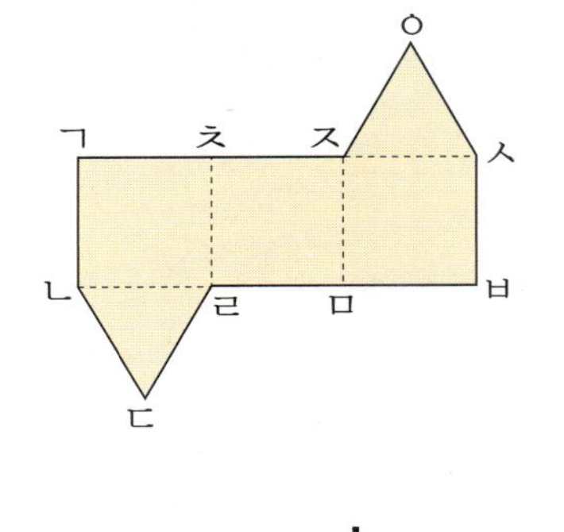

(,   )

13 각뿔의 밑면에 색칠하고, 옆면을 모두 찾아 써 보세요.

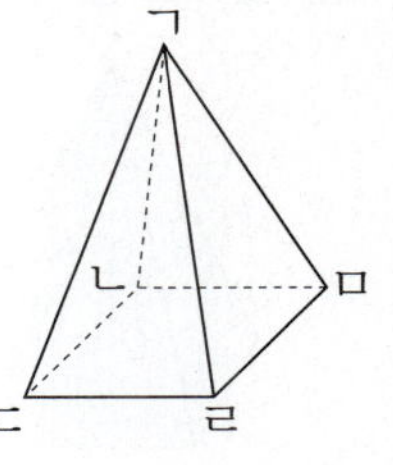

(   )

14 그림을 보고 □ 안에 알맞은 말을 써넣으세요.

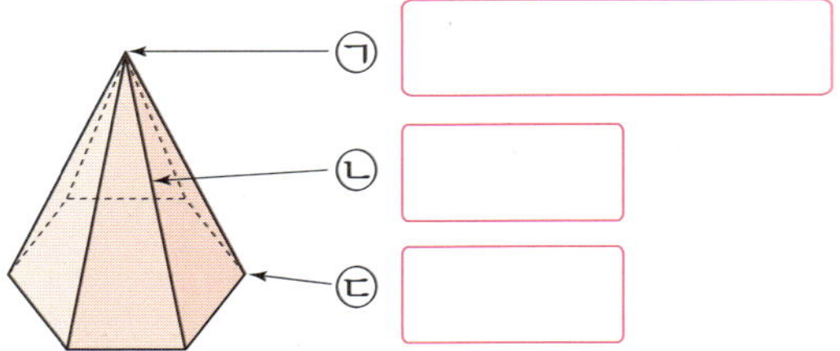

15 각뿔에서 면 ㄱㄴㄷ과 면 ㄱㄴㄹ이 만나서 생기는 모서리를 찾아 써 보세요.

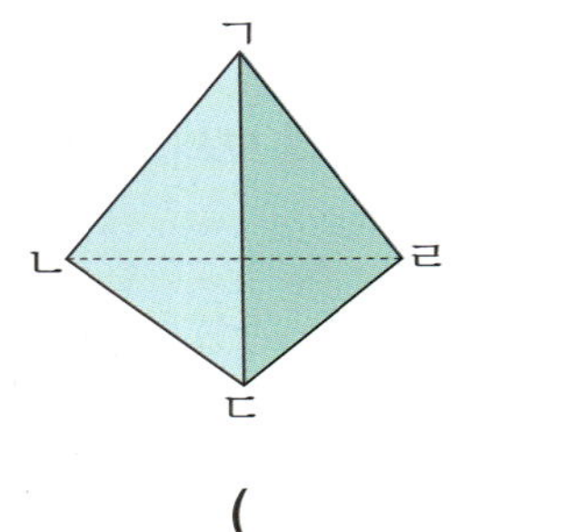

( )

16 팔각뿔의 꼭짓점은 몇 개인가요?

( )

17 각뿔의 높이는 몇 cm인가요?

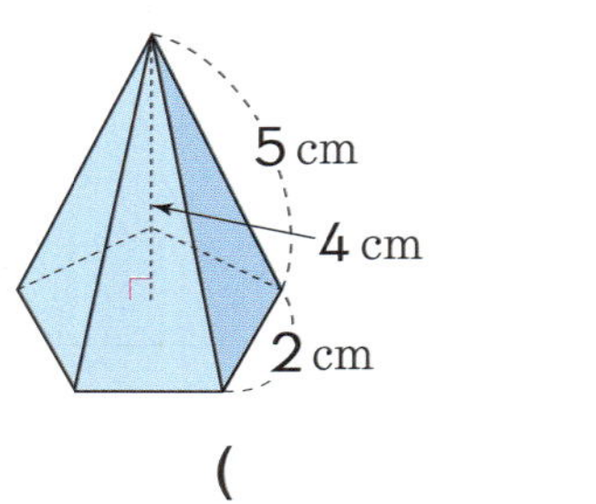

( )

18 육각뿔에 대한 설명으로 옳지 <u>않은</u> 것은 어느 것인가요? ( )

① 밑면은 1개입니다.
② 옆면은 6개입니다.
③ 모서리는 12개입니다.
④ 옆면은 직사각형입니다.
⑤ 각뿔의 꼭짓점은 1개입니다.

19 모서리의 수가 많은 것부터 차례대로 기호를 써 보세요.

㉠ 사각뿔 ㉡ 오각뿔
㉢ 삼각기둥 ㉣ 사각기둥

(, , ,)

서술형

20 다음 삼각형은 모서리의 수가 10개인 어느 각뿔의 한 옆면입니다. 옆면의 모양이 모두 같다고 할 때, 이 각뿔의 모든 모서리의 길이의 합은 몇 cm인지 풀이 과정을 쓰고 답을 구해 보세요.

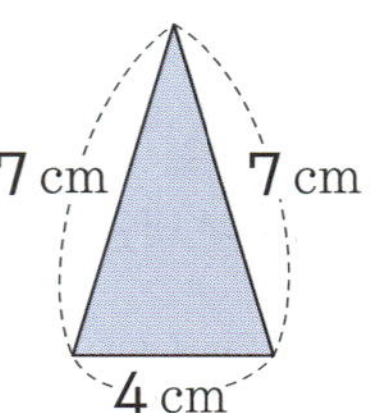

( )

1 각기둥을 찾아 기호를 써 보세요.

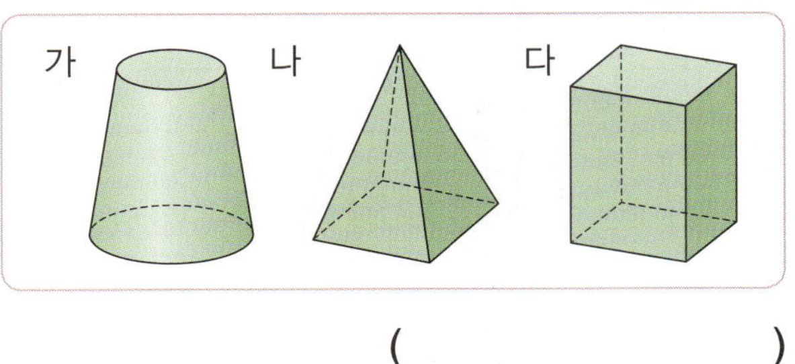

(   )

2 다음 각기둥에서 색칠한 면처럼 서로 만나지 않는 두 면을 무엇이라고 하나요?

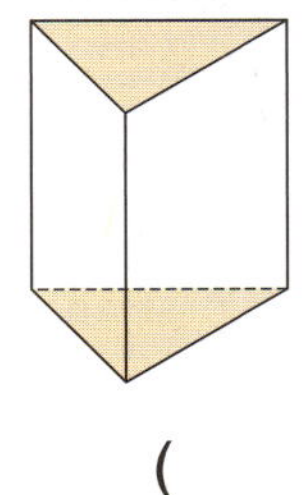

(   )

3 각기둥에서 밑면에 수직인 면은 모두 몇 개인가요?

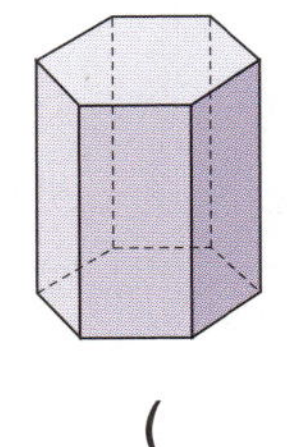

(   )

4 각기둥에 대한 설명으로 옳지 <u>않은</u> 것을 찾아 바르게 고쳐 보세요.

> ㉠ 밑면과 옆면은 서로 수직입니다.
> ㉡ 옆면이 **2**개인 각기둥이 있습니다.
> ㉢ 두 밑면은 서로 평행하고 합동입니다.

5 한 밑면의 모양이 오각형인 각기둥의 이름을 써 보세요.

(   )

6 각기둥을 옆으로 눕혀 놓았습니다. 각기둥의 높이를 나타내는 것은 어느 것인가요? (   )

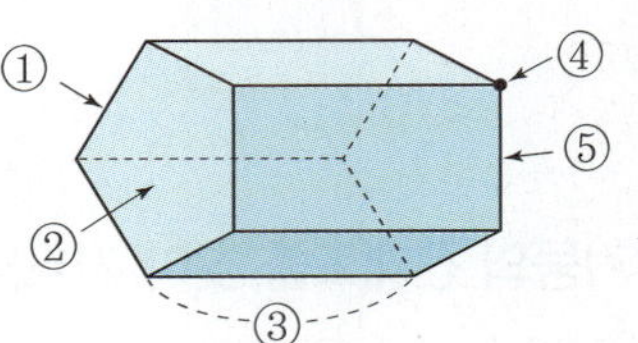

7 십사각기둥에서 옆면은 모두 몇 개인가요?

(   )

8 가의 꼭짓점의 수와 나의 모서리의 수의 합은 얼마인지 풀이 과정을 쓰고 답을 구해 보세요.

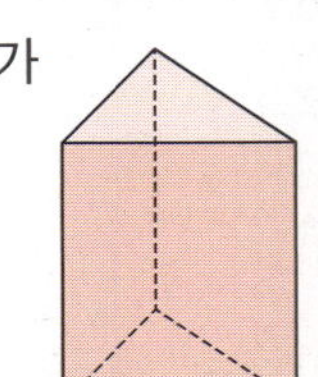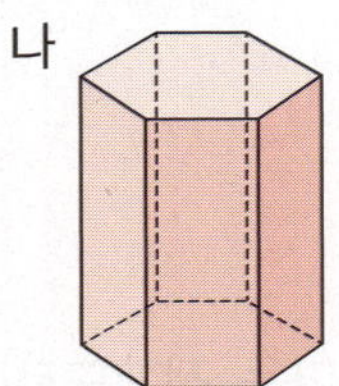

____

____

____

(   )

9 각기둥의 모서리를 잘라서 평면 위에 펼쳐 놓은 그림을 무엇이라고 하나요?

(   )

10 사각기둥의 전개도를 찾아 기호를 써 보세요.

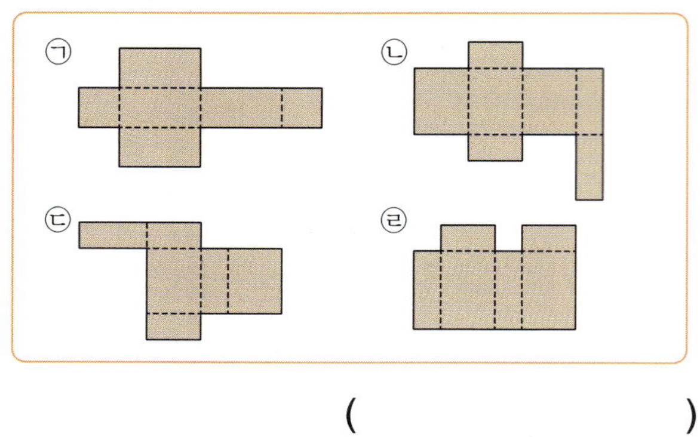

(   )

11 다음 전개도로 만들 수 있는 입체도형은 무엇인가요?

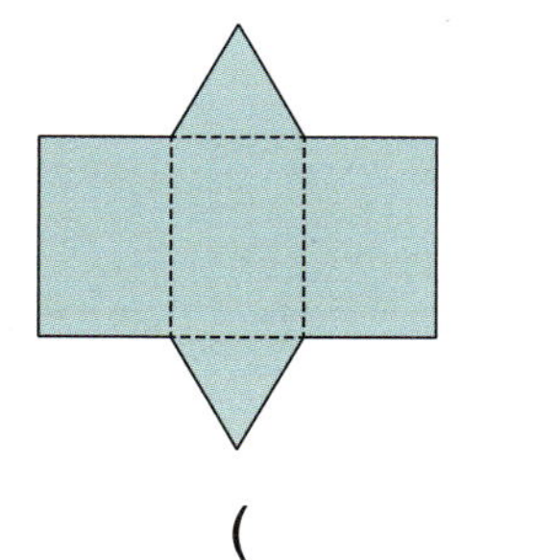

(   )

12 다음 전개도에서 색칠한 면과 평행한 면을 찾아 기호를 써 보세요.

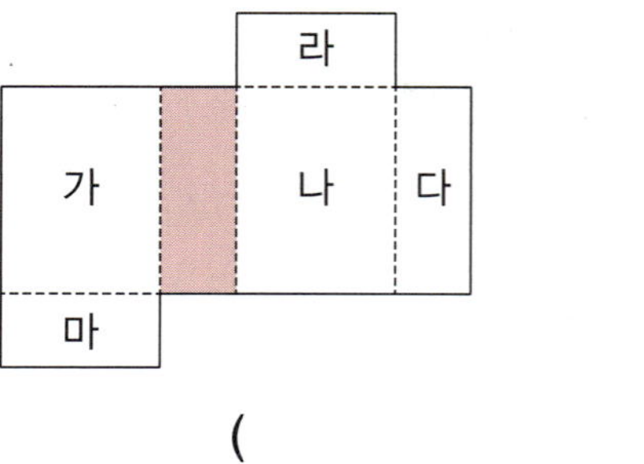

(   )

13 삼각기둥의 전개도를 그려 보세요.

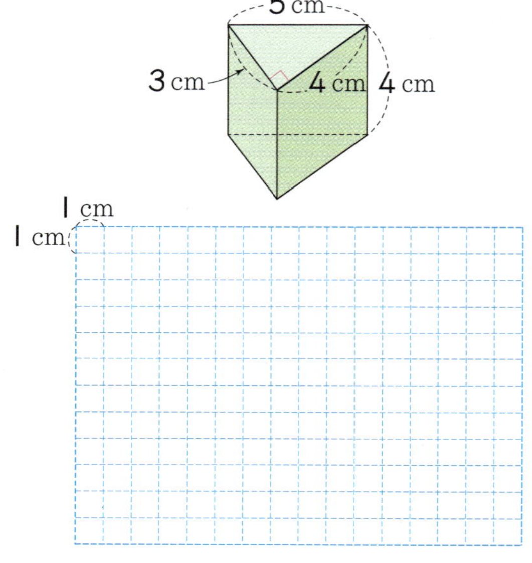

14 각뿔을 모두 고르세요. (   )

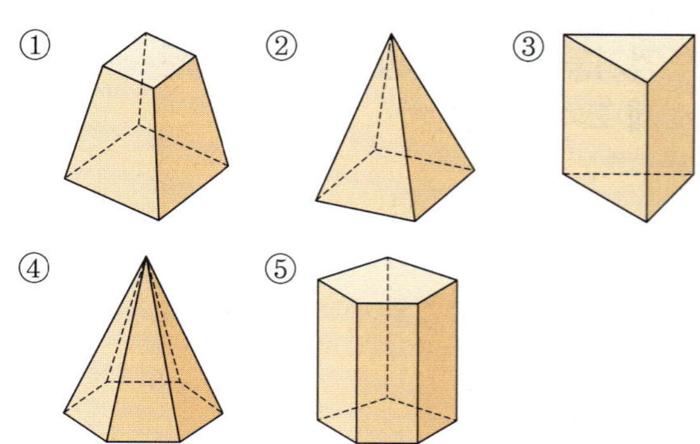

15 각뿔의 밑면을 써 보세요.

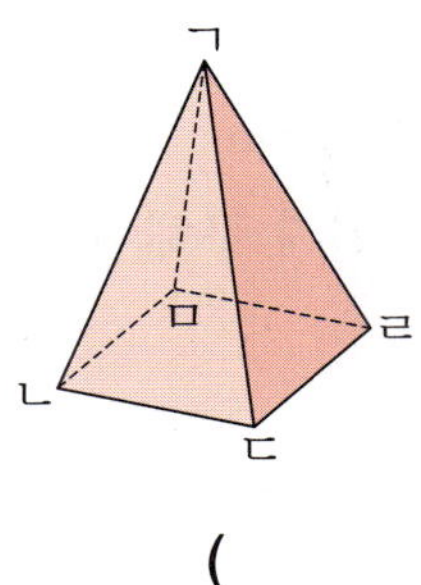

( )

16 그림과 같은 도형의 이름을 써 보세요.

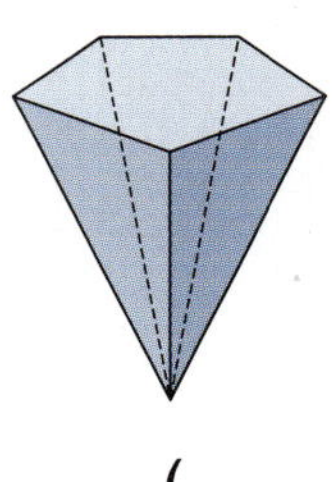

( )

17 ☐ 안에 알맞은 말을 써넣으세요.

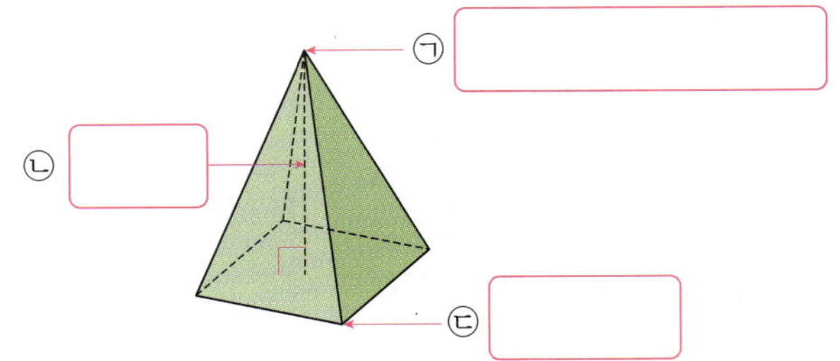

18 어느 각뿔의 밑면을 그림과 같이 원을 30°씩 나누어 원과 만난 점을 선분으로 이어서 만들었습니다. 이 각뿔의 이름을 써 보세요.

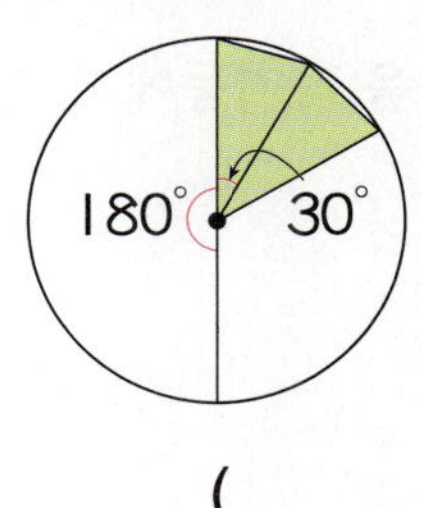

( )

서술형

19 모서리가 10개인 각뿔의 옆면은 모두 몇 개인지 풀이 과정을 쓰고 답을 구해 보세요.

( )

20 다음 설명에 알맞은 입체도형의 이름을 써 보세요.

- 꼭짓점은 9개입니다.
- 밑면은 다각형입니다.
- 옆면은 모두 삼각형입니다.

( )

연습 각 단계에 따라 문제를 풀어 보세요.

1 다음 각기둥에서 면 ㄱㄴㄷ에 수직인 면의 넓이의 합은 몇 cm²인지 구해 보세요.

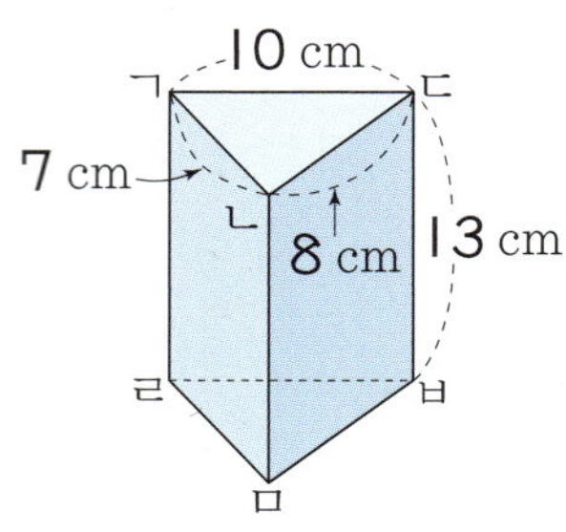

1단계 면 ㄱㄴㄷ에 수직인 면을 찾아 모두 써 보세요.

( )

2단계 면 ㄱㄴㄷ에 수직인 면의 넓이를 각각 구해 보세요.

( )

3단계 면 ㄱㄴㄷ에 수직인 면의 넓이의 합은 몇 cm²인가요?

( )

도전 위에서 푼 방법을 생각하며 풀어 보세요.

1-1 다음 각기둥에서 면 ㄱㄴㄷㄹ에 수직인 면의 넓이의 합은 몇 cm²인지 구해 보세요.

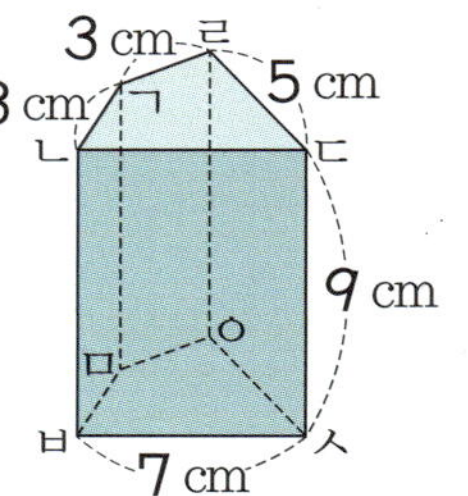

이렇게 술술 풀어요

① 면 ㄱㄴㄷㄹ에 수직인 면을 모두 찾습니다.

② 면 ㄱㄴㄷㄹ에 수직인 면의 넓이를 각각 구합니다.

③ 면 ㄱㄴㄷㄹ에 수직인 면의 넓이의 합을 구합니다.

풀이

____

____

____

____

답  ________________

연습 각 단계에 따라 문제를 풀어 보세요.

2 면의 수가 가장 적은 각기둥이 있습니다. 각기둥의 모서리의 길이가 모두 7 cm로 같을 때, 모서리의 길이의 합은 몇 cm인지 구해 보세요.

1단계 면의 수가 가장 적은 각기둥의 이름을 써 보세요.

( )

2단계 각기둥의 모서리의 수를 구해 보세요.

( )

3단계 모서리의 길이의 합은 몇 cm인가요?

( )

도전 위에서 푼 방법을 생각하며 풀어 보세요.

2-1 면의 수가 가장 적은 각뿔이 있습니다. 각뿔의 모서리의 길이가 모두 9 cm로 같을 때, 모서리의 길이의 합은 몇 cm인지 구해 보세요.

풀이

____

____

____

____

답 ______________________________

이렇게 술술 풀어요

① 면의 수가 가장 적은 각뿔의 이름을 구합니다.

② 각뿔의 모서리의 수를 구합니다.

③ 모서리의 길이의 합을 구합니다.

연습 각 단계에 따라 문제를 풀어 보세요.

3 모서리가 18개인 각기둥과 각뿔의 꼭짓점의 수의 합을 구해 보세요.

1단계 모서리가 18개인 각기둥의 이름을 써 보세요.

(   )

2단계 모서리가 18개인 각뿔의 이름을 써 보세요.

(   )

3단계 꼭짓점의 수의 합을 구해 보세요.

(   )

도전 위에서 푼 방법을 생각하며 풀어 보세요.

3-1 모서리가 24개인 각기둥과 각뿔의 면의 수의 합을 구해 보세요.

풀이

____

____

____

____

답 ________________

이렇게 술술 풀어요

① 모서리가 24개인 각기둥의 이름을 구합니다.

② 모서리가 24개인 각뿔의 이름을 구합니다.

③ 모서리가 24개인 각기둥과 각뿔의 면의 수의 합을 구합니다.

4 다음 삼각기둥의 전개도에서 다의 넓이는 54 cm²이고, 나의 넓이는 가의 넓이의 2배입니다. 선분 ㅊㅇ의 길이는 몇 cm인지 구해 보세요.

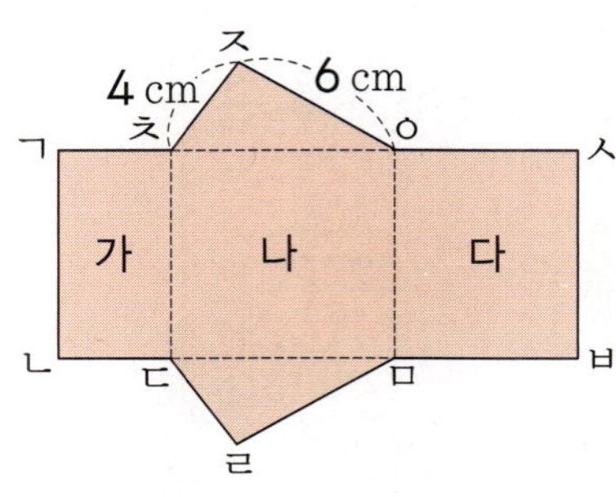

풀이

답

5 면, 모서리, 꼭짓점의 수의 합이 62인 각기둥과 밑면의 모양이 같은 각뿔이 있습니다. 이 각뿔의 이름을 써 보세요.

풀이

답

3-1 (소수)÷(자연수)를 알아볼까요(1)

✳ 자연수의 나눗셈을 이용하여 (소수)÷(자연수) 계산하기

① $36.6÷3$의 계산: $366÷3$을 계산한 다음 몫을 소수 첫째 자리로 나타냅니다. → 36.6은 366의 $\frac{1}{10}$배이므로 $36.6÷3$의 몫은 $366÷3$의 몫의 $\frac{1}{10}$배가 됩니다.

② $3.66÷3$의 계산: $366÷3$을 계산한 다음 몫을 소수 둘째 자리로 나타냅니다. → 3.66은 366의 $\frac{1}{100}$배이므로 $3.66÷3$의 몫은 $366÷3$의 몫의 $\frac{1}{100}$배가 됩니다.

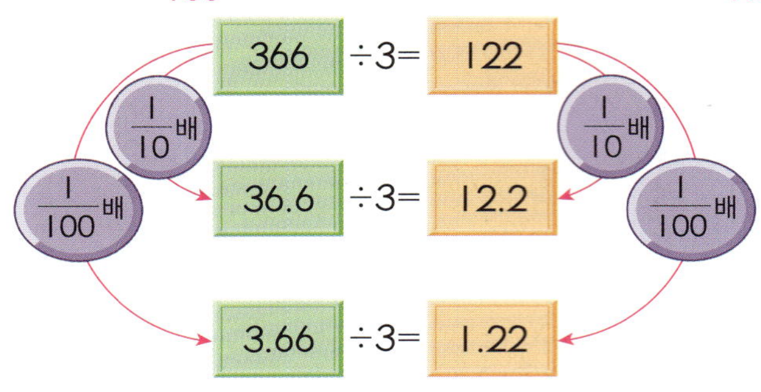

- 나누어지는 수가 $\frac{1}{10}$배가 되면 몫도 $\frac{1}{10}$배가 되므로 소수점이 왼쪽으로 한 칸 이동합니다. └• 또는 소수점을 기준으로 수가 오른쪽으로 한 자리씩 이동합니다.

- 나누어지는 수가 $\frac{1}{100}$배가 되면 몫도 $\frac{1}{100}$배가 되므로 소수점이 왼쪽으로 두 칸 이동합니다. └• 또는 소수점을 기준으로 수가 오른쪽으로 두 자리씩 이동합니다.

3-2 (소수)÷(자연수)를 알아볼까요(2)

✳ 각 자리에서 나누어떨어지지 않는 (소수)÷(자연수) 계산하기

① $57.5÷5$를 분수의 나눗셈으로 바꾸어 계산하기

$$57.5÷5 = \frac{575}{10} ÷ 5 = \frac{575÷5}{10} = \frac{115}{10} = 11.5$$

② $57.5÷5$를 세로로 계산하기: 자연수 나눗셈과 같은 방법으로 구한 뒤, 나누어지는 수의 소수점 위치에 맞춰 결과 값에 소수점을 찍어 줍니다.

- $575÷5$의 몫은 115입니다. 57.5는 575의 $\frac{1}{10}$배이므로 $57.5÷5$의 몫은 115의 $\frac{1}{10}$배인 11.5가 됩니다.

수학 익힘 풀기

3. 소수의 나눗셈

1 빈칸에 알맞은 수를 써넣으세요.

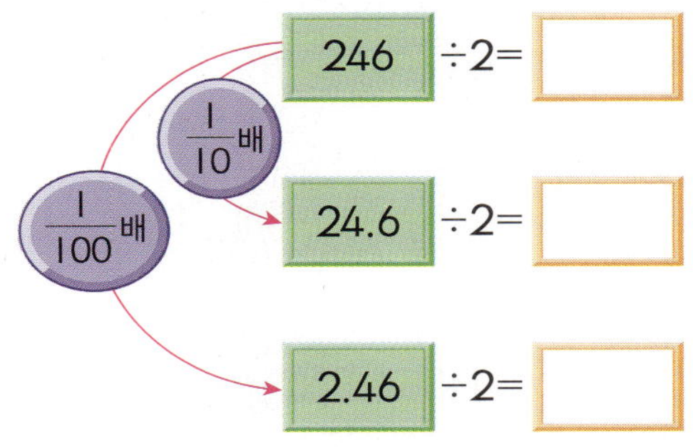

2 ☐ 안에 알맞은 수를 써넣으세요.

(1) 963÷3=321 ➜ 96.3÷3=

(2) 848÷4=212 ➜ 84.8÷4=

(3) 264÷2=132 ➜ 2.64÷2=

3 길이가 633 cm인 줄을 3개로 똑같이 나누었더니 211 cm씩 나누어졌습니다. 길이가 6.33 m인 줄을 3개로 똑같이 나누면 몇 m씩 나눌 수 있나요?

(   )

 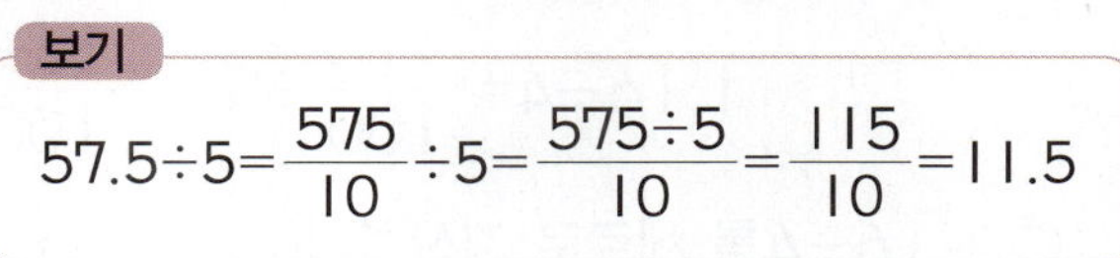

4 보기 와 같은 방법으로 계산해 보세요.

보기

$$57.5 \div 5 = \frac{575}{10} \div 5 = \frac{575 \div 5}{10} = \frac{115}{10} = 11.5$$

(1) 49.2÷4=

(2) 65.36÷8=

3 단원

5 계산해 보세요.

(1)

$$6 \overline{)36.72}$$

(2)

$$7 \overline{)16.45}$$

6 빈칸에 알맞은 수를 써넣으세요.

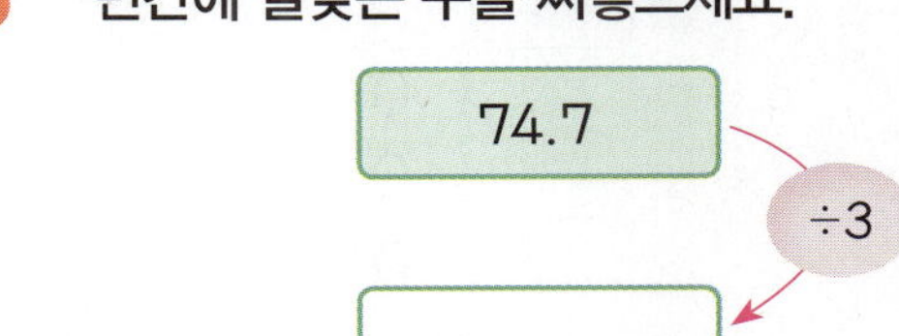

3-3 (소수)÷(자연수)를 알아볼까요 (3)

❋ **몫이 1보다 작은 소수인 (소수)÷(자연수) 계산하기**

① 1.16÷4를 분수의 나눗셈으로 바꾸어 계산하기

$$1.16 \div 4 = \frac{116}{100} \div 4 = \frac{116 \div 4}{100} = \frac{29}{100} = 0.29$$

② 1.16÷4를 세로로 계산하기: 자연수 나눗셈과 같은 방법으로 구한 뒤, 소수점을 올려 찍고 자연수 부분에 0을 씁니다.

$$\begin{array}{r} 2\,9 \\ 4\,\overline{)\,1\,1\,6} \\ 8 \\ \hline 3\,6 \\ 3\,6 \\ \hline 0 \end{array} \qquad \begin{array}{r} 0.2\,9 \\ 4\,\overline{)\,1.1\,6} \\ 8 \\ \hline 3\,6 \\ 3\,6 \\ \hline 0 \end{array}$$

- 116÷4의 몫은 29입니다.

  1.16은 116의 $\frac{1}{100}$ 배이므로 1.16÷4의 몫은 29의 $\frac{1}{100}$ 배인 0.29가 됩니다.

116 ÷4=	29

  ($\frac{1}{100}$배) → 1.16 ÷4= 0.29 ← ($\frac{1}{100}$배)

3-4 (소수)÷(자연수)를 알아볼까요 (4)

❋ **소수점 아래 0을 내려 계산해야 하는 (소수)÷(자연수) 계산하기**

① 3.3÷2를 분수의 나눗셈으로 바꾸어 계산하기

$$3.3 \div 2 = \frac{33}{10} \div 2 = \frac{330}{100} \div 2 = \frac{330 \div 2}{100} = \frac{165}{100} = 1.65$$

$3.3 \div 2 = \frac{33}{10} \div 2 = \frac{33 \div 2}{10}$ 가 되면 33÷2가 나누어떨어지지 않으므로 $\frac{330}{100}$ 으로 고쳐서 계산합니다.

② 3.3÷2를 세로로 계산하기: 자연수 나눗셈과 같은 방법으로 구한 뒤, 나누어지는 수의 소수점 위치에 맞춰 결과 값에 소수점을 찍어 줍니다. 이때 계산이 끝나지 않으면 0을 하나 내려 계산합니다.

$$\begin{array}{r} 1\,6\,5 \\ 2\,\overline{)\,3\,3\,0} \\ 2 \\ \hline 1\,3 \\ 1\,2 \\ \hline 1\,0 \\ 1\,0 \\ \hline 0 \end{array} \qquad \begin{array}{r} 1.6\,5 \\ 2\,\overline{)\,3.3\,0} \\ 2 \\ \hline 1\,3 \\ 1\,2 \\ \hline 1\,0 \\ 1\,0 \\ \hline 0 \end{array}$$

- 분모가 10인 분수를 분모가 100인 크기가 같은 분수로 바꾸는 방법: 분모와 분자에 각각 10을 곱합니다.

  (예) $\frac{33}{10} = \frac{330}{100}$, $\frac{2}{10} = \frac{20}{100}$

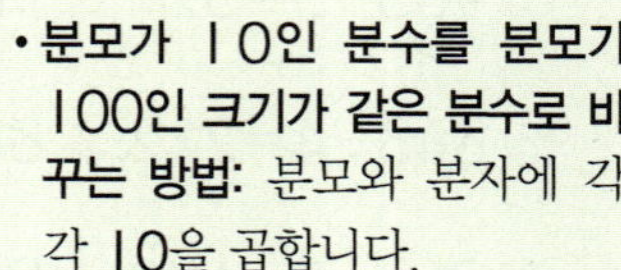

수학 익힘 풀기

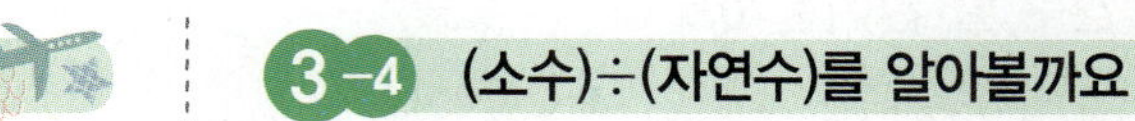

3-3 (소수)÷(자연수)를 알아볼까요 (3)

1 계산을 잘못한 곳을 찾아 바르게 계산해 보세요.

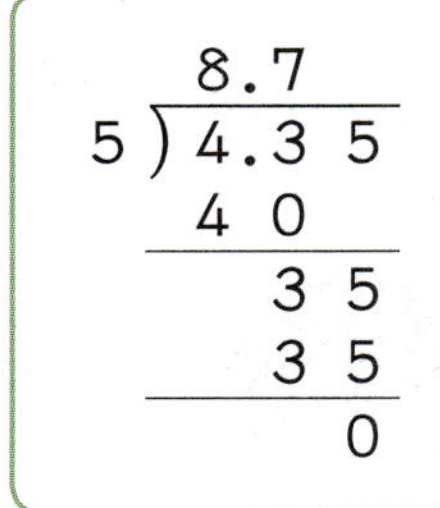

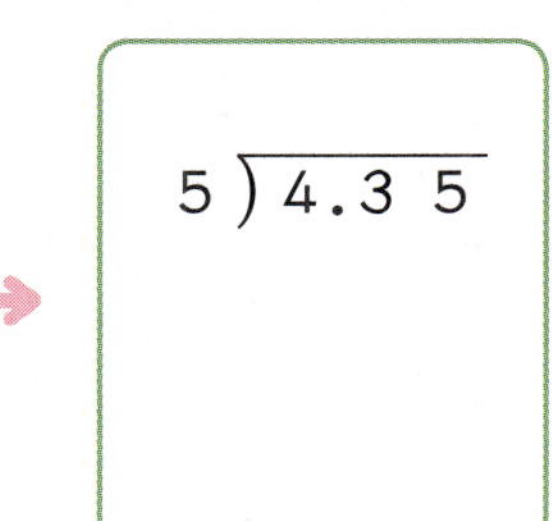

2 계산해 보세요.

(1) 7) 6.4 4

(2) 9) 7.3 8

3 수 카드 중 3장을 골라 가장 작은 소수 두 자리 수를 만들고, 남은 수 카드의 수로 나누었을 때 몫은 얼마인가요?

식 ________________________

답 ________________________

3-4 (소수)÷(자연수)를 알아볼까요 (4)

4 빈칸에 알맞은 수를 써넣으세요.

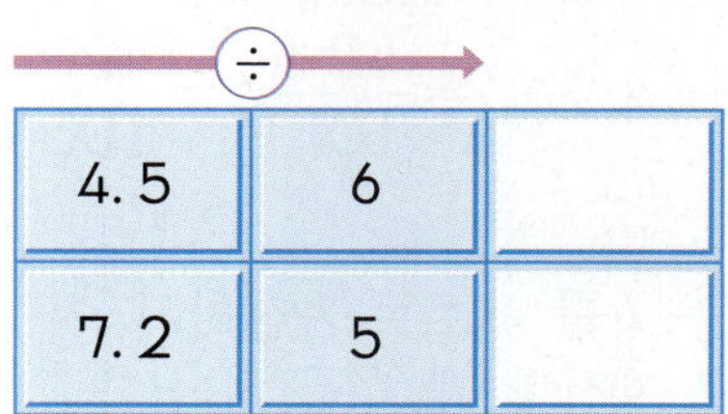

÷		
4.5	6	
7.2	5	

5 어떤 색 구슬이 더 무거운지 써 보세요.

민지   재희

(   )

6 계산 결과가 큰 것부터 ◯ 안에 번호를 써넣으세요.

◯   ◯   ◯

| 0.7÷2 | 2.6÷4 | 2.8÷5 |

3-5 (소수)÷(자연수)를 알아볼까요(5)

✱ 몫의 소수 첫째 자리에 0이 있는 (소수)÷(자연수) 계산하기

① 4.2÷4를 분수의 나눗셈으로 바꾸어 계산하기

$$4.2÷4=\frac{42}{10}÷4=\frac{420}{100}÷4=\frac{420÷4}{100}=\frac{105}{100}=1.05$$

$4.2÷4=\frac{42}{10}÷4=\frac{42÷4}{10}$ 가 되면 42÷4가 나누어떨어지지 않으므로 $\frac{420}{100}$ 으로 고쳐서 계산합니다.

② 4.2÷4를 세로로 계산하기: 세로로 계산할 때 수를 하나 내렸음에도 나누어야 할 수가 나누는 수보다 작을 경우에는 몫에 0을 쓰고 수를 하나 더 내려 계산합니다.

3-6 (자연수)÷(자연수)를 알아볼까요

✱ (자연수)÷(자연수)를 계산하여 몫을 소수로 나타내기

① 3÷4를 분수의 나눗셈으로 바꾸어 계산하기

$$3÷4=\frac{3}{4}=\frac{3×25}{4×25}=\frac{75}{100}=0.75$$

② 3÷4를 세로로 계산하기: 더 이상 계산할 수 없을 때까지 받아내림을 하며, 받아내릴 수 없을 경우 0을 받아내려 계산합니다.

3-7 몫을 어림해 볼까요

✱ 반올림으로 결과를 어림하여 소수점 위치 찾기

㉠ 31.6÷4를 어림하기: 31.6은 31보다 32에 가깝기 때문에 32÷4=8로 어림할 수 있습니다.

✱ 어림을 통한 소수점 위치 찾기

㉠ 어림을 통해 31.6÷4의 소수점 위치 찾기: 31.6을 32로 어림하면 약 8이므로 7.9입니다.

31.6÷4=0.79 (✕)   31.6÷4=7.9 (◯)   31.6÷4=79 (✕)

• 32÷4=8에 가깝습니다.

수학 익힘 풀기

3 –5 (소수)÷(자연수)를 알아볼까요 (5)

1 4.1÷2를 분수로 고쳐서 계산하려고 합니다. 누구의 말이 맞는지 이름을 써 보세요.

(   )

2 계산해 보세요.

(1) $9\,)\overline{\,9.8\,1\,}$

(2) $7\,)\overline{\,7.4\,9\,}$

3 –6 (자연수)÷(자연수)를 알아볼까요

3 빈칸에 알맞은 수를 써넣으세요.

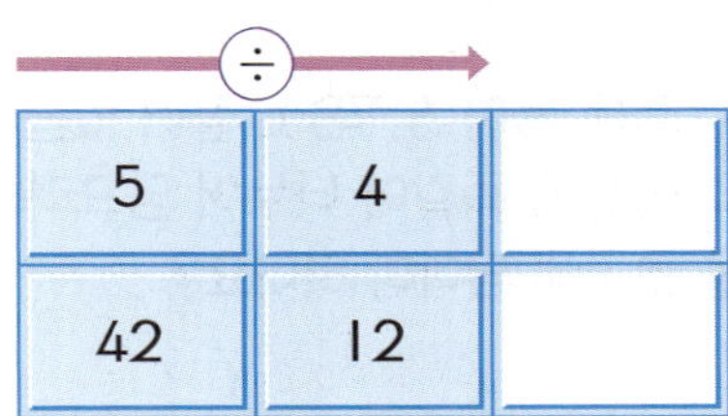

÷		
5	4	
42	12	

4 계산해 보세요.

(1) $8\,)\overline{\,2\,}$

(2) $25\,)\overline{\,2\,6\,}$

3 –7 몫을 어림해 볼까요

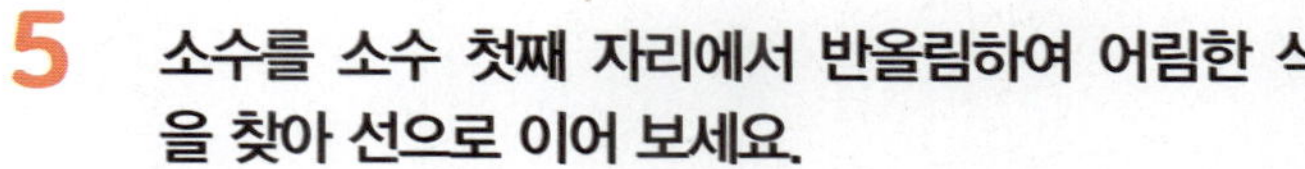

5 소수를 소수 첫째 자리에서 반올림하여 어림한 식을 찾아 선으로 이어 보세요.

(1) 3.65÷4 •   • ㉠ 40÷4

(2) 39.5÷4 •   • ㉡ 4÷4

(3) 16.2÷4 •   • ㉢ 16÷4

6 몫을 어림해 보고 알맞은 식의 기호를 써 보세요.

㉠ 17.84÷4=0.446
㉡ 17.84÷4=4.46
㉢ 17.84÷4=44.6
㉣ 17.84÷4=446

(   )

단원 평가 

연습

3. 소수의 나눗셈

1 끈 26.4 cm를 2명에게 똑같이 나누어 주려고 합니다. 한 사람이 가지게 될 끈 한 도막은 몇 cm인지 □ 안에 알맞은 수를 써넣으세요.

> I cm=10 mm이므로 26.4 cm=264 mm입니다.
>
> $264÷2=$ □
>
> 한 사람이 가지게 될 끈 한 도막은 □ mm
>
> 이므로 □ cm입니다.

2 빈칸에 알맞은 수를 써넣으세요.

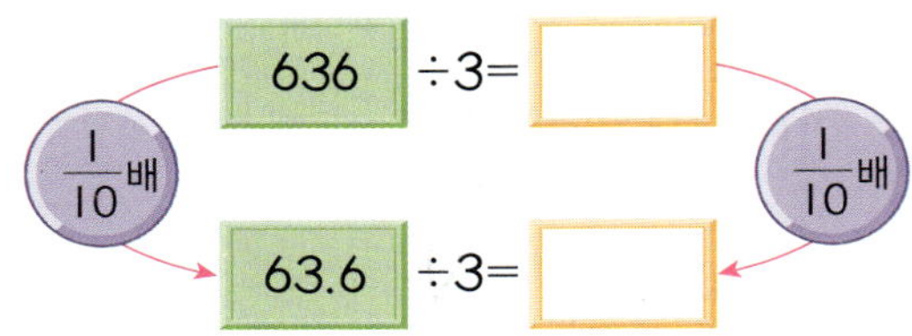

3 □ 안에 알맞은 수를 써넣으세요.

$$80.64÷6=\dfrac{□}{100}÷6$$

$$=\dfrac{□÷6}{100}$$

$$=\dfrac{□}{100}=□$$

4 서술형

계산을 잘못한 곳을 찾아 바르게 계산하고 그 이유를 써 보세요

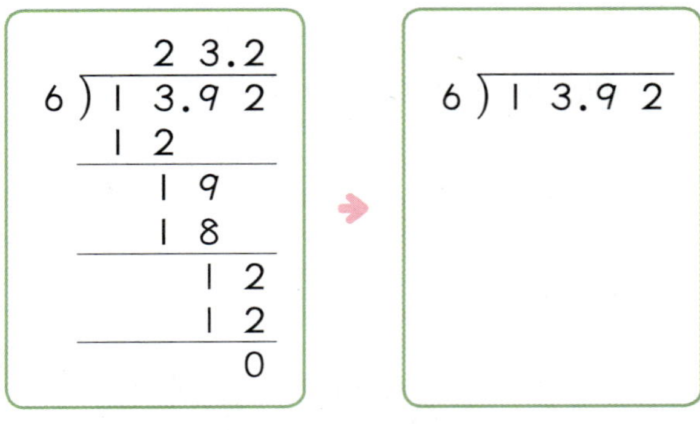

이유 ________________________

____

5 계산해 보세요.

(1) $3\overline{)19.11}$　　　(2) $7\overline{)28.91}$

6 생수 통에 물이 6.78 L 들어 있습니다. 이 물을 6개의 물병에 똑같이 나누어 담으려면 물병 한 개에 물을 몇 L씩 담아야 하나요?

(　　　　　　)

7 ☐ 안에 알맞은 수를 써넣으세요.

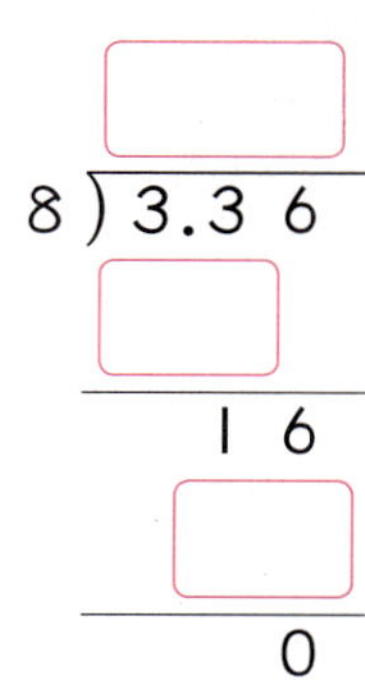

$8\,\overline{)\,3.3\,6}$

8 몫이 가장 큰 것에 ◯표 해 보세요.

| $4.16 \div 8$ | $3.57 \div 7$ | $4.77 \div 9$ |

(   )   (   )   (   )

9 어떤 수를 3으로 나누었더니 몫이 1.92였습니다. 어떤 수를 6으로 나눈 몫을 구해 보세요.

(   )

10 보기 와 같은 방법으로 계산해 보세요.

보기

$$3.6 \div 8 = \frac{360}{100} \div 8 = \frac{360 \div 8}{100} = \frac{45}{100} = 0.45$$

➡ $5.1 \div 6 =$

11 똑같은 사탕 8개의 무게를 재어 보았더니 $67.6\ \text{g}$이었습니다. 이 사탕 한 개의 무게는 몇 g인가요?

(   )

12 빈칸에 알맞은 수를 써넣으세요.

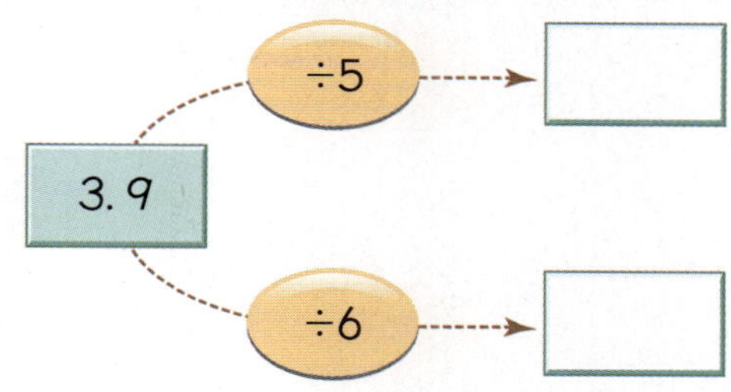

13 자연수의 나눗셈을 이용하여 소수의 나눗셈을 해 보세요.

⑴ $816 \div 8 = 102$ ➡ $8.16 \div 8 =$ ☐

⑵ $820 \div 4 = 205$ ➡ $8.2 \div 4 =$ ☐

14 몫의 소수 첫째 자리 숫자가 0인 나눗셈을 모두 고르세요. (   )

① $0.69 \div 3$ ② $5.2 \div 5$
③ $7.3 \div 5$ ④ $8.12 \div 4$
⑤ $12.39 \div 3$

서술형

15 한 변의 길이가 2.76 cm인 정삼각형과 둘레의 길이가 같은 정사각형의 한 변의 길이는 몇 cm인지 풀이 과정을 쓰고 답을 구해 보세요.

____

____

____

(   )

16 빈칸에 알맞은 수를 써넣으세요.

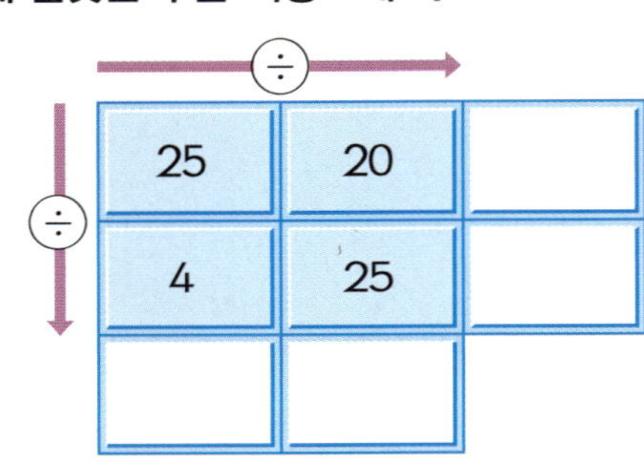

17 직사각형의 넓이는 14 cm²입니다. 세로는 몇 cm인가요?

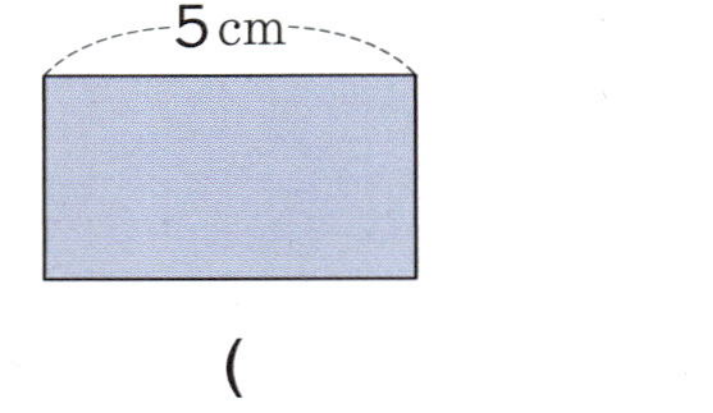

(   )

응용

18 휘발유 4 L로 35 km를 달리는 자동차가 있습니다. 같은 빠르기로 달린다면 이 자동차가 휘발유 5 L로 달릴 수 있는 거리는 몇 km인가요?

(   )

19 어림셈하여 몫의 소수점의 위치를 찾아 소수점을 찍어 보세요.

$25.92 \div 6$

어림 [   ] ÷6 ➡ 약 [   ]

몫 4 [ ] 3 [ ] 2

20 몫을 어림해 보고 알맞은 식을 찾아 ◯표 해 보세요.

$2.76 \div 6 = 460$	( )
$2.76 \div 6 = 46$	( )
$2.76 \div 6 = 4.6$	( )
$2.76 \div 6 = 0.46$	( )

1 다음 계산을 보고 알맞은 말에 ◯표 해 보세요.

$$369 \div 3 = 123$$
$$36.9 \div 3 = 12.3$$
$$3.69 \div 3 = 1.23$$

(1) 나누는 수가 같고 나누어지는 수가 $\dfrac{1}{10}$ 배가 되면 몫의 소수점이 (오른쪽 , 왼쪽)으로 (한 칸 , 두 칸) 이동합니다.

(2) 나누는 수가 같고 나누어지는 수가 $\dfrac{1}{100}$ 배가 되면 몫의 소수점이 (오른쪽, 왼쪽)으로 (한 칸 , 두 칸) 이동합니다.

2 색 테이프를 각각 3등분하였습니다. ⬜ 안에 알맞은 수를 써넣으세요.

211 cm ··· 633 cm

⬜ m ··· 6.33 m

3 ⬜ 안에 알맞은 수를 써넣으세요.

⬜ 배

$7104 \div 3 = $ ⬜ $71.04 \div 3 = $ ⬜

⬜ 배

4 보기 와 같은 방법으로 계산해 보세요.

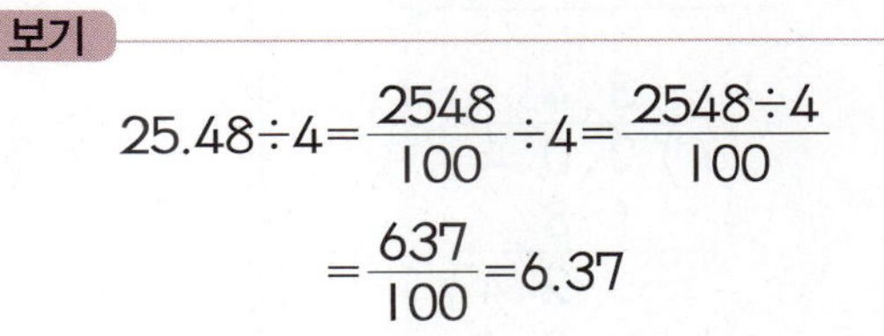

보기

$$25.48 \div 4 = \frac{2548}{100} \div 4 = \frac{2548 \div 4}{100}$$
$$= \frac{637}{100} = 6.37$$

➜ $16.52 \div 7 = $ ________________

3 단원

5 몫의 크기를 비교하여 ◯ 안에 >, =, <를 알맞게 써넣으세요.

$$20.96 \div 8 \bigcirc 25.47 \div 9$$

서술형

6 가로가 4 m, 세로가 2 m인 직사각형 모양의 벽을 페인트 24.8 L를 모두 사용하여 칠했습니다. 1 m²의 벽을 칠하는 데 사용한 페인트는 몇 L인지 풀이 과정을 쓰고 답을 구해 보세요.

____

____

____

(   )

주의

7 계산을 잘못한 곳을 찾아 바르게 계산해 보세요.

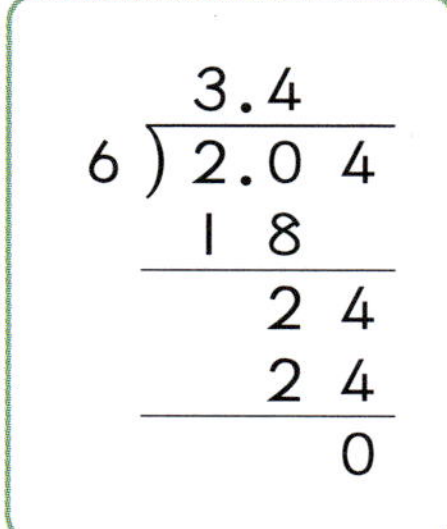

$$
\begin{array}{r}
3.4 \\
6\,)\overline{\,2.0\ 4} \\
1\,8 \\
\hline
2\ 4 \\
2\ 4 \\
\hline
0
\end{array}
$$

➡

$$
6\,)\overline{\,2.0\ 4}
$$

중요

10 나누어 떨어지도록 계산해 보세요.

(1)
$$
\begin{array}{r}
0.3 \\
6\,)\overline{\,2.1} \\
1\,8 \\
\hline
3
\end{array}
$$

(2)
$$
\begin{array}{r}
1.6 \\
5\,)\overline{\,8.4} \\
5 \\
\hline
3\ 4 \\
3\ 0 \\
\hline
4
\end{array}
$$

11 생수 10.8 L를 8개의 통에 똑같이 나누어 담으려고 합니다. 한 통에 담아야 할 생수는 몇 L인가요?

(　　　　　　　　　)

8 몫이 큰 것부터 순서대로 ◯ 안에 번호를 써넣으세요.

◯ $7\,)\overline{\,1.6\ 8}$　　◯ $5\,)\overline{\,1.4\ 5}$　　◯ $4\,)\overline{\,1.1\ 2}$

서술형

12 넓이가 72.8 cm²인 정사각형을 그림과 같이 크기가 같은 정사각형 16개로 나누었습니다. 색칠한 부분의 넓이는 몇 cm²인지 풀이 과정을 쓰고 답을 구해 보세요.

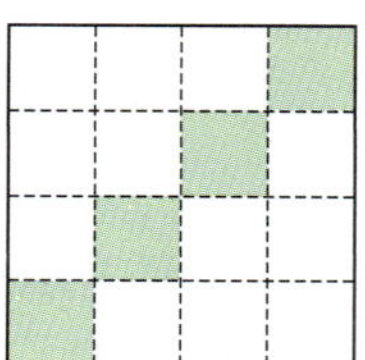

9 빈칸에 알맞은 수를 써넣으세요.

÷		
4.2	7	
0.64	4	
9.48	12	

(　　　　　　　　　)

13 ☐ 안에 알맞은 수를 써넣으세요.

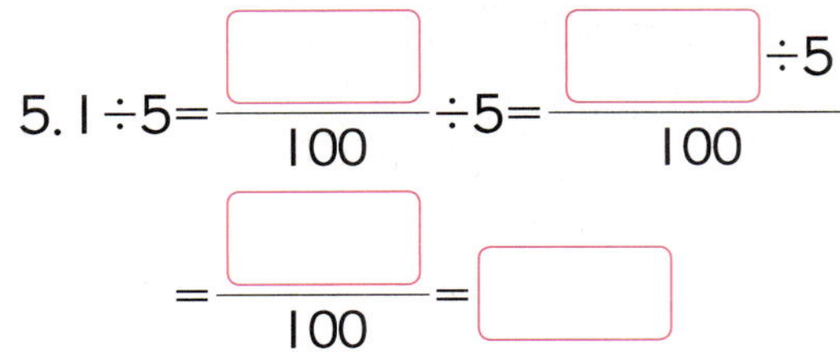

$$5.1 \div 5 = \frac{\boxed{}}{100} \div 5 = \frac{\boxed{} \div 5}{100}$$

$$= \frac{\boxed{}}{100} = \boxed{}$$

14 다음 중 몫이 <u>다른</u> 하나는 어느 것인가요? (   )

① $8.2 \div 4$ ② $16.4 \div 8$

③ $10.4 \div 5$ ④ $12.3 \div 6$

⑤ $18.45 \div 9$

15 5천 원으로 리본 5.4 m를 살 수 있습니다. 천 원으로 리본을 몇 m 살 수 있나요?

(   )

16 $400 \div 25 = 16$임을 이용하여 나눗셈의 몫을 구해 보세요.

⑴ $40 \div 25$

⑵ $4 \div 25$

17 빈 곳에 알맞은 수를 써넣으세요.

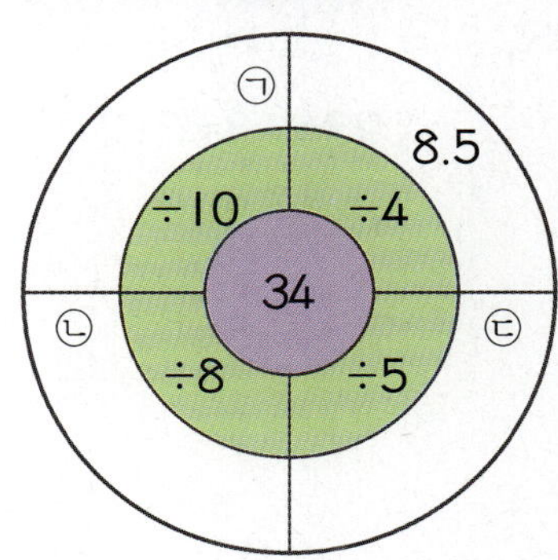

18 삼각형 ㄱㄴㄷ은 이등변삼각형입니다. 세 변의 길이의 합이 32 cm일 때 변 ㄱㄴ의 길이는 몇 cm 인가요?

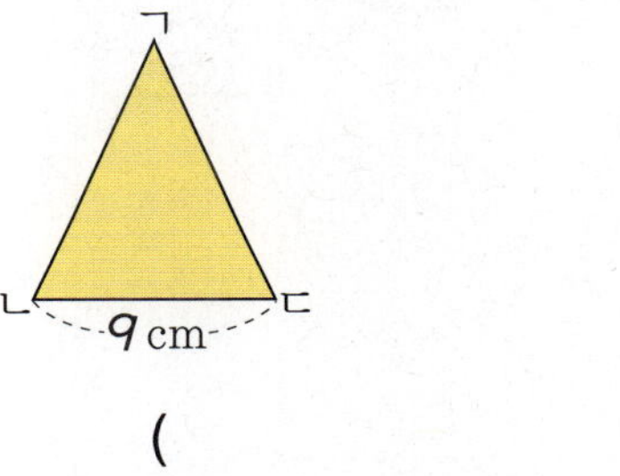

(   )

19 몫을 어림해 보고 알맞은 식을 찾아 기호를 써 보세요.

㉠ $33.84 \div 4 = 846$	㉡ $33.84 \div 4 = 84.6$
㉢ $33.84 \div 4 = 8.46$	㉣ $33.84 \div 4 = 0.846$

(   )

20 몫을 어림하여 몫이 1보다 큰 나눗셈을 모두 찾아 ◯표 해 보세요.

$43.2 \div 4$	$4.45 \div 5$	$2.94 \div 6$
$3.04 \div 4$	$5.6 \div 5$	$6.72 \div 6$

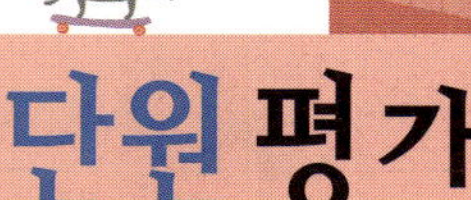

단원 평가

1 자연수의 나눗셈을 이용하여 소수의 나눗셈을 해 보세요.

$$936 \div 3 = 312$$
$$93.6 \div 3 = \boxed{}$$
$$9.36 \div 3 = \boxed{}$$

2 빈 곳에 알맞은 수를 써넣으세요.

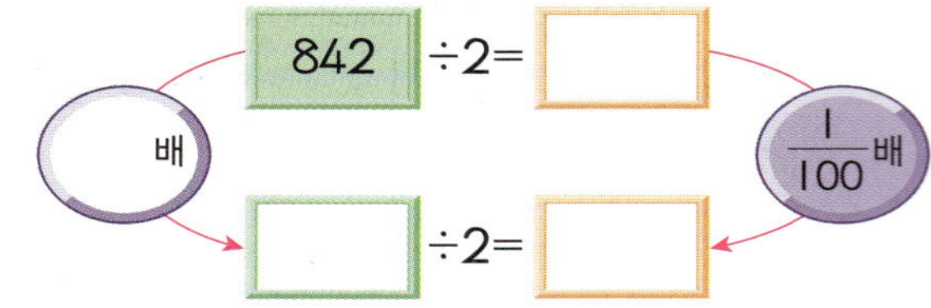

3 $24.56 \div 4$를 계산한 식입니다. 알맞은 위치에 소수점을 찍어 보세요.

```
        6 □ 1 □ 4
    4 ) 2 4 . 5 6
        2 4
          5
          4
          1 6
          1 6
            0
```

4 빈칸에 알맞은 수를 써넣으세요.

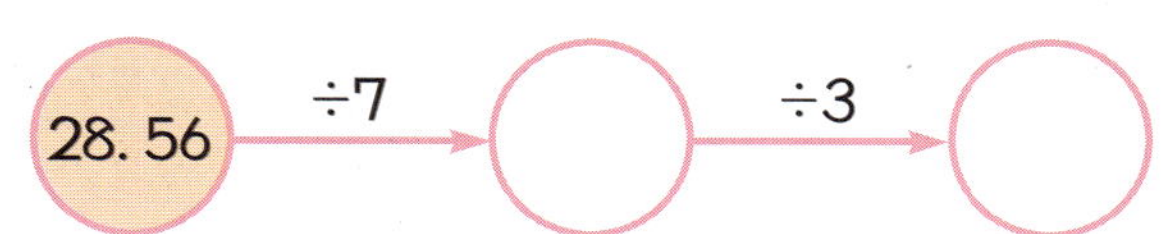

5 평행사변형의 넓이는 28.14 cm²입니다. 밑변이 6 cm일 때 높이는 몇 cm인가요?

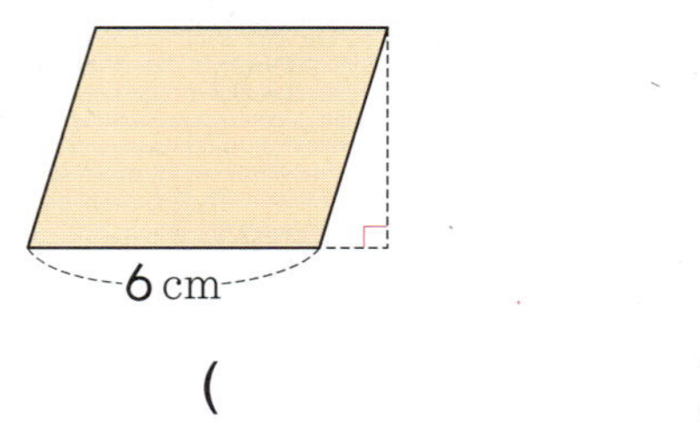

(   )

서술형

6 어떤 수를 4로 나누어야 할 것을 잘못하여 곱하였더니 26.88이 되었습니다. 바르게 계산하면 얼마인지 풀이 과정을 쓰고 답을 구해 보세요.

____

____

____

(   )

7 ☐ 안에 알맞은 수를 써넣으세요.

$$1.95 \div 3 = \frac{\boxed{}}{100} \div 3 = \frac{\boxed{}}{100} \div 3$$

$$= \frac{\boxed{}}{100} = \boxed{}$$

8 ☐ 안에 알맞은 수를 써넣으세요.

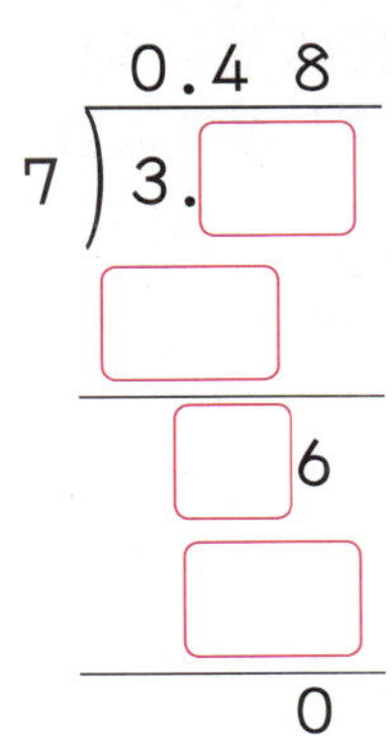

9 ㉠, ㉡에 알맞은 수를 구해 보세요.

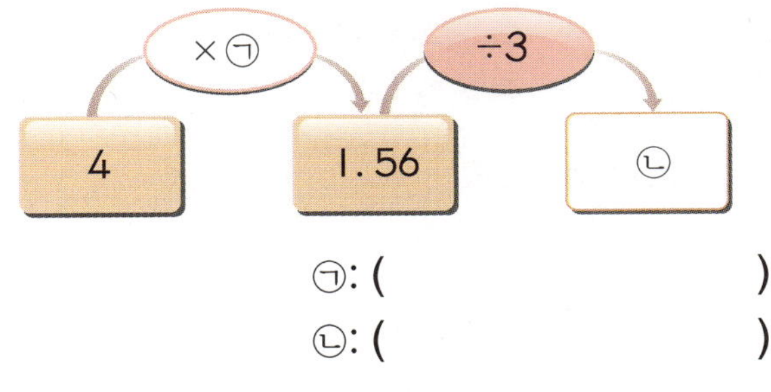

㉠: (   )

㉡: (   )

10 자연수의 나눗셈을 이용하여 소수의 나눗셈을 해 보세요.

(1) $50 \div 2 = 25$ ➡ $0.5 \div 2 =$ ☐

(2) $140 \div 5 = 28$ ➡ $1.4 \div 5 =$ ☐

11 정육각형 모양의 액자가 있습니다. 이 액자의 둘레가 21.9 cm일 때, 액자의 한 변은 몇 cm인가요?

(   )

12 길이가 9.8 m인 도로의 한쪽에 나무 5그루를 같은 간격으로 그림과 같이 심으려고 합니다. 나무 사이의 간격을 몇 m로 해야 하는지 식을 쓰고 답을 구해 보세요. (나무의 두께는 생각하지 않습니다.)

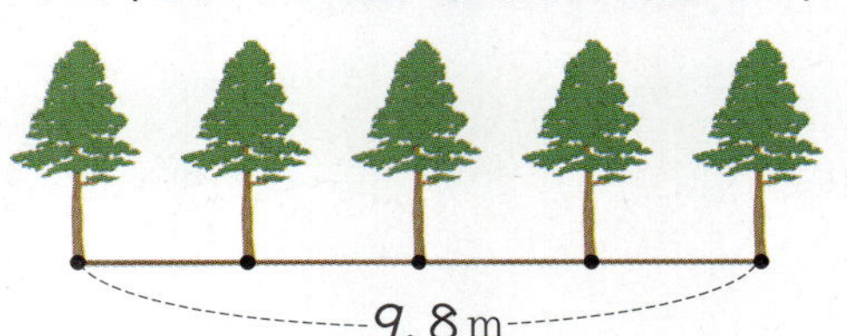

답 ______________________

13 계산해 보세요.

(1) $4 \overline{)8.3\,2}$ (2) $9 \overline{)9.1\,8}$

14 다음과 같은 수수깡을 똑같이 6도막으로 자르려고 합니다. 한 도막을 몇 cm로 자르면 되나요?

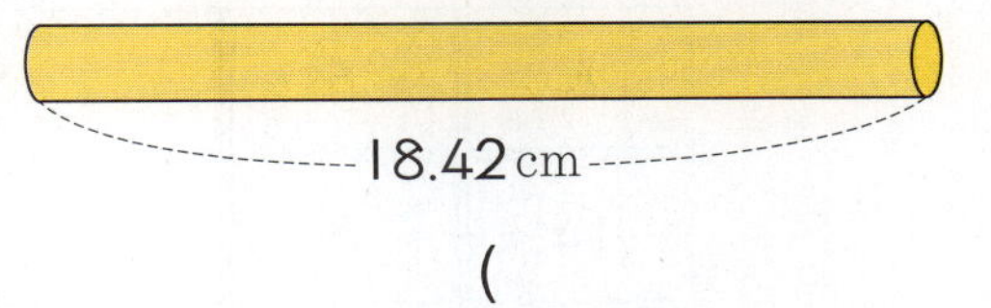

(   )

3 단원

15 찰흙 8.12 kg을 4명이 똑같이 나누어 가지려고 합니다. 한 명이 찰흙을 몇 kg씩 가질 수 있는지 두 가지 방법으로 구해 보세요.

방법 1	방법 2

(　　　　　　　)

16 보기 와 같은 방법으로 몫을 구해 보세요.

보기

$$9 \div 4 = \frac{9}{4} = \frac{225}{100} = 2.25$$

➡ $8 \div 25 =$ _______________

17 빈칸에 알맞은 소수를 써넣으세요.

서술형

18 수 카드 4장 중 2장을 뽑아 나온 두 수로 나눗셈식을 만들었을 때 몫이 가장 큰 나눗셈을 찾아 몫을 구하려고 합니다. 풀이 과정을 쓰고 답을 구해 보세요.

4	6	8	9

____

____

(　　　　　　　)

서술형

19 어림셈하여 알맞은 위치에 소수점을 찍고 그 이유를 써 보세요.

$$47.7 \div 5 = 9 \;\square\; 5 \;\square\; 4$$

이유 _______________________

____

____

20 몫을 어림하여 몫이 1보다 작은 나눗셈을 모두 찾아 기호를 써 보세요.

㉠ $0.84 \div 2$	㉡ $3.39 \div 3$
㉢ $4.56 \div 4$	㉣ $4.5 \div 5$

(　　　　　　　)

단원 평가 · 실전

1 리본 9.63 m를 똑같이 3도막으로 나누려고 합니다. 한 도막의 길이는 몇 m인지 ☐ 안에 알맞은 수를 써넣으세요.

> 1 m=100 cm이므로 9.63 m=963 cm입니다.
>
> 963÷3=☐
>
> 한 도막의 길이는 ☐ cm이므로
>
> ☐ m입니다.

2 ☐ 안에 알맞은 수를 써넣으세요.

396÷3=☐

39.6÷3=☐

3.96÷3=☐

서술형

3 ☐ 안에 알맞은 수를 써넣고 984÷4를 이용하여 9.84÷4를 계산하는 방법을 써 보세요.

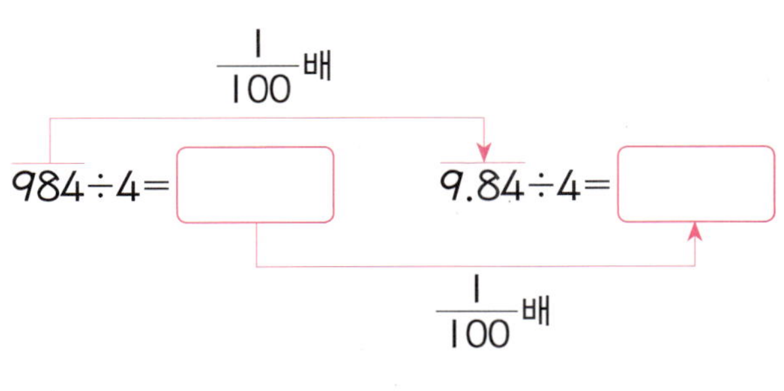

방법 ___________________________

____

____

4 빈 곳에 알맞은 수를 써넣으세요.

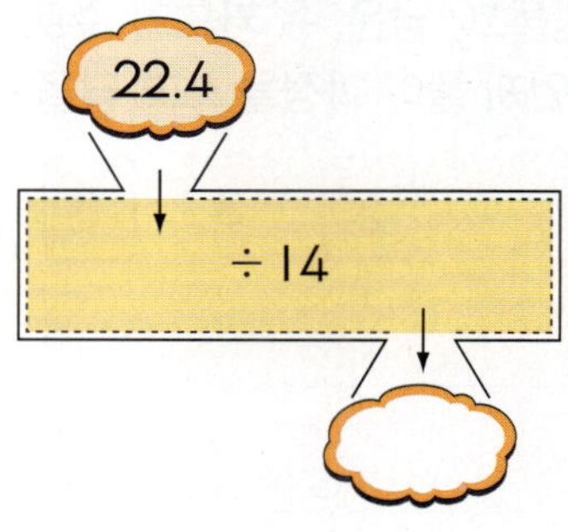

5 자동차로 8.45 km를 일정한 빠르기로 5분 동안 달렸습니다. 이 자동차는 1분에 몇 km를 달렸나요?

( )

6 삼각형의 넓이는 48.8 cm²입니다. 높이가 8 cm일 때 밑변의 길이는 몇 cm인가요?

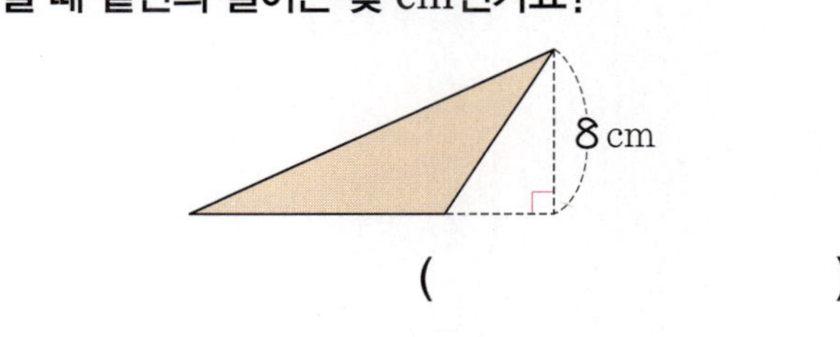

( )

7 계산해 보세요.

(1)

3) 0.8 7

(2)

8) 4.5 6

8 수 카드 중 3장을 골라 가장 작은 소수 두 자리 수를 만들고, 남은 수 카드의 수로 나누었을 때 몫은 얼마인지 풀이 과정을 쓰고 답을 구해 보세요.

| 2 | 3 | 6 | 4 |

____

____

____

(　　　　　　　　　)

9 수직선에서 작은 눈금 한 칸의 크기는 얼마인지 소수로 나타내어 보세요.

1.5　　　　　　　　　5.75

(　　　　　　　　　)

10 나눗셈을 나누어떨어질 때까지 계산하려면 소수 끝 자리에 0을 몇 번 내려야 하나요?

$$3.48 \div 8$$

(　　　　　　　　　)

11 ☐ 안에 들어갈 수 있는 자연수는 모두 몇 개인가요?

$$8.6 \div 4 < \boxed{}.5 < 33.9 \div 6$$

(　　　　　　　　　)

12 무게가 같은 사과 5개의 무게는 3.3 kg이고 무게가 같은 배 4개의 무게는 3.4 kg입니다. 배 한 개의 무게는 사과 한 개의 무게보다 몇 kg 더 무거운지 풀이 과정을 쓰고 답을 구해 보세요.

____

____

(　　　　　　　　　)

13 소수의 나눗셈을 분수의 나눗셈으로 바꾸어 계산해 보세요.

$$9.18 \div 3 =$$ _________________

14 빈칸에 알맞은 수를 써넣으세요.

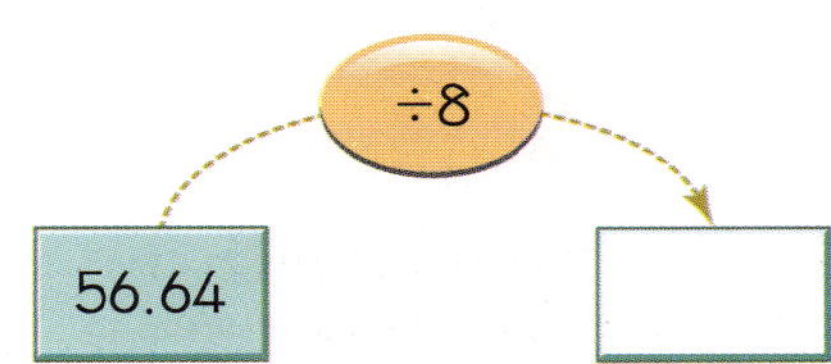

15 경인이는 자전거를 타고 8분 동안 16.4 km를 갔습니다. 일정한 빠르기로 달렸다면 1분 동안에 몇 km를 간 것인가요?

( )

16 ☐ 안에 알맞은 수를 써넣으세요.

$$7 \div 4 = \frac{\boxed{}}{4} = \frac{\boxed{} \times 25}{4 \times 25}$$

$$= \frac{\boxed{}}{100} = \boxed{}$$

17 ㉠에 알맞은 수를 구해 보세요.

6은 ㉠의 4배입니다.

( )

18 하루에 18초씩 늦게 가는 시계가 있습니다. 이 시계를 오후 1시에 정확히 맞추어 놓고 4시간 후에 시계를 보았습니다. 시계가 가리키는 시각은 오후 몇 시 몇 분 몇 초인지 풀이 과정을 쓰고 답을 구해 보세요.

( )

19 보기 와 같이 소수를 소수 첫째 자리에서 반올림하여 어림한 식으로 나타내어 보세요.

보기

$$5.82 \div 6 \rightarrow 6 \div 6$$

(1) $34.6 \div 5 \rightarrow$ ________________

(2) $119.82 \div 4 \rightarrow$ ________________

20 몫을 어림하여 알맞은 식을 찾아 기호를 써 보세요.

㉠ $50.7 \div 5 = 101.4$
㉡ $50.7 \div 5 = 10.14$
㉢ $50.7 \div 5 = 1.014$

( )

연습 각 단계에 따라 문제를 풀어 보세요.

1 일정한 빠르기로 8분 동안 16.08 km를 가는 승용차와 5분 동안 9.3 km를 가는 오토바이가 있습니다. 승용차와 오토바이가 같은 지점에서 직선 도로를 따라 서로 반대 방향으로 10분 동안 달렸다면 승용차와 오토바이 사이의 거리는 몇 km가 되는지 구해 보세요.

1단계 승용차가 1분 동안 달린 거리는 몇 km인가요?

(   )

2단계 오토바이가 1분 동안 달린 거리는 몇 km인가요?

(   )

3단계 10분 동안 달린 후 승용차와 오토바이 사이의 거리는 몇 km인가요?

(   )

도전 위에서 푼 방법을 생각하며 풀어 보세요.

1-1 일정한 빠르기로 4분 동안 6.6 km를 가는 오토바이와 3분 동안 3.27 km를 가는 스쿠터가 있습니다. 오토바이와 스쿠터가 같은 지점에서 직선 도로를 따라 서로 반대 방향으로 5분 동안 달렸다면 오토바이와 스쿠터 사이의 거리는 몇 km가 되는지 구해 보세요.

이렇게 술술 풀어요

① 오토바이가 1분 동안 달린 거리를 구합니다.

② 스쿠터가 1분 동안 달린 거리를 구합니다.

③ 5분 동안 달린 후 오토바이와 스쿠터 사이의 거리를 구합니다.

풀이

____

____

____

____

답 _______________________________

각 단계에 따라 문제를 풀어 보세요.

2 가로가 6.5 m, 세로가 2.4 m인 직사각형 모양의 꽃밭이 있습니다. 이 꽃밭의 가로를 1.5 m 줄이고 넓이는 변하지 않게 하여 꽃밭을 다시 만들려면 세로를 몇 m 늘려야 하는지 구해 보세요.

1단계 꽃밭의 넓이는 몇 m²인가요?

(   )

2단계 다시 만들려는 꽃밭의 세로는 몇 m인가요?

(   )

3단계 꽃밭을 다시 만들려면 세로를 몇 m 늘려야 하나요?

(   )

위에서 푼 방법을 생각하며 풀어 보세요.

2-1 가로가 7.6 m, 세로가 5 m인 직사각형 모양의 텃밭이 있습니다. 이 텃밭의 가로를 3.6 m 줄이고 넓이는 변하지 않게 하여 텃밭을 다시 만들려면 세로를 몇 m 늘려야 하는지 구해 보세요.

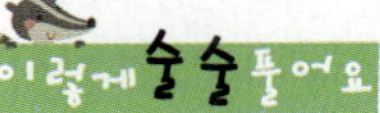

① 텃밭의 넓이를 구합니다.

② 다시 만들려는 텃밭의 세로를 구합니다.

③ 텃밭을 다시 만들려면 세로를 몇 m 늘려야 하는지 구합니다.

풀이

답 

각 단계에 따라 문제를 풀어 보세요.

3 수 카드 중 4장을 한 번씩만 사용하여 다음과 같은 나눗셈식을 만들려고 합니다. 몫이 가장 클 때와 몫이 가장 작을 때의 몫의 차를 구해 보세요.

| 2 | 3 | 4 | 9 |

$$\square\square.\square \div \square$$

1단계 몫이 가장 큰 경우의 나눗셈식을 쓰고 몫을 구해 보세요.

식 _________________________ 답 _________________________

2단계 몫이 가장 작은 경우의 나눗셈식을 쓰고 몫을 구해 보세요.

식 _________________________ 답 _________________________

3단계 몫이 가장 클 때와 몫이 가장 작을 때의 몫의 차를 구해 보세요.

(   )

위에서 푼 방법을 생각하며 풀어 보세요.

3-1 수 카드 중 4장을 한 번씩만 사용하여 다음과 같은 나눗셈식을 만들려고 합니다. 몫이 가장 클 때와 몫이 가장 작을 때의 몫의 합을 구해 보세요.

| 2 | 5 | 6 | 8 |

$$\square\square.\square \div \square$$

풀이

____

____

____

답 _________________________

이렇게 술술 풀어요

① 몫이 가장 큰 경우의 나눗셈식을 쓰고 몫을 구합니다.

② 몫이 가장 작은 경우의 나눗셈식을 쓰고 몫을 구합니다.

③ 몫이 가장 클 때와 몫이 가장 작을 때의 몫의 합을 구합니다.

시험처럼 문제를 풀어 보세요.

4 일정한 빠르기로 6분 동안 9 km를 가는 버스와 5분 동안 9.2 km를 가는 승용차가 있습니다. 버스와 승용차가 같은 지점에서 직선 도로를 따라 서로 반대 방향으로 1시간 동안 달렸다면 버스와 승용차 사이의 거리는 몇 km가 되는지 구해 보세요.

풀이

답

3
단원

시험처럼 문제를 풀어 보세요.

5 가로가 10.5 m, 세로가 4 m인 직사각형 모양의 밭이 있습니다. 이 밭의 가로를 5.5 m 줄이고 넓이는 변하지 않게 하여 밭을 다시 만들려면 세로를 몇 m 늘려야 하는지 구해 보세요.

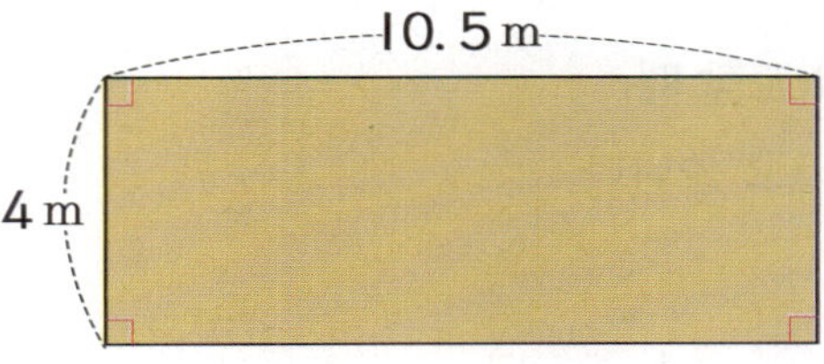

풀이

답

4-1 두 수를 비교해 볼까요

✴ 두 수를 비교하는 방법
(예) 모둠 수에 따른 모둠원 수와 사탕 수 비교하기

모둠 수	1	2	3	4	5	……
모둠원 수(명)	2	4	6	8	10	……
사탕 수(개)	4	8	12	16	20	……

방법 1 두 수를 뺄셈(또는 덧셈)으로 비교합니다.
(예) 모둠 수에 따라 사탕 수가 모둠원 수보다 각각 2개, 4개, 6개, 8개, 10개 더 많습니다.

방법 2 두 수를 나눗셈(또는 곱셈)으로 비교합니다.
(예) 사탕 수는 항상 모둠원 수의 2배입니다. → (사탕 수)÷(모둠원 수)=2
➔ 뺄셈으로 비교한 경우에는 모둠원 수와 사탕 수의 관계가 변하지만 나눗셈으로 비교한 경우에는 모둠원 수와 사탕 수의 관계가 변하지 않습니다.

- 두 수를 비교하기
(예) 2와 6을 비교하기
방법 1 6은 2보다 4만큼 더 큽니다.
방법 2 6÷2=3이므로 6은 2의 3배입니다.

4-2 비를 알아볼까요

✴ **비**: 두 수를 나눗셈으로 비교하기 위해 비로 나타냅니다.

✴ **두 수 3과 2를 나눗셈으로 비교할 때**
쓰기 기호 :을 사용하여 3 : 2라고 씁니다.
읽기 3 대 2라고 읽습니다.
　"3과 2의 비", "2에 대한 3의 비", "3의 2에 대한 비"라고도 읽습니다.

✴ **두 수의 비**: 두 수를 비교할 때 기준이 되는 수에 따라 비가 달라집니다.
(예) 2에 대한 3의 비 ➔ 3 : 2 → 기호 : 의 오른쪽에 있는 수가 기준입니다.
　3에 대한 2의 비 ➔ 2 : 3

- 비를 여러 가지로 읽기

●：◆

① ● 대 ◆
② ●와 ◆의 비
③ ◆에 대한 ●의 비
④ ●의 ◆에 대한 비

🌰 ☐ 안에 알맞은 수를 써넣으세요.

> 두 수 5와 8을 나눗셈으로 비교할 때 ☐
>
> (이)라 쓰고 ☐ (이)라고 읽습니다.

풀이
기호 :을 사용하여 ● : ◆이라고 쓰고 ● 대 ◆이라고 읽습니다.

답 5 : 8, 5 대 8

4–1 두 수를 비교해 볼까요

1 올해 나는 13살이고, 엄마는 35살입니다. 내 나이와 엄마 나이를 뺄셈으로 비교해 보려고 합니다. 물음에 답하세요.

(1) 표를 완성해 보세요.

	올해	1년 후	2년 후	3년 후
내 나이(살)	13		15	16
엄마 나이(살)	35	36		38

(2) 8년 후 내 나이와 엄마 나이의 차이는 몇 살인가요?

(　　　　　　　　)

(3) 내 나이와 엄마 나이를 비교하여 ⬚ 안에 알맞은 수를 써넣으세요.

> 엄마 나이는 내 나이보다 항상 ⬚ 살 많습니다.

2 닭의 수와 닭 다리의 수를 나눗셈으로 비교해 보려고 합니다. 물음에 답하세요.

(1) 표를 완성해 보세요.

닭의 수 (마리)	1		3	4	5
닭 다리의 수(개)	2	4		8	

(2) 닭이 15마리라면 닭 다리의 수는 몇 개인가요?

(　　　　　　　　)

(3) 닭의 수와 닭 다리의 수를 비교하여 ⬚ 안에 알맞은 수를 써넣으세요.

> 닭 다리의 수는 항상 닭의 수의 ⬚ 배입니다.

4–2 비를 알아볼까요

3 그림을 보고 ⬚ 안에 알맞은 수를 써넣으세요.

(1) 사과 수와 귤 수의 비 ➡ ⬚ : ⬚

(2) 사과 수에 대한 귤 수의 비 ➡ ⬚ : ⬚

(3) 귤 수에 대한 사과 수의 비 ➡ ⬚ : ⬚

4 전체에 대한 색칠한 부분의 비가 다음과 같이 되도록 색칠해 보세요.

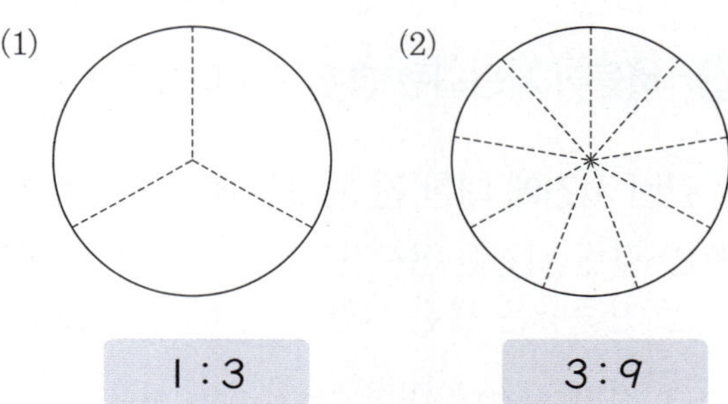

(1)　　　　　　(2)

1 : 3　　　　　3 : 9

5 재윤이네 집의 전체 고양이 수에 대한 암컷 수의 비를 써 보세요.

> • 재윤이네 집에는 고양이가 5마리 있습니다.
> • 재윤이네 고양이 중 3마리는 암컷입니다.

(　　　　　　　　)

4-3 비율을 알아볼까요

❋ **기준량과 비교하는 양**: 비 10 : 20에서 기호 :의 오른쪽에 있는 20은 기준량이고, 왼쪽에 있는 10은 비교하는 양입니다.

❋ **비율**: 기준량에 대한 비교하는 양의 크기를 비율이라고 합니다.

$$(비율)=(비교하는\ 양)\div(기준량)=\frac{(비교하는\ 양)}{(기준량)}$$

❋ **비를 비율로 나타내기**

기약분수로 나타내면 $\frac{1}{2}$입니다.

비 10 : 20을 비율로 나타내면 $\frac{10}{20}\left(=\frac{1}{2}\right)$ 또는 0.5입니다.

• 비를 비율로 나타내기		
비	1 : 5	
비율	분수	$\frac{1}{5}$
	소수	0.2

🌰 ☐ 안에 알맞은 수를 써넣으세요.

비 4 : 5를 비율로 나타내면 ☐ 또는 ☐ 입니다.

풀이
4는 비교하는 양이고 5는 기준량입니다. 그러므로 비율로 나타내면 $\frac{4}{5}$ 또는 0.8입니다.

답 $\frac{4}{5}$, 0.8

4-4 비율이 사용되는 경우를 알아볼까요

❋ **걸린 시간에 대한 간 거리의 비율 알아보기**

예 ① 걸린 시간은 3시간이고, 간 거리는 300 km입니다.
  ② 기준량은 걸린 시간이고, 비교하는 양은 간 거리입니다.

  ③ 걸린 시간에 대한 간 거리의 비율: $\frac{300}{3}(=100)$
  └→ 속력이라고 합니다.

❋ **넓이에 대한 인구의 비율 알아보기**

예 ① 넓이는 500 km²이고, 인구는 10만 명입니다.
  ② 기준량은 넓이이고, 비교하는 양은 인구입니다.

  ③ 넓이에 대한 인구의 비율: $\frac{100000}{500}(=200)$
  └→ 인구 밀도라고 합니다.

❋ **오렌지주스 양에 대한 오렌지 원액 양의 비율 알아보기**

예 ① 오렌지주스 양은 500 mL이고, 오렌지 원액 양은 250 mL입니다.
  ② 기준량은 오렌지주스 양이고, 비교하는 양은 오렌지 원액 양입니다.

  ③ 오렌지주스 양에 대한 오렌지 원액 양의 비율: $\frac{250}{500}\left(=\frac{1}{2}=0.5\right)$
  └→ 농도라고 합니다.

• 주변에서 비율이 사용되는 경우
① 야구 선수의 타율
② 지도의 축척
③ 용액의 진하기(=농도)
④ 신체의 비율 등

4-3 비율을 알아볼까요

1 비율에 대하여 옳게 말한 사람은 누구인가요?

(　　　　　　　　　)

2 비교하는 양과 기준량을 찾아 쓰고 비율을 구해 보세요.

> 3 : 5

(1) 비교하는 양　　　(　　　　　　　　　)

(2) 기준량　　　(　　　　　　　　　)

(3) 비율　　　(　　　　　　　　　)

3 비와 비율에 대한 물음에 답하세요.

> • 동화책의 긴 쪽의 길이 25 cm
> • 동화책의 짧은 쪽의 길이 18 cm

(1) 동화책의 긴 쪽에 대한 짧은 쪽의 길이의 비를 써 보세요.

(　　　　　　　　　)

(2) 동화책의 긴 쪽에 대한 짧은 쪽의 길이의 비율을 분수로 나타내어 보세요.

(　　　　　　　　　)

(3) 동화책의 긴 쪽에 대한 짧은 쪽의 길이의 비율을 소수로 나타내어 보세요.

(　　　　　　　　　)

4-4 비율이 사용되는 경우를 알아볼까요

4 치타는 100 m 거리를 불과 3초 내에 달릴 수 있다고 합니다. 치타가 100 m를 달리는 데 걸린 시간에 대한 달린 거리의 비율을 분수로 구해 보세요.

(　　　　　　　　　)

5 강릉시의 넓이는 1000 km²이고, 인구는 21만 명입니다. 강릉시의 넓이에 대한 인구의 비율은 얼마인가요?

(　　　　　　　　　)

6 할머니께서 간장을 만드시려고 합니다. 할머니께서는 물에 소금 34 g을 넣어 소금물 200 g을 만드셨습니다. 할머니가 만드신 소금물의 양에 대한 소금의 양의 비율은 얼마인가요?

(　　　　　　　　　)

4-5 백분율을 알아볼까요

✳ 백분율

① 기준량을 100으로 할 때의 비율을 백분율이라고 합니다.
② 백분율은 기호 %를 사용하여 나타냅니다.
③ 비율 $\dfrac{50}{100}$ 을 50 %라 쓰고 50퍼센트라고 읽습니다.

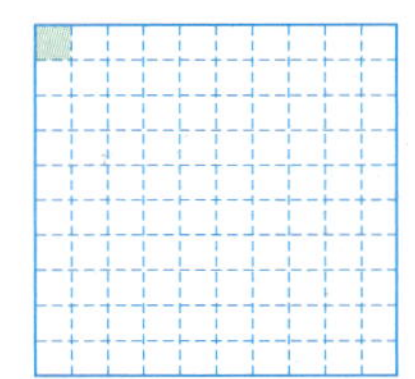 $\dfrac{1}{100} = 1\,\%$

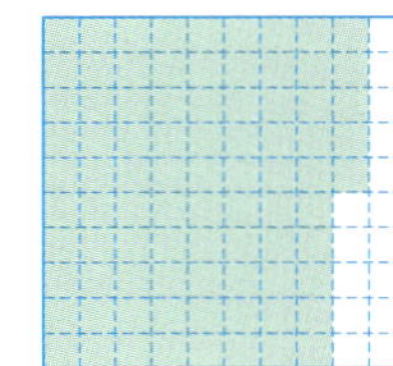 $\dfrac{85}{100} = 85\,\%$

✳ 비율을 백분율로 나타내기

① 분수를 백분율로 나타내기: 예 $\dfrac{1}{5}$ ➡ $\dfrac{1}{5} \times 100 = 20$ ➡ 20 %
② 소수를 백분율로 나타내기: 예 0.2 ➡ $0.2 \times 100 = 20$ ➡ 20 %

• 백분율을 분수로 나타내기
백분율을 분모가 100인 분수로 나타냅니다.
예 50 % ➡ $\dfrac{50}{100}\left(=\dfrac{1}{2}\right)$

• 백분율을 소수로 나타내기
① 백분율을 분모가 100인 분수로 나타낸 다음 소수로 고칩니다.
예 50 % ➡ $\dfrac{50}{100}$ ➡ 0.5
② 백분율에서 %를 떼고 소수점의 위치를 왼쪽으로 두 칸 옮깁니다.
예 50 % ➡ 0.50(=0.5)

🌰 ☐ 안에 알맞은 수를 써넣으세요.

> 비율 $\dfrac{4}{5}$ 를 백분율로 나타내면 ☐ 라 쓰고
> ☐ 라고 읽습니다.

풀이
$\dfrac{4}{5}$ ➡ $\dfrac{4}{5} \times 100 = 80$ ➡ 80 %

답 80 %, 80퍼센트

4-6 백분율이 사용되는 경우를 알아볼까요

✳ 찬성률 비교하기

예

	전체 학생 수(명)	찬성하는 학생 수(명)
1반	25	16
2반	20	14

① 1반의 찬성률: $\dfrac{16}{25}$ 을 백분율로 나타내면 64 %입니다.

② 2반의 찬성률: $\dfrac{14}{20}$ 를 백분율로 나타내면 70 %입니다.

③ 2반이 1반보다 찬성률이 더 높습니다.

• 주변에서 백분율이 사용되는 경우
① 이번 선거의 투표율이 70 % 입니다.
② 이 음식에는 단백질이 영양소 기준치의 11%가 들어 있습니다.
③ 놀이공원 입장료의 10%를 할인받았습니다.
④ 사랑은행의 예금 이자는 4 % 입니다.

수학 익힘 풀기

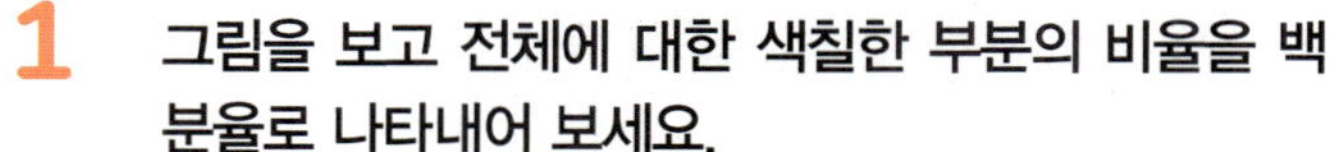

4–5 백분율을 알아볼까요

1 그림을 보고 전체에 대한 색칠한 부분의 비율을 백분율로 나타내어 보세요.

(1) 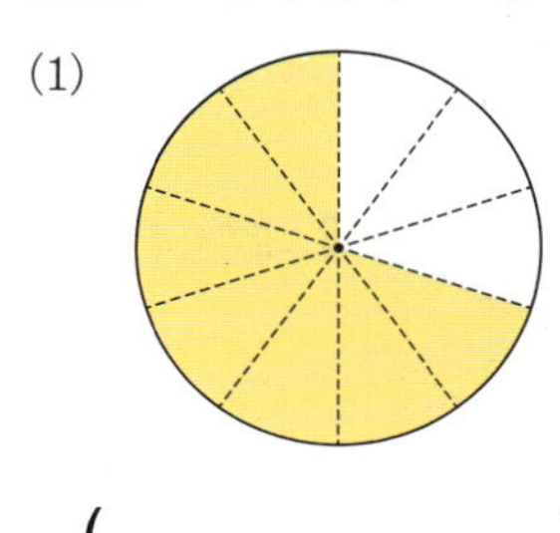　(2) 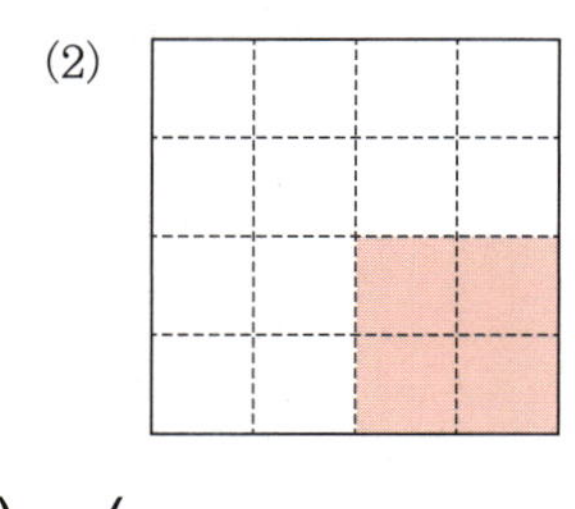

(　　　　)　(　　　　)

2 빈칸에 알맞은 수를 구해 보세요.

분수	소수	백분율(%)
$\dfrac{36}{100}$	0.36	㉠
$\dfrac{13}{20}$	㉡	65

㉠: (　　　　)
㉡: (　　　　)

3 백분율에 대하여 바르게 말한 사람은 누구인가요?

(　　　　)

4–6 백분율이 사용되는 경우를 알아볼까요

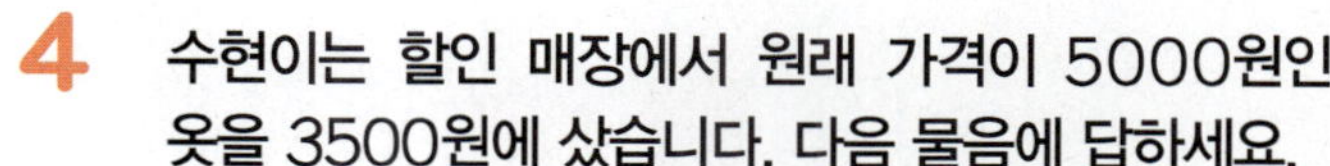

4 수현이는 할인 매장에서 원래 가격이 5000원인 옷을 3500원에 샀습니다. 다음 물음에 답하세요.

(1) 할인된 판매 가격은 원래 가격의 몇 %인가요?
(　　　　)

(2) 옷을 몇 % 할인받은 것인지 구해 보세요.
(　　　　)

5 농구 골대에 공을 던진 수와 공이 들어간 수를 표로 나타낸 것입니다. 골 성공률은 각각 몇 %인지 구해 보세요.

	공을 던진 수(번)	공이 들어간 수(번)	골 성공률 (%)
영선	30	12	㉠
민선	20	7	㉡

㉠: (　　　　)
㉡: (　　　　)

6 정민이는 희망은행에 50000원을 저축하여 이자를 2000원 받았습니다. 이자율은 몇 %인지 구해 보세요.

(　　　　)

1 직사각형의 가로와 세로를 나눗셈으로 비교하여 □ 안에 알맞은 수를 써넣으세요.

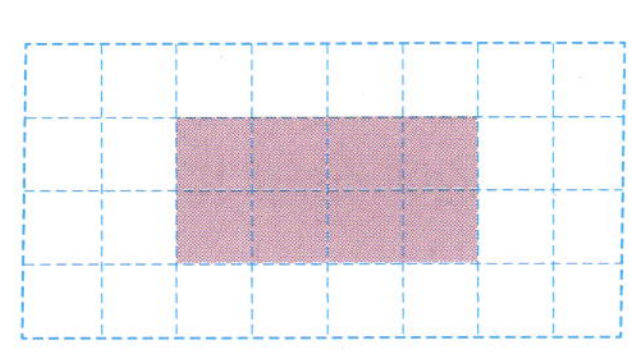

직사각형의 가로는 세로의 □ 배입니다.

서술형

2 지성이의 나이와 동생의 나이를 뺄셈으로 비교해 보세요.

	올해	1년 후	2년 후	3년 후
지성이의 나이(살)	13	14	15	16
동생의 나이(살)	11	12	13	14

____

____

중요

3 그림을 보고 □ 안에 알맞은 수를 써넣으세요.

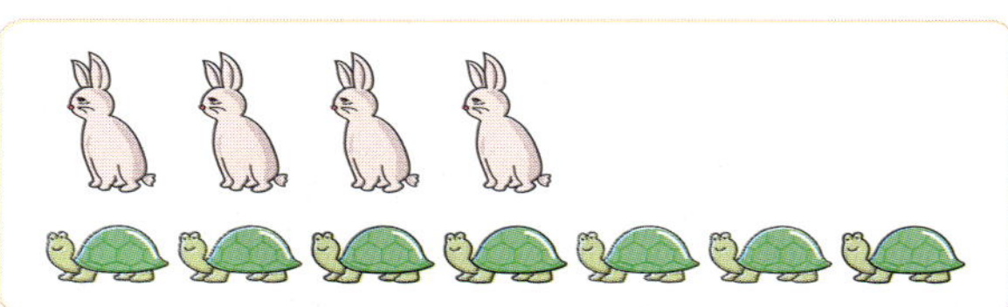

(1) 거북 수에 대한 토끼 수의 비 → □ : □

(2) 토끼 수에 대한 거북 수의 비 → □ : □

4 □ 안에 알맞은 수를 써넣으세요.

8 : 5
- 8 대 □
- □ 과 5의 비
- □ 에 대한 □ 의 비
- □ 의 5에 대한 비

5 영주네 모둠은 모두 8명이고, 그중 남학생이 5명입니다. 여학생 수에 대한 남학생 수의 비를 구해 보세요.

( )

다음 그림을 보고 빨간 구슬 수에 대한 노란 구슬 수의 비율을 분수로 나타내려고 합니다. 물음에 답하세요. [6~7]

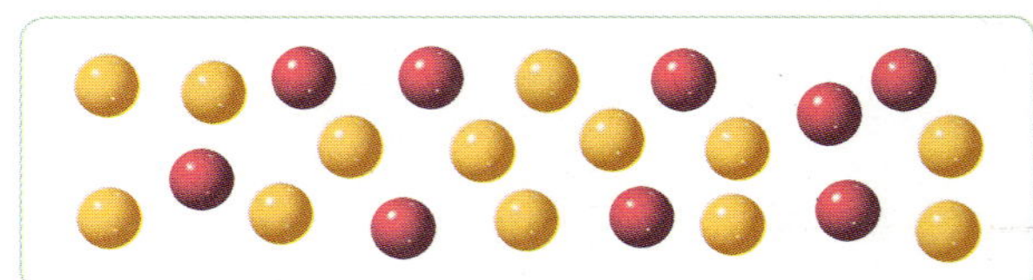

6 기준량과 비교하는 양을 찾아 써 보세요.

㉠ 비교하는 양: ( )

㉡ 기준량: ( )

7 빨간 구슬 수에 대한 노란 구슬 수의 비율을 분수로 나타내어 보세요.

( )

8 사과가 10개, 자두가 7개 있습니다. 사과 수에 대한 자두 수의 비율을 분수와 소수로 각각 나타내어 보세요.

㉠ 분수: (   )

㉡ 소수: (   )

9 주머니 속에 빨간색 구슬이 5개, 초록색 구슬이 3개, 파란색 구슬이 2개 들어 있습니다. 전체 구슬 수에 대한 초록색 구슬 수의 비율을 소수로 나타내려고 합니다. 풀이 과정을 쓰고 답을 구해 보세요.

____

____

(   )

10 수민이는 오전에 600 킬로칼로리, 오후에 900 킬로칼로리를 섭취하였습니다. 하루 권장 칼로리가 1650 킬로칼로리일 때, 하루 권장 칼로리에 대한 수민이가 오늘 섭취한 칼로리의 비율을 분수로 나타내어 보세요.

(   )

11 540 km를 달리는 데 6시간이 걸리는 빨간 자동차와 490 km를 달리는 데 5시간이 걸리는 파란 자동차가 있습니다. 두 자동차의 걸린 시간에 대한 달린 거리의 비율을 각각 구해 보세요.

㉠ 빨간 자동차: (   )

㉡ 파란 자동차: (   )

12 표를 완성하고 두 마을 중 인구가 더 밀집한 곳을 써 보세요.

마을	금빛 마을	은빛 마을
인구(명)	42350	71130
넓이(km²)	2	3
넓이에 대한 인구의 비율		

(   )

13 비율을 백분율로 나타내어 보세요.

⑴ 0.45 ➡ (   )

⑵ $\dfrac{4}{5}$ ➡ (   )

중요

14 주머니 안에 노란 사탕이 6개, 빨간 사탕이 19개 들어 있습니다. 전체 사탕 수에 대한 노란 사탕 수의 비율을 백분율로 나타내려고 합니다. ☐ 안에 알맞은 수를 써넣으세요.

$$\frac{6}{(\boxed{}+19)}\times100=\boxed{}\,(\%)$$

중요

15 그림을 보고 전체에 대한 색칠한 부분의 비율을 백분율로 나타내어 보세요.

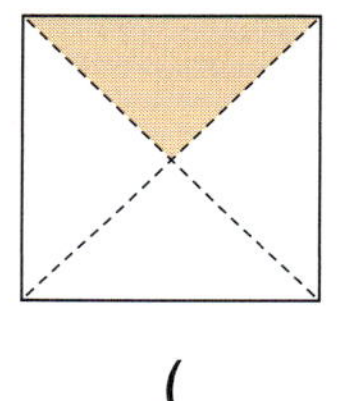

(　　　　　　　)

16 백분율을 분수와 소수로 각각 나타내어 보세요.

31 %

㉠ 분수: (　　　　　)

㉡ 소수: (　　　　　)

17 정우는 축구 연습을 했습니다. 20개를 차서 골대에 11개를 넣었다면 골 성공률은 몇 %인가요?

(　　　　　　　)

18 어느 상점에서 정가가 7500원인 물건을 할인하여 6000원에 판매하고 있습니다. 할인율은 몇 %인가요?

(　　　　　　　)

지아는 소금 50 g을 녹여 소금물 200 g을 만들었고, 민주는 소금 30 g을 녹여 소금물 150 g을 만들었습니다. 물음에 답하세요. [19~20]

19 지아와 민주가 만든 소금물에서 소금물의 양에 대한 소금의 양의 비율은 몇 %인지 각각 구해 보세요.

㉠ 지아: (　　　　　　)

㉡ 민주: (　　　　　　)

응용

20 누가 만든 소금물이 더 진한가요?

(　　　　　　　)

1 여학생은 70명이고 남학생은 35명입니다. 두 수를 나눗셈으로 비교할 때 ☐ 안에 알맞은 수를 써넣으세요.

(여학생의 수)÷(남학생의 수)=☐

➡ 여학생의 수는 남학생의 수의 ☐ 배입니다.

서술형

2 선생님께서 한 모둠에 공을 2개씩 나누어 준다고 합니다. 표를 완성하고 모둠원 수와 공 수를 비교해 보세요.

모둠 수	1	2	3	4	5
모둠원 수 (명)	6	12	18	24	30
공 수(개)	2	4	6		

____

____

3 ☐ 안에 알맞은 수를 써넣으세요.

(1) 7 : 5 ➡ ☐ 과 ☐ 의 비

(2) 64에 대한 27의 비 ➡ ☐ : ☐

4 그림을 보고 전체에 대한 색칠한 부분의 비를 구해 보세요.

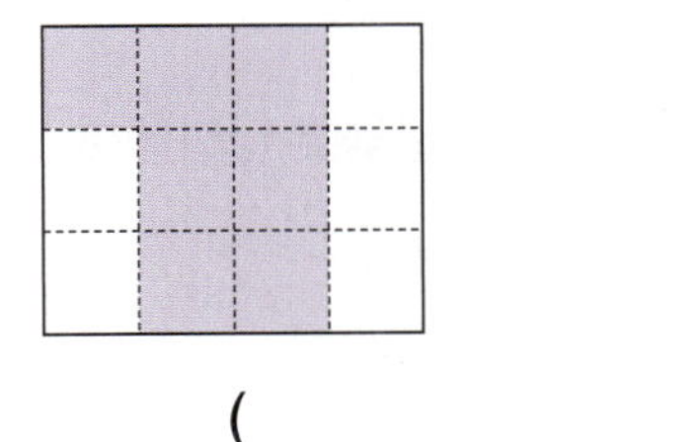

( )

5 영준이는 빨간 구슬 30개와 파란 구슬 21개를 가지고 있습니다. 비를 구해 보세요.

(1) 빨간 구슬 수의 전체 구슬 수에 대한 비

( )

(2) 전체 구슬 수에 대한 파란 구슬 수의 비

( )

중요

6 다음 중 기준량이 <u>다른</u> 하나는 어느 것인가요?

( )

① 62 대 78
② 62에 대한 78의 비
③ 78과 62의 비
④ 78의 62에 대한 비
⑤ 78 : 62

7 관계있는 것끼리 선으로 이어 보세요.

(1) 7의 8에 대한 비 • • ㉠ $\dfrac{37}{60}$

(2) 48에 대한 36의 비 • • ㉡ 0.875

(3) 74 대 120 • • ㉢ 0.75

8 7 : 8에 대한 설명으로 옳지 <u>않은</u> 것을 찾아 바르게 고쳐 보세요.

> ㉠ 7의 8에 대한 비입니다.
>
> ㉡ 비교하는 양은 7입니다.
>
> ㉢ 비율을 분수로 나타내면 $\frac{8}{7}$입니다.

9 동전을 25번 던져서 그림 면이 11번, 숫자 면이 14번 나왔습니다. 동전을 던진 횟수에 대한 그림 면이 나온 횟수의 비율을 분수와 소수로 각각 나타내어 보세요.

㉠ 분수: (   )

㉡ 소수: (   )

10 현성이네 반 전체 학생은 20명이고, 모자를 쓴 학생은 6명입니다. 전체 학생 수에 대한 모자를 쓰지 않은 학생 수의 비율을 분수로 나타내어 보세요.

(   )

11 거북은 2초에 0.1 m 이동합니다. 0.1 m를 이동하는 데 걸린 시간에 대한 이동한 거리의 비율을 구해 보세요.

(   )

12 혜정이는 설탕 25 g을 녹여 설탕물 250 g을 만들었습니다. 설탕물의 양에 대한 설탕의 양의 비율을 구해 보세요.

(   )

13 인구가 더 밀집한 곳은 어느 도시인가요?

도시	인구(명)	넓이(km²)
㉠ 도시	6760	13
㉡ 도시	14280	28

(   )

14 비율을 백분율로 나타내어 보세요.

(1) 0.29 ➡ (   )

(2) $\frac{7}{20}$ ➡ (   )

15 빈칸에 알맞은 수를 써넣으세요.

분수	소수	백분율(%)
$1\dfrac{1}{2}$		
		75

16 어느 농구 선수가 공을 농구대에 200번 던져서 골대에 164번을 넣었습니다. 이 선수의 골 성공률은 몇 %인가요?

( )

17 체육 대회에서 팀별로 다른 색의 윗옷을 입었습니다. 30명은 흰색, 15명은 하늘색, 45명은 노란색을 입었다면 전체 학생 수에 대한 노란색 윗옷을 입은 학생 수의 비율을 백분율로 나타내어 보세요.

( )

18 서점에서 20000원짜리 책을 할인하여 18000원에 팔고 있습니다. 몇 % 할인하여 파는 것인지 풀이 과정을 쓰고 답을 구해 보세요.

____

____

____

( )

상우와 지은이가 은행에 다음과 같이 예금했습니다. 물음에 답하세요. [19~20]

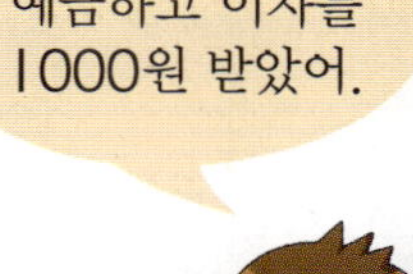

19 두 사람의 예금한 금액에 대한 이자의 비율을 백분율로 나타내어 보세요.

㉠ 상우: ( )

㉡ 지은: ( )

20 누구의 이자율이 더 높은가요?

( )

1 토끼 인형은 11개이고 곰 인형은 8개입니다. 두 수를 뺄셈으로 비교할 때 ☐ 안에 알맞은 수를 써넣으세요.

(토끼 인형 수)−(곰 인형 수)=☐

➡ 토끼 인형이 곰 인형보다 ☐개 더 많습니다.

서술형

2 현주네 반은 한 모둠이 3명으로 구성되어 있습니다. 선생님께서 만들기 시간에 지점토를 한 모둠에 6개씩 나누어 주신다고 할 때, 지점토 수와 모둠원 수를 나눗셈으로 비교해 보세요.

____

____

3 ☐ 안에 알맞은 수를 써넣으세요.

18 : 29 ➡ ☐의 ☐에 대한 비

4 민수는 위인전 9권과 동화책 7권을 가지고 있습니다. 다음을 구해 보세요.

(1) 위인전 수와 동화책 수의 비

(   )

(2) 동화책 수에 대한 위인전 수의 비

(   )

5 전체에 대한 색칠한 부분의 비가 3 : 5가 되도록 색칠해 보세요.

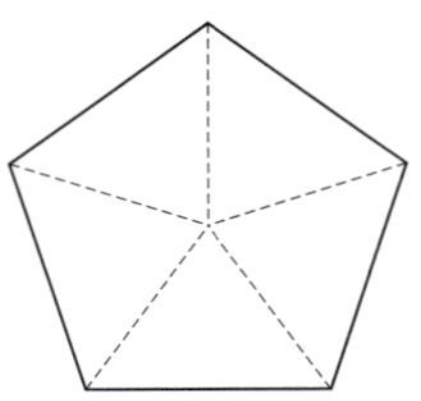

6 비를 보고 ☐ 안에 알맞은 수를 써넣으세요.

13 : 20

비교하는 양은 ☐이고, 기준량은 ☐입니다. 비율을 분수로 나타내면 ☐이고, 소수로 나타내면 ☐입니다.

7 빈칸에 알맞은 수를 써넣으세요.

비 \ 비율	분수	소수
10 : 8		
5에 대한 3의 비		

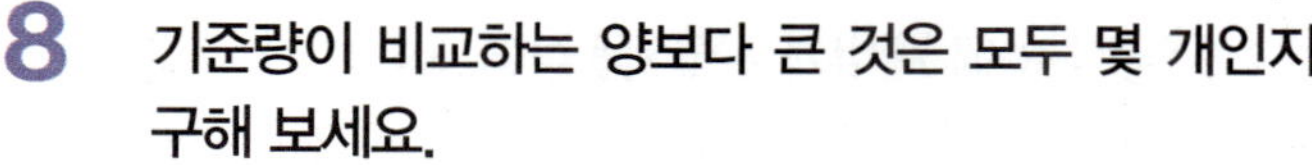

8 기준량이 비교하는 양보다 큰 것은 모두 몇 개인지 구해 보세요.

$$\frac{7}{5}, \quad 12.9, \quad 0.8, \quad 1\frac{1}{3}, \quad \frac{4}{9}$$

( )

9 석진이네 모둠의 학생은 모두 12명이고, 그중에서 안경을 낀 학생은 3명입니다. 전체 학생 수에 대한 안경을 낀 학생 수의 비율을 분수와 소수로 각각 나타내어 보세요.

㉠ 분수: ( )

㉡ 소수: ( )

10 수학 시험에서 40문제 중 진호는 36문제를 맞혔고, 호영이는 31문제를 맞혔습니다. 호영이가 틀린 문제 수에 대한 진호가 틀린 문제 수의 비율은 얼마인지 풀이 과정을 쓰고 분수로 나타내어 보세요.

( )

11 장난감 자동차가 21 m를 달리는 데 70초 걸렸습니다. 21 m를 달리는 데 걸린 시간에 대한 달린 거리의 비율을 구해 보세요.

( )

세 마을의 인구와 넓이를 나타낸 표입니다. 물음에 답하세요. [12~13]

마을	사랑 마을	희망 마을	소망 마을
인구(명)	2530	2160	4000
넓이(km^2)	11	9	16
넓이에 대한 인구의 비율			

4단원

12 넓이에 대한 인구의 비율을 구하여 빈칸에 써넣으세요.

13 인구가 가장 밀집한 마을부터 차례로 이름을 써 보세요.

(, ,)

14 백분율을 소수로 나타내어 보세요.

43%

( )

15 그림을 보고 전체에 대한 색칠한 부분의 비율을 백분율로 나타내어 보세요.

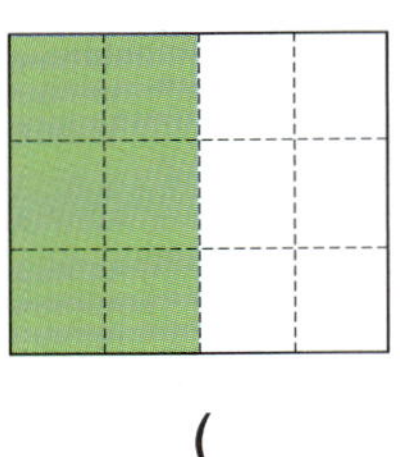

(   )

16 두 비율의 크기를 비교하여 ◯ 안에 >, =, <를 알맞게 써넣으세요.

$$\frac{18}{25} \bigcirc 62\,\%$$

17 16000원짜리 옷을 할인하여 12000원에 샀습니다. 몇 % 할인하여 산 것인지 풀이 과정을 쓰고 답을 구해 보세요.

____

____

(   )

18 상자 속에 제비가 150장 들어 있습니다. 그중 당첨 제비가 3장 들어 있습니다. 상자 속에서 제비를 한 장 꺼낼 때 당첨률은 몇 %인가요?

(   )

19 체육 대회를 찬성하는 학생 수를 조사했습니다. 민서네 반은 25명 중 14명이 찬성하였고, 진우네 반은 24명 중 12명이 찬성하였습니다. 찬성률이 더 높은 반은 누구네 반인가요?

(   )

20 우리 주변에서 백분율이 사용되는 경우를 찾아 써 보세요.

____

____

단원 평가

1 그림을 보고 ☐ 안에 알맞은 수를 써넣으세요.

(1) 당근은 오이보다 ☐ 개 더 많습니다.

(2) 당근의 수는 오이의 수의 ☐ 배입니다.

2 야영장에서 선생님이 한 모둠에 손전등을 3개씩 나누어 주셨습니다. 한 모둠이 9명일 때 표를 완성하고 모둠 수에 따른 학생 수와 손전등 수를 비교해 보세요.

모둠 수	1	2	3	4	5
학생 수(명)	9				
손전등 수 (개)	3				

____

____

3 삼각형의 밑변과 높이의 비를 구해 보세요.

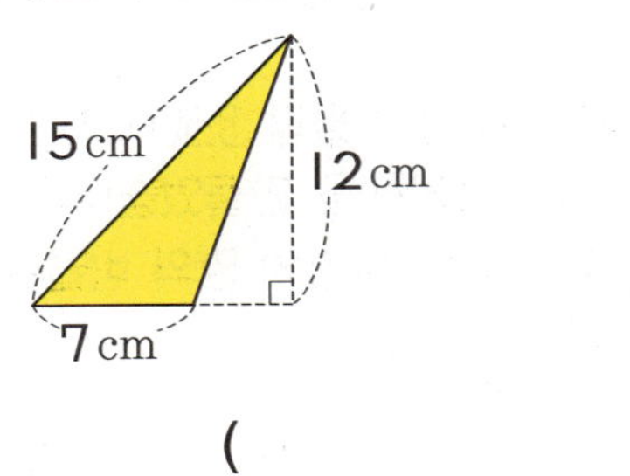

(   )

4 ☐ 안에 알맞은 수를 써넣으세요.

(1) 5 대 7 ➡ ☐ : ☐

(2) 9에 대한 4의 비 ➡ ☐ : ☐

5 민아의 설명이 맞는지 틀린지 ◯표 하고, 그 이유를 써 보세요.

(맞습니다 , 틀립니다).

이유 _______________________________

____

6 유진이 어머니께서 간식으로 사과 7개와 바나나 10개를 주셨습니다. 사과 수의 바나나 수에 대한 비를 구해 보세요.

(   )

4 단원

7 비교하는 양을 나타내는 수가 다른 하나는 어느 것인가요? (　　　)

① 5 : 8　　　　② 5 대 8
③ 5와 8의 비　　④ 8의 5에 대한 비
⑤ 8에 대한 5의 비

8 비율을 분수와 소수로 차례로 나타내어 보세요.

(1) 24 : 25 ➡ (　　　　　), (　　　　　)

(2) 6과 15의 비 ➡ (　　　　　), (　　　　　)

9 빵을 만들 때 밀가루 10컵에 우유 4컵이 들어간다고 합니다. 밀가루의 양에 대한 우유의 양의 비율을 분수와 소수로 각각 나타내어 보세요.

㉠ 분수: (　　　　　　　　　)

㉡ 소수: (　　　　　　　　　)

10 유선이네 학급 문고에 과학책이 80권, 위인전이 52권 있습니다. 과학책 수에 대한 위인전 수의 비율을 소수로 나타내어 보세요.

(　　　　　　　　　)

11 윤석이가 사는 도시의 넓이는 60 km²이고, 인구는 303900명입니다. 이 도시의 넓이에 대한 인구의 비율을 구해 보세요.

(　　　　　　　　　)

12 두 직사각형의 가로에 대한 세로의 비율을 각각 구하여 비교해 보세요.

13 진하가 빨간 물감 350 g과 파란 물감 330 g을 섞어서 보라색을 만들었습니다. 보라색 물감의 양에 대한 파란 물감의 양의 비율을 분수로 나타내어 보세요.

(　　　　　　　　　)

14 색칠한 부분은 전체의 몇 %인가요?

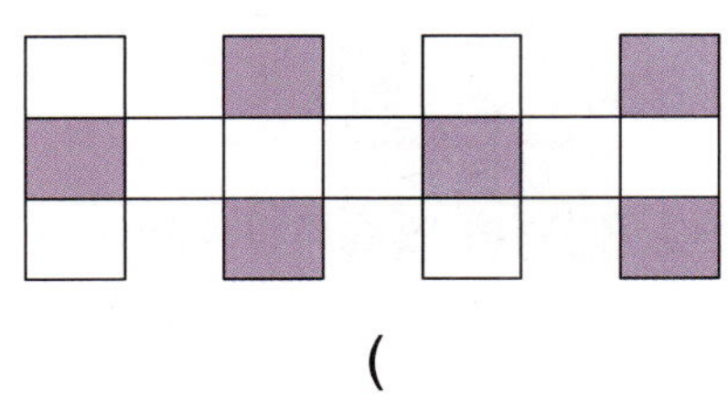

( )

15 비율을 백분율로 나타내어 보세요.

(1) 0.053 ➡ ( )

(2) $\dfrac{41}{50}$ ➡ ( )

16 경란이가 가지고 있는 구슬 75개 중 30개는 검은 색입니다. 전체 구슬 수에 대한 검은색 구슬 수의 비율을 <u>잘못</u> 나타낸 것을 찾아 기호를 써 보세요.

> ㉠ $\dfrac{2}{5}$　　㉡ 4 %　　㉢ 0.4

( )

17 어느 농구팀이 25경기에서 17번 이겼습니다. 이 농구팀의 승률을 백분율로 나타내어 보세요.

( )

18 한 변의 길이가 5 cm인 정사각형이 있습니다. 이 정사각형의 한 변의 길이를 2 cm씩 줄여서 만든 정사각형의 넓이는 처음 정사각형의 넓이의 몇 % 인지 풀이 과정을 쓰고 답을 구해 보세요.

____

____

____

( )

세 물건의 정가와 판매 가격을 나타낸 표입니다. 물음에 답하세요. [19~20]

물건	볼펜	공책	스케치북
정가(원)	1250	1000	3000
판매 가격(원)	1000	850	2700
할인율(%)			

19 할인율을 구하여 빈칸에 써넣으세요.

20 할인율이 가장 높은 물건은 어느 것인가요?

( )

4
단원

연습 각 단계에 따라 문제를 풀어 보세요.

1 어느 동네의 여학생은 360명이고, 남학생은 여학생보다 80명이 많습니다. 전체 학생 수에 대한 남학생 수의 비율을 소수로 나타내어 보세요.

1단계 남학생은 몇 명인가요?

(   )

2단계 전체 학생은 몇 명인가요?

(   )

3단계 전체 학생 수에 대한 남학생 수의 비율을 소수로 나타내어 보세요.

(   )

도전 위에서 푼 방법을 생각하며 풀어 보세요.

1-1 선하는 동화책을 어제 63쪽 읽었고, 오늘 어제보다 21쪽 더 많이 읽어서 모두 읽었습니다. 동화책의 전체 쪽수에 대한 오늘 읽은 쪽수의 비율을 분수로 나타내어 보세요.

이렇게 술술 풀어요

① 오늘 읽은 쪽수를 구합니다.

② 동화책의 전체 쪽수를 구합니다.

③ 동화책의 전체 쪽수에 대한 오늘 읽은 쪽수의 비율을 분수로 나타냅니다.

풀이

____

____

____

____

답 _______________________________

 각 단계에 따라 문제를 풀어 보세요.

2 태풍은 2시간에 432 km의 빠르기로 진행하고, KTX 열차는 2시간 30분에 625 km의 빠르기로 달립니다. 어느 것이 더 빠른지 구해 보세요.

1단계 태풍의 걸린 시간에 대한 간 거리의 비율을 구해 보세요.

(   )

2단계 KTX 열차의 걸린 시간에 대한 간 거리의 비율을 구해 보세요.

(   )

3단계 태풍과 KTX 열차 중 어느 것이 더 빠른지 써 보세요.

(   )

4 단원

도전 위에서 푼 방법을 생각하며 풀어 보세요.

2-1 432 km를 달리는 데 4시간 30분이 걸리는 빨간 자동차와 570 km를 달리는 데 6시간이 걸리는 파란 자동차가 있습니다. 어느 자동차가 더 빠른지 써 보세요.

풀이

____

____

____

____

답  ________________

이렇게 술술 풀어요

① 빨간 자동차의 달리는 데 걸린 시간에 대한 간 거리의 비율을 구합니다.

② 파란 자동차의 달리는 데 걸린 시간에 대한 간 거리의 비율을 구합니다.

③ 어느 자동차가 더 빠른지 구합니다.

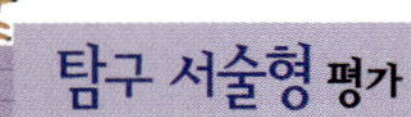 탐구 서술형 평가

연습 각 단계에 따라 문제를 풀어 보세요.

3 각 반의 회장 선거의 반별 투표율을 나타낸 것입니다. 투표율이 높은 반부터 차례로 이름을 써 보세요.

1단계 준기네 반의 투표율은 몇 %인가요?　　　　　(　　　　　　)

2단계 시형이네 반의 투표율은 몇 %인가요?　　　　　(　　　　　　)

3단계 투표율이 높은 반의 학생부터 차례로 이름을 써 보세요.

　　　　　(　　　　，　　　　，　　　　)

도전 위에서 푼 방법을 생각하며 풀어 보세요.

3-1 세 사람이 축구 연습을 하고 있습니다. 골 성공률이 높은 사람부터 차례로 이름을 써 보세요.

> 민석: 나의 골 성공률은 56 %야.
> 예한: 나는 공을 24번 차서 골대에 12번 공을 넣었어.
> 석현: 나의 찬 횟수에 대한 골대에 넣은 골의 수의 비는 11 : 20이야.

풀이

____

____

____

답 ________ , ________ , ________

이렇게 술술풀어요

① 예한이의 골 성공률은 몇 % 인지 구합니다.

② 석현이의 골 성공률은 몇 % 인지 구합니다.

③ 골 성공률이 높은 사람부터 차례로 이름을 씁니다.

4 흙으로 빚은 도자기 수에 대한 초벌구이한 도자기 수의 비가 2 : 5이고, 초벌구이한 도자기 중 명품 도자기는 8 %라고 합니다. 흙으로 빚은 도자기가 250개일 때, 흙으로 빚은 도자기 수에 대한 명품 도자기 수의 비율을 소수로 나타내어 보세요.

풀이

답

5 두 물건의 가격이 작년에 비해 인상되었습니다. 인상률을 구하여 빈칸에 써넣고 인상률이 더 높은 물건은 어느 것인지 써 보세요.

물건	작년 가격(원)	올해 가격(원)	인상률(%)
㉠	1200	1320	10
㉡	9000	10800	

풀이

답

5-1 그림그래프로 나타내어 볼까요

✳ 그림그래프로 나타내기

(예)

산별 소나무 수

산	삼봉산	오봉산	칠봉산	구봉산
소나무 수(그루)	4500	3400	3200	3600

산별 소나무 수

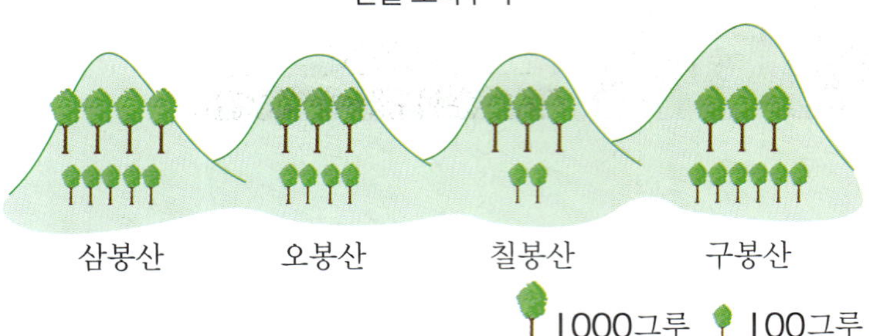

삼봉산   오봉산   칠봉산   구봉산

🌲1000그루   🌱100그루

표	• 정확한 수치를 알 수 있습니다.
그림그래프	• 복잡한 자료를 간단하게 보여줍니다. • 그림의 크기로 많고 적음을 한눈에 알 수 있습니다.

> • **그림그래프**: 알고자 하는 수 (조사한 수)를 그림으로 나타 낸 그래프를 그림그래프라고 합니다.
>
> 마을별 사과 생산량
>
> | 마을 | 생산량 |
> |---|---|
> | 진달래 | 🍎🍎🍎🍎🍎 |
> | 백합 | 🍎🍎🍎🍎🍎🍎 |
> | 동백 | 🍎🍎🍎🍎🍎 |
> | 장미 | 🍎🍎🍎🍎🍎 |
>
> 🍎10상자 🍎1상자

5-2 띠그래프를 알아볼까요

✳ **띠그래프**: 전체에 대한 각 부분의 비율을 띠 모양에 나타낸 그래프를 띠그 래프라고 합니다.

(예)

혈액형별 학생 수

혈액형	A형	B형	O형	AB형	합계
학생 수(명)	42	24	36	18	120
백분율(%)	35	20	30	15	100

→ 전체 학생 수에 대한 혈액형별 학 생 수의 비율을 한눈에 알아보려 면 표에 백분율을 더 추가합니다.

혈액형별 학생 수

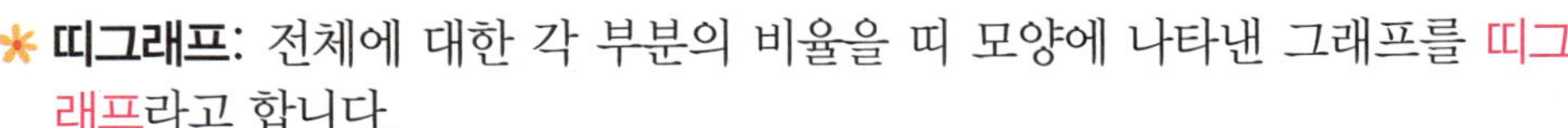

① 띠그래프의 작은 눈금 한 칸은 1%를 나타냅니다.
② 띠그래프는 전체에 대한 각 부분의 비율을 한눈에 알 수 있습니다.
③ 띠그래프는 각 항목끼리의 비율을 쉽게 비교할 수 있습니다.

> • 실생활에서 **띠그래프로 나타내** 는 경우
> ① 우리 학교 친구들의 혈액형 비율
> ② 친구들이 좋아하는 운동의 비율
> ③ 전교 회장 선거 득표율
>
> • 백분율 구하기
>
> A형: $\dfrac{42}{120} \times 100 = 35(\%)$
>
> B형: $\dfrac{24}{120} \times 100 = 20(\%)$
>
> O형: $\dfrac{36}{120} \times 100 = 30(\%)$
>
> AB형: $\dfrac{18}{120} \times 100 = 15(\%)$

5-1 그림그래프로 나타내어 볼까요 

연도별 고속철도 여객 수송 현황을 나타낸 표입니다. 물음에 답하세요. [1~4]

연도별 고속철도 여객 수송 현황   (단위: 천 명)

연도 (년)	2013	2014	2015	2016	2017
여객 수송 량	19791	32104	36017	36709	37417

1 위 표의 빈칸에 여객 수송량을 십만의 자리에서 반올림하여 나타내어 보세요.

2 1에서 반올림한 수를 보고 그림그래프로 나타내어 보세요.

연도별 고속철도 여객 수송 현황

연도	여객 수송량
2013년	
2014년	
2015년	
2016년	
2017년	

천만 명   백만 명

3 표와 그림그래프 중 더 정확한 여객 수송량을 알 수 있는 것은 어느 것인가요?

(   )

4 표와 그림그래프 중 복잡한 자료를 간단하게 보여 주는 것은 어느 것인가요?

(   )

5-2 띠그래프를 알아볼까요 

애영이네 학교 학생들이 좋아하는 운동을 조사하여 나타낸 표와 띠그래프입니다. 물음에 답하세요.

[5~7]

좋아하는 운동별 학생 수

운동	축구	야구	농구	기타	합계
학생 수(명)	240	150	120	90	
백분율(%)	40	㉠	20	㉡	100

좋아하는 운동별 학생 수

```
0  10  20  30  40  50  60  70  80  90  100(%)
```

축구 (40 %)	야구 (㉠ %)	농구 (20 %)	기타 (㉡ %)

5 조사한 학생은 모두 몇 명인가요?

(   )

6 ㉠, ㉡에 알맞은 수를 구해 보세요.

㉠: (   )

㉡: (   )

7 위 띠그래프를 보고 알 수 있는 내용으로 옳은 것은 어느 것인가요? (   )

① 농구를 좋아하는 학생이 가장 많습니다.
② 전체 학생 수를 한눈에 잘 알 수 있습니다.
③ 축구와 농구를 좋아하는 학생은 60 %입니다.
④ 띠그래프에 표시된 눈금은 학생 수를 나타냅니다.
⑤ 띠그래프의 작은 눈금 한 칸은 1명을 나타냅니다.

5-3 띠그래프로 나타내어 볼까요

✳ 띠그래프로 나타내기

(예)

위인전 종류별 책 수

종류	과학자	정치인	예술가	종교인	합계
책 수(권)	175	150	125	50	500
백분율(%)	35	30	25	10	100

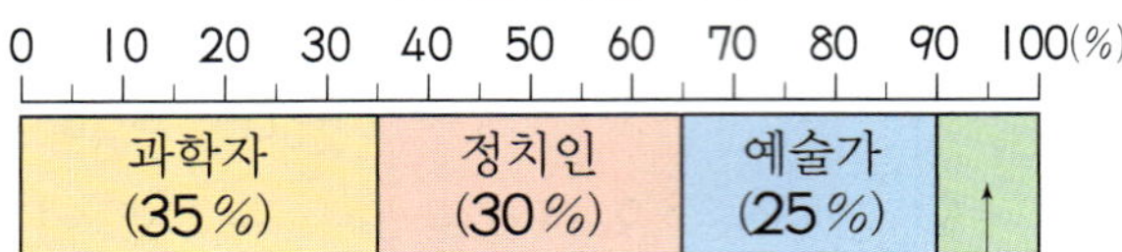

위인전 종류별 책 수

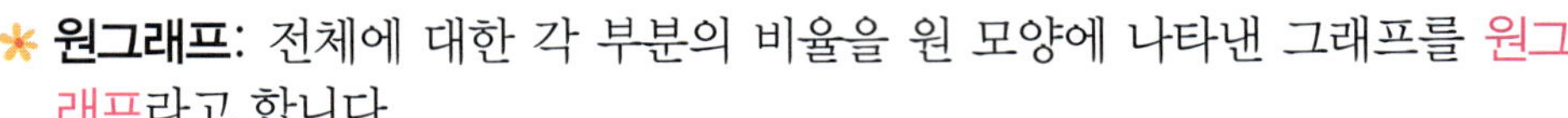

• **띠그래프로 나타내는 방법**
① 자료를 보고 각 항목의 백분율을 구합니다.
② 각 항목의 백분율의 합계가 100 %가 되는지 확인합니다.
③ 각 항목이 차지하는 백분율의 크기만큼 선을 그어 띠를 나눕니다.
④ 나눈 부분에 각 항목의 내용과 백분율을 씁니다.
⑤ 띠그래프의 제목을 씁니다.

5-4 원그래프를 알아볼까요

✳ **원그래프**: 전체에 대한 각 부분의 비율을 원 모양에 나타낸 그래프를 **원그래프**라고 합니다.

(예)

가고 싶은 체험 학습 장소별 학생 수

장소	공원	놀이동산	방송국	유적지	합계
학생 수(명)	60	75	120	45	300
백분율(%)	20	25	40	15	100

가고 싶은 체험 학습 장소별 학생 수

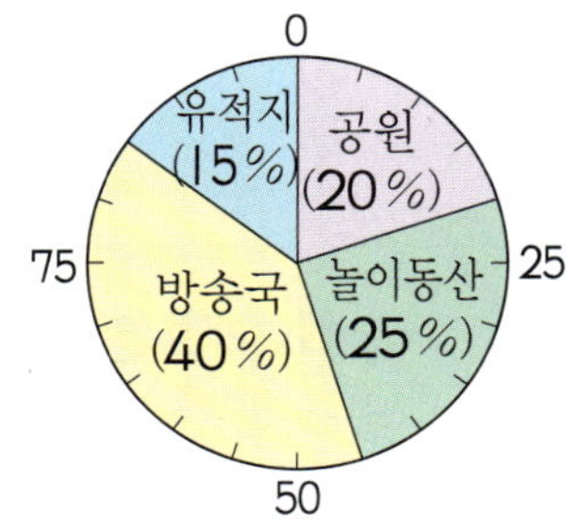

① 원그래프는 전체에 대한 각 부분의 비율을 한눈에 알 수 있습니다.
② 원그래프는 각 항목끼리의 비율을 쉽게 비교할 수 있습니다.
③ 원그래프는 작은 비율까지도 비교적 쉽게 나타낼 수가 있습니다.

• **원그래프를 사용하는 예**
① 같은 시간대 텔레비전 프로그램별 시청률
② 우리 반 친구들이 좋아하는 간식
③ 음식에 들어 있는 영양소 성분의 비율

• **띠그래프와 원그래프의 공통점**
① 둘 다 비율 그래프입니다.
② 전체를 100 %로 하여 전체에 대한 각 부분의 비율을 알기 편합니다.

• **띠그래프와 원그래프의 차이점**
① **띠그래프**: 가로를 100등분하여 띠 모양으로 그린 것입니다.
② **원그래프**: 원의 중심을 따라 각을 100등분하여 원 모양으로 그린 것입니다.

5-3 띠그래프로 나타내어 볼까요

건우네 학교 학생 300명을 대상으로 좋아하는 과일을 조사하여 나타낸 표입니다. 물음에 답하세요. [1~2]

좋아하는 과일별 학생 수

과일	사과	딸기	포도	수박	기타	합계
학생 수(명)	90	75		45	30	300
백분율(%)	30	25			10	100

1 위의 표를 완성해 보세요.

2 띠그래프로 나타내어 보세요.

좋아하는 과일별 학생 수

```
0   10  20  30  40  50  60  70  80  90  100(%)
┌──────────┬─────────────────────────────────┐
│   사과   │                                 │
│  (30 %)  │                                 │
└──────────┴─────────────────────────────────┘
```

3 자료를 수집하여 띠그래프로 나타내려고 할 때 순서에 맞게 기호를 써 보세요.

> ㉠ 자료를 보고 각 항목의 백분율을 구합니다.
> ㉡ 나눈 부분에 각 항목의 내용과 백분율을 씁니다.
> ㉢ 각 항목의 백분율의 합계가 100 %가 되는지 확인합니다.
> ㉣ 각 항목이 차지하는 백분율의 크기만큼 선을 그어 띠를 나눕니다.
> ㉤ 띠그래프의 제목을 씁니다.

㉠ ➡ (　) ➡ (　) ➡ (　) ➡ ㉤

5-4 원그래프를 알아볼까요

4 민선이네 학교 6학년 학생 180명을 대상으로 연주할 수 있는 악기를 조사하였습니다. 전체 학생 수에 대한 바이올린, 첼로를 연주할 수 있는 학생 수의 백분율을 각각 구해 보세요.

연주할 수 있는 악기별 학생 수

악기	피아노	바이올린	첼로	기타	합계
학생 수(명)	81	54	27	18	180
백분율(%)	45			10	100

(1) 바이올린: $\dfrac{54}{180} \times 100 = \boxed{}$ (%)

(2) 첼로: $\dfrac{27}{180} \times 100 = \boxed{}$ (%)

전교 회장 입후보자들의 득표 수의 백분율을 조사하여 나타낸 원그래프입니다. 물음에 답하세요. [5~6]

입후보자별 득표 수

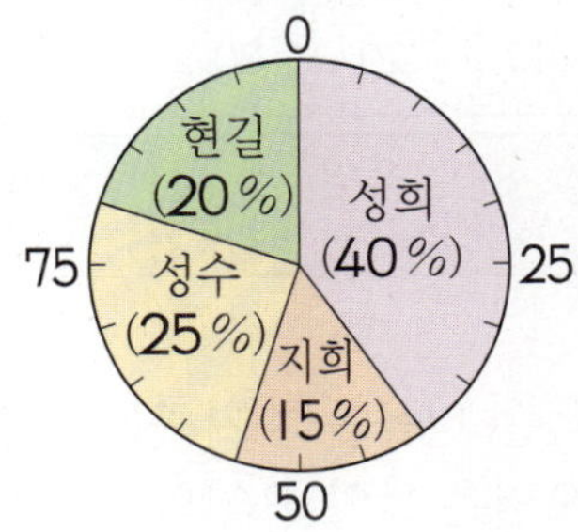

5 가장 많은 표를 얻은 사람은 누구인가요?

(　　　　　)

6 성희가 얻은 표는 현길이가 얻은 표의 몇 배인가요?

(　　　　　)

5
단원

5-5 원그래프로 나타내어 볼까요 

✳ 원그래프로 나타내기

(예)

솔빛 마을 도서관의 책의 종류별 권수

종류	위인전	동화책	과학책	기타	합계
책 수(권)	270	405	180	45	900
백분율(%)	30	45	20	5	100

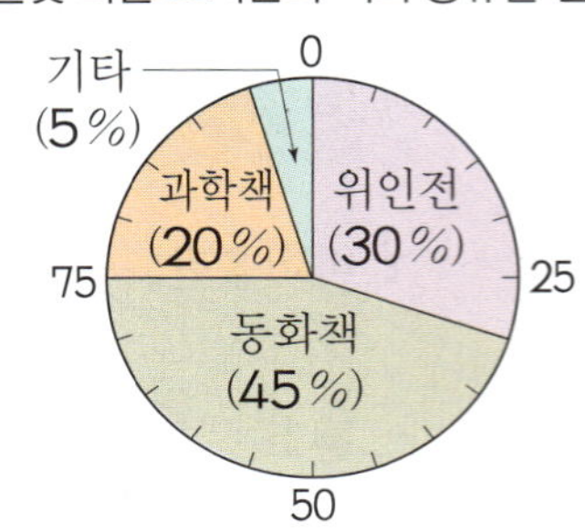

· 원그래프로 나타내는 방법
① 자료를 보고 각 항목의 백분율을 구합니다.
② 각 항목의 백분율의 합계가 100%가 되는지 확인합니다.
③ 각 항목들이 차지하는 백분율의 크기만큼 선을 그어 원을 나눕니다.
④ 나눈 부분에 각 항목의 내용과 백분율을 씁니다.
⑤ 원그래프의 제목을 씁니다.

5-6 그래프를 해석해 볼까요

✳ 띠그래프 해석하기

(예)

환경 오염의 원인

① 가장 높은 비율을 차지하는 환경 오염의 원인은 대기 오염입니다.
② 수질 오염은 토양 오염의 2배입니다.

✳ 원그래프 해석하기

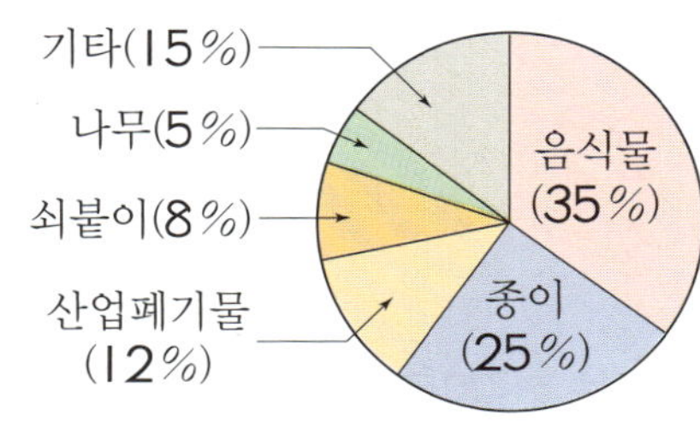

① 가장 높은 비율을 차지하는 쓰레기는 음식물입니다.
② 음식물 쓰레기 발생량은 나무 쓰레기 발생량의 7배입니다.

· 왼쪽 띠그래프를 보고 알 수 있는 내용
① 환경 오염의 원인 중 두 번째로 높은 비율을 차지하는 항목은 수질 오염입니다.
② 대기 오염에 의한 환경 오염은 소음·진동으로 인한 환경 오염의 4배입니다.

· 왼쪽 원그래프를 보고 알 수 있는 내용
① 종이 쓰레기 발생량은 산업 폐기물 쓰레기 발생량의 약 2배입니다.
② 가장 높은 비율을 차지하는 쓰레기는 음식물입니다. 그러므로 음식을 만들 때 먹을 만큼만 만들고 음식을 남기지 않도록 노력합니다.

수학 익힘 풀기

5-5 원그래프로 나타내어 볼까요

🍄 상헌이네 학교 학생 500명을 대상으로 좋아하는 운동을 조사하여 나타낸 표입니다. 물음에 답하세요.
[1~3]

좋아하는 운동별 학생 수

운동	야구	축구	농구	기타	합계
학생 수(명)	200	175	75	50	500
백분율(%)	40			10	100

1 위의 표를 완성해 보세요.

2 원그래프로 나타내어 보세요.

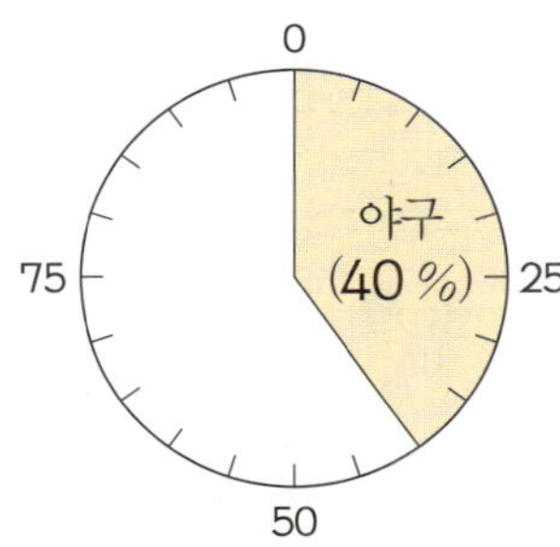

좋아하는 운동별 학생 수

3 ☐ 안에 알맞은 수를 써넣으세요.

학생 수를 ☐(으)로 나누면 백분율의 값과 같습니다.

5-6 그래프를 해석해 볼까요

🍄 동원이네 반 학생들이 생일에 받고 싶은 선물을 조사하여 나타낸 띠그래프입니다. 물음에 답하세요.
[4~5]

선물별 학생 수

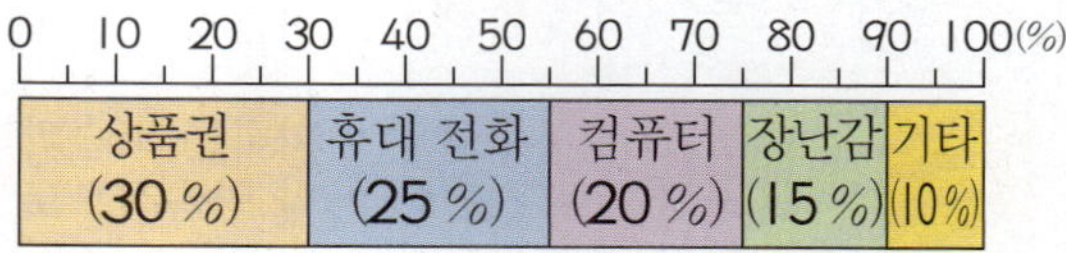

4 상품권을 받고 싶은 학생은 장난감을 받고 싶은 학생의 몇 배인가요?

( )

5 상품권을 받고 싶은 학생이 6명이라면 기타에 속하는 학생은 몇 명인가요?

( )

🍄 재경이네 반 학생들의 혈액형을 조사하여 나타낸 원그래프입니다. 물음에 답하세요. [6~7]

혈액형별 학생 수

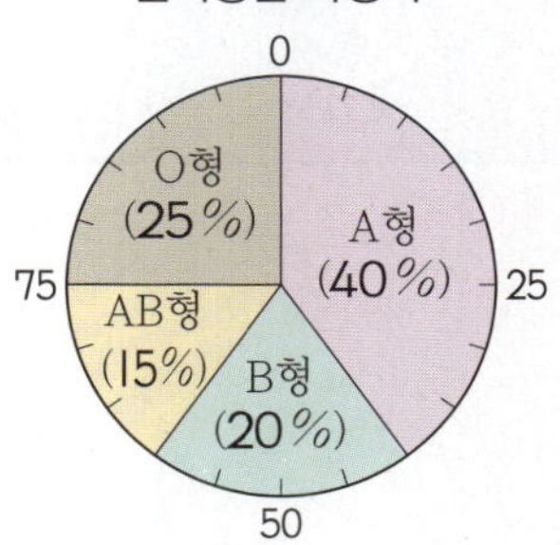

6 어느 혈액형이 가장 적은가요?

( )

7 B형인 학생은 A형인 학생의 몇 배인가요?

( )

5-7 여러 가지 그래프를 비교해 볼까요

�֟ 그래프의 종류와 특징

그림그래프	• 그림의 크기와 수량의 많고 적음을 쉽게 알 수 있습니다. • 자료에 따라 상징적인 그림을 사용할 수 있어서 재미있게 나타낼 수 있습니다.
막대그래프	• 수량의 많고 적음을 한눈에 비교하기 쉽습니다. • 각각의 크기를 비교할 때 편리합니다.
꺾은선그래프	• 수량의 변화하는 모습과 정도를 쉽게 알 수 있습니다. • 시간에 따라 연속적으로 변하는 양을 나타내는 데 편리합니다.
띠그래프	• 전체에 대한 각 부분의 비율을 한눈에 알아보기 쉽습니다. • 각 항목끼리의 비율을 쉽게 비교할 수 있습니다. • 여러 개의 띠그래프를 사용하여 비율의 변화 상황을 나타내는 데 편리합니다.
원그래프	• 전체에 대한 각 부분의 비율을 한눈에 알아보기 쉽습니다. • 각 항목끼리의 비율을 쉽게 비교할 수 있습니다. • 작은 비율까지 비교적 쉽게 나타낼 수 있습니다.

• 그래프의 종류와 특징

자료	그래프
월별 나의 키의 변화	꺾은선그래프
지역별 미세 먼지의 농도	그림그래프, 막대그래프, 띠그래프, 원그래프
우리 반 친구들의 혈액형	막대그래프, 띠그래프, 원그래프
우리 반 친구들이 좋아하는 과목	막대그래프, 띠그래프, 원그래프

✖ 막대그래프와 꺾은선그래프

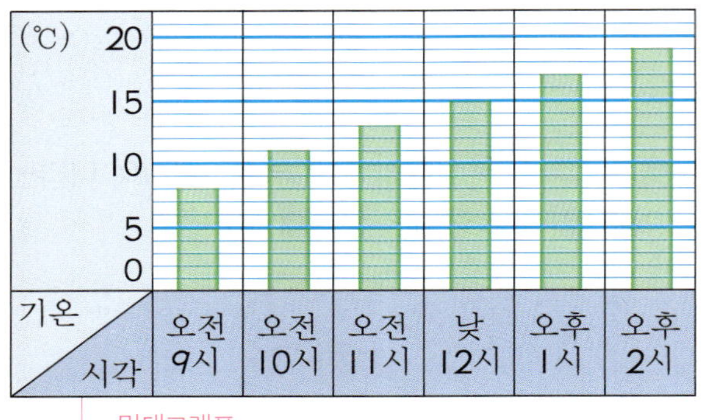
오늘의 기온

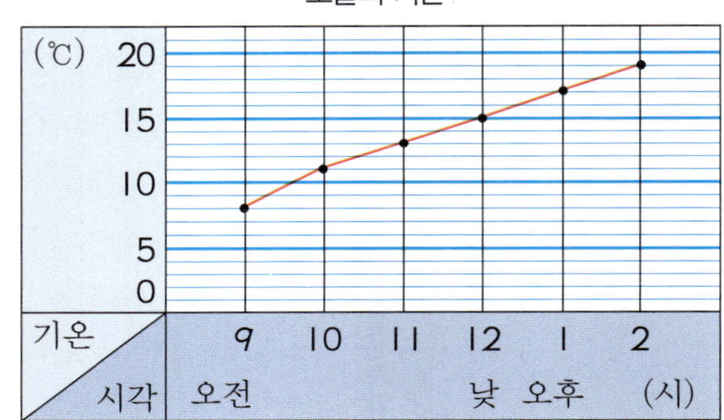
오늘의 기온

🌰 ⬚ 안에 알맞은 수를 써넣으세요.

⬚ 그래프와 ⬚ 그래프는 각 항목끼리의 비율을 쉽게 비교할 수 있습니다.

풀이
띠그래프와 원그래프는 전체에 대한 각 부분의 비율을 한눈에 알아보기 쉽습니다.

답 띠, 원

수학 익힘 풀기

5-7 여러 가지 그래프를 비교해 볼까요 

 재윤이네 학교 주변에는 매화 마을, 난초 마을, 국화 마을, 장미 마을이 있습니다. 다음은 올가을 마을별 쌀 생산량을 조사하여 나타낸 표입니다. 물음에 답하세요. [1~5]

마을별 쌀 생산량

마을	매화	난초	국화	장미	합계
생산량 (kg)	700	600	400		2000
백분율 (%)	35		20	15	100

1 위의 표를 완성해 보세요.

2 그림그래프로 나타내어 보세요.

마을별 쌀 생산량

마을	생산량
매화	
난초	
국화	
장미	

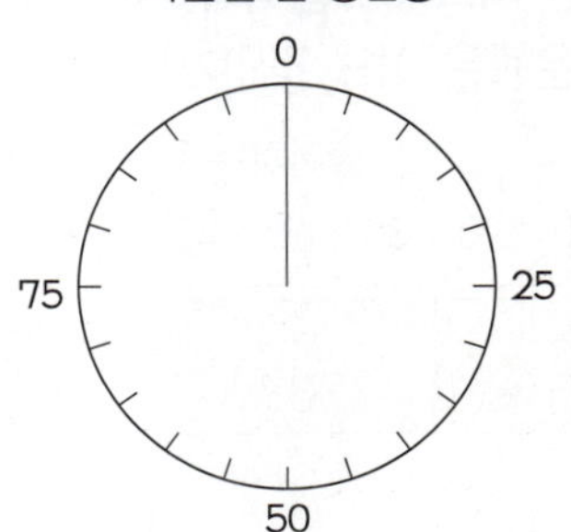

3 막대그래프로 나타내어 보세요.

마을별 쌀 생산량

(kg)				
500				
0				
생산량 \ 마을	매화	난초	국화	장미

4 띠그래프로 나타내어 보세요.

마을별 쌀 생산량

0 10 20 30 40 50 60 70 80 90 100(%)

5 원그래프로 나타내어 보세요.

마을별 쌀 생산량

0
25
50
75

단원 평가  연습

5. 여러 가지 그래프

🍄 마을별 사과 생산량을 나타낸 표입니다. 물음에 답하세요. [1~2]

마을별 사과 생산량

마을	가	나	다	합계
생산량(t)	31	17	25	73

1 그림그래프로 나타내어 보세요.

마을별 사과 생산량

마을	생산량
가	
나	
다	

🍎 ☐ t   🍎 ☐ t

2 그림그래프로 나타내면 좋은 점을 써 보세요.

____

____

3 정현이네 반 학생들이 좋아하는 운동을 조사하여 나타낸 띠그래프입니다. 좋아하는 학생 수가 가장 많은 운동은 어느 것인가요?

좋아하는 운동별 학생 수

0 10 20 30 40 50 60 70 80 90 100(%)

축구 (25%)	농구 (30%)	야구 (25%)	배구 (20%)

(   )

🍄 성준이네 학교 학생들이 좋아하는 과목을 조사하여 나타낸 표입니다. 물음에 답하세요. [4~7]

좋아하는 과목별 학생 수

과목	수학	국어	체육	과학	기타	합계
학생 수(명)	60	48	72	36	24	240
백분율(%)	25					100

4 위의 표를 완성해 보세요.

5 전체 학생의 15%가 좋아하는 과목은 어느 것인가요?

(   )

6 띠그래프로 나타내어 보세요.

좋아하는 과목별 학생 수

0 10 20 30 40 50 60 70 80 90 100(%)

7 좋아하는 과목이 체육인 학생은 좋아하는 과목이 과학인 학생의 몇 배인가요?

(   )

윤호네 반 학생들의 혈액형을 조사하여 나타낸 띠그래프입니다. 물음에 답하세요. [8~11]

혈액형별 학생 수

| 0 10 20 30 40 50 60 70 80 90 100(%) |

| A형 (%) | B형 (%) | O형 (%) | AB형 |

(%)

8 띠그래프의 ☐ 안에 알맞은 수를 써넣으세요.

9 어느 혈액형이 가장 많은가요?

( )

10 B형과 학생 수가 같은 혈액형은 무엇인가요?

( )

11 윤호네 반 학생이 20명일 때, AB형은 몇 명인가요?

( )

창민이네 학교 6학년 학생들이 키우고 싶어 하는 동물을 조사하여 나타낸 표입니다. 물음에 답하세요. [12~14]

키우고 싶어 하는 동물별 학생 수

동물	고양이	강아지	토끼	햄스터	기타	합계
학생 수(명)	40	48		24	16	160
백분율(%)		30	20		10	100

12 위의 표를 완성해 보세요.

13 가장 많은 학생들이 키우고 싶어 하는 동물은 어느 것인가요?

( )

14 원그래프로 나타내어 보세요.

키우고 싶어 하는 동물별 학생 수

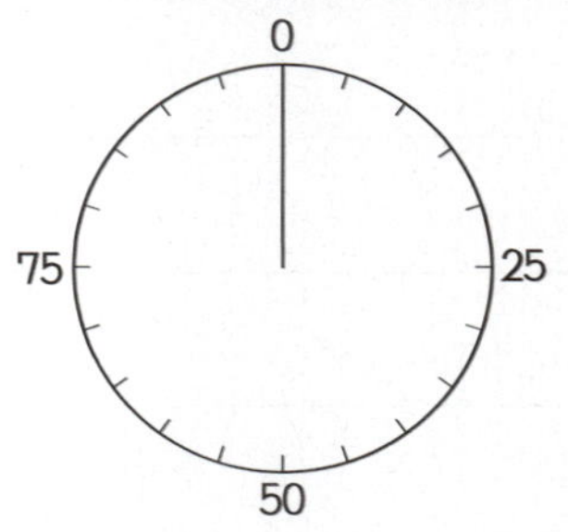

🍄 민희네 반 학생들이 좋아하는 간식을 조사하여 나타낸 원그래프입니다. 물음에 답하세요. [15~17]

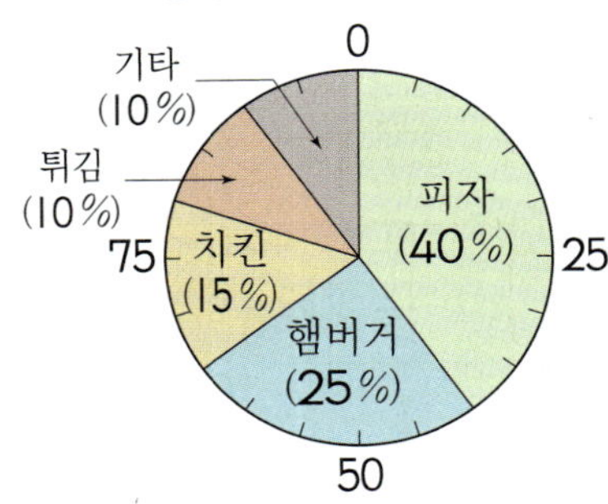

좋아하는 간식별 학생 수

15 학생들이 가장 좋아하는 간식은 무엇인가요?

(   )

16 피자를 좋아하는 학생은 튀김을 좋아하는 학생의 몇 배인가요?

(   )

🖋 서술형

17 튀김을 좋아하는 학생이 4명일 때, 치킨을 좋아하는 학생은 몇 명인지 풀이 과정을 쓰고 답을 구해 보세요.

____

____

(   )

🍄 선우네 집에 있는 책을 종류별로 조사하여 나타낸 원그래프입니다. 물음에 답하세요. [18~19]

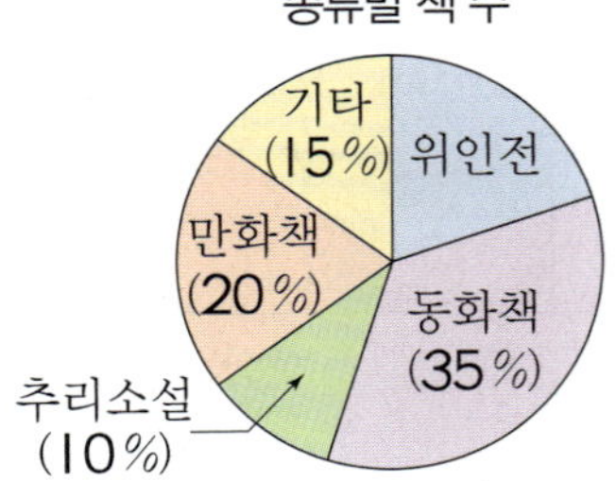

종류별 책 수

18 전체 책 수에 대한 위인전의 백분율은 몇 %인가요?

(   )

응용

19 원그래프를 띠그래프로 나타내어 보세요.

종류별 책 수

20 재윤이네 반 학생들의 학생별 팔굽혀펴기 횟수를 비교하려고 합니다. 다음 중 어느 그래프로 나타내는 것이 가장 알맞은지 써 보세요.

막대그래프, 띠그래프, 원그래프

(   )

단원평가

5. 여러 가지 그래프

달빛 마을 학생들의 장래 희망을 조사하여 나타낸 표입니다. 물음에 답하세요. [1~3]

장래 희망별 학생 수

장래 희망	의사	검사	연예인	선생님	기타	합계
학생 수(명)	12	8	6	4	10	40
백분율(%)	㉠	20	15	㉡	25	100

1 ☐ 안에 알맞은 수를 써넣으세요.

㉠: $\dfrac{12}{40} \times 100 =$ ☐ (%)

㉡: $\dfrac{4}{40} \times 100 =$ ☐ (%)

중요

2 띠그래프로 나타내어 보세요.

장래 희망별 학생 수

```
0   10  20  30  40  50  60  70  80  90  100(%)
```

3 장래 희망이 의사인 학생은 장래 희망이 선생님인 학생의 몇 배인가요?

( )

별빛 마을 학생들이 좋아하는 꽃을 조사하여 나타낸 띠그래프입니다. 물음에 답하세요. [4~7]

좋아하는 꽃별 학생 수

장미 (20%)	해바라기	개나리 (15%)	백합 (20%)	기타 (10%)

4 해바라기를 좋아하는 학생은 전체의 몇 %인가요?

( )

5 가장 많은 학생들이 좋아하는 꽃은 무엇인가요?

( )

응용

6 장미를 좋아하는 학생이 8명이라면 조사에 참여한 학생은 모두 몇 명인가요?

( )

서술형

7 띠그래프의 전체 길이가 25 cm라면 백합이 차지하는 부분의 길이는 몇 cm인지 풀이 과정을 쓰고 답을 구해 보세요.

____

____

____

( )

🍄 민지네 반 학생들이 받고 싶어 하는 생일 선물을 조사하여 나타낸 표입니다. 물음에 답하세요. [8~10]

받고 싶어 하는 생일 선물별 학생 수

선물	휴대전화	컴퓨터	인형	장난감	기타	합계
학생 수(명)	3	9	2	5	1	20
백분율(%)						

8 위의 표를 완성해 보세요.

9 원그래프로 나타내어 보세요.

받고 싶어 하는 생일 선물별 학생 수

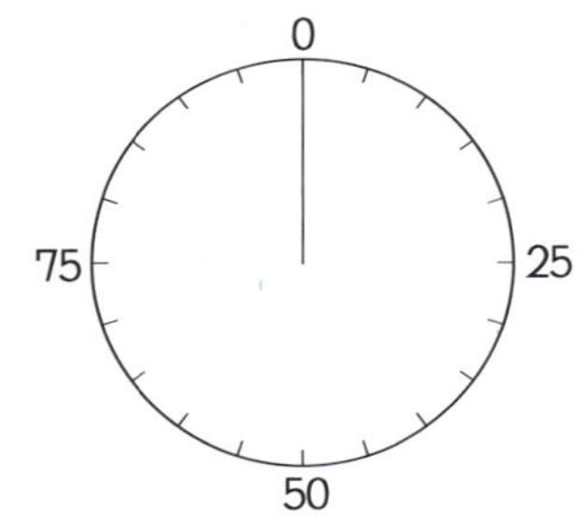

10 가장 많은 학생들이 받고 싶어 하는 생일 선물은 어느 것인가요?

( )

🍄 밀가루에 들어 있는 영양소를 조사하여 나타낸 원그래프입니다. 물음에 답하세요. [11~14]

영양소

11 밀가루에 가장 많이 들어 있는 영양소는 무엇인가요?

( )

12 단백질은 지방의 몇 배인가요?

( )

중요
13 밀가루 300 g에 들어 있는 단백질은 몇 g인가요?

( )

서술형
14 백분율이 클수록 들어 있는 영양소의 양은 어떻게 되는지 써 보세요.

____

____

어느 도시의 연령별 인구 구성비의 변화를 나타낸 띠그래프입니다. 물음에 답하세요. [15~17]

연령별 인구 구성비의 변화

	20세 미만	20~60세 미만	60세 이상
1980년도	36 %	40 %	24 %
1990년도	34.5 %	40.5 %	25 %
2000년도	33 %	41 %	26 %
2010년도	31.5 %	42 %	26.5 %

15 1980년도에 20세 미만인 인구는 60세 이상인 인구의 몇 배인가요?

( )

16 전체 인구에 대한 비율이 1980년도에 비하여 2010년도에 줄어든 연령층은 어느 연령층인가요?

( )

17 띠그래프를 보고 알 수 있는 내용을 써 보세요.

____

____

지수네 학교 회장 선거에서 후보자별 득표 수를 나타낸 그림그래프입니다. 물음에 답하세요. [18~20]

후보자별 득표 수

후보자	득표 수
수민	◎◎◎◎◎◎◎◎◎◎◎◎
유빈	◎◎◎
희진	◎◎◎◎◎◎◎◎
동수	◎◎◎◎◎◎

◎ 10명 ◎ 1명

18 표를 완성해 보세요.

후보자별 득표 수

후보자	수민	유빈	희진	동수	합계
득표 수(표)		30		24	120
백분율(%)	40	25			100

5 단원

19 원그래프로 나타내어 보세요.

후보자별 득표 수

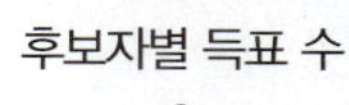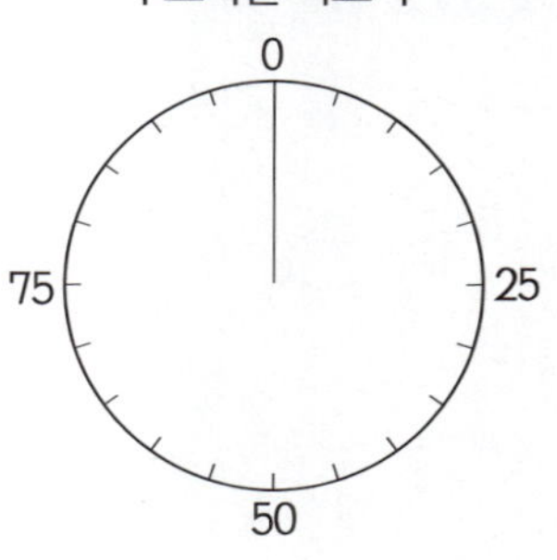

20 지수네 학교 회장 후보자별 득표 수의 백분율을 비교하려고 합니다. 그림그래프와 원그래프 중 어느 그래프가 한눈에 비교하기 좋은가요?

( )

단원 평가

🍄 글을 읽고, 물음에 답하세요. [1~3]

> 현숙이네 마을 사람 300명의 성씨를 조사하였습니다. 이씨는 105명, 박씨는 75명, 김씨는 ☐명, 장씨는 45명, 기타는 15명이었습니다.

1 김씨는 몇 명인가요?

( )

2 글을 읽고 표를 완성해 보세요.

성씨별 사람 수

성씨	이씨	박씨	김씨	장씨	기타	합계
사람 수(명)	105	75		45	15	300
백분율(%)						100

3 위의 표를 보고 띠그래프로 나타내어 보세요.

성씨별 사람 수

```
0   10  20  30  40  50  60  70  80  90  100(%)
```

🍄 어느 회사 직원들이 출근할 때 이용하는 교통수단을 조사하여 나타낸 띠그래프입니다. 물음에 답하세요. [4~7]

이용하는 교통수단별 직원 수

```
0   10  20  30  40  50  60  70  80  90  100(%)
```

자동차 (24 %)	지하철 (32 %)	자전거 (16 %)	버스 (20 %)	

기타 (8 %)

4 가장 많은 직원들이 이용하는 교통수단은 무엇인가요?

( )

5 지하철을 이용하는 직원은 자전거를 이용하는 직원의 몇 배인가요?

( )

서술형

6 버스를 이용하는 직원이 48명일 때, 이 회사의 직원은 모두 몇 명인지 풀이 과정을 쓰고 답을 구해 보세요.

( )

7 길이가 20 cm인 띠그래프로 나타낼 때, 자동차를 이용하는 직원이 차지하는 길이는 몇 cm인가요?

( )

정식이네 농장의 종류별 동물 수를 조사하여 나타낸 표입니다. 물음에 답하세요. [8~10]

종류별 동물 수

동물	닭	토끼	염소	돼지	소	합계
동물 수(마리)	216	120	72	48	24	480
백분율(%)						

8 위의 표를 완성해 보세요.

9 원그래프로 나타내어 보세요.

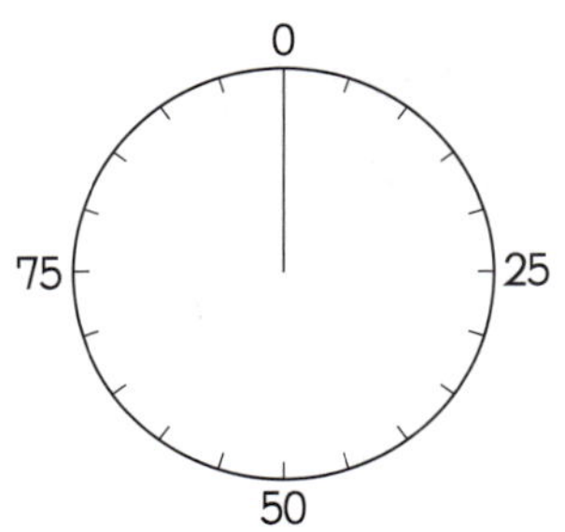

10 한 달 후 돼지 24마리가 다른 농장으로 옮겨 가고 토끼 24마리가 새로 왔습니다. 한 달 후 전체 동물 수에 대한 토끼 수의 백분율은 몇 %인가요?

( )

윤진이네 과수원에 과일별 심은 넓이를 조사하여 나타낸 원그래프입니다. 수박을 심은 넓이가 딸기를 심은 넓이의 5배일 때, 물음에 답하세요. [11~14]

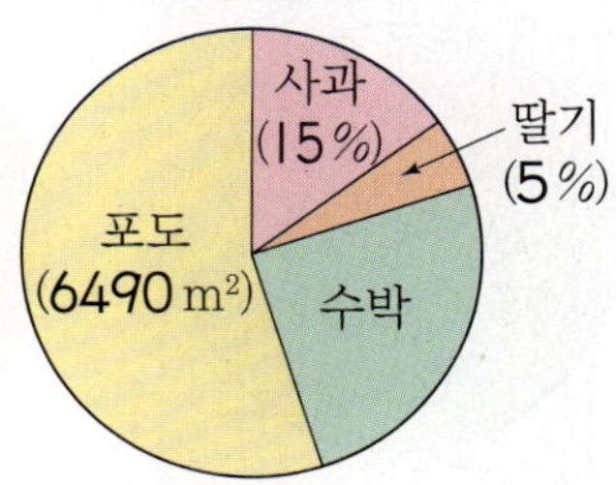

11 수박을 심은 넓이는 전체의 몇 %인가요?

( )

12 포도를 심은 넓이는 전체의 몇 %인가요?

( )

13 딸기를 심은 넓이는 몇 m²인가요?

( )

서술형

14 과일을 심은 넓이는 모두 몇 m²인지 풀이 과정을 쓰고 답을 구해 보세요.

____

____

____

( )

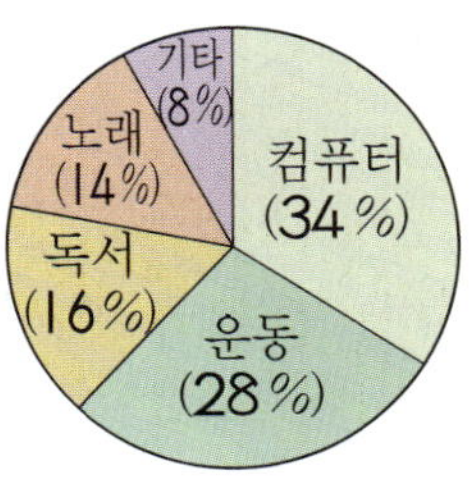 5학년 학생 200명과 6학년 학생 250명의 취미를 조사하여 나타낸 원그래프입니다. 물음에 답하세요. [15~17]

5학년 학생들의 취미

6학년 학생들의 취미

15 5학년에서 가장 많은 학생들의 취미는 무엇인가요?

(　　　　　　　　)

16 6학년 중 독서가 취미인 학생은 몇 명인가요?

(　　　　　　　　)

서술형

17 5학년에서 운동이 취미인 학생 수와 6학년에서 운동이 취미인 학생 수의 차는 몇 명인지 풀이 과정을 쓰고 답을 구해 보세요.

____

____

____

(　　　　　　　　)

18 띠그래프로 나타내기에 가장 적당한 것은 어느 것인가요? (　　　)

① 내 몸무게의 변화
② 동생의 키의 변화
③ 계절별 온도의 변화
④ 나의 월별 수학 성적
⑤ 우리 반 친구들의 혈액형별 학생 수

어느 도시의 학교별 학생 수를 조사하여 나타낸 띠그래프입니다. 물음에 답하세요. [19~20]

학교별 학생 수

주의

19 이 도시의 학생이 3000명일 때, 초등학교 학생은 모두 몇 명인가요?

(　　　　　　　　)

20 띠그래프를 원그래프로 나타내어 보세요.

학교별 학생 수

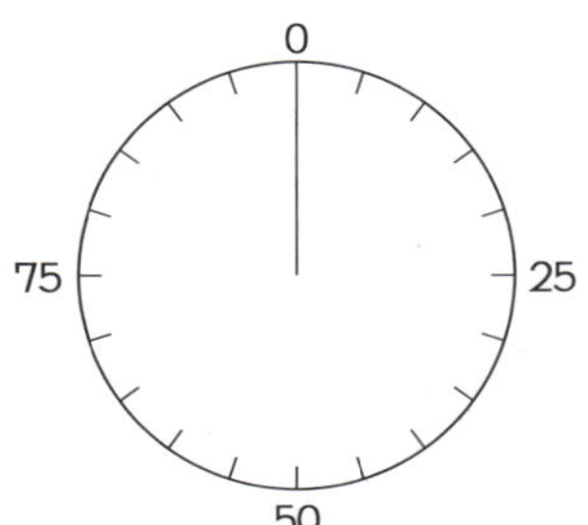

단원 평가 

실전

5. 여러 가지 그래프

현림이네 학교 학생들이 좋아하는 색을 조사하여 나타낸 표입니다. 물음에 답하세요. [1~3]

좋아하는 색깔별 학생 수

색	빨강	노랑	파랑	기타	합계
학생 수(명)	90	50		30	200
백분율(%)					

1 위의 표를 완성해 보세요.

2 띠그래프로 나타내어 보세요.

좋아하는 색깔별 학생 수

0 10 20 30 40 50 60 70 80 90 100(%)

서술형

3 백분율과 학생 수 사이의 관계를 써 보세요.

어느 도서실의 책을 종류별로 조사하여 나타낸 띠그래프입니다. 물음에 답하세요. [4~7]

종류별 책의 수

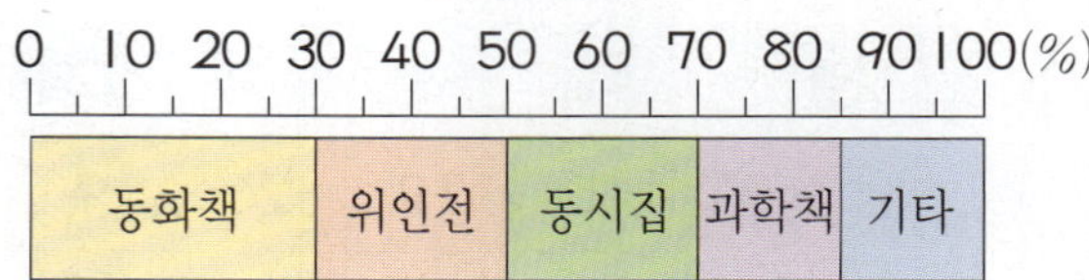

0 10 20 30 40 50 60 70 80 90 100(%)

| 동화책 | 위인전 | 동시집 | 과학책 | 기타 |

4 도서실에 가장 많이 있는 책의 종류는 무엇인가요?

(   )

5 동화책 수는 과학책 수의 몇 배인가요?

(   )

6 위인전과 과학책은 전체의 몇 %인가요?

(   )

7 이 도서실에 있는 전체 책 수가 5400권일 때 위인전과 과학책은 모두 몇 권인지 ☐ 안에 알맞은 수를 써넣으세요.

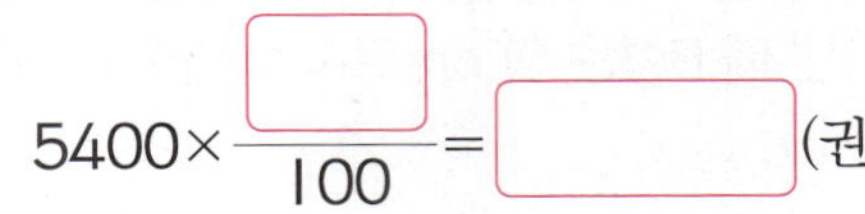

$$5400 \times \frac{}{100} = \boxed{} \text{(권)}$$

🍄 전수네 마을 학생들의 혈액형을 조사하여 나타낸 표입니다. 물음에 답하세요. [8~10]

혈액형별 학생 수

혈액형	A형	B형	O형	AB형	합계
학생 수(명)	15	12	24	9	60
백분율(%)					

8 위의 표를 완성해 보세요.

9 원그래프로 나타내어 보세요.

혈액형별 학생 수

10 위의 원그래프를 길이가 20 cm인 띠그래프로 나타낼 때 B형은 몇 cm로 나타내어야 하나요?

(　　　　　　　　)

🍄 선미네 집의 지난 달 생활비 지출을 조사하여 나타낸 원그래프입니다. 물음에 답하세요. [11~14]

생활비의 쓰임새별 금액

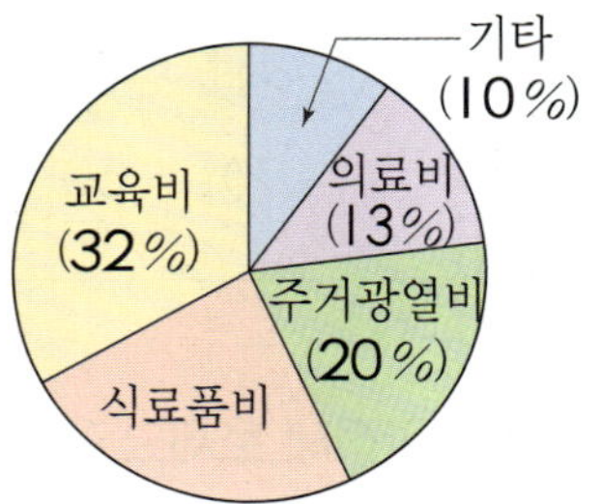

11 식료품비는 전체의 몇 %인가요?

(　　　　　　　　)

12 지난 달 생활비 지출 중 가장 많은 비율을 차지하는 것은 어느 것인가요?

(　　　　　　　　)

13 선미네 한 달 생활비가 1200000원이라면 지난 달 지출한 주거광열비는 얼마인가요?

(　　　　　　　　)

서술형
14 원그래프를 보고 알 수 있는 내용을 써 보세요.

____

____

지은이네 아파트의 5월부터 7월까지 매달 발생하는 종류별 쓰레기 양의 비율 변화를 조사하여 나타낸 띠그래프입니다. 물음에 답하세요. [15~17]

종류별 쓰레기 양

	종이	음식물	재활용
5월	32%	41%	27%
6월	30%	46%	24%
7월	27%	53%	20%

15 6월의 쓰레기 중 가장 많이 차지하는 것은 무엇인가요?

( )

16 전체 쓰레기 양에 대한 비율이 5월에 비하여 7월에 가장 많이 감소한 쓰레기는 어느 것인가요?

( )

17 8월에 쓰레기의 양의 비율이 7월보다 더 늘어날 것으로 예상되는 것과, 그렇게 생각한 이유를 써 보세요.

이유

( )

샛별이가 한 달 동안 쓴 용돈의 지출 항목을 조사하여 나타낸 띠그래프입니다. 한 달 용돈이 40000원일 때, 물음에 답하세요. [18~20]

용돈의 쓰임새별 금액

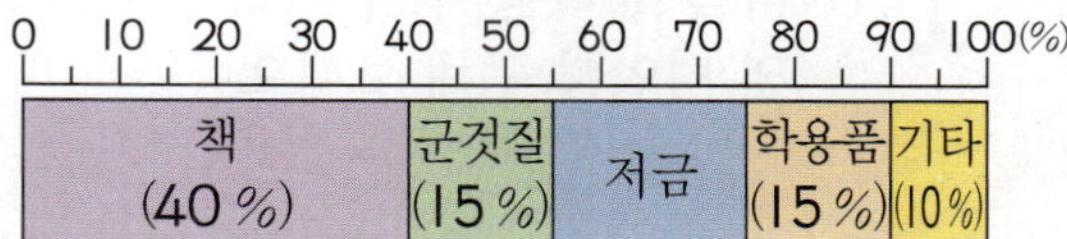

18 저금한 금액은 얼마인가요?

( )

19 띠그래프를 원그래프로 나타내어 보세요.

용돈의 쓰임새별 금액

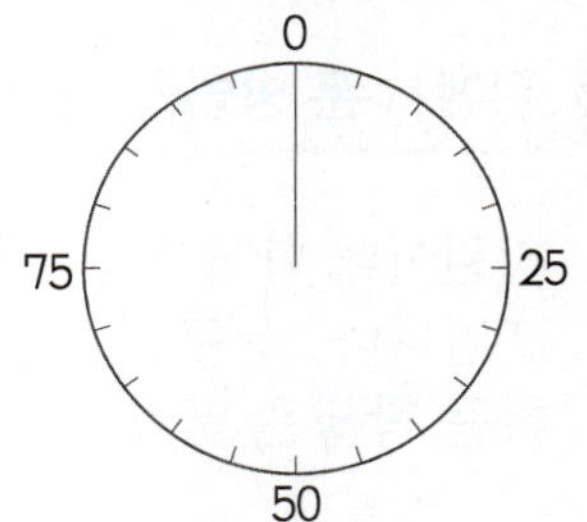

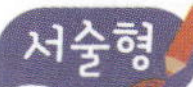

20 다음 달 군것질 비용을 2000원 줄이고 저금을 2000원 더 하려고 합니다. 다음 달 전체 용돈에 대한 저금액의 백분율은 몇 %인지 풀이 과정을 쓰고 답을 구해 보세요.

( )

5. 여러 가지 그래프

 각 단계에 따라 문제를 풀어 보세요.

1 마을별 학생 수를 나타낸 띠그래프입니다. ㉺ 마을의 학생이 126명이라면, ㉮ 마을의 학생은 몇 명인지 구해 보세요.

마을별 학생 수

㉮ 마을	㉯ 마을 (35 %)	㉰ 마을 (20 %)	㉱ 마을 (15 %)	← ㉲ 마을 (5 %)

1단계 전체 학생 수는 몇 명인가요?

(   )

2단계 ㉮ 마을의 학생은 전체의 몇 %인가요?

(   )

3단계 ㉮ 마을의 학생은 몇 명인가요?

(   )

 위에서 푼 방법을 생각하며 풀어 보세요.

1-1 지원이네 학교 6학년 학생들이 좋아하는 운동을 나타낸 띠그래프입니다. 농구를 좋아하는 학생이 40명이라면, 축구를 좋아하는 학생은 몇 명인지 구해 보세요.

좋아하는 운동별 학생 수

축구	농구 (25 %)	야구 (15 %)	배구 (20 %)	기타 (10 %)

이렇게 술술 풀어요

① 전체 학생 수를 구합니다.

② 축구를 좋아하는 학생의 백분율을 구합니다.

③ 축구를 좋아하는 학생 수를 구합니다.

풀이

____

____

____

____

답 ____________________

 각 단계에 따라 문제를 풀어 보세요.

2 학생 40명이 좋아하는 과목을 조사하여 나타낸 원그래프입니다. 체육을 좋아하는 학생이 음악을 좋아하는 학생의 2배일 때, 수학을 좋아하는 학생은 몇 명인지 구해 보세요.

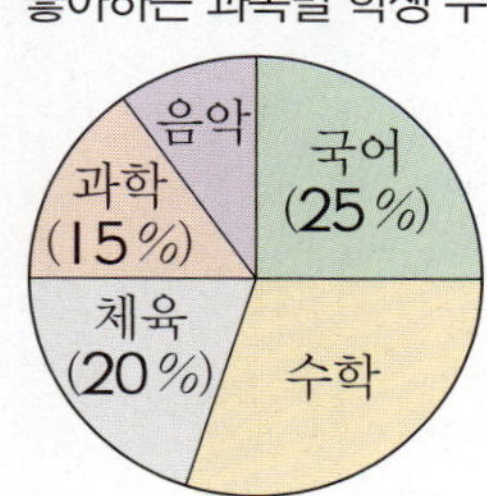

좋아하는 과목별 학생 수

1단계 음악을 좋아하는 학생은 전체의 몇 %인가요?

( )

2단계 수학을 좋아하는 학생은 전체의 몇 %인가요?

( )

3단계 수학을 좋아하는 학생은 몇 명인가요?

( )

 위에서 푼 방법을 생각하며 풀어 보세요.

2-1 어느 지역의 곡물 생산량을 나타낸 원그래프입니다. 콩 생산량은 기타의 4배, 보리 생산량은 기타의 6배입니다. 전체 곡물 생산량이 30000 t일 때, 쌀 생산량은 몇 t인지 구해 보세요.

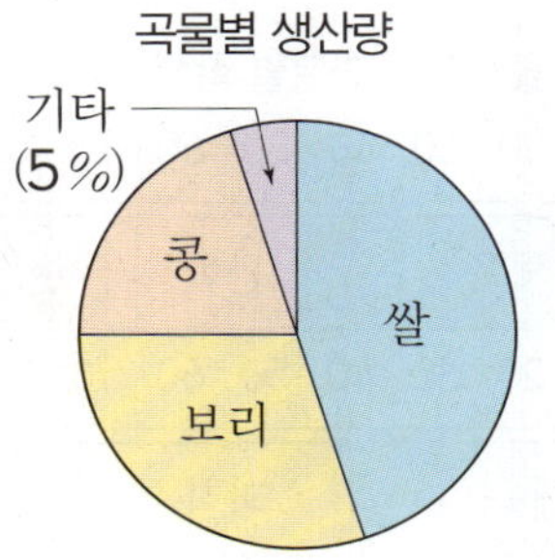

곡물별 생산량

① 콩 생산량과 보리 생산량의 백분율을 구합니다.

② 쌀 생산량의 백분율을 구합니다.

③ 쌀 생산량을 구합니다.

풀이

____

____

____

답  _______________________________

5. 여러 가지 그래프

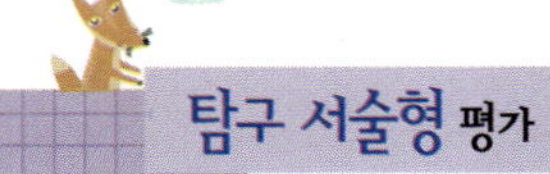

연습 각 단계에 따라 문제를 풀어 보세요.

3 진영이네 학교 학생들의 전교 어린이 회장 후보 지지율을 나타낸 띠그래프입니다. 수미를 지지하는 학생은 남학생과 여학생 중 누가 몇 명 더 많은지 구해 보세요.

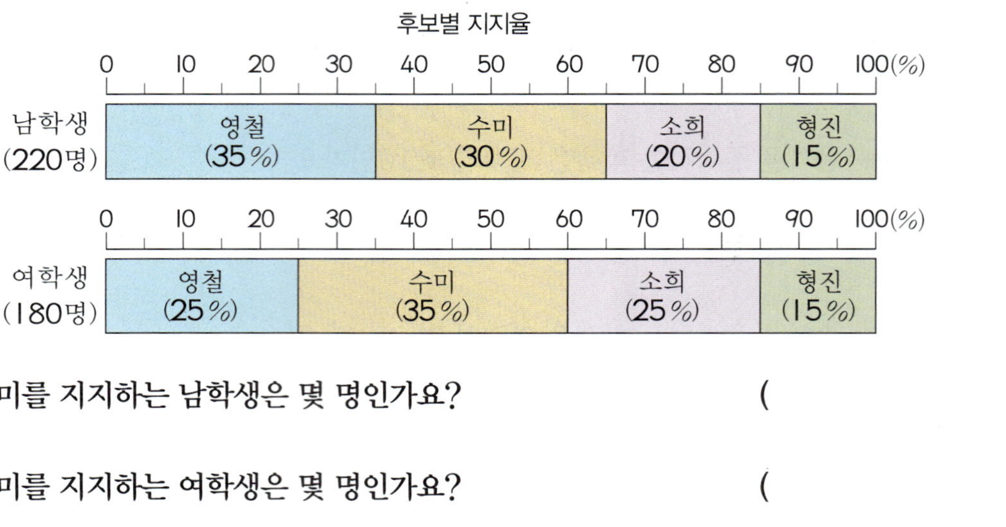

1단계 수미를 지지하는 남학생은 몇 명인가요?　　　　　　　　　(　　　　　　　)

2단계 수미를 지지하는 여학생은 몇 명인가요?　　　　　　　　　(　　　　　　　)

3단계 수미를 지지하는 학생은 남학생과 여학생 중 누가 몇 명 더 많은가요?

　　　　　　　　　　　　　　　　　　　　(　　　 , 　　　)

도전 위에서 푼 방법을 생각하며 풀어 보세요.

3-1 매화 마을과 장미 마을의 학생들이 좋아하는 과목을 조사하여 나타낸 띠그래프입니다. 과학을 좋아하는 학생은 어느 마을이 몇 명 더 많은지 구해 보세요.

이렇게 술술 풀어요

① 매화 마을의 과학을 좋아하는 학생 수를 구합니다.

② 장미 마을의 과학을 좋아하는 학생 수를 구합니다.

③ 어느 마을이 몇 명 더 많은지 구합니다.

풀이

____

____

답 _______________________ ,

시험처럼 문제를 풀어 보세요.

4 재석이네 가족이 한 달 동안 사용한 생활비를 조사하여 전체의 길이가 15 cm인 띠그래프로 나타낸 것입니다. 한 달 생활비가 300만 원이라면 교육비는 의류비보다 얼마나 더 사용했는지 구해 보세요.

생활비의 쓰임새별 금액

풀이

답

시험처럼 문제를 풀어 보세요.

5 왼쪽 그래프는 은혜네 학교 학생 500명을 대상으로 좋아하는 운동을 조사하여 나타낸 원그래프입니다. 그중에서 야구를 좋아하는 학생들의 남녀 비율이 오른쪽 그래프와 같습니다. 야구를 좋아하는 여학생은 모두 몇 명인지 구해 보세요.

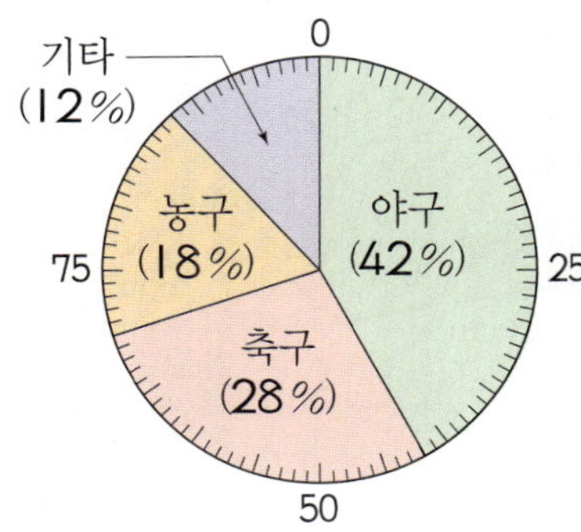

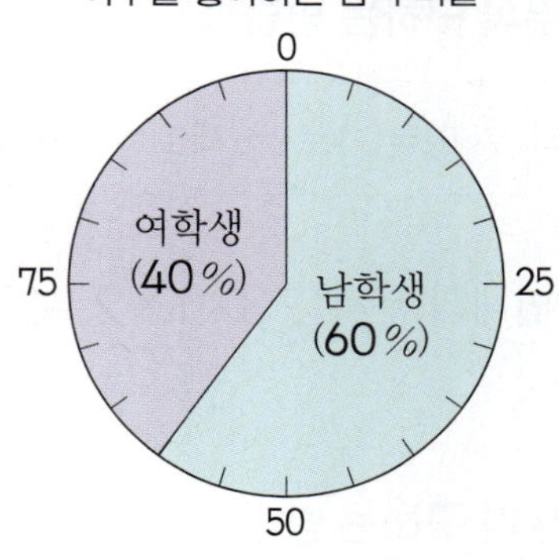

풀이

답

6-1 직육면체의 부피를 비교해 볼까요

✳ **부피**: 어떤 물건이 공간에서 차지하는 크기를 부피라고 합니다.

✳ **직육면체의 부피를 비교하는 방법**

㉠ 쌓기나무를 사용하여 직육면체의 부피를 비교하는 방법: 쌓기나무를 직육면체 모양으로 쌓은 뒤 쌓기나무의 수를 세어 봅니다.

가   나

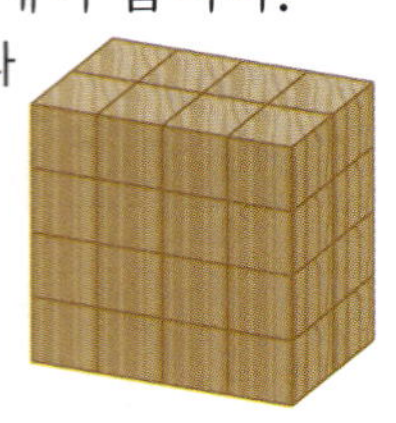

직육면체	가	나
쌓기나무의 수(개)	30	32

가의 부피 $<$ 나의 부피

• 쌓기나무의 수가 더 많으므로 나의 부피는 가의 부피보다 큽니다.

• 두 상자의 크기 차이가 클 때: 직접 면끼리 대어 봅니다.

• 맞대어 비교하기 어려운 상자의 부피: 상자 속을 크기와 모양이 같은 물건으로 채워 비교해 봅니다.

• 쌓기나무를 사용하여 부피를 비교하기: 쌓기나무의 수를 세어 비교할 수 있기 때문에 직접 대어 보지 않아도 부피를 비교할 수 있습니다.

6-2 직육면체의 부피 구하는 방법을 알아볼까요

✳ **1 cm³**: 한 모서리의 길이가 1 cm인 정육면체의 부피를 1 cm³라 쓰고 세제곱센티미터라고 읽습니다.
└ 부피의 단위입니다.

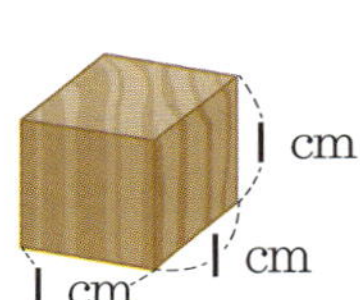

✳ **직육면체의 부피 구하는 방법**

> (직육면체의 부피)=(가로)×(세로)×(높이)

└ (직육면체의 부피)=(밑면의 넓이)×(높이)로도 구할 수 있습니다.

㉠ 오른쪽 직육면체의 부피는 $3×1×2=6(cm³)$ 입니다.

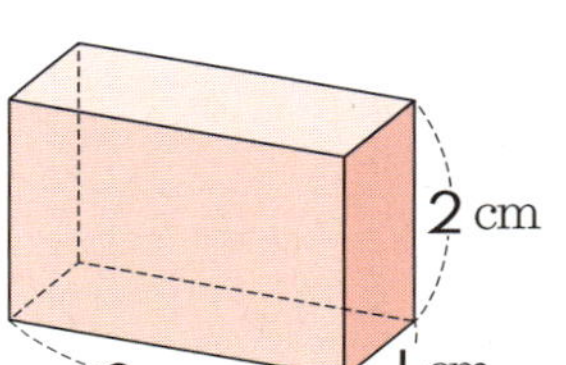

✳ **정육면체의 부피 구하는 방법**

> (정육면체의 부피)
> =(한 모서리의 길이)×(한 모서리의 길이)
>   ×(한 모서리의 길이)

㉠ 오른쪽 정육면체의 부피는 $3×3×3=27(cm³)$ 입니다.

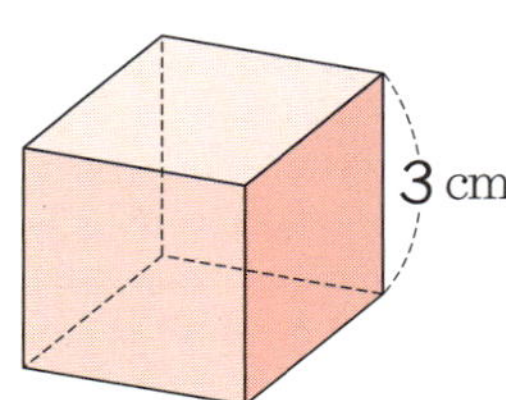

• **1 cm³ 읽기와 쓰기**

읽기 1 세제곱센티미터

쓰기 $1\,cm^3$

└ cm는 중심선과 세 번째 선 사이에 크게 쓰고 3은 첫 번째 선과 중심선 사이에 작게 씁니다.

• 정육면체는 직육면체의 특별한 경우이므로 (정육면체의 부피)=(가로)×(세로)×(높이)로도 구할 수 있습니다.

6-1 직육면체의 부피를 비교해 볼까요

1 부피가 더 큰 직육면체의 기호를 써 보세요.

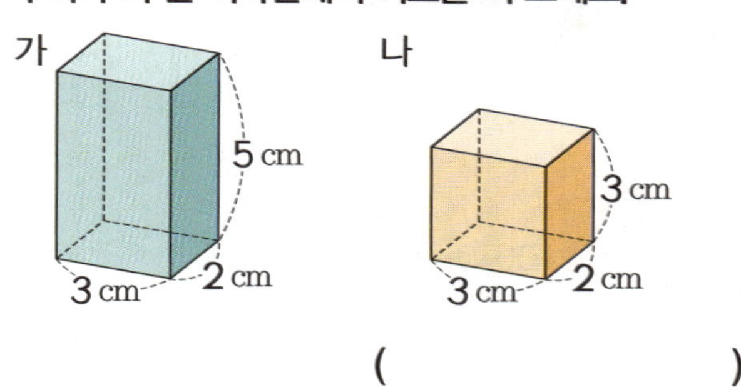

(　　　　　)

2 크기가 같은 쌓기나무를 사용하여 두 직육면체의 부피를 비교하려고 합니다. ◯ 안에 >, =, <를 알맞게 써넣으세요.

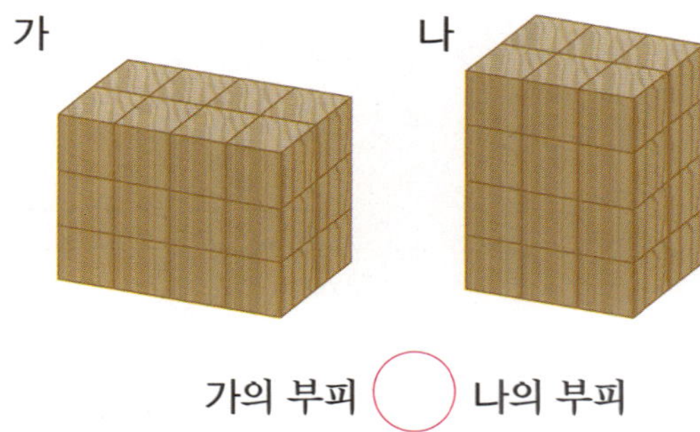

가의 부피 ◯ 나의 부피

3 두 포장 상자에 크기가 같은 과자 상자를 담아 부피를 비교하려고 합니다. ◯ 안에 >, =, <를 알맞게 써넣으세요.

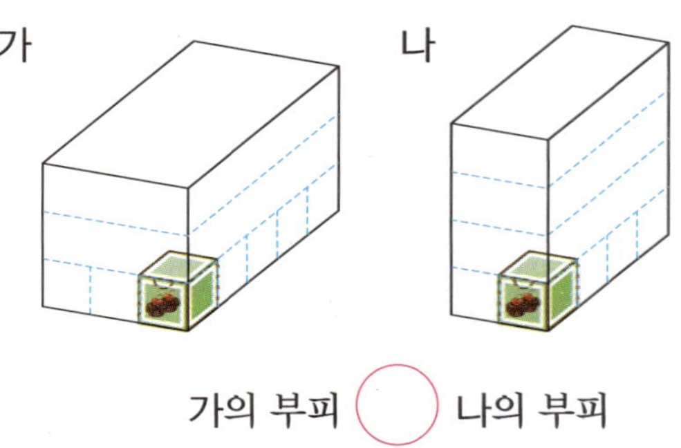

가의 부피 ◯ 나의 부피

6-2 직육면체의 부피 구하는 방법을 알아볼까요

4 주어진 부피를 읽고 써 보세요.

$$4 \text{ cm}^3$$

읽기 ___________________________

쓰기

5 직육면체의 부피를 구해 보세요.

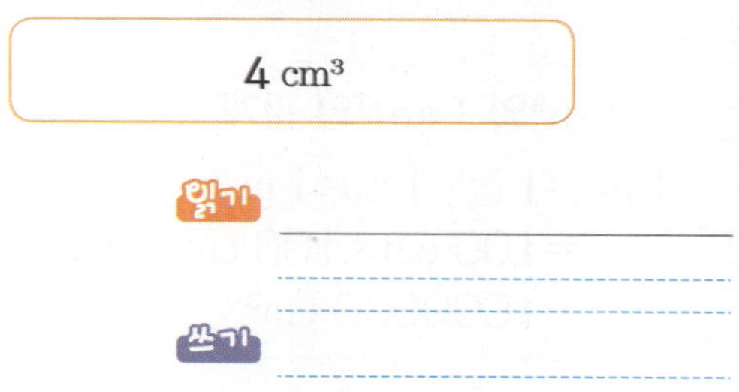

(1) (　　　　)　　(2) (　　　　)

6 정육면체의 부피를 구해 보세요.

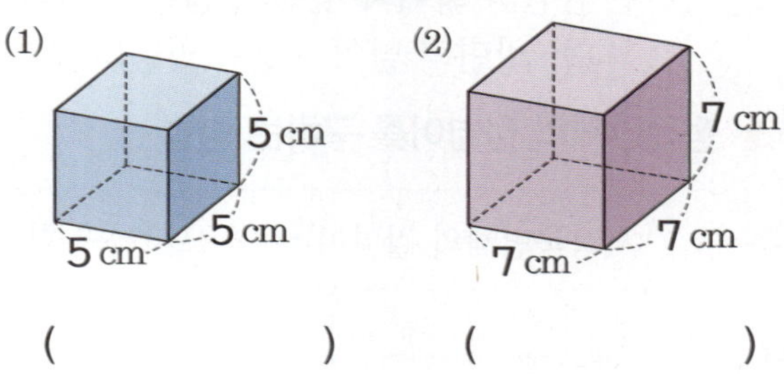

(1) (　　　　)　　(2) (　　　　)

단원 6

6-3 m³를 알아볼까요

✱ 1 m³: 한 모서리의 길이가 1 m인 정육면체의 부피를 1 m³라 쓰고 세제곱미터라고 읽습니다.
  └ 부피의 단위입니다.

✱ 1 m³와 1 cm³의 관계

$1 \text{ m}^3 = 1 \text{ m} \times 1 \text{ m} \times 1 \text{ m}$
$\qquad = 100 \text{ cm} \times 100 \text{ cm} \times 100 \text{ cm}$
$\qquad = 1000000 \text{ cm}^3$

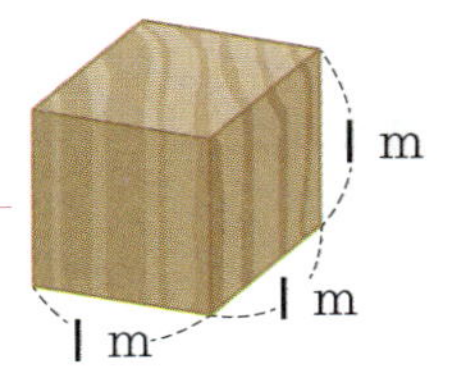
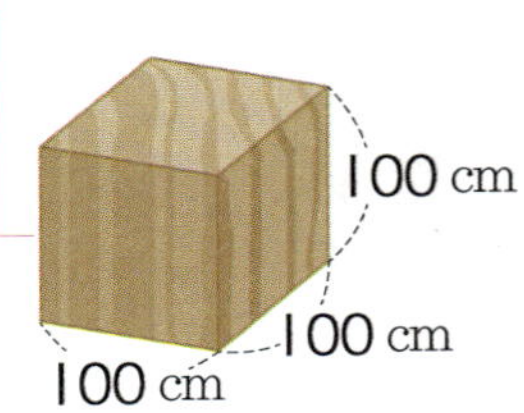

$$1 \text{ m}^3 = 1000000 \text{ cm}^3$$

  └ 부피가 1 m³인 정육면체를 만들려면 1 cm³인 쌓기나무가 1000000개 필요합니다.

• 1 m³ 읽기와 쓰기
  읽기 1 세제곱미터
  쓰기 1 m^3
  └ m는 중심선과 세 번째 선 사이에 크게 쓰고 3은 첫 번째 선과 중심선 사이에 작게 씁니다.
• 1 m=100 cm이므로
  $1 \text{ m}^2 = 1 \text{ m} \times 1 \text{ m}$
  $\qquad = 100 \text{ cm} \times 100 \text{ cm}$
  $\qquad = 10000 \text{ cm}^2$입니다.

6-4 직육면체의 겉넓이 구하는 방법을 알아볼까요

✱ 겉넓이: 물체 겉면의 넓이를 겉넓이라고 합니다.

✱ 직육면체의 겉넓이를 구하는 방법

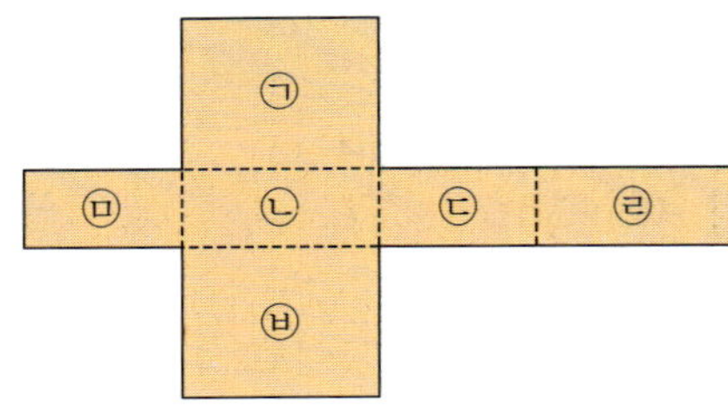

방법 1 여섯 면의 넓이를 각각 구해 모두 더합니다.
  ➡ ㉠+㉡+㉢+㉣+㉤+㉥

방법 2 합동인 면이 3쌍이므로 세 면의 넓이(㉠, ㉡, ㉢)를 구해 각각 2배한 뒤 더합니다. ➡ ㉠×2+㉡×2+㉢×2

방법 3 합동인 면이 3쌍이므로 세 면의 넓이(㉠, ㉡, ㉢)의 합을 구한 뒤 2배합니다. ➡ (㉠+㉡+㉢)×2

방법 4 두 밑면의 넓이와 옆면의 넓이를 더합니다.
  ➡ (한 밑면의 넓이)×2+(옆면의 넓이)=㉠×2+(㉤+㉡+㉢+㉣)

✱ 정육면체의 겉넓이를 구하는 방법

$$(\text{정육면체의 겉넓이}) = (\text{한 모서리의 길이}) \times (\text{한 모서리의 길이}) \times 6$$

  └ 정육면체의 여섯 면의 넓이가 모두 같으므로 한 면의 넓이를 6배합니다.

• 직육면체의 겉넓이 구하기

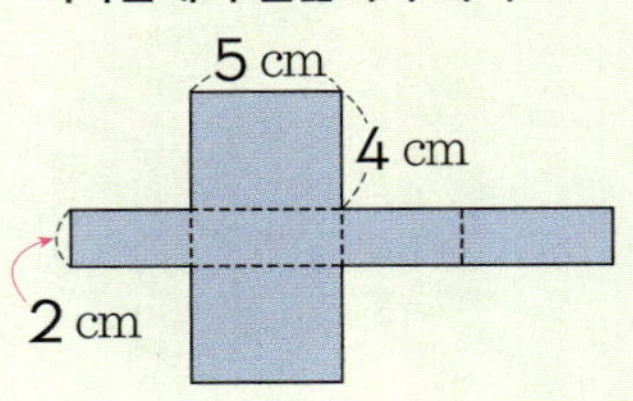

예 (직육면체의 겉넓이)
$= 5 \times 4 + 5 \times 4 + 5 \times 2 + 5 \times 2 + 4 \times 2 + 4 \times 2 = 76 (\text{cm}^2)$

• 정육면체의 겉넓이 구하기

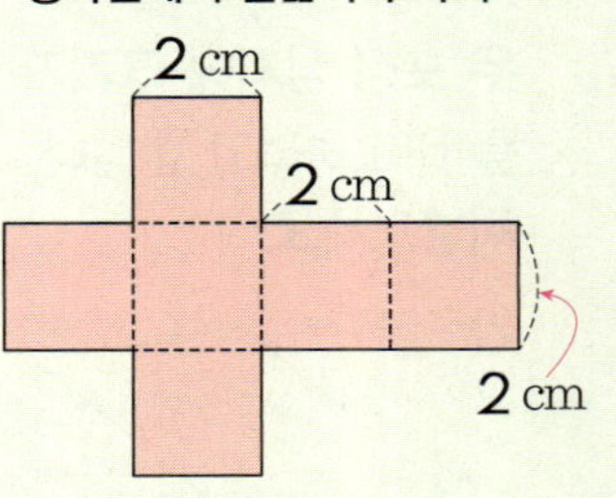

예 (정육면체의 겉넓이)
$= (\text{한 모서리의 길이}) \times (\text{한 모서리의 길이}) \times 6$
$= 2 \times 2 \times 6 = 24 (\text{cm}^2)$

수학 익힘 풀기

6-3 m³를 알아볼까요

1 주어진 부피를 읽고 써 보세요.

$$5 \text{ m}^3$$

읽기 ________________

쓰기 ________________

2 ☐ 안에 알맞은 수를 써넣으세요.

(1) $4 \text{ m}^3 =$ ☐ cm^3

(2) $1.6 \text{ m}^3 =$ ☐ cm^3

(3) $6000000 \text{ cm}^3 =$ ☐ m^3

(4) $2300000 \text{ cm}^3 =$ ☐ m^3

3 직육면체의 부피는 몇 m^3인지 구해 보세요.

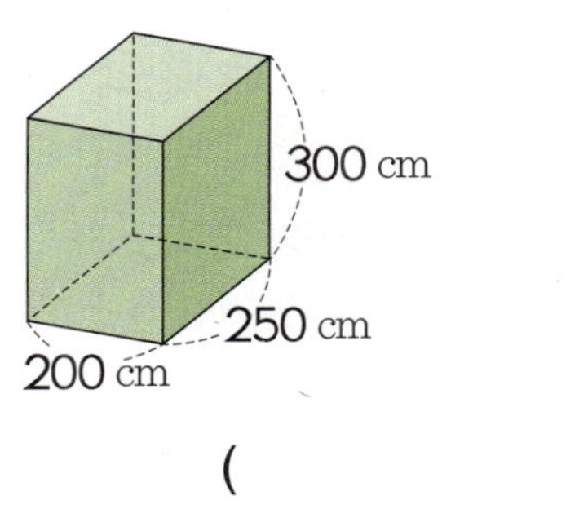

( )

6-4 직육면체의 겉넓이 구하는 방법을 알아볼까요

4 직육면체의 겉넓이를 구해 보세요.

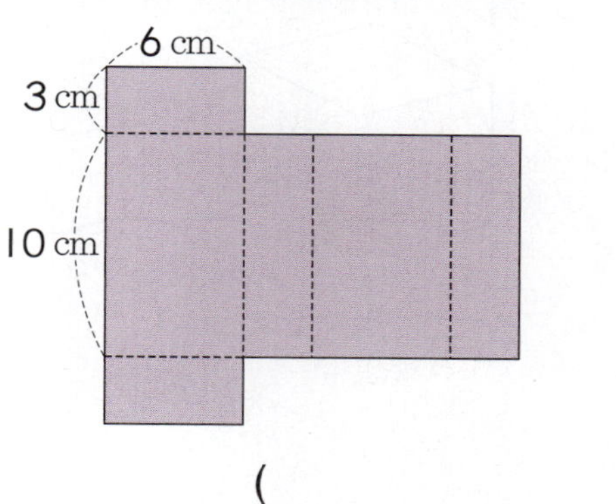

( )

5 정육면체의 겉넓이를 구해 보세요.

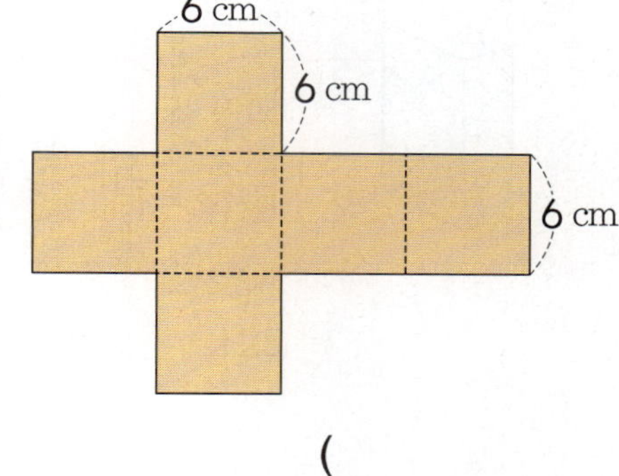

( )

6 겉넓이가 더 큰 것의 기호를 써 보세요.

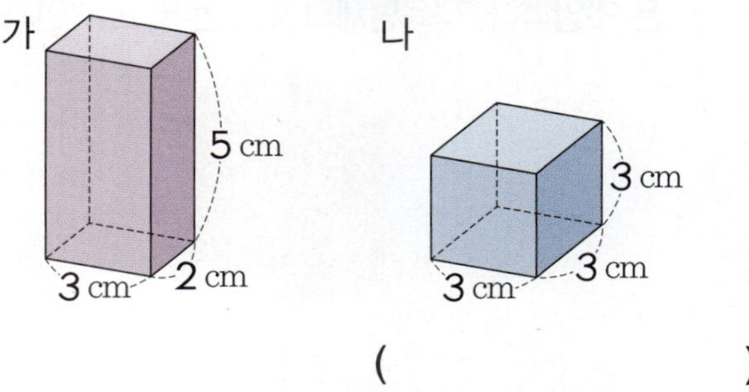

( )

단원 평가

1 두 상자에 크기가 같은 쌓기나무를 담아 부피를 비교하려고 합니다. 부피가 더 큰 상자는 어느 것인지 기호를 써 보세요.

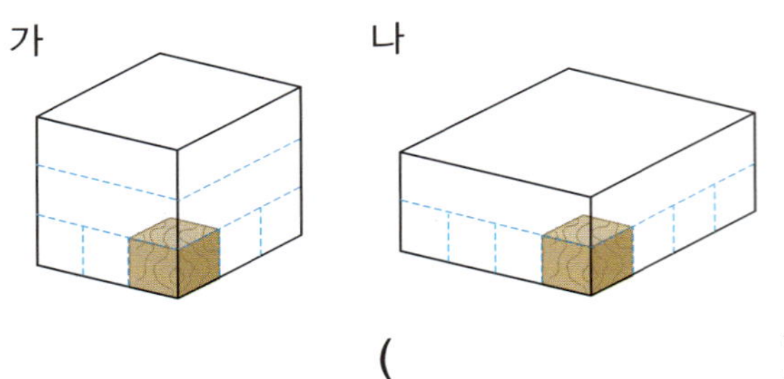

( )

2 부피가 큰 직육면체부터 차례로 기호를 써 보세요.

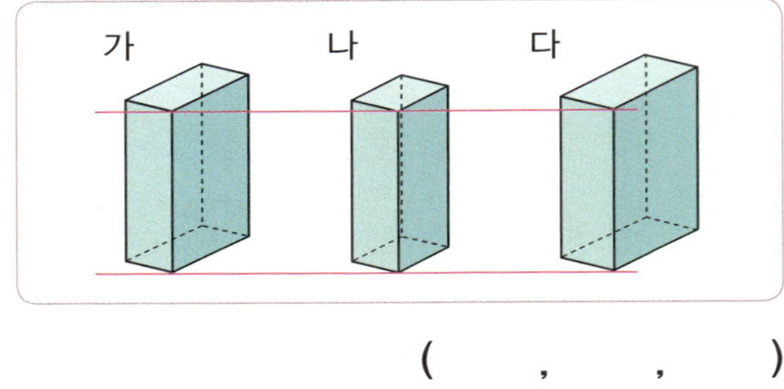

(, ,)

3 부피가 1 cm³인 쌓기나무를 직육면체 모양으로 쌓은 것입니다. 직육면체의 부피는 몇 cm³인가요?

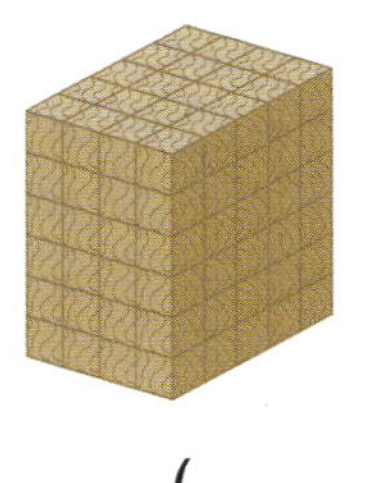

( )

4 왼쪽의 직육면체 모양의 상자에 오른쪽 정육면체 모양의 상자를 몇 개까지 넣을 수 있나요?(상자의 두께는 생각하지 않습니다.)

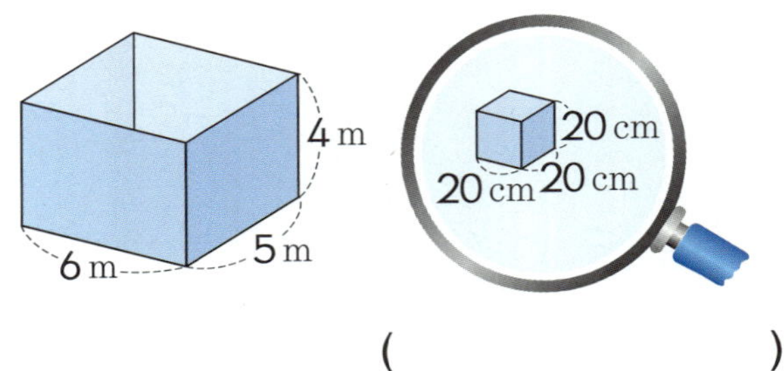

( )

5 직육면체의 부피는 몇 cm³인가요?

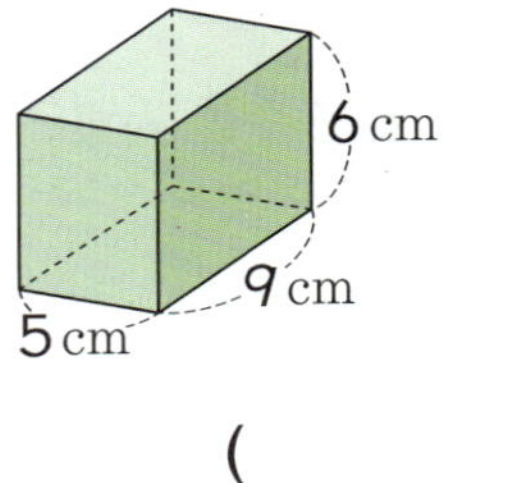

( )

6 가로가 7 cm, 세로가 4 cm, 높이가 5 cm인 직육면체의 부피는 몇 cm³인가요?

( )

7 한 밑면의 넓이가 72 cm²인 직육면체가 있습니다. 이 직육면체의 높이가 6 cm일 때, 부피는 몇 cm³인가요?

( )

8 부피가 240 cm³인 직육면체입니다. ☐ 안에 알맞은 수는 얼마인지 풀이 과정을 쓰고 답을 구해 보세요.

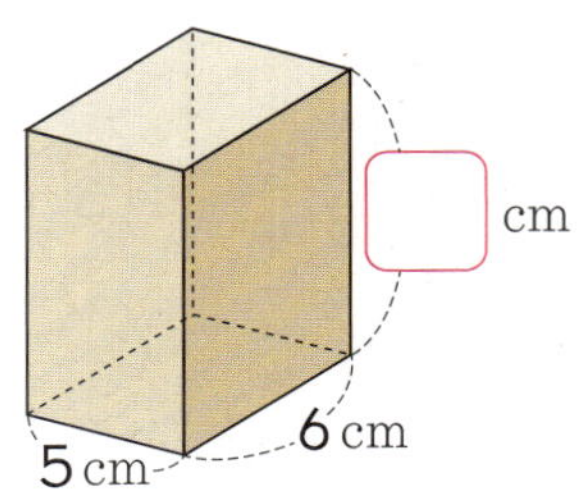

( )

9 한 모서리의 길이가 8 cm인 정육면체의 부피는 몇 cm³인가요?

( )

10 직육면체의 부피는 몇 m³인가요?

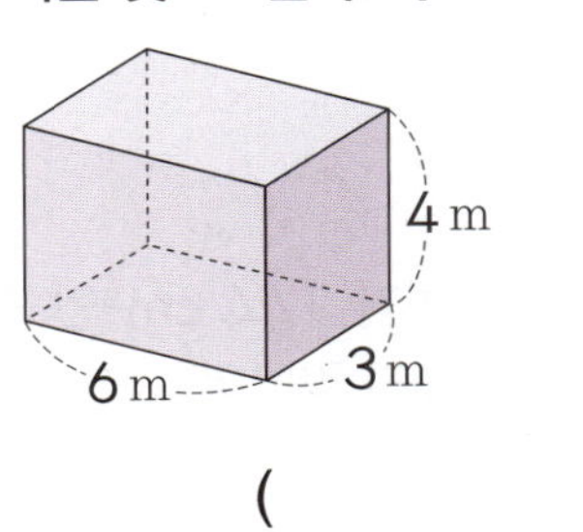

( )

11 ☐ 안에 알맞은 수를 써 넣으세요.

(1) 5 m³=☐ cm³

(2) ☐ m³=8000000 cm³

(3) 240000000 cm³=☐ m³

(4) 690000 cm³=☐ m³

12 정육면체의 부피는 몇 m³인가요?

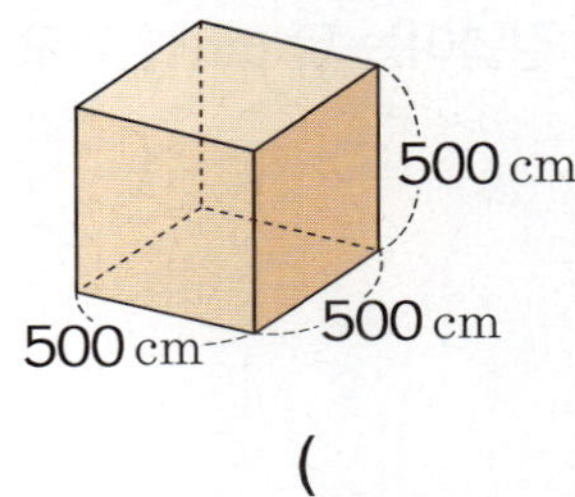

( )

13 직육면체의 겨냥도를 보고 물음에 답하세요.

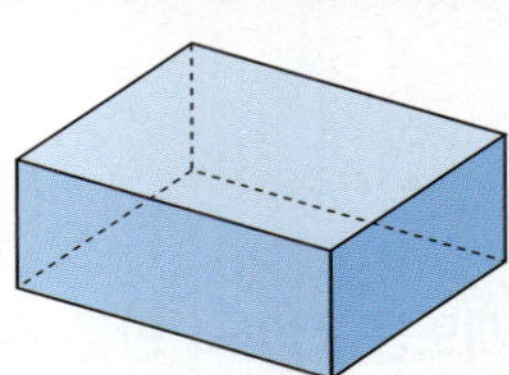

(1) 보이는 면의 넓이의 합과 보이지 않는 면의 넓이의 합은 어떤 관계가 있는지 써 보세요.

( )

(2) 직육면체의 겉넓이는 보이는 면의 넓이의 합의 몇 배인가요?

( )

14 수민이는 직육면체 모양의 과자 상자를 가지고 있습니다. 과자 상자의 겉넓이는 몇 cm²인가요?

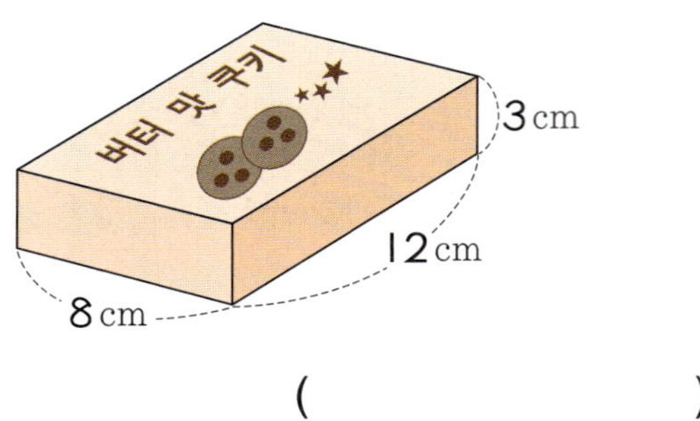

(　　　　　　)

15 가로가 5 cm, 세로가 6 cm, 높이가 3 cm인 직육면체의 겉넓이는 몇 cm²인가요?

(　　　　　　)

16 한 모서리의 길이가 8 cm인 정육면체의 겉넓이는 몇 cm²인가요?

(　　　　　　)

중요
17 다음 전개도를 접어서 만들 수 있는 직육면체의 겉넓이는 몇 cm²인가요?

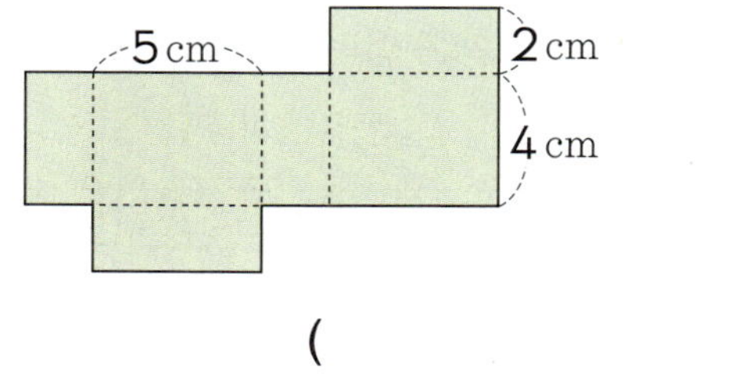

(　　　　　　)

18 정육면체의 겉넓이는 몇 cm²인가요?

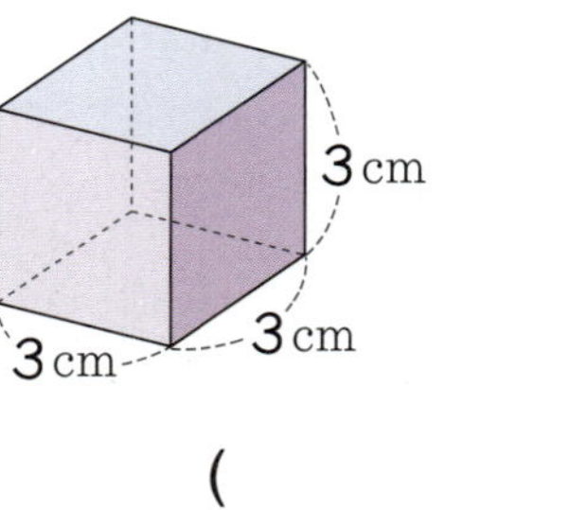

(　　　　　　)

서술형
19 두 직육면체 중 어느 도형의 겉넓이가 몇 cm² 더 큰지 구하려고 합니다. 풀이 과정을 쓰고 답을 구해 보세요.

가　　　　　　　나

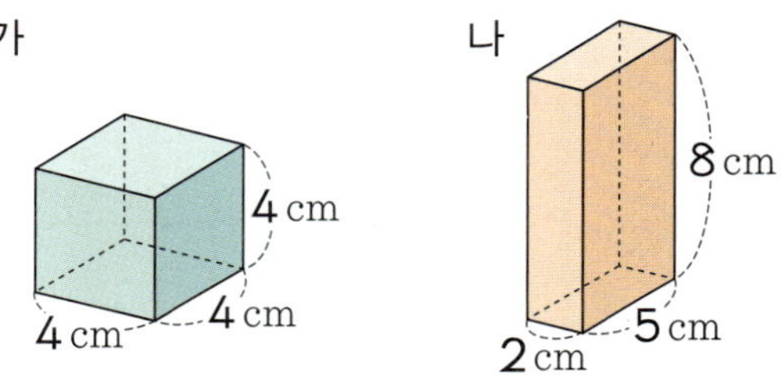

____

____

____

(　　　　　 , 　　　　　)

응용
20 옆면의 넓이가 144 cm²인 정육면체가 있습니다. 이 정육면체의 겉넓이는 몇 cm²인가요?

(　　　　　　)

2회 단원평가

1 크기가 같은 쌓기나무를 쌓아서 직육면체 가, 나, 다를 만들었습니다. 쌓기나무의 수를 비교하여 부피가 가장 작은 직육면체를 찾아 ◯표 해 보세요.

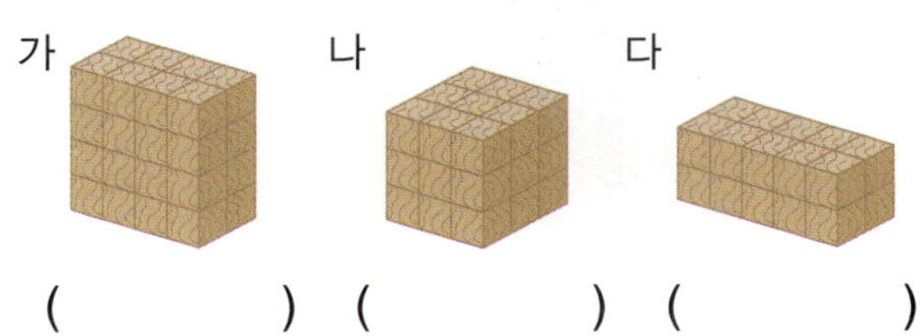

가   나   다

(   ) (   ) (   )

2 부피가 1 cm³인 쌓기나무를 다음과 같이 직육면체 모양으로 쌓았을 때, 쌓기나무의 수와 직육면체의 부피를 각각 구해 보세요.

㉠ 쌓기나무의 수: (   )

㉡ 직육면체의 부피: (   )

3 오른쪽 직육면체의 부피는 왼쪽 정육면체의 부피의 몇 배인가요?

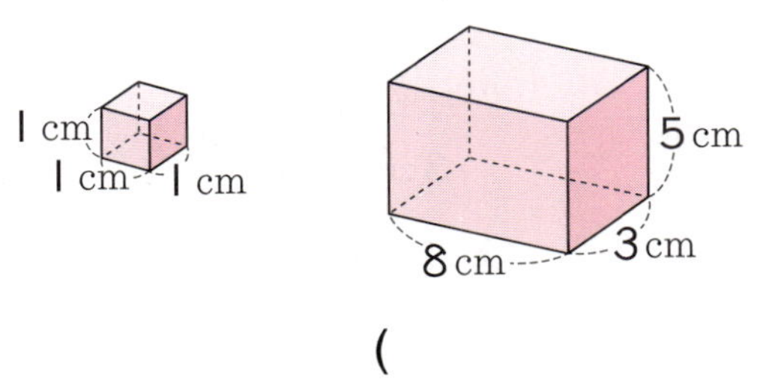

(   )

4 가로가 15 cm, 세로가 6 cm, 높이가 8 cm인 직육면체의 부피는 몇 cm³인가요?

(   )

5 다음 직육면체의 부피가 432 cm³일 때, ☐ 안에 알맞은 수를 써넣으세요.

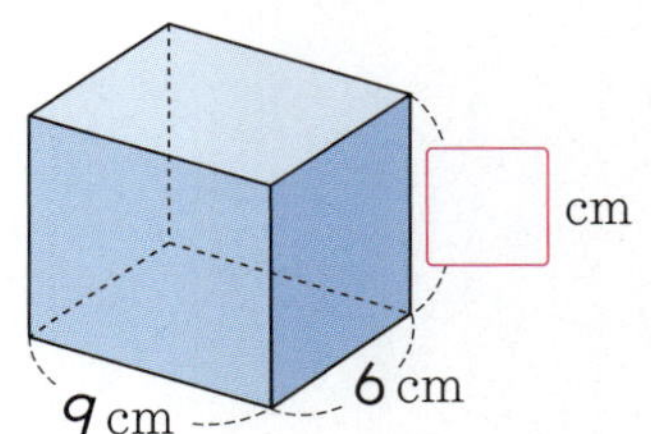

6 부피가 큰 것부터 순서대로 기호를 써 보세요.

> ㉠ 한 모서리의 길이가 3 cm인 정육면체
> ㉡ 가로가 2 cm, 세로가 4 cm, 높이가 9 cm인 직육면체
> ㉢ 한 면의 넓이가 16 cm²인 정육면체

(,   ,   )

7 한 모서리의 길이가 8 cm인 정육면체 모양의 상자가 있습니다. 각 모서리의 길이를 2배로 하여 정육면체 모양의 상자를 만들면 만든 상자의 부피는 처음 상자의 부피의 몇 배인가요?

(   )

주의

8 그림과 같은 직육면체 모양의 떡을 잘라서 정육면체 모양을 만들려고 합니다. 만들 수 있는 가장 큰 정육면체 모양의 부피는 몇 cm³인가요?

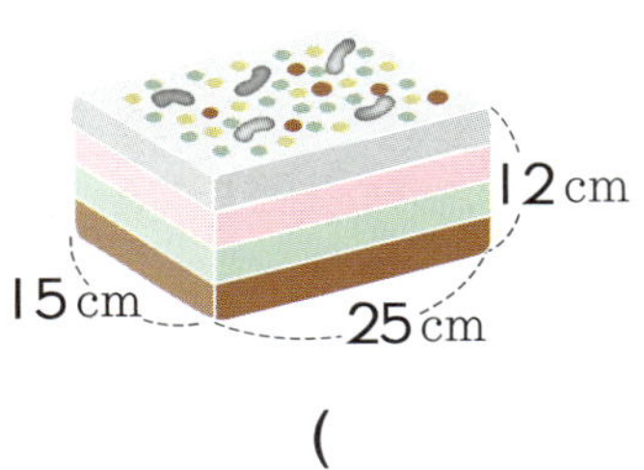

( )

중요

9 다음 중 6.8 m³와 같은 것은 어느 것인가요?

( )

① 6800 cm³   ② 68000 cm³
③ 680000 cm³   ④ 6800000 cm³
⑤ 68000000 cm³

서술형

10 한 모서리의 길이가 800 cm인 정육면체의 부피는 몇 m³인지 풀이 과정을 쓰고 답을 구해 보세요.

____

____

____

( )

11 정육면체 가와 직육면체 나의 부피의 차는 몇 m³인가요?

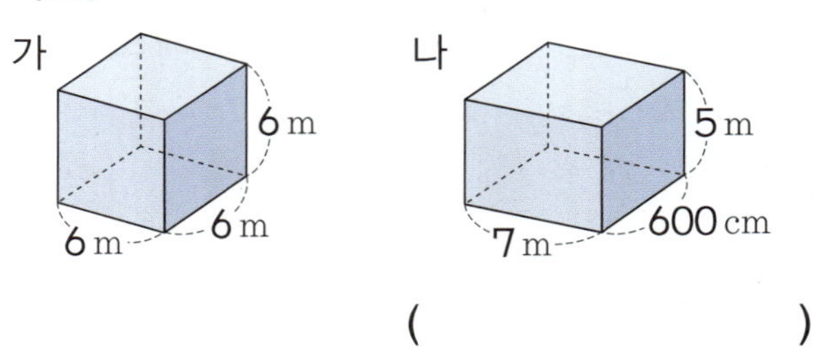

( )

12 다음 직육면체의 부피가 78 m³일 때, ☐ 안에 알맞은 수를 써넣으세요.

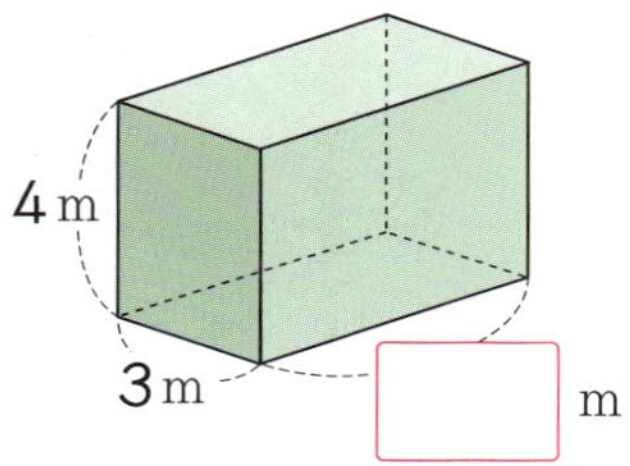

13 직육면체의 겉넓이는 몇 cm²인가요?

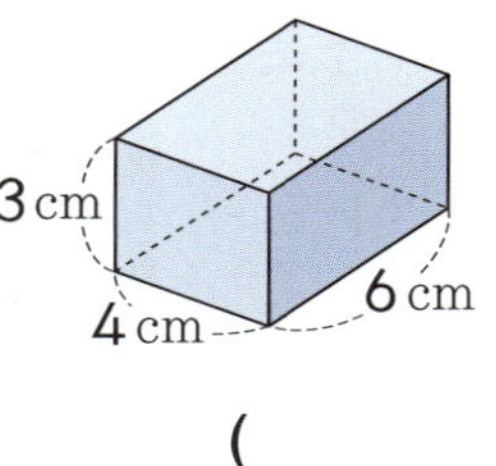

( )

14 한 모서리의 길이가 5.5 cm인 정육면체의 겉넓이는 몇 cm²인가요?

( )

15 겉넓이가 180 cm²이고 옆면의 넓이가 132 cm²인 직육면체가 있습니다. 이 직육면체의 한 밑면의 넓이는 몇 cm²인가요?

( )

16 다음 전개도를 접어서 만들 수 있는 정육면체의 겉넓이는 몇 cm²인가요?

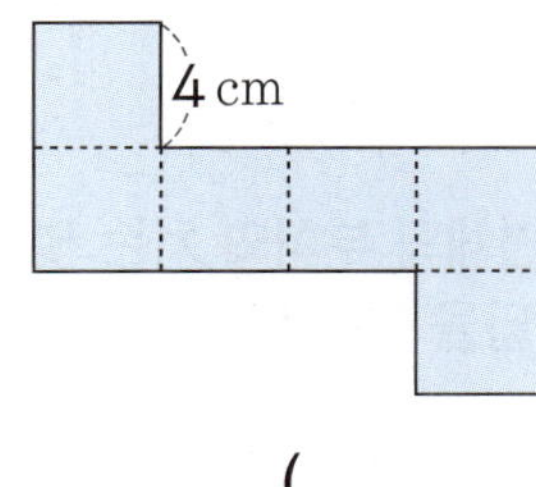

( )

17 한 면의 둘레가 28 cm인 정육면체가 있습니다. 이 정육면체의 겉넓이는 몇 cm²인지 풀이 과정을 쓰고 답을 구해 보세요.

( )

18 겉넓이가 358 cm²인 직육면체의 전개도입니다. 색칠한 부분이 밑면일 때 직육면체의 높이는 몇 cm인가요?

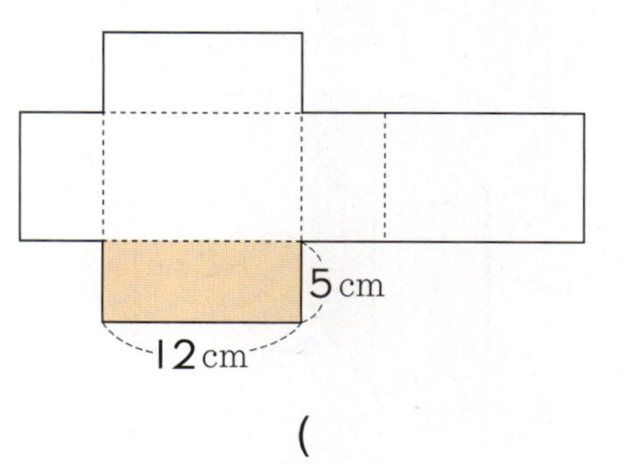

( )

19 겉넓이가 486 cm²인 정육면체의 부피는 몇 cm³인지 풀이 과정을 쓰고 답을 구해 보세요.

( )

20 다음 직육면체와 겉넓이가 같은 정육면체의 한 모서리의 길이는 몇 cm인가요?

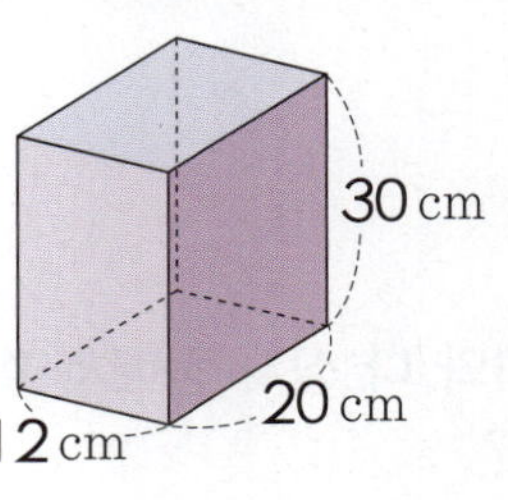

( )

직육면체 모양의 두 상자의 부피를 비교하려고 합니다. 물음에 답하세요.(상자의 두께는 생각하지 않습니다.) [1~3]

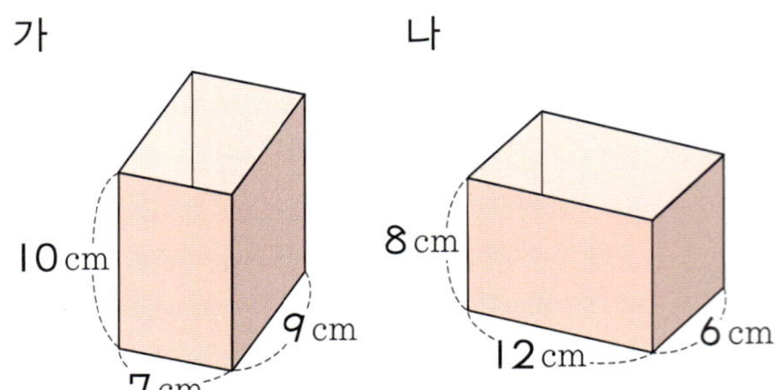

가   나

1 직접 맞대어 부피를 비교할 수 있나요?

(   )

2 두 상자에 다음 그림과 같은 직육면체 모양의 나무를 채워 넣었습니다. 상자 가와 나에 몇 개씩 채워 넣을 수 있나요?

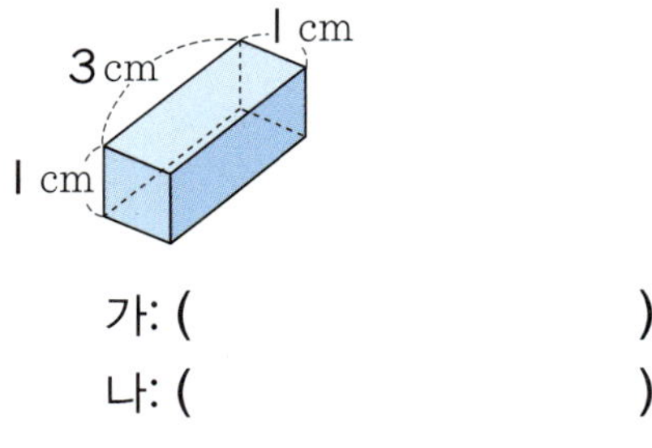

가: (   )

나: (   )

3 가 상자와 나 상자 중에서 어느 상자의 부피가 더 큰가요?

(   )

4 직육면체의 부피는 몇 cm³인가요?

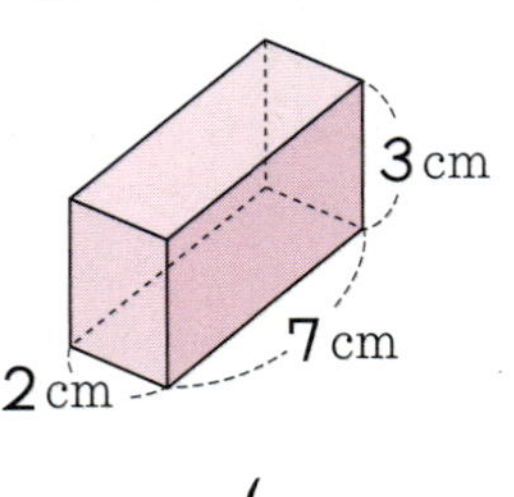

(   )

5 다음 직육면체의 부피가 160 cm³일 때, ⬜ 안에 알맞은 수를 써넣으세요.

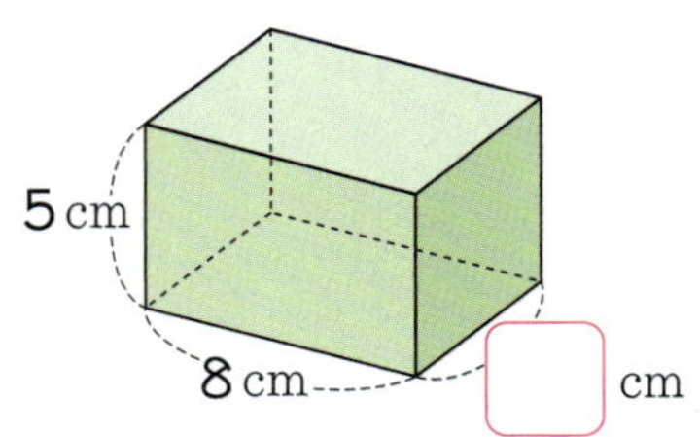

서술형

6 두 정육면체의 부피의 차는 몇 cm³인지 풀이 과정을 쓰고 답을 구해 보세요.

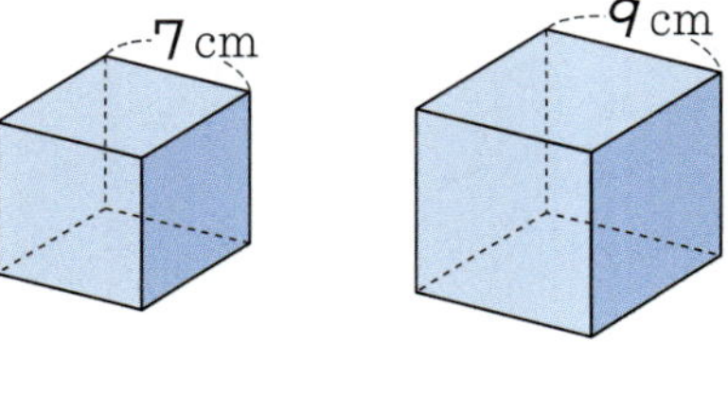

____

____

(   )

7 한 모서리의 길이가 10 cm인 정육면체의 부피는 몇 cm³인가요?

(   )

8 작은 정육면체 모양의 쌓기나무를 다음과 같이 쌓았습니다. 쌓은 정육면체 모양의 부피가 216 cm³일 때 쌓기나무의 한 모서리의 길이는 몇 cm인가요?

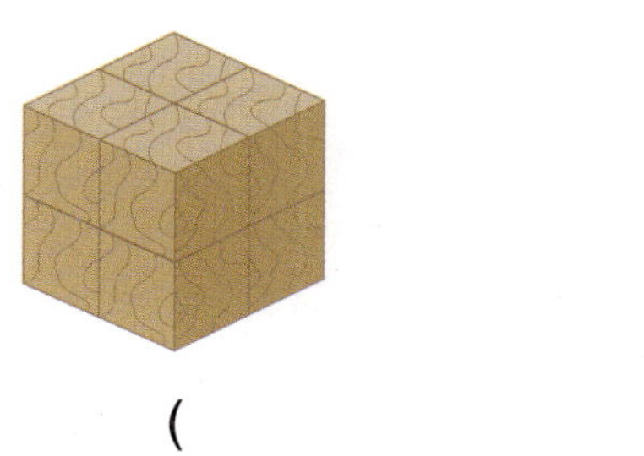

( )

9 다음 중 1 m³는 어느 것인지 기호를 써 보세요.

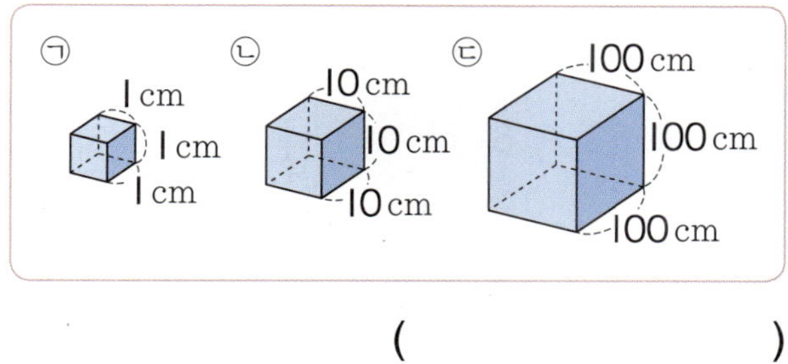

( )

10 다음 중 부피가 큰 것부터 차례로 기호를 써 보세요.

㉠ 200 cm³	㉡ 10000 m³
㉢ 2 m³	㉣ 10000000 cm³

(, , ,)

11 직육면체의 부피는 몇 m³인가요?

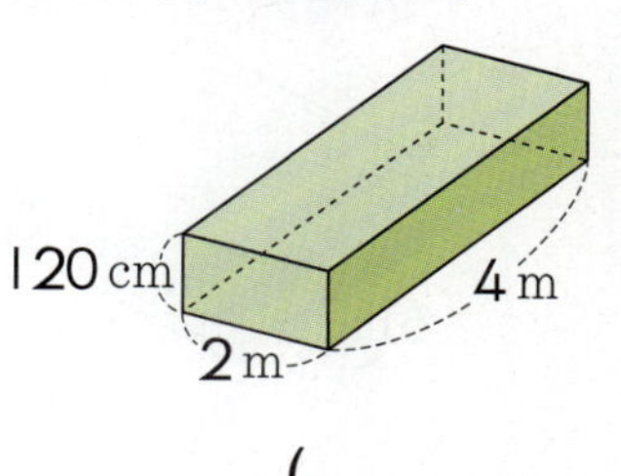

( )

서술형

12 부피가 27 m³인 정육면체를 한 모서리의 길이가 3 cm인 정육면체로 자르면 모두 몇 개가 만들어지는지 풀이 과정을 쓰고 답을 구해 보세요.

____

____

____

( )

13 직육면체 모양의 큰 상자가 있습니다. 이 상자의 밑에 놓인 면은 한 변이 2 m인 정사각형이고, 높이는 80 cm입니다. 상자의 부피는 m³인가요?

( )

14 다음 중 직육면체의 겉넓이를 구할 수 있는 방법이 아닌 것은 어느 것인가요? ( )

① 여섯 면의 넓이의 합
② 가로, 세로, 높이의 곱
③ 직육면체의 전개도의 넓이
④ (합동인 세 면의 넓이의 합)×2
⑤ (밑면의 넓이)×2+(옆면의 넓이)

15 직육면체의 겉넓이는 몇 cm²인가요?

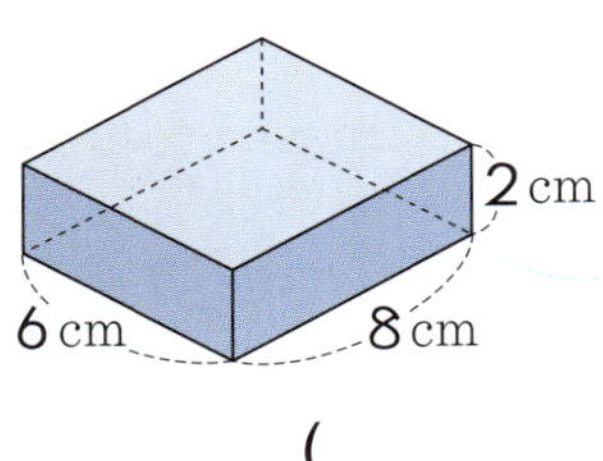

(　　　　　　　　)

16 정육면체의 겉넓이는 몇 cm²인가요?

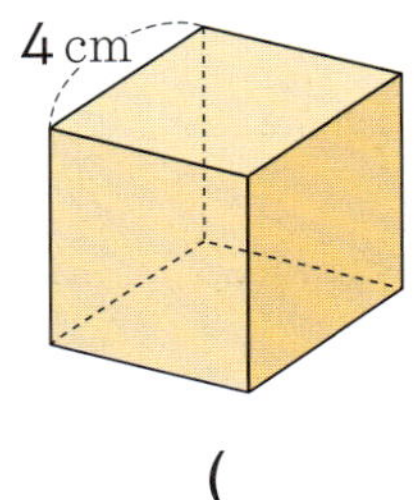

(　　　　　　　　)

17 다음 정육면체의 겉넓이가 150 cm²일 때, 정육면체의 한 모서리의 길이는 몇 cm인지 풀이 과정을 쓰고 답을 구해 보세요.

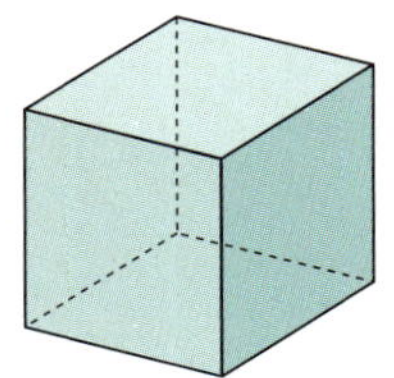

____

____

____

(　　　　　　　　)

18 오른쪽 직육면체의 전개도를 그리고 겉넓이는 몇 cm²인지 구해 보세요.

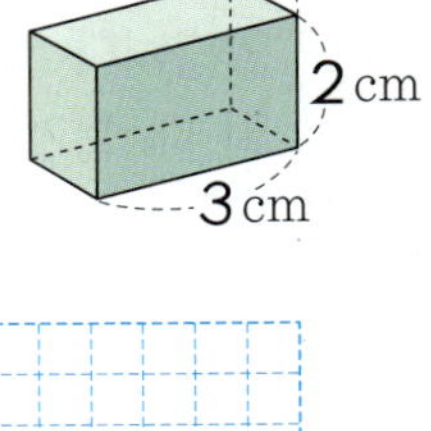

(　　　　　　　　)

19 다음 직육면체에서 색칠한 면의 넓이는 48 cm²입니다. 이 직육면체의 겉넓이는 몇 cm²인가요?

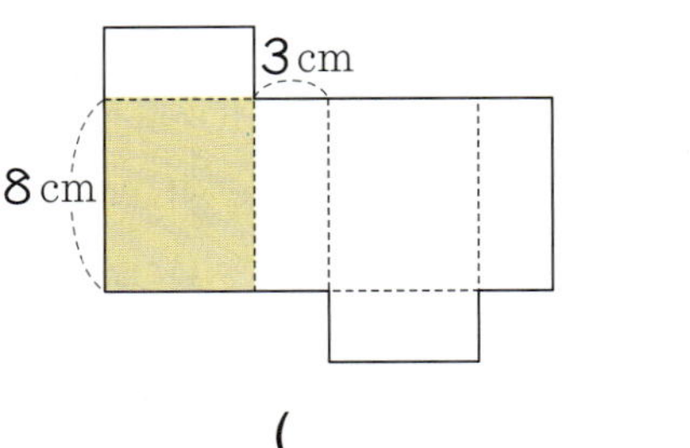

(　　　　　　　　)

20 다음 직육면체의 겉넓이가 52 cm²일 때, ☐ 안에 알맞은 수를 써넣으세요.

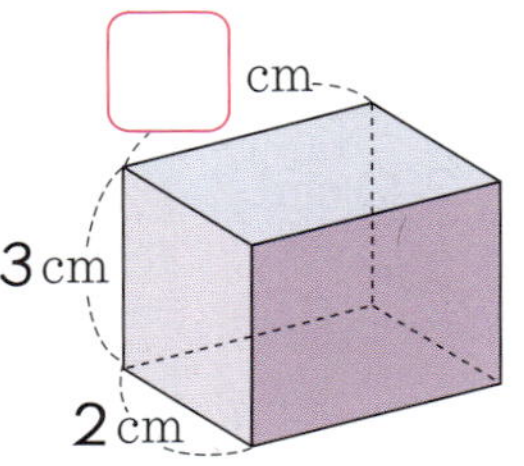

4회 단원 평가 실전

크기가 같은 쌓기나무를 쌓아서 만든 직육면체를 보고, 물음에 답하세요. [1~2]

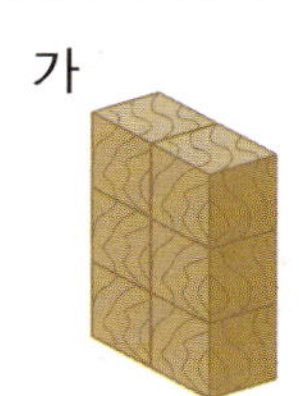
가

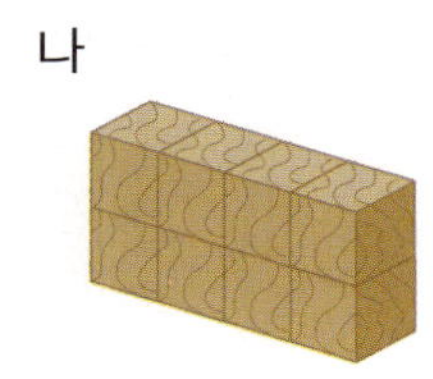
나

1 두 직육면체 가, 나와 같이 쌓을 때 필요한 쌓기나무의 개수를 각각 써 보세요.

가: (   )

나: (   )

2 부피가 더 큰 것은 어느 것인가요?

(   )

3 다음과 같은 상자에 한 모서리의 길이가 1 cm인 정육면체 모양의 쌓기나무를 꼭 맞게 채워 넣으려고 합니다. 채울 수 있는 쌓기나무의 수와 상자의 부피를 각각 구해 보세요.(상자의 두께는 생각하지 않습니다.)

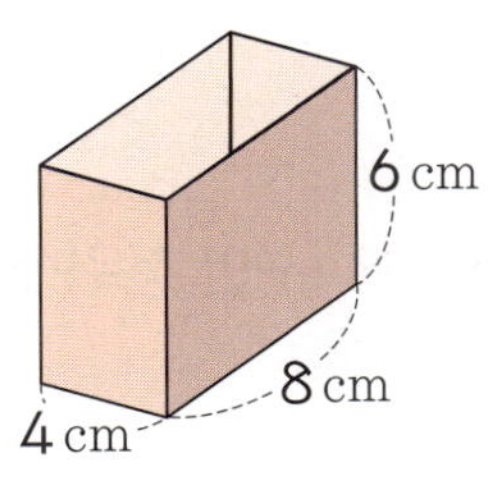

(,   )

4 직육면체의 부피를 구할 수 있는 식을 모두 고르세요.

> ㉠ (밑면의 넓이)×(높이)
> ㉡ (가로)×(세로)×(높이)
> ㉢ {(가로)+(세로)}×(높이)

(   )

5 직육면체의 부피는 몇 cm^3인가요?

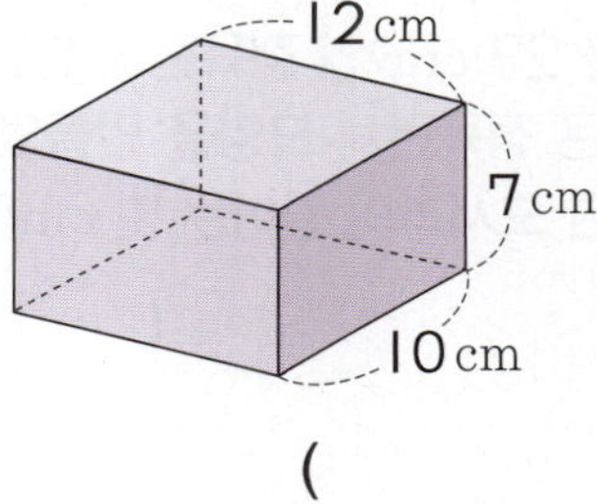

(   )

6 다음 전개도를 이용하여 만들 수 있는 입체도형의 부피는 몇 cm^3인가요?

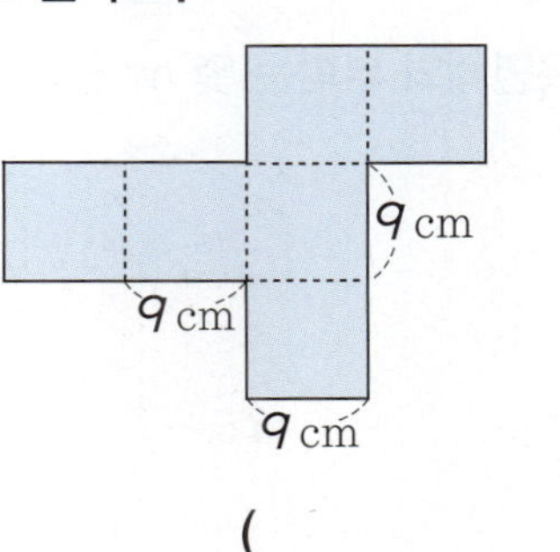

(   )

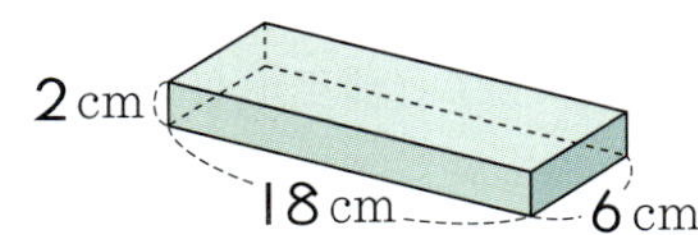 서술형

7 왼쪽 직육면체와 오른쪽 정육면체의 부피가 서로 같을 때 정육면체의 한 모서리의 길이는 몇 cm인지 풀이 과정을 쓰고 답을 구해 보세요.

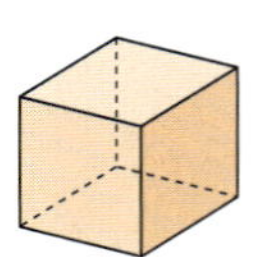

____

____

____

(   )

8 부피가 27 cm³인 정육면체 모양의 상자 8개를 쌓아서 큰 정육면체 모양을 만들었습니다. 큰 정육면체의 한 모서리의 길이는 몇 cm인가요?

(   )

9 ☐ 안에 알맞은 수를 써넣으세요.

(1) 600000000 cm³= ☐ m³

(2) 11.74 m³= ☐ cm³

10 정육면체의 부피는 몇 m³인가요?

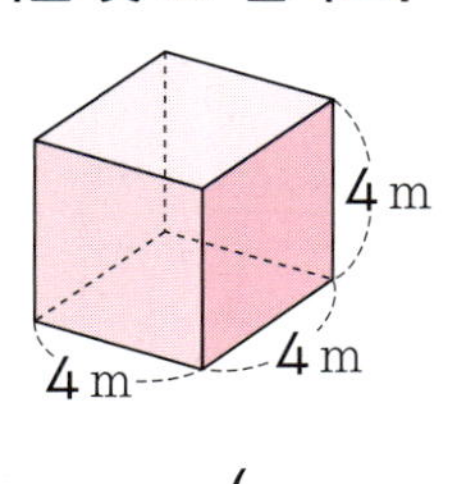

(   )

서술형

11 지호네 냉장고의 부피는 1950000 cm³이고 옷장의 부피는 2.5 m³입니다. 냉장고와 옷장의 부피의 차는 몇 cm³인지 풀이 과정을 쓰고 답을 구해 보세요.

____

____

____

(   )

12 직육면체의 부피는 몇 m³인가요?

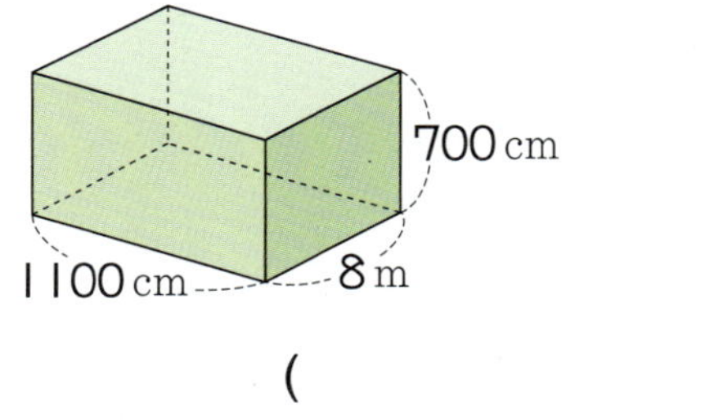

(   )

13 부피가 0.008 m³인 정육면체의 한 모서리의 길이는 몇 cm인가요?

(   )

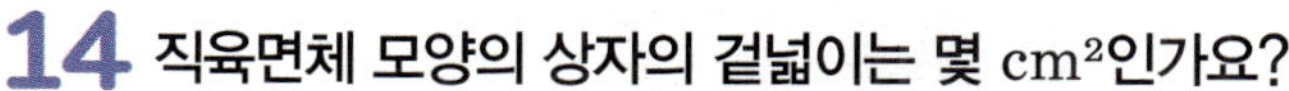

14 직육면체 모양의 상자의 겉넓이는 몇 cm²인가요?

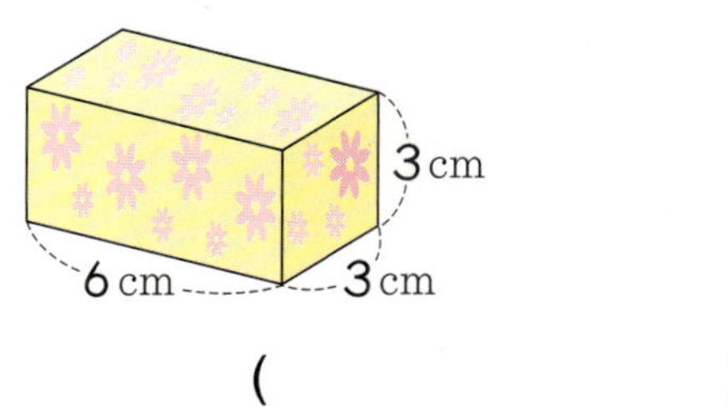

(   )

15 정육면체의 겉넓이는 몇 cm²인가요?

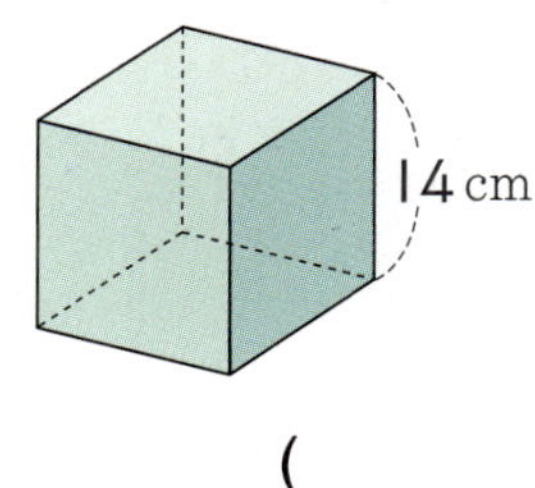

(   )

16 가로가 6 cm, 세로가 5 cm, 높이가 2 cm인 직육면체의 겉넓이는 몇 cm²인가요?

(   )

17 다음 전개도를 접어서 만들 수 있는 직육면체의 겉넓이는 몇 cm²인가요?

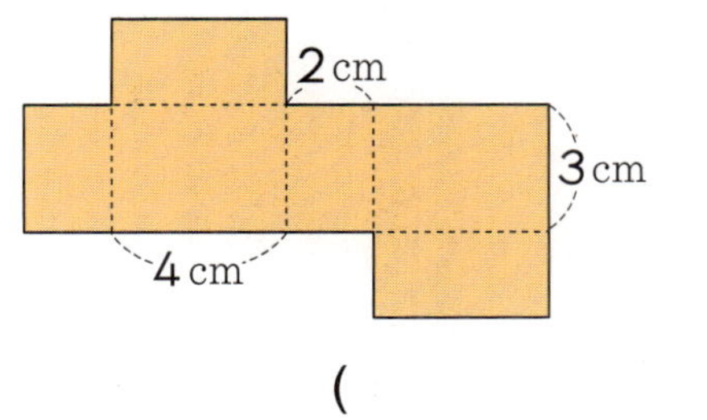

(   )

18 어떤 직육면체는 가로, 세로가 각각 6 cm로 같습니다. 이 직육면체의 겉넓이가 192 cm²라면 직육면체의 높이는 몇 cm인가요?

(   )

서술형

19 겉넓이가 384 cm²인 정육면체의 한 모서리의 길이는 몇 cm인지 풀이 과정을 쓰고 답을 구해 보세요.

____

____

____

(   )

20 두부를 똑같이 2조각으로 자를 때 두부 2조각의 겉넓이의 합은 처음 두부의 겉넓이보다 80 cm² 늘어납니다. 두부를 똑같이 4조각으로 자를 때 두부 4조각의 겉넓이의 합은 처음 두부의 겉넓이보다 몇 cm² 늘어나는지 구해 보세요.

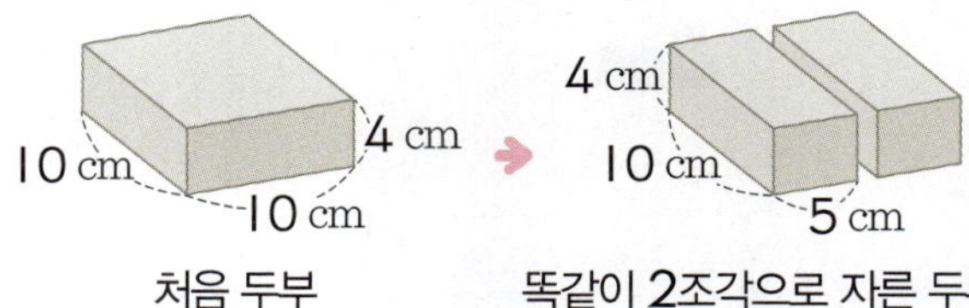

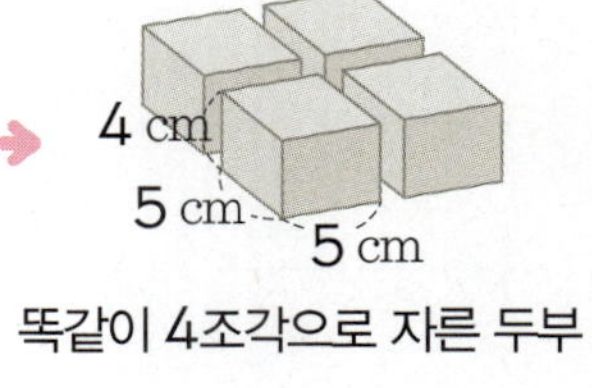

(   )

연습 각 단계에 따라 문제를 풀어 보세요.

1 부피가 가장 큰 것은 어느 것인지 기호를 써 보세요.

> ㉠ 5.1 m³
> ㉡ 한 면의 넓이가 4 m²인 정육면체
> ㉢ 가로가 2 m, 세로가 90 cm, 높이가 4 m인 직육면체

1단계 ㉡의 부피는 몇 m³인가요?

(   )

2단계 ㉢의 부피는 몇 m³인가요?

(   )

3단계 부피가 가장 큰 것은 어느 것인가요?

(   )

도전 위에서 푼 방법을 생각하며 풀어 보세요.

1-1 부피가 가장 큰 것은 어느 것인지 기호를 써 보세요.

> ㉠ 79 m³
> ㉡ 한 면의 넓이가 16 m²인 정육면체
> ㉢ 가로가 5 m, 세로가 3 m, 높이가 540 cm인 직육면체

이렇게 술술 풀어요

① ㉡의 부피를 구합니다.

② ㉢의 부피를 구합니다.

③ ㉠, ㉡, ㉢ 중 부피가 가장 큰 것을 찾습니다.

풀이

답 ______________

연습 각 단계에 따라 문제를 풀어 보세요.

2 오른쪽 직육면체의 겉넓이는 592 cm²입니다. 이 직육면체의 부피는 몇 cm³인지 구해 보세요.

> **1단계** 옆면의 넓이는 몇 cm²인가요?
>
> (   )

> **2단계** 직육면체의 높이는 몇 cm인가요?
>
> (   )

> **3단계** 직육면체의 부피는 몇 cm³인가요?
>
> (   )

도전 위에서 푼 방법을 생각하며 풀어 보세요.

2-1 다음 직육면체의 겉넓이는 128 cm²입니다. 이 직육면체의 부피는 몇 cm³인지 구해 보세요.

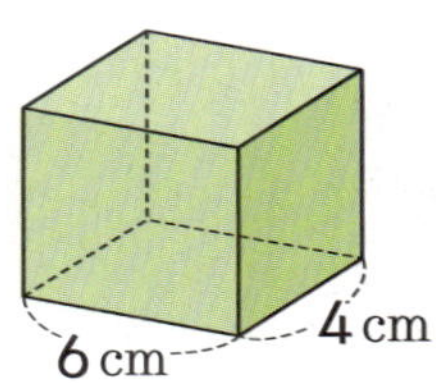

이렇게 술술 풀어요

① 한 밑면의 넓이를 이용하여 옆면의 넓이를 구합니다.

② 직육면체의 높이를 구합니다.

③ 직육면체의 부피를 구합니다.

풀이

____

____

____

____

답 _______________________

6단원

 각 단계에 따라 문제를 풀어 보세요.

3 색칠한 면의 둘레가 12 cm인 직육면체 모양의 상자를 만들기 위해 오른쪽 그림과 같은 전개도를 만들었습니다. 이 전개도를 접었을 때 만들어지는 상자의 겉넓이는 몇 cm²인지 구해 보세요.

1단계 색칠한 면의 짧은 변의 길이는 몇 cm인가요?

(   )

2단계 색칠한 면이 밑면일 때, 만들어진 상자의 높이는 몇 cm인가요?

(   )

3단계 상자의 겉넓이는 몇 cm²인가요?

(   )

 위에서 푼 방법을 생각하며 풀어 보세요.

3-1 색칠한 면의 둘레가 20 cm인 직육면체 모양의 상자를 만들기 위해 다음 그림과 같은 전개도를 만들었습니다. 이 전개도를 접었을 때 만들어지는 상자의 겉넓이는 몇 cm²인지 구해 보세요.

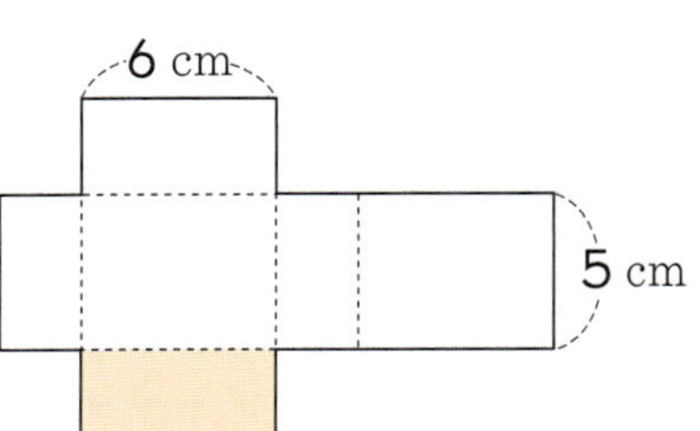

이렇게 술술 풀어요

① 색칠한 면의 짧은 변의 길이를 구합니다.

② 색칠한 면이 밑면일 때 만들어진 상자의 높이를 구합니다.

③ 상자의 겉넓이를 구합니다.

풀이

____

____

____

____

답 _______________________________

실전 시험처럼 문제를 풀어 보세요.

4 다음 입체도형의 부피는 몇 cm³인지 구해 보세요.

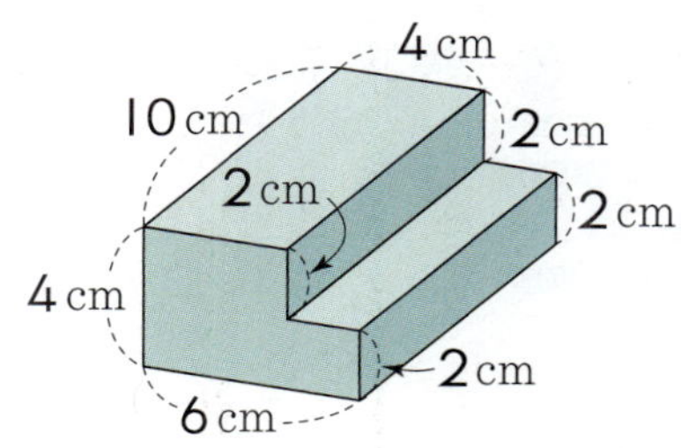

풀이

답

실전 시험처럼 문제를 풀어 보세요.

5 가와 같은 정육면체를 잘라서 나와 같이 똑같은 정육면체 조각들로 나누었습니다. 나의 정육면체 조각의 전체 겉넓이는 가의 겉넓이의 몇 배인가요?

가 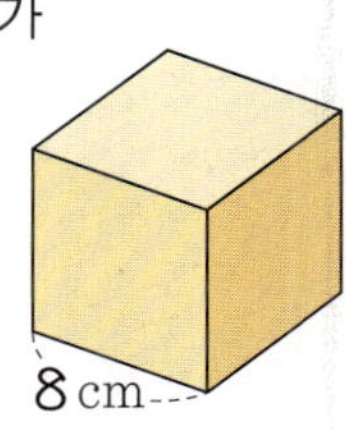 나 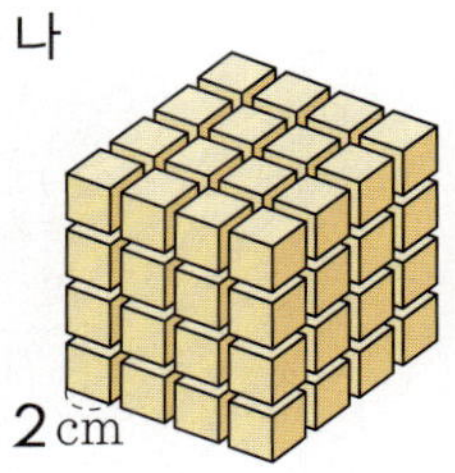

풀이

답

단원 6

100점
예상문제

수학 6-1

1 분수의 나눗셈

1 그림을 보고 ☐ 안에 알맞은 수를 써넣으세요.

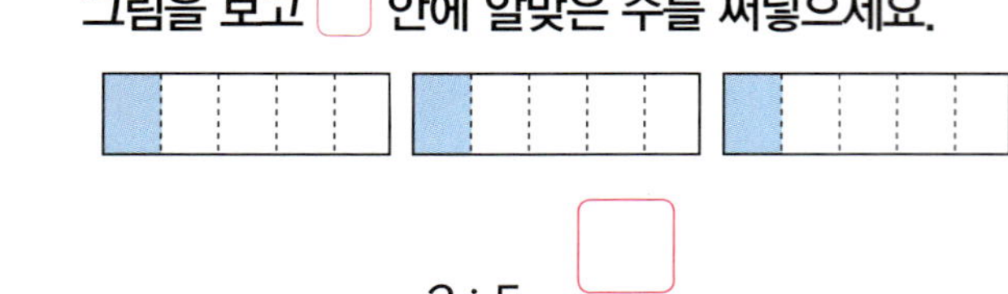

$$3 \div 5 = \frac{\boxed{}}{\boxed{}}$$

2 물 1 L를 크기가 같은 컵 4개에 똑같이 나누어 담으려고 합니다. 한 컵에 몇 L씩 담아야 하나요?

풀이

답

3 계산해 보세요.

(1) $\dfrac{5}{6} \div 3$

(2) $\dfrac{14}{3} \div 7$

4 계산 결과가 다른 하나는 어느 것인가요? (　　　)

① $\dfrac{6}{7} \div 3$　　　② $\dfrac{6}{7} \times \dfrac{1}{3}$

③ $2 \div 7$　　　④ $\dfrac{6}{7} \times 3$

⑤ $2 \times \dfrac{1}{7}$

5 빈칸에 알맞은 수를 써넣으세요.

÷		
9	5	
$2\dfrac{2}{15}$	8	

6 몫을 비교하여 ◯ 안에 >, =, <를 알맞게 써넣으세요.

$$1\frac{3}{4} \div 2 \bigcirc 3\frac{1}{4} \div 4$$

서술형

7 엄마 개의 무게는 아기 강아지의 무게의 7배입니다. 엄마 개의 무게가 $3\dfrac{1}{9}$ kg일 때 아기 강아지의 무게는 몇 kg인지 풀이 과정을 쓰고 답을 구해 보세요.

풀이

답

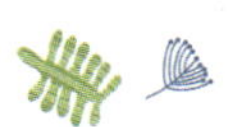  

8 각기둥의 밑면을 찾아 색칠해 보세요.

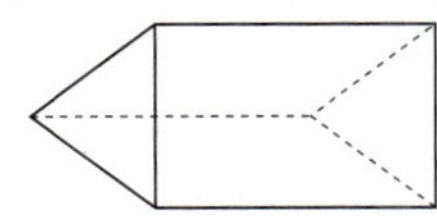

9 다음 도형이 각기둥이 아닌 이유를 써 보세요.

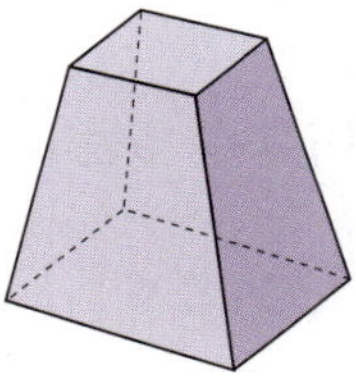

이유 ____________________________________

____

10 빈칸에 알맞은 수를 써넣으세요.

입체도형	꼭짓점의 수(개)	면의 수(개)	모서리의 수(개)
사각기둥			

11 다음 그림과 같은 전개도를 접어서 만든 입체도형의 이름을 써 보세요.

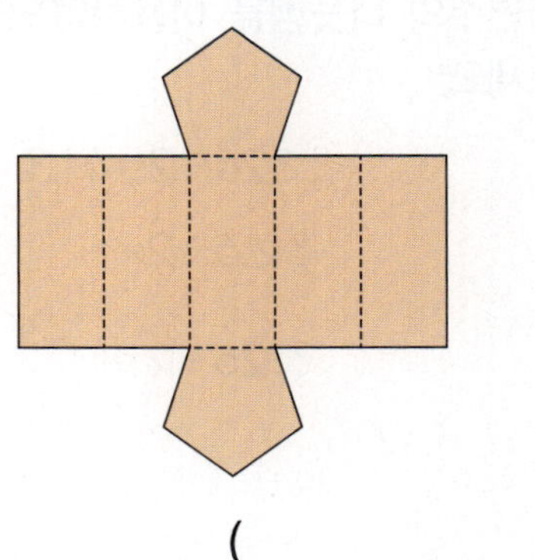

(   )

12 밑면의 모양이 다음과 같은 각뿔의 옆면의 수를 구해 보세요.

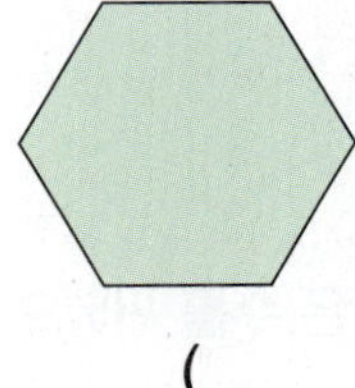

(   )

13 어떤 각뿔의 모서리의 수, 꼭짓점의 수, 면의 수의 합이 30입니다. 이 각뿔의 이름을 써 보세요.

(   )

100점 예상 문제

3　소수의 나눗셈 

14 자연수의 나눗셈을 이용하여 소수의 나눗셈을 해 보세요.

$$826÷2=413$$

$$82.6÷2=\boxed{}$$

$$8.26÷2=\boxed{}$$

15 보기 와 같은 방법으로 계산해 보세요.

보기

$$1.85÷5=\frac{185}{100}÷5=\frac{185÷5}{100}=\frac{37}{100}=0.37$$

➡ $1.65÷3=$ ________________

16 빈칸에 알맞은 수를 써넣으세요.

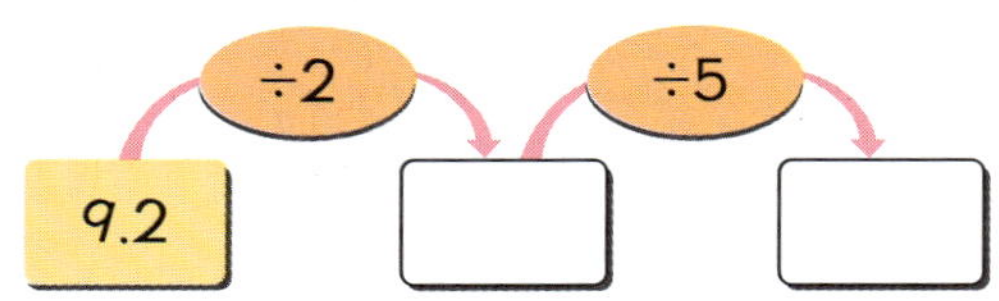

17 길이가 8.6 m인 끈을 모두 사용하여 크기가 같은 정사각형 5개를 만들었습니다. 만든 정사각형의 한 변의 길이는 몇 m인가요?

(　　　　　　　　)

18 계산을 잘못한 곳을 찾아 바르게 계산해 보세요.

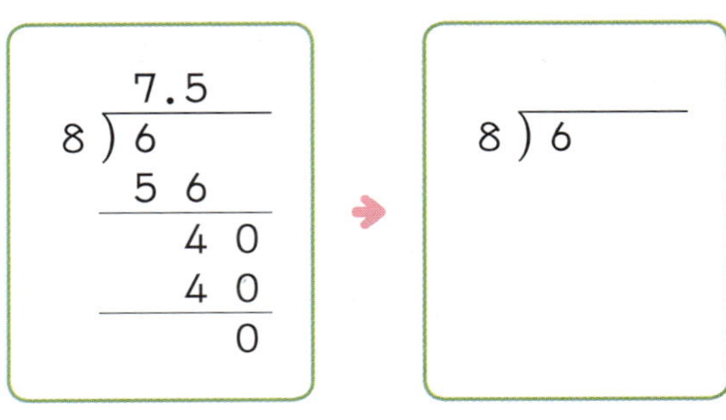

19 ☐ 안에 들어갈 수 있는 자연수를 모두 구해 보세요.

$$30÷8 < \boxed{} < 16.41÷3$$

(　　　　　　　　)

20 어림셈하여 몫의 소수점의 위치를 찾아 소수점을 찍어 보세요.

$$21.4÷5$$

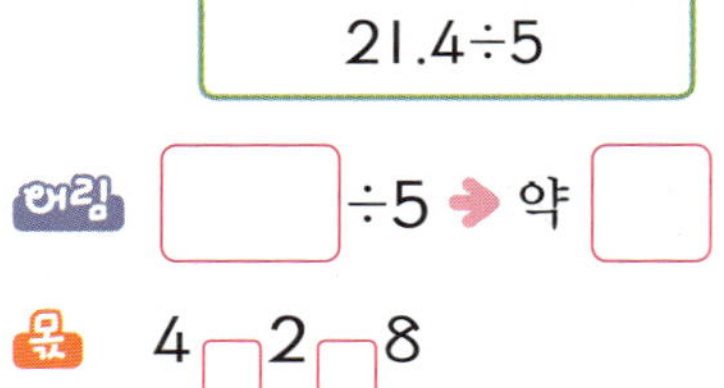

4 비와 비율

1 그림을 보고 전체에 대한 색칠한 부분의 비를 구해 보세요.

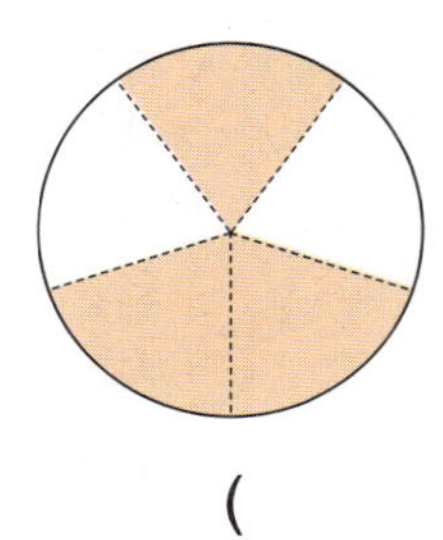

(   )

2 두 비에서 비율의 크기를 비교하여 ◯ 안에 >, =, <를 알맞게 써넣으세요.

18 : 24 ◯ 21 : 30

3 지도에서 1 cm의 실제 거리가 1000 m인 지도가 있습니다. 실제 거리에 대한 지도에서의 거리의 비율을 분수로 나타내어 보세요.

(   )

4 인구가 더 밀집한 도시는 어디인지 풀이 과정을 쓰고 답을 구해 보세요.

도시	인구(명)	넓이(km²)
㉠	5040	12
㉡	8840	26

풀이 

____

____

____

____

답 _______________________________

5 ☐ 안에 알맞은 수를 써넣으세요.

35는 250의 ☐ %입니다.

6 어느 축구팀이 25경기에서 13번 이겼습니다. 이 축구팀의 승률을 백분율로 나타내어 보세요.

(   )

100점 예상 문제

5 여러 가지 그래프 

어느 동네의 신문별 구독자 수를 조사하여 나타낸 표입니다. 물음에 답하세요. [7~9]

신문별 구독자 수

신문	A	B	C	기타	합계
구독자(명)	160	140	40	60	400
백분율(%)					

7 위의 표를 완성해 보세요.

8 전체 구독자 수의 35 %가 구독하는 신문은 어느 것인가요?

(   )

9 위의 표를 보고 띠그래프로 나타내어 보세요.

신문별 구독자 수

0 10 20 30 40 50 60 70 80 90 100(%)

어느 어린이 도서관에 있는 종류별 책 수를 조사하여 나타낸 원그래프입니다. 물음에 답하세요. [10~13]

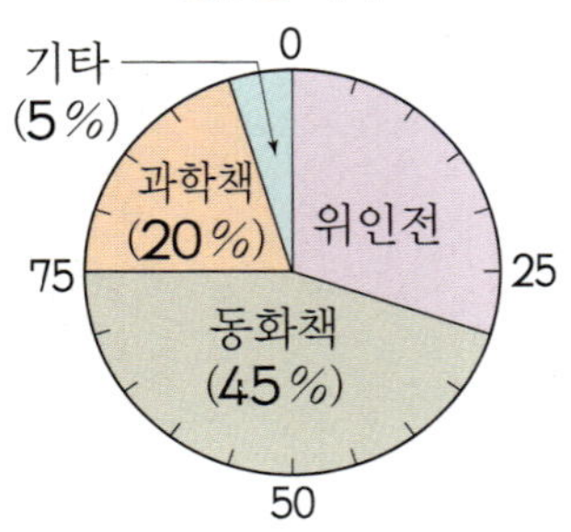

10 위인전은 전체의 몇 %인가요?

(   )

11 위인전이 모두 300권일 때, 전체 책 수는 몇 권인 가요?

(   )

12 위 원그래프를 길이가 40 cm인 띠그래프로 나타 낼 때 과학책이 차지하는 길이는 몇 cm인가요?

(   )

13 위 원그래프를 보고 알 수 있는 내용을 두 가지 써 보세요.

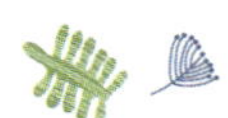

14 부피가 1 cm³인 쌓기나무를 직육면체 모양으로 쌓은 것입니다. 직육면체의 부피는 몇 cm³인가요?

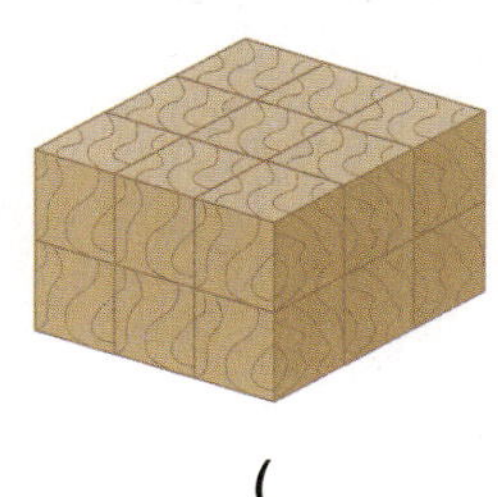

(   )

서술형

15 그림과 같은 직육면체 모양의 찰흙을 잘라서 정육면체 모양을 만들려고 합니다. 만들 수 있는 가장 큰 정육면체 모양의 부피는 몇 cm³인가요?

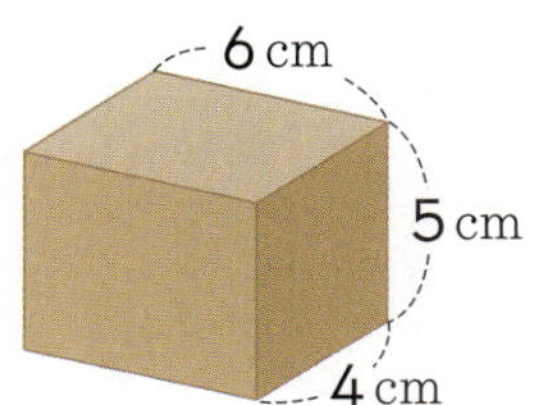

풀이

____

____

____

답 _______________________________________

16 두 상자 중 부피가 더 큰 상자는 어느 것인가요? (단, 상자의 두께는 생각하지 않습니다.)

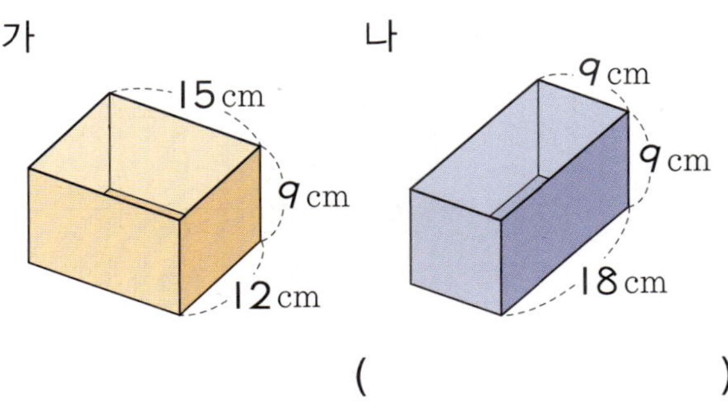

(   )

17 □ 안에 알맞은 수를 써넣으세요.

(1) 9 m³ = [   ] cm³

(2) [   ] m³ = 12000000 cm³

18 한 모서리의 길이가 700 cm인 정육면체의 부피는 몇 m³인가요?

(   )

19 직육면체의 겉넓이는 몇 cm²인가요?

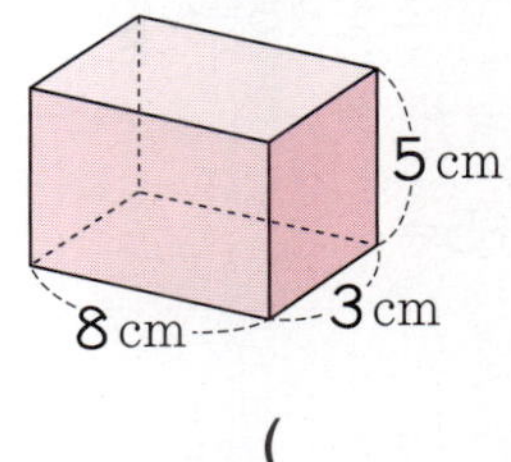

(   )

20 부피가 216 cm³인 정육면체의 겉넓이는 몇 cm²인가요?

(   )

---

1 분수의 나눗셈

1 나눗셈의 몫을 분수로 나타내어 보세요.

(1) $5 \div 7$

(2) $11 \div 3$

2 몫이 큰 것부터 차례로 기호를 써 보세요.

㉠ $\dfrac{3}{7} \div 2$		㉡ $\dfrac{3}{7} \div 9$	
㉢ $\dfrac{3}{7} \div 6$		㉣ $\dfrac{3}{7} \div 4$	

(, , ,)

3 잘못 계산한 곳을 찾아 바르게 계산해 보세요.

$$4\dfrac{7}{8} \div 5 = 4\dfrac{7}{8} \times \dfrac{1}{5} = 4\dfrac{7}{40}$$

➡ $4\dfrac{7}{8} \div 5 = $ _______________

4 넓이가 $9\dfrac{2}{7}$ cm²이고 밑변이 4 cm인 평행사변형입니다. 평행사변형의 높이는 몇 cm인가요?

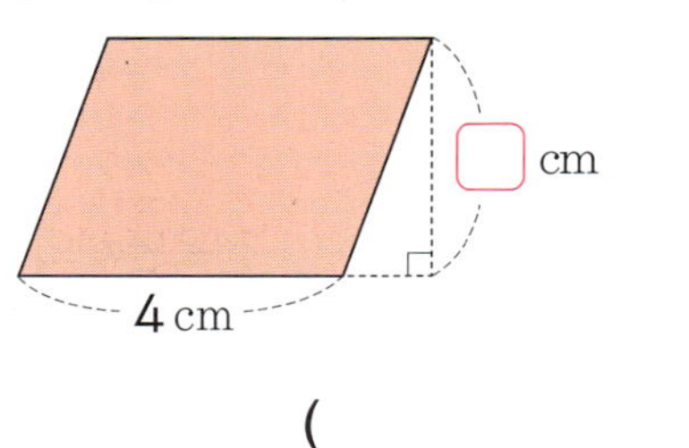

( )

---

2 각기둥과 각뿔

5 각기둥에서 밑면에 수직인 면은 몇 개인가요?

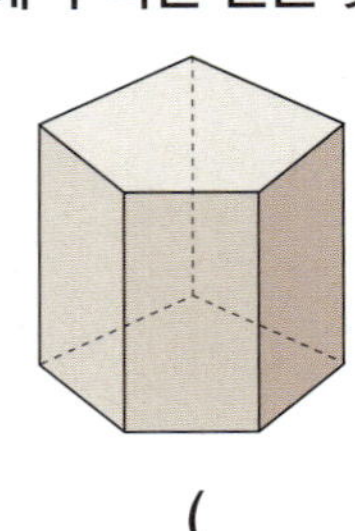

( )

6 전개도를 점선을 따라 접으면 어떤 입체도형이 만들어지나요?

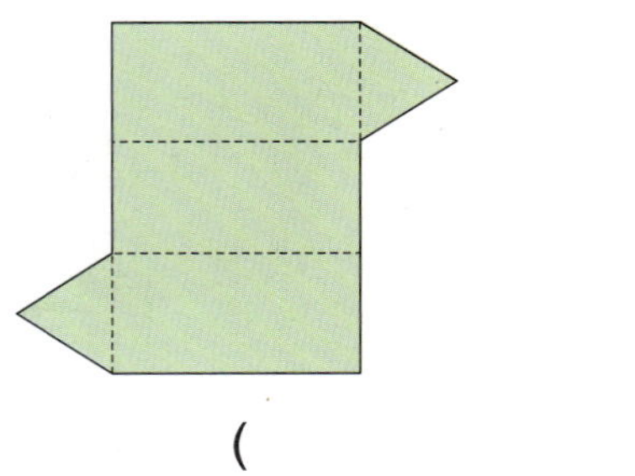

( )

7 다음에서 설명하는 입체도형의 이름을 쓰려고 합니다. 풀이 과정을 쓰고 답을 구해 보세요.

- 밑면이 다각형이고, 옆면이 모두 삼각형입니다.
- 꼭짓점은 10개입니다.

풀이

____

____

____

답 _______________

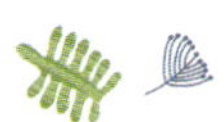  

8 빈칸에 알맞은 수를 써넣으세요.

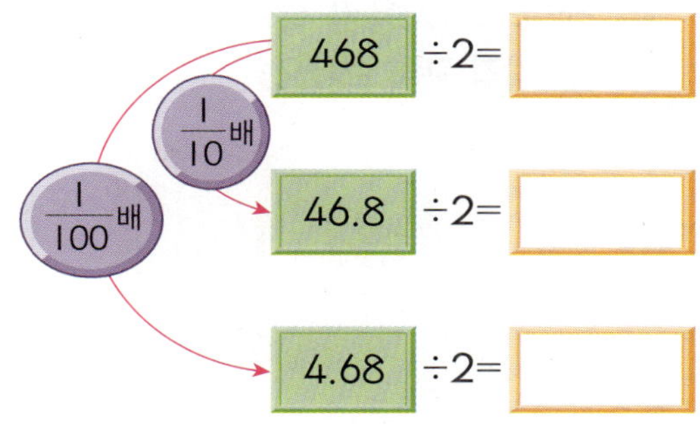

$468 \div 2 =$ ☐

$46.8 \div 2 =$ ☐

$4.68 \div 2 =$ ☐

9 정팔각형의 모든 변의 길이의 합이 8.4 m일 때 한 변의 길이는 몇 m인가요?

(   )

10 나눗셈을 나누어떨어질 때까지 계산하려면 0을 모두 몇 번 내려야 하나요?

$$14 \div 8$$

(   )

11 몫을 어림하여 몫이 1보다 큰 나눗셈을 모두 고르세요. (   )

① $3.45 \div 3$ ② $3.8 \div 4$
③ $5.12 \div 6$ ④ $8.08 \div 8$
⑤ $8.91 \div 9$

12 빈칸에 알맞은 수를 써넣으세요.

비 \ 비율	분수	소수
7과 20의 비		
7의 4에 대한 비		

 서술형

13 우리 반 전체 학생은 20명이고 남학생은 12명입니다. 전체 학생 수에 대한 여학생 수의 비율을 소수로 나타내려고 합니다. 풀이 과정을 쓰고 답을 구해 보세요.

풀이 ___________________________

____

____

____

답 ___________________________

14 물 690 g에 설탕 60 g을 섞었습니다. 이 설탕물의 진하기는 몇 %인가요?

(   )

5 여러 가지 그래프

효정이가 가지고 있는 리본의 길이를 색깔별로 조사하여 나타낸 띠그래프입니다. 물음에 답하세요.

[15~16]

색깔별 리본의 길이

15 가장 많이 가지고 있는 리본은 무슨 색인가요?

(   )

16 가지고 있는 리본의 길이의 합이 5 m일 때, 초록색 리본의 길이는 몇 m인가요?

(   )

 서술형

17 정희네 학교 학생들이 좋아하는 과일을 조사하여 나타낸 원그래프입니다. 딸기를 좋아하는 학생 수는 사과를 좋아하는 학생 수의 몇 배인지 풀이 과정을 쓰고 답을 구해 보세요.

좋아하는 과일별 학생 수

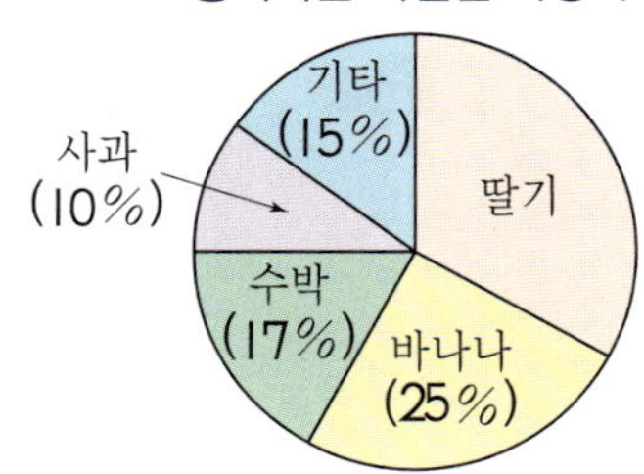

풀이

____

____

____

답

____

6 직육면체의 부피와 겉넓이

18 부피가 1 cm³인 쌓기나무를 직육면체 모양으로 쌓은 것입니다. 사용된 쌓기나무의 수와 직육면체의 부피를 각각 구해 보세요.

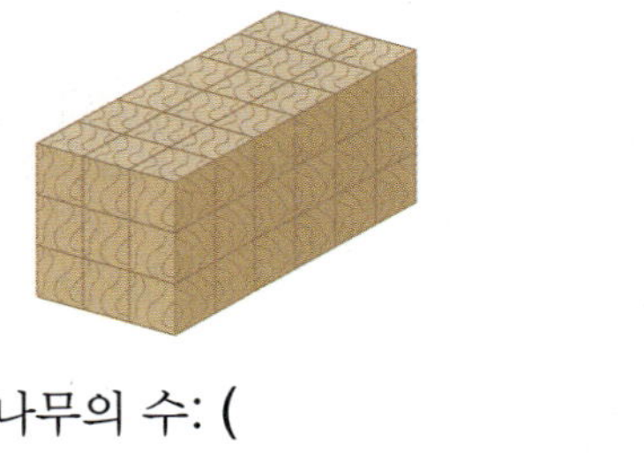

㉠ 쌓기나무의 수: (   )

㉡ 직육면체의 부피: (   )

19 다음 중 옳은 것은 어느 것인가요? (   )

① 1 m³=100 cm³
② 4000000 m³=4 cm³
③ 5000000 cm³=5 m³
④ 4.5 m³=450000 cm³
⑤ 2 m³=20000000 cm³

20 다음 전개도를 접어서 만들 수 있는 정육면체의 겉넓이는 몇 cm²인가요?

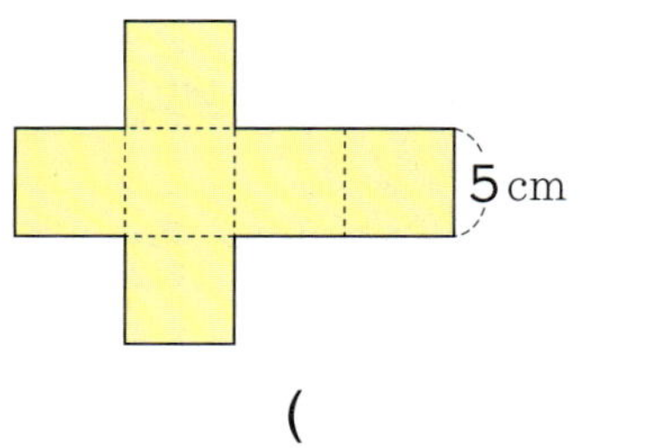

(   )

1 분수의 나눗셈

1 몫이 작은 것부터 차례대로 기호를 써 보세요.

> ㉠ 5÷9 ㉡ 7÷3
> ㉢ 9÷4 ㉣ 11÷12

(, , ,)

2 어떤 수에 7을 곱하였더니 $\frac{3}{5}$이 되었습니다. 어떤 수를 2로 나눈 몫을 구해 보세요.

( )

3 빈 곳에 알맞은 수를 써넣으세요.

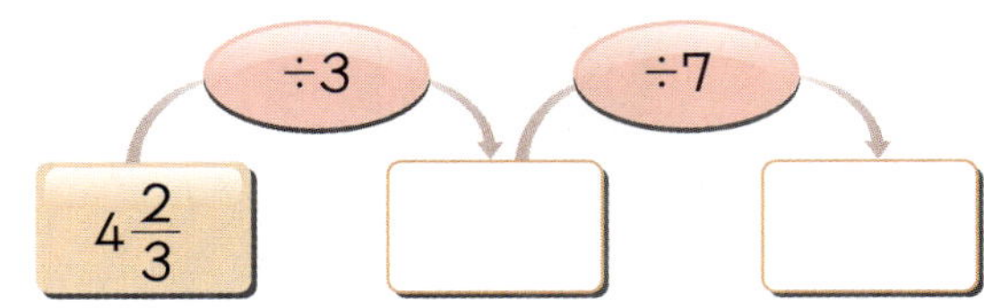

4 페인트 4통으로 벽 $4\frac{1}{5}$ m²를 칠했습니다. 페인트 한 통으로 칠한 벽면의 넓이는 몇 m²인가요?

풀이 ______________________

답 ______________________

2 각기둥과 각뿔

5 다음 삼각기둥의 높이는 몇 cm인가요?

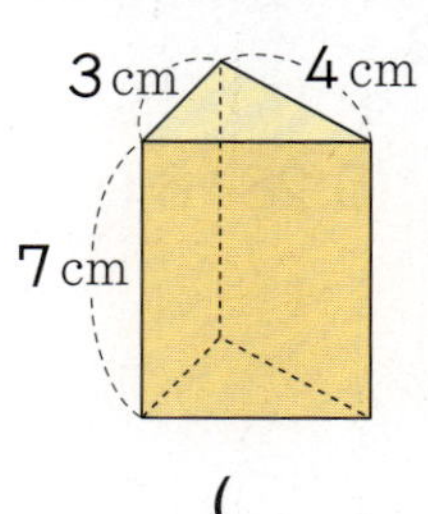

( )

6 다음 중 사각기둥의 전개도는 어느 것인가요?
( )

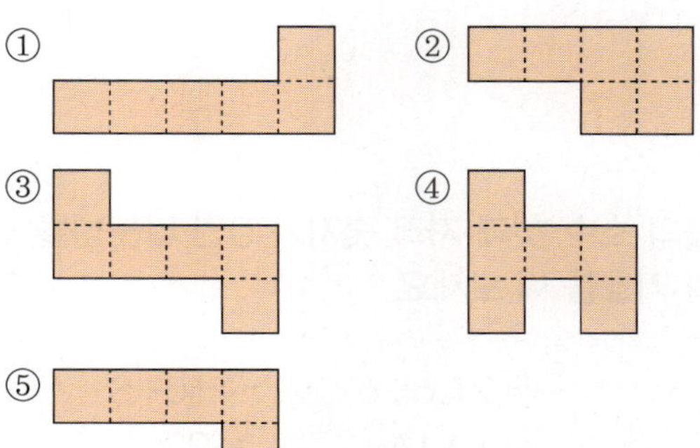

7 밑면의 모양이 다음과 같은 각뿔의 모서리의 수는 몇 개인지 구해 보세요.

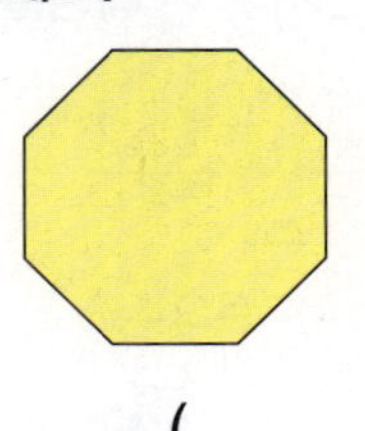

( )

3 소수의 나눗셈

8 몫의 크기를 비교하여 ◯ 안에 >, =, <를 알맞게 써넣으세요.

$$5.28 \div 8 \bigcirc 3.45 \div 5$$

9 다음과 같은 색 테이프를 똑같이 5도막으로 자르려고 합니다. 한 도막을 몇 m로 자르면 되나요?

─ 63.7 m ─

(   )

10 몫의 소수 첫째 자리 숫자가 0인 나눗셈을 모두 골라 기호를 써 보세요.

> ㉠ 21.6÷6   ㉡ 10÷8
> ㉢ 12.16÷2   ㉣ 20.3÷5

(   )

11 무게가 같은 사과가 한 묶음에 4개씩 있습니다. 5묶음의 사과의 무게가 11 kg일 때, 사과 한 개의 무게는 몇 kg인지 풀이 과정을 쓰고 답을 구해 보세요. 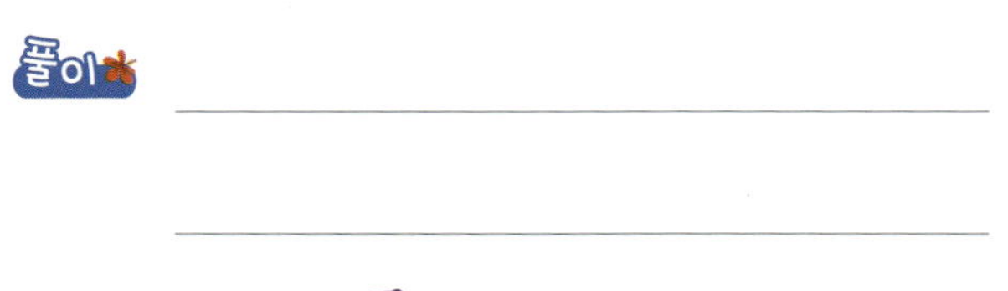

풀이 ＿＿＿＿＿＿＿＿＿＿＿＿＿＿＿＿

＿＿＿＿＿＿＿＿＿＿＿＿＿＿＿＿＿＿

답 ＿＿＿＿＿＿＿＿＿＿

4 비와 비율

12 학생 42명 중 남학생은 23명입니다. 남학생 수에 대한 여학생 수의 비를 구해 보세요.

(   )

13 비율만큼 색칠해 보세요.

> 0.75

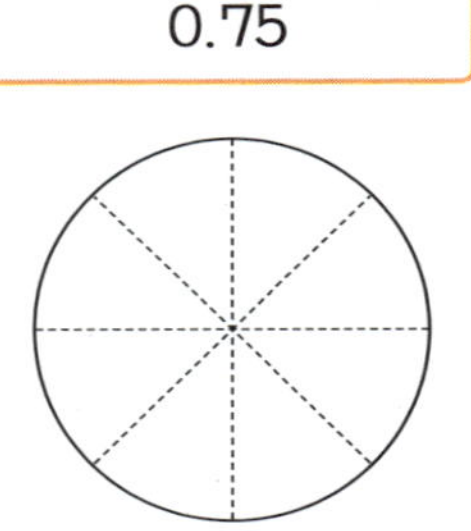

14 40명의 학생 중에서 오늘 3명이 결석하였습니다. 오늘의 출석률은 몇 %인지 풀이 과정을 쓰고 답을 구해 보세요. 

풀이 ＿＿＿＿＿＿＿＿＿＿＿＿＿＿＿＿

＿＿＿＿＿＿＿＿＿＿＿＿＿＿＿＿＿＿

답 ＿＿＿＿＿＿＿＿＿＿

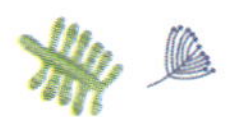  

15 어느 초등학교 6학년 학생들의 통학 방법을 조사하여 나타낸 띠그래프입니다. 도보로 통학하는 학생은 자전거로 통학하는 학생의 2배이고, 버스로 통학하는 학생은 180명이라고 합니다. 6학년 전체 학생 수를 구해 보세요.

통학 방법별 학생 수

도보	지하철 (18%)	버스	자전거 (14%)

(   )

 형준이의 한 달 용돈의 쓰임새를 조사하여 나타낸 표입니다. 물음에 답하세요. [16~17]

용돈의 쓰임새별 금액

구분	학용품	저금	이웃 돕기	기타	합계
금액 (원)	6000	8000	4000	2000	20000
백분율 (%)					

16 위의 표를 완성해 보세요.

17 위의 표를 보고 원그래프로 나타내어 보세요.

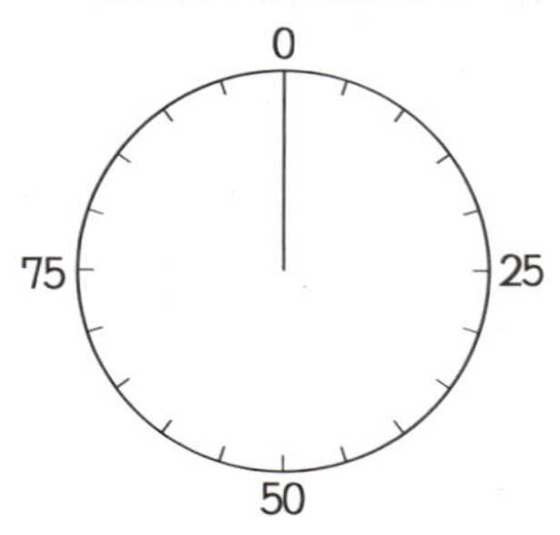

18 두 직육면체 중 부피가 더 큰 것을 찾아 기호를 써 보세요.

(   )

서술형

19 모든 모서리의 길이의 합이 60 m인 정육면체의 부피는 몇 m³인지 풀이 과정을 쓰고 답을 구해 보세요.

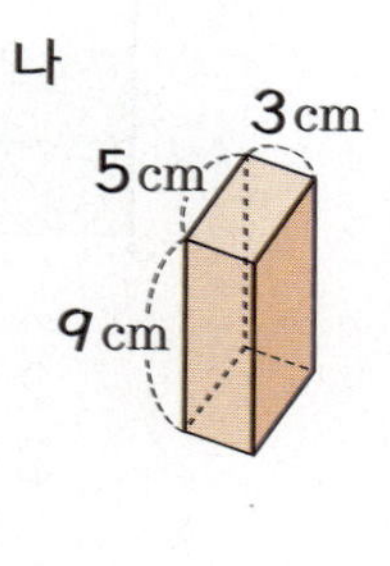

풀이

답

100점 예상 문제

20 세 면의 넓이가 각각 18 cm², 12 cm², 24 cm²인 직육면체의 겉넓이는 몇 cm²인가요?

(   )

---

1 분수의 나눗셈

1 그림을 보고 ⬜ 안에 알맞은 수를 써넣으세요.

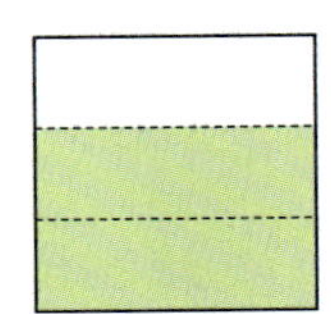 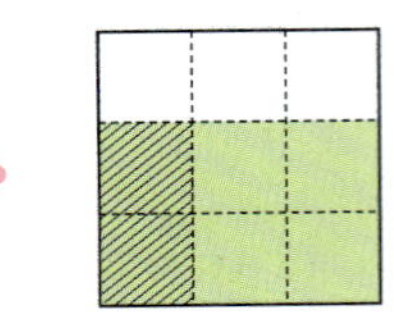

$$\frac{2}{3} \div 3 = \frac{2}{3} \times \frac{\square}{\square} = \frac{\square}{\square}$$

2 $\frac{3}{4}$ kg의 찰흙을 6명이 똑같이 나누어 가졌습니다. 한 명이 몇 kg씩 가졌나요?

(　　　　　　　)

3 보기 와 같이 계산해 보세요.

보기

$$2\frac{1}{3} \div 2 = \frac{7}{3} \div 2 = \frac{7}{3} \times \frac{1}{2} = \frac{7}{6} = 1\frac{1}{6}$$

➡ $3\frac{5}{6} \div 3 =$ ________________

서술형

4 ⬜ 안에 들어갈 수 있는 가장 작은 자연수를 구하려고 합니다. 풀이 과정을 쓰고 답을 구해 보세요.

$$\square > 5\frac{5}{12} \div 3$$

풀이  ________________

____

답  ________________

---

2 각기둥과 각뿔

5 각기둥에 대해 **잘못** 설명한 것은 어느 것인가요?

(　　　)

① 두 밑면은 서로 합동입니다.
② 두 밑면은 서로 평행합니다.
③ 밑면의 모양은 직사각형입니다.
④ 옆면의 모양은 직사각형입니다.
⑤ 옆면과 밑면은 서로 수직입니다.

서술형

6 다음 입체도형에서 모서리의 수는 몇 개인지 풀이 과정을 쓰고 답을 구해 보세요.

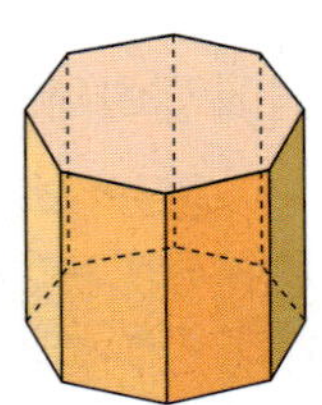

풀이 ________________

____

____

답 ________________

7 각뿔에서 옆면은 모두 몇 개인가요?

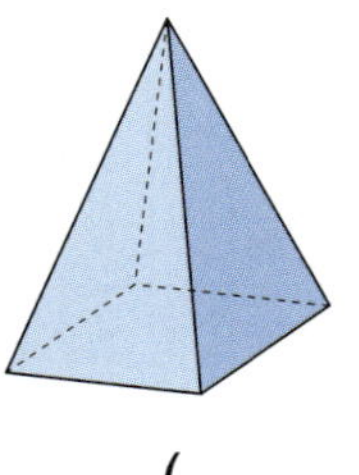

(　　　　　　　)

8 ☐ 안에 알맞은 수를 써넣으세요.

$$628 \div 2 = \boxed{}$$

$$62.8 \div 2 = \boxed{}$$

$$6.28 \div 2 = \boxed{}$$

9 계산을 잘못한 곳을 찾아 바르게 계산해 보세요.

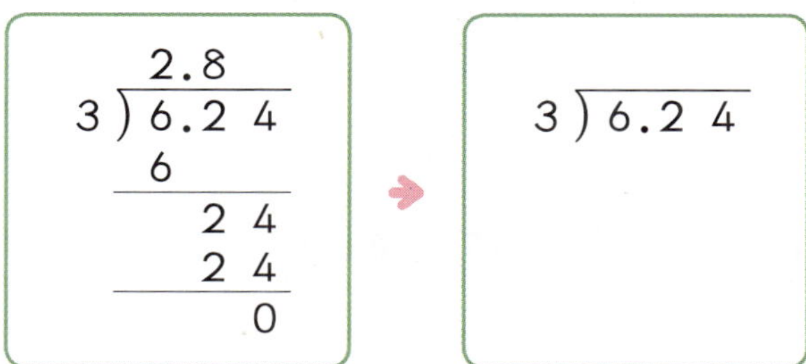

10 설탕 6 kg을 4개의 병에 똑같이 나누어 담으려고 합니다. 한 병에 담아야 하는 설탕의 무게는 몇 kg 인가요?

(   )

11 어림셈하여 알맞은 위치에 소수점을 찍어 보세요.

$$42.64 \div 4 = 1\ \boxed{\ }\ 0\ \boxed{\ }\ 6\ \boxed{\ }\ 6$$

12 그림을 보고 ☐ 안에 알맞은 수를 써넣으세요.

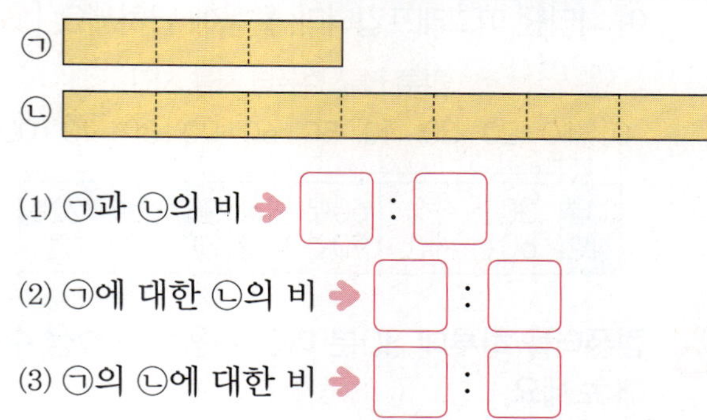

(1) ㉠과 ㉡의 비 ➡ $\boxed{}$: $\boxed{}$

(2) ㉠에 대한 ㉡의 비 ➡ $\boxed{}$: $\boxed{}$

(3) ㉠의 ㉡에 대한 비 ➡ $\boxed{}$: $\boxed{}$

13 쌀과 콩을 7 : 4의 비로 섞어서 밥을 지었습니다. 콩의 양에 대한 쌀의 양의 비율을 소수로 나타내어 보세요.

(   )

서술형

14 2000원인 물건을 할인하여 1800원에 팔았습니다. 할인율은 몇 %인지 풀이 과정을 쓰고 답을 구해 보세요.

풀이 _________________________________

____

____

답 _________________________________

100점
예상
문제

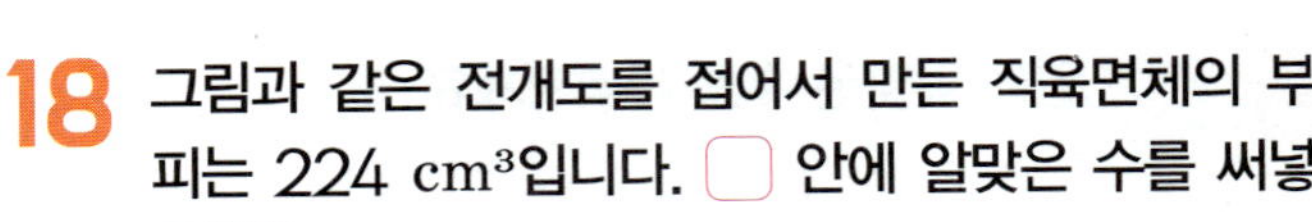

5 여러 가지 그래프

학생 40명의 하루 평균 컴퓨터 사용 시간을 조사하여 나타낸 띠그래프입니다. 물음에 답하세요. [15~16]

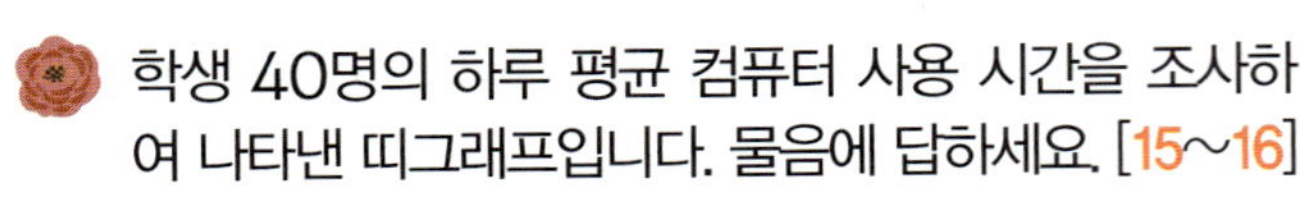

15 컴퓨터를 하루에 30분 미만 사용하는 학생 수를 구해 보세요.

(   )

16 컴퓨터를 하루에 60분 이상 사용하는 학생은 전체의 몇 %인가요?

(   )

서술형

17 지수네 학교 학생 400명의 좋아하는 색을 조사하여 나타낸 원그래프입니다. 빨간색을 좋아하는 학생은 노란색을 좋아하는 학생보다 몇 명 더 많은지 풀이 과정을 쓰고 답을 구해 보세요.

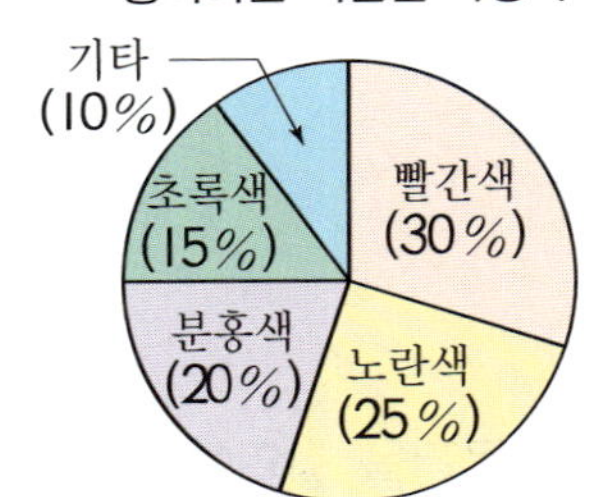

풀이

____

____

____

____

답 ________________________

6 직육면체의 부피와 겉넓이

18 그림과 같은 전개도를 접어서 만든 직육면체의 부피는 224 cm³입니다. ☐ 안에 알맞은 수를 써넣으세요.

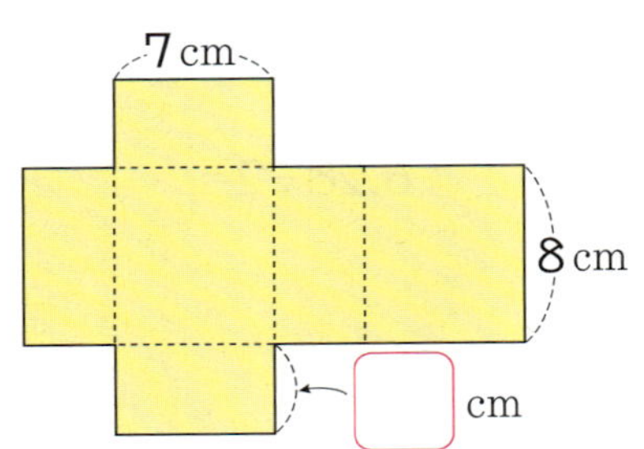

19 직육면체의 부피는 몇 m³인가요?

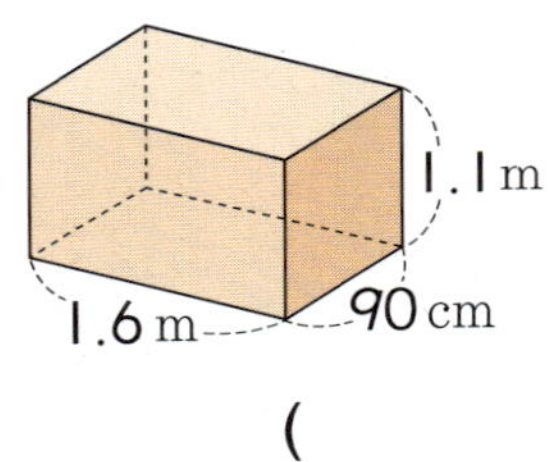

(   )

20 직육면체와 정육면체의 겉넓이의 차는 몇 cm²인가요?

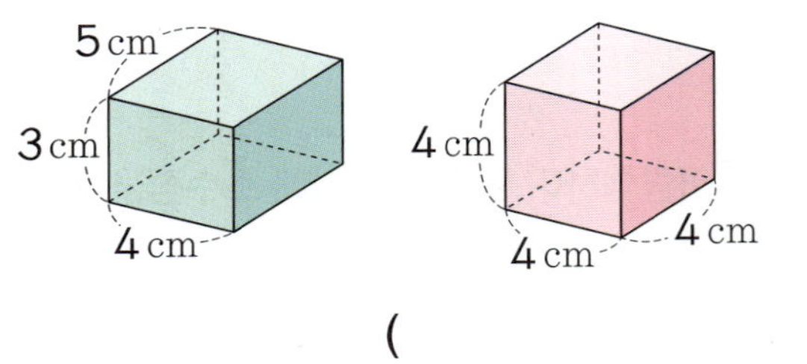

(   )

1 분수의 나눗셈

1 ☐ 안에 알맞은 수를 써넣으세요.

(1) $\dfrac{1}{4} \div 3 = \dfrac{1}{4} \times \dfrac{\boxed{}}{\boxed{}} = \dfrac{\boxed{}}{\boxed{}}$

(2) $\dfrac{37}{6} \div 5 = \dfrac{37}{6} \times \dfrac{\boxed{}}{\boxed{}} = \dfrac{\boxed{}}{\boxed{}}$

$\phantom{\dfrac{37}{6} \div 5} = \boxed{}\dfrac{\boxed{}}{\boxed{}}$

2 ㉠◎㉡=(㉠-㉡)÷㉡일 때 다음을 계산해 보세요.

$$(17 ◎ 5) ◎ 2$$

(   )

3 몫의 크기를 비교하여 ◯ 안에 >, =, <를 알맞게 써넣으세요.

$$\dfrac{51}{9} \div 4 \bigcirc 4\dfrac{3}{7} \div 2$$

4 세 변의 길이의 합이 $15\dfrac{1}{2}$ cm인 정삼각형의 한 변의 길이는 몇 cm인가요?

(   )

2 각기둥과 각뿔

5 각기둥의 높이는 몇 cm인가요?

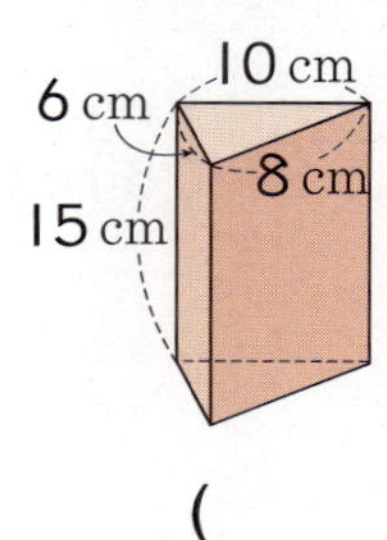

(   )

6 사각기둥의 전개도입니다. 면 ㄷㄹㅁㅌ이 한 밑면일 때 다른 밑면에 색칠해 보세요.

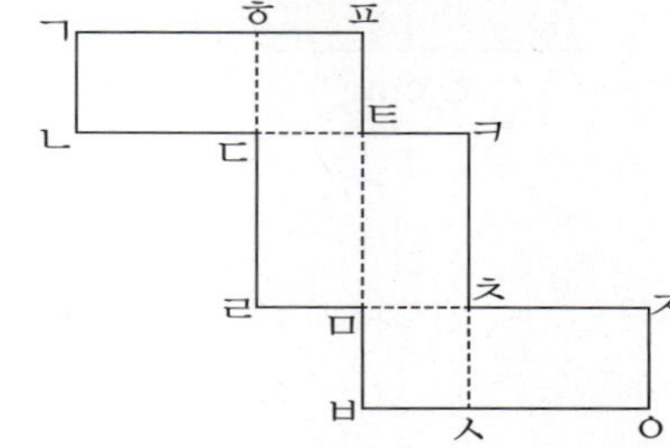

서술형

7 오각뿔의 모서리의 길이가 8 cm로 모두 같을 때 모서리의 길이의 합은 몇 cm인지 풀이 과정을 쓰고 답을 구해 보세요.

풀이

답

100점 예상문제 **157**

---

3 소수의 나눗셈

8 계산 결과가 가장 큰 것을 찾아 기호를 써 보세요.

$$\text{㉠ } 7)\overline{16.52} \qquad \text{㉡ } 8)\overline{6.08} \qquad \text{㉢ } 3)\overline{9.15}$$

(   )

9 평행사변형의 넓이가 48.24 cm^2일 때, ⬜ 안에 알맞은 수를 써넣으세요.

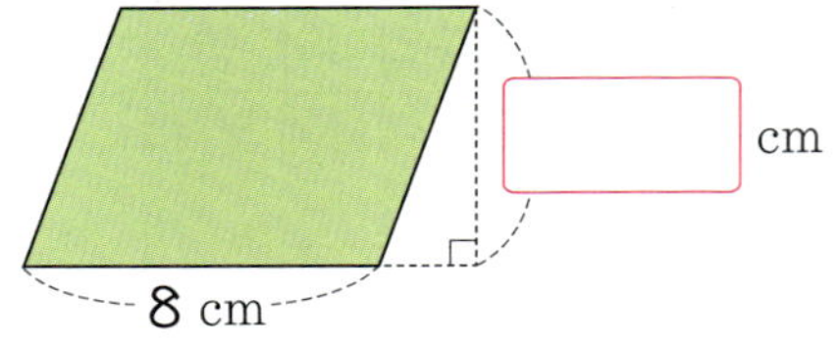

10 15 kg의 금으로 똑같은 메달 20개를 만들었습니다. 메달 한 개의 무게는 몇 g인가요?

(   )

11 $190 \div 5 = 38$입니다. 다음 중 몫의 소수점을 바르게 찍은 것을 모두 고르세요. (   )

① $1.9 \div 5 = 3.8$ ② $1.9 \div 5 = 0.38$
③ $19 \div 5 = 0.38$ ④ $19 \div 5 = 3.8$
⑤ $0.19 \div 5 = 0.38$

---

4 비와 비율

12 철호네 집에서는 닭을 80마리 기르고 있는데 그중 13마리가 수탉입니다. 전체 닭의 수에 대한 수탉의 수의 비를 구해 보세요.

(   )

13 비율이 같은 것끼리 선으로 이어 보세요.

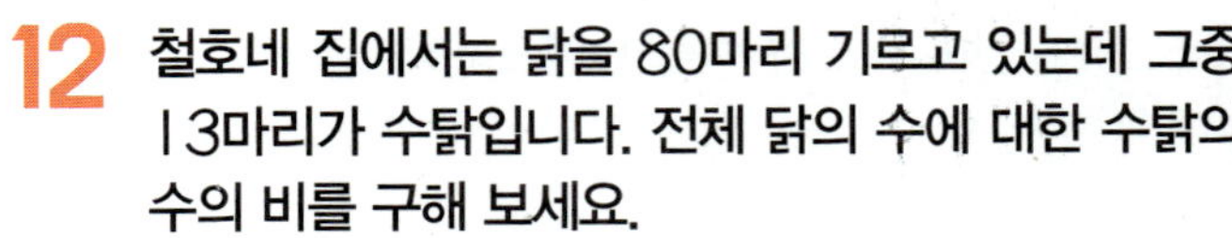

14 (가) 가게는 5000원짜리 물건을 사면 300원을 적립해 주고 (나) 가게의 적립률은 7%입니다. 적립률이 더 높은 가게는 어디인지 풀이 과정을 쓰고 답을 구해 보세요.

풀이

답

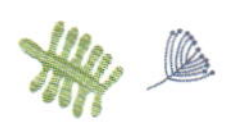  

 시윤이네 농장에 있는 종류별 동물 수를 조사하여 나타낸 띠그래프입니다. 물음에 답하세요. [15~16]

종류별 동물 수

0　10　20　30　40　50　60　70　80　90　100(%)

| 개
(25%) | 고양이
(20%) | 닭
(25%) | 오리
(30%) |

15 가장 많은 동물은 무엇인가요?

(　　　　　　　　　)

16 전체 동물 수가 60마리라면 개는 모두 몇 마리인가요?

(　　　　　　　　　)

17 학생들이 태어난 계절을 조사하여 나타낸 원그래프입니다. 여름에 태어난 학생이 12명이라면 조사한 학생은 모두 몇 명인지 풀이 과정을 쓰고 답을 구해 보세요.

계절별 학생 수

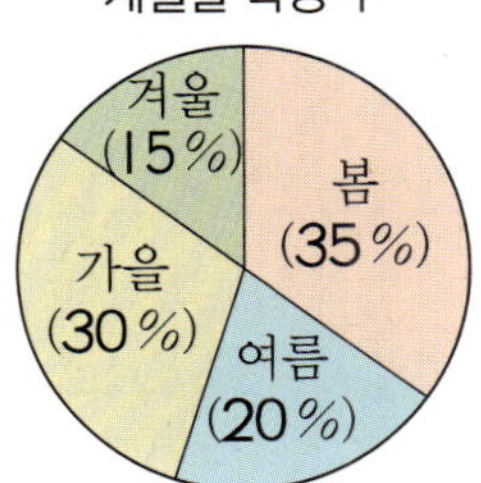

풀이

____

____

____

답

____

18 직육면체의 부피는 몇 cm³인가요?

 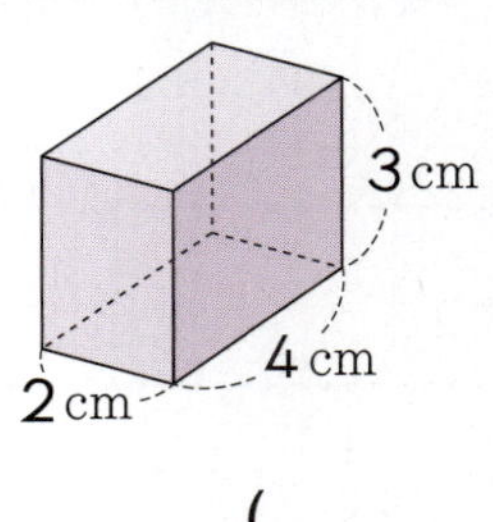

(　　　　　　　　　)

19 부피가 0.064 m³인 정육면체의 한 모서리의 길이는 몇 cm인지 풀이 과정을 쓰고 답을 구해 보세요.

풀이

____

____

____

답

____

100점
예상
문제

20 겉넓이가 166 cm²이고 옆면의 넓이가 104 cm²인 직육면체가 있습니다. 이 직육면체의 한 밑면의 넓이는 몇 cm²인가요?

(　　　　　　　　　)

MEMO

복습 BOOK

초등 수학 실력 향상 유형서

실력편

6·1

복습
BOOK

1 그림을 보고 □ 안에 알맞은 수를 써넣으세요.

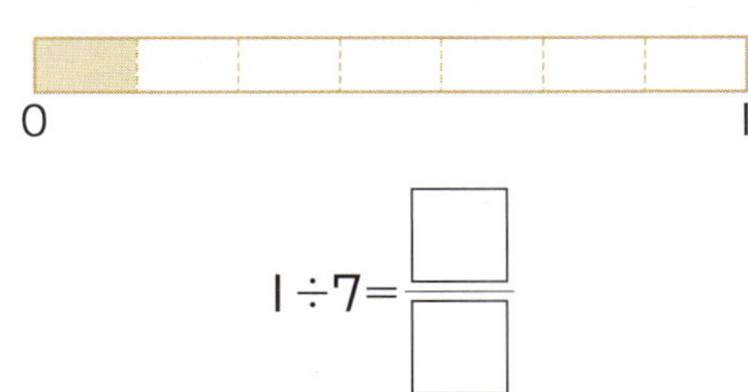

$$1 \div 7 = \boxed{}$$

2 □ 안에 알맞은 수를 써넣으세요.

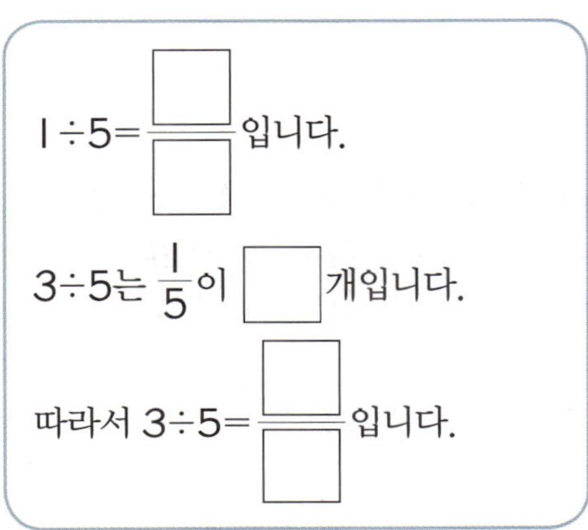

$1 \div 5 = \dfrac{\boxed{}}{\boxed{}}$ 입니다.

$3 \div 5$ 는 $\dfrac{1}{5}$ 이 $\boxed{}$ 개입니다.

따라서 $3 \div 5 = \dfrac{\boxed{}}{\boxed{}}$ 입니다.

3 빈 곳에 알맞은 수를 써넣으세요.

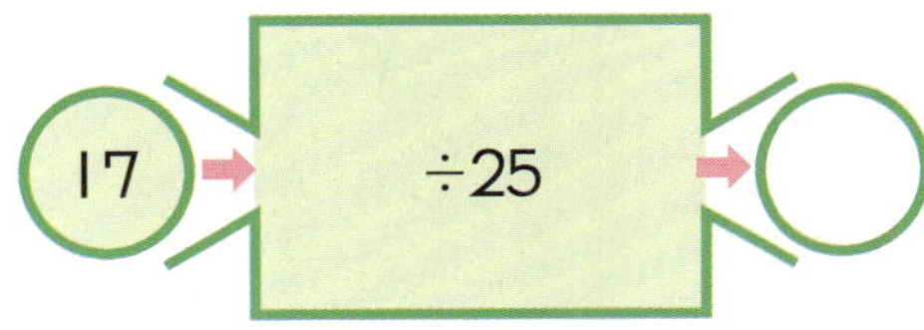

4 빈 곳에 알맞은 수를 써넣으세요.

÷		
5	8	
17	11	

5 이어달리기 종목에서 5명의 선수가 그림의 트랙 2바퀴를 달리려고 합니다. 모두 같은 거리만큼 달린다면 한 명의 선수는 몇 바퀴를 달리게 되는지 분수로 구해 보세요.

(   )

6 □ 안에 알맞은 수를 써넣으세요.

(1) $\dfrac{28}{31} \div 7 = \dfrac{\boxed{} \div 7}{31} = \dfrac{\boxed{}}{31}$

(2) $\dfrac{5}{8} \div 2 = \dfrac{\boxed{}}{16} \div 2 = \dfrac{\boxed{} \div 2}{16} = \dfrac{\boxed{}}{16}$

7 계산 결과를 비교하여 ○ 안에 >, <를 알맞게 써넣으세요.

$$\dfrac{4}{7} \div 8 \quad \bigcirc \quad \dfrac{8}{11} \div 2$$

8 저지방 우유란 원유에서 유지방 함량이 낮은 우유를 말합니다. 원유에서 지방을 제거하니 $\dfrac{8}{9}$ L의 저지방 우유가 남았습니다. 이 저지방 우유를 3개의 병에 똑같이 나누어 담으려고 할 때, 한 병에 들어가는 저지방 우유의 양은 몇 L인지 풀이 과정을 쓰고 답을 구해 보세요.

(   )

9 그림을 보고 □ 안에 알맞은 수를 써넣으세요.

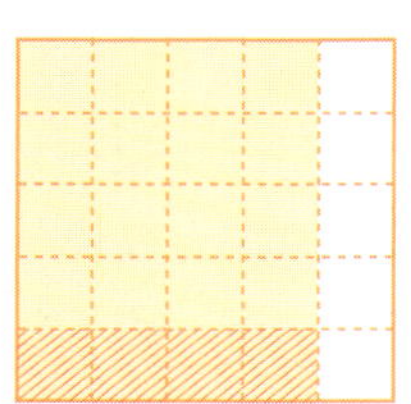

$$\dfrac{4}{5} \div 5 = \dfrac{4}{5} \times \dfrac{\square}{\square} = \dfrac{\square}{\square}$$

10 나눗셈의 몫이 다른 하나를 찾아 기호를 써 보세요.

$$\bigcirc\ \dfrac{5}{8} \div 5 \qquad \bigcirc\ \dfrac{1}{4} \div 2 \qquad \bigcirc\ \dfrac{1}{8} \div 2$$

(   )

11 다음 중에서 몫이 진분수인 것을 찾아 기호를 써 보세요.

$$\bigcirc\ \dfrac{23}{5} \div 4 \qquad \bigcirc\ \dfrac{15}{7} \div 9 \qquad \bigcirc\ \dfrac{16}{3} \div 5$$

(   )

12 다음은 자동차의 연료 계량기입니다. 각 연료통에 들어 있는 연료의 양을 분수로 나타내면 다음과 같습니다. (나) 연료 계량기의 연료 양으로 일주일을 지내야 한다면 하루에 쓸 수 있는 양은 얼마가 될까요? (단, 하루에 쓰는 양은 일정합니다.)

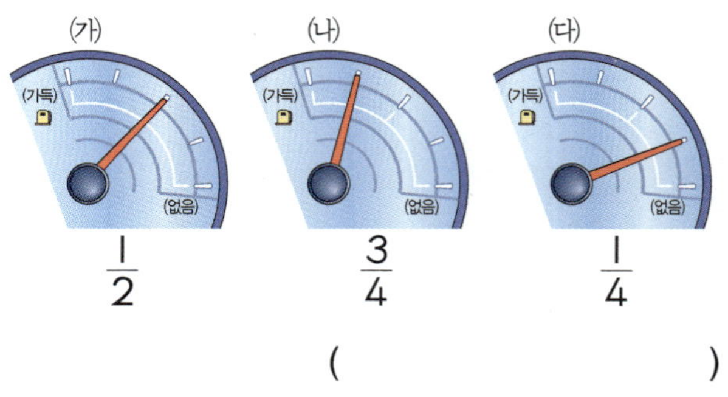

$$\dfrac{1}{2} \qquad\qquad \dfrac{3}{4} \qquad\qquad \dfrac{1}{4}$$

(   )

13 계산해 보세요.

(1) $2\dfrac{2}{3} \div 10$ (2) $10\dfrac{4}{5} \div 9$

(3) $6\dfrac{7}{8} \div 15$ (4) $3\dfrac{2}{7} \div 4$

14 빈 곳에 알맞은 수를 써넣으세요.

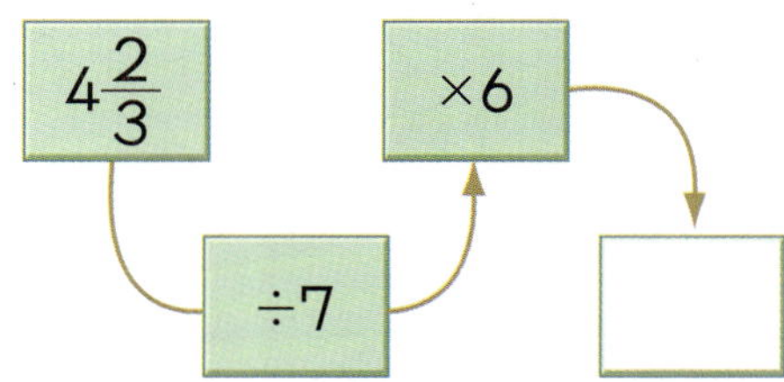

15 다음은 $\dfrac{1}{9}$이 몇 개인 수인가요?

$$2\dfrac{2}{9} \div 4$$

( )

16 □ 안에 알맞은 수를 구해 보세요.

$$\square \times 4 = \dfrac{11}{3}$$

( )

17 주스 $1\dfrac{2}{5}$ L를 6명이 똑같이 나누어 마시려고 합니다. 한 명이 몇 L씩 마시면 되나요?

( )

18 백설공주가 일곱 난쟁이들에게 선물을 준비하려고 합니다. 침대에 꼭 어울리는 이불을 선물하기 위해 넓이가 $7\dfrac{7}{8}$ m²인 직사각형 모양의 천을 구입했습니다. 일곱 난쟁이들에게 똑같이 나누어 주려면 몇 m²씩 잘라야 하나요?

( )

19 시현이는 길이가 $5\dfrac{1}{3}$ m인 색 테이프를 똑같이 5도막으로 잘랐습니다. 이 중에서 2도막을 사용하였다면 남은 색 테이프의 길이는 몇 m인지 풀이 과정을 쓰고 답을 구해 보세요.

____

____

____

____

( )

20 다음은 나윤이 몸무게의 변화입니다. 일주일 동안 매일 같은 무게만큼 줄어들었다면 하루에 몇 kg씩 줄어들었나요?

$33\dfrac{3}{5}$ kg　일주일 후　$32\dfrac{1}{5}$ kg

( )

[1~2] 그림을 보고 물음에 답해 보세요.

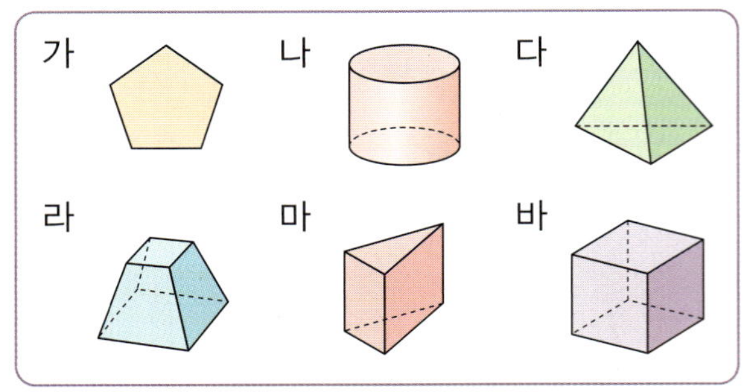

가 나 다 라 마 바

1 입체도형을 모두 찾아 기호를 써 보세요.

( )

2 각기둥을 모두 찾아 기호를 써 보세요.

( )

3 각기둥의 밑면에 색칠해 보세요.

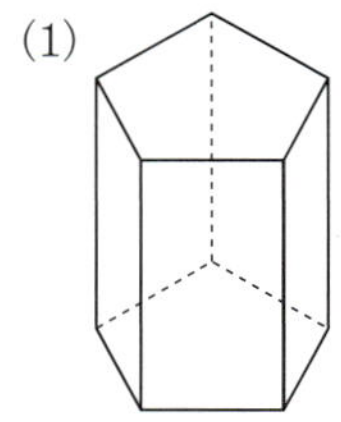

(1) (2)

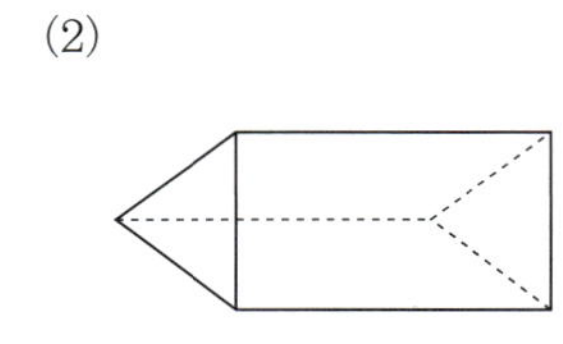

4 □ 안에 알맞은 말을 써넣으세요.

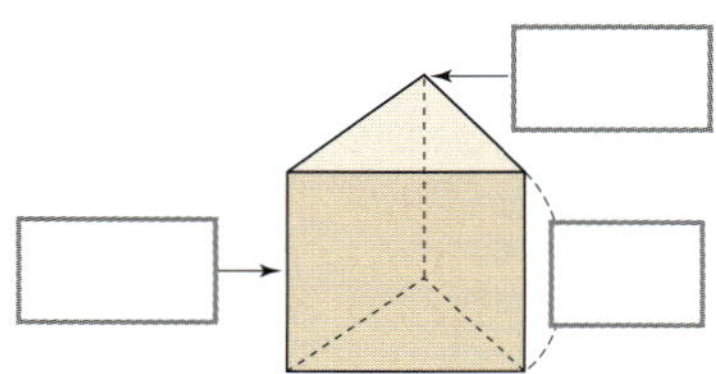

5 사각기둥을 보고 빈칸에 알맞은 수를 써넣으세요.

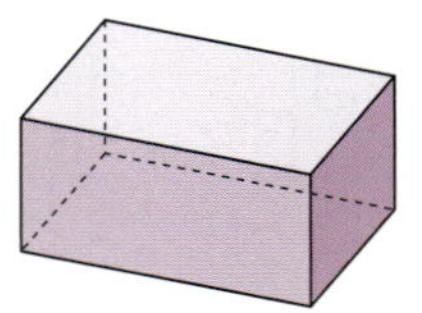

도형	꼭짓점의 수	면의 수	모서리의 수
사각기둥			

6 두 밑면이 서로 평행하고 합동인 다각형이고, 옆면이 직사각형 5개로 이루어진 입체도형이 있습니다. 이 입체도형의 모서리의 수와 꼭짓점의 수의 합을 구해 보세요.

( )

서술형

7 어떤 각기둥의 꼭짓점의 수와 모서리의 수를 더했더니 35였습니다. 이 각기둥의 면은 몇 개인지 풀이 과정을 쓰고 답을 구해 보세요.

____

____

____

____

( )

[8~9] 삼각기둥의 전개도를 보고 물음에 답해 보세요.

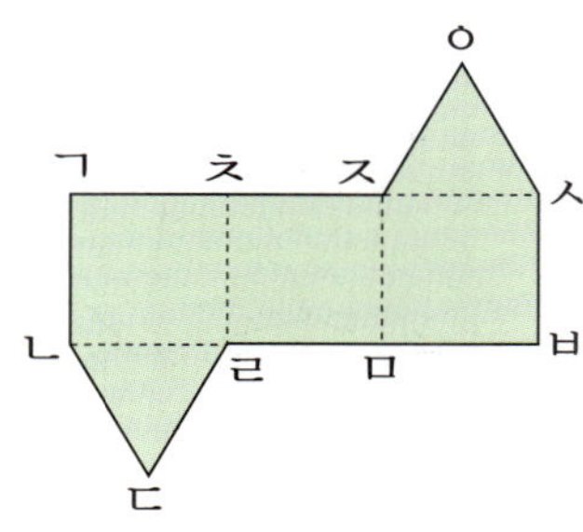

8 전개도를 접었을 때 서로 평행한 두 면을 찾아 써 보세요.

(,   )

9 전개도를 접었을 때 선분 ㅈㅇ과 맞닿는 선분은 어느 것인가요?

(   )

10 각기둥의 전개도에서 선분 ㄱㄷ과 선분 ㄴㄹ의 길이의 차는 몇 cm인지 풀이 과정을 쓰고 답을 구해 보세요.

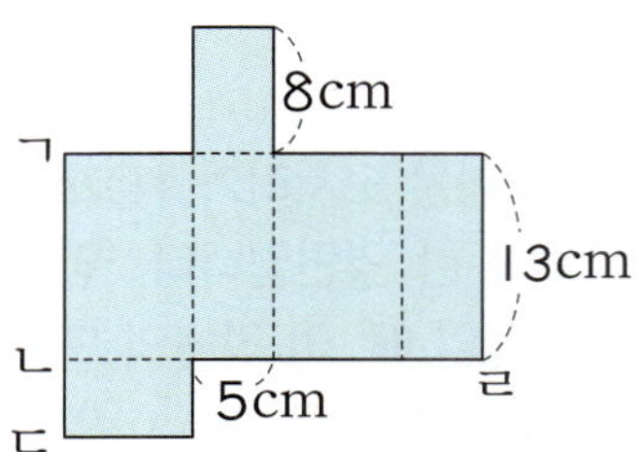

____

____

____

(   )

11 왼쪽 입체도형을 보고 전개도를 그린 것입니다. □ 안에 알맞은 수를 써넣으세요.

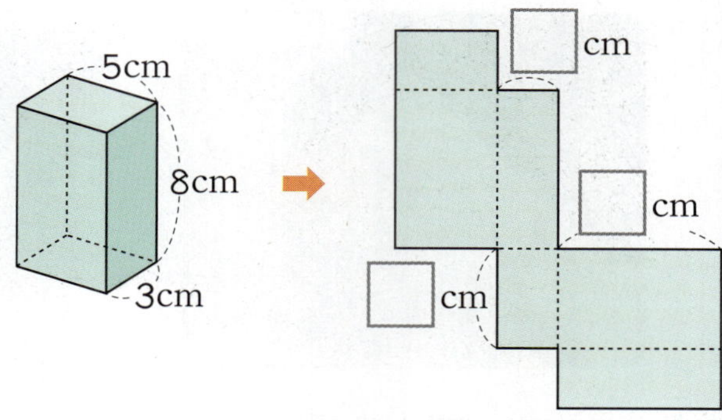

12 삼각기둥에서 주어진 빨간색 선을 따라 모서리를 잘라 펼쳤을 때, 생기는 전개도를 완성해 보세요.

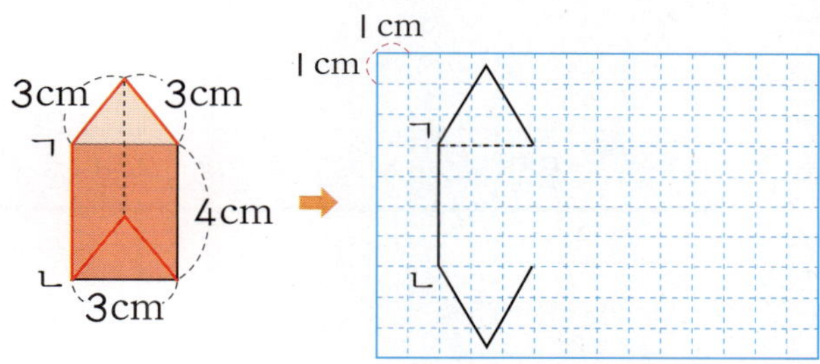

13 각뿔을 보고 물음에 답해 보세요.

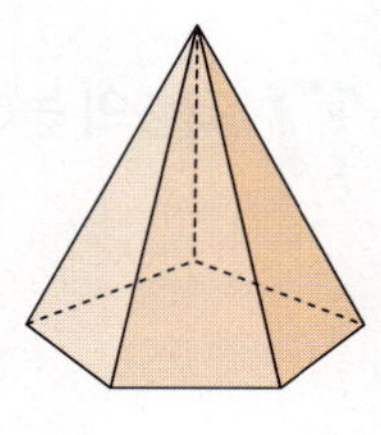

(1) 밑면과 옆면의 모양을 각각 써 보세요.

밑면 (   )

옆면 (   )

(2) 각뿔의 이름을 써 보세요.

(   )

(3) 꼭짓점은 몇 개인가요?

(   )

[14~15] 사진은 이집트의 건축물인 피라미드 모형입니다. 물음에 답해 보세요.

14 피라미드는 어떤 입체도형인가요?

( )

15 피라미드의 밑면과 옆면의 모양을 각각 그려 보세요.

밑면	옆면

16 각뿔의 면 ㄱㄴㄷ과 면 ㄱㄷㄹ이 만나서 생기는 모서리를 써 보세요.

( )

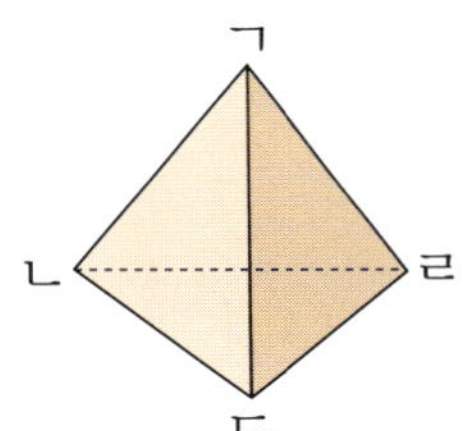

17 각뿔의 높이는 몇 cm인가요?

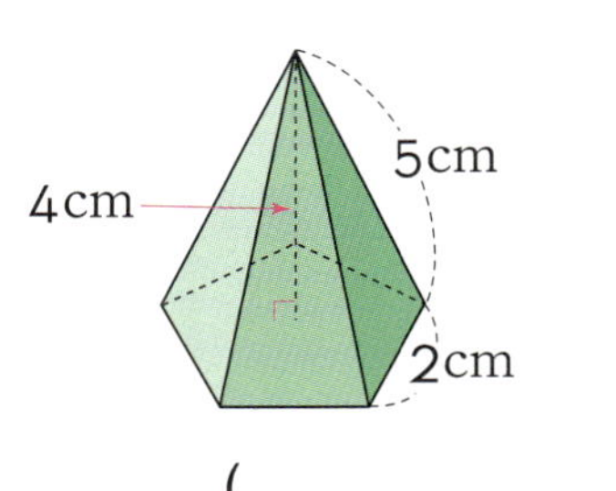

( )

18 각뿔의 밑면에 색칠하고, 옆면을 모두 찾아 써 보세요.

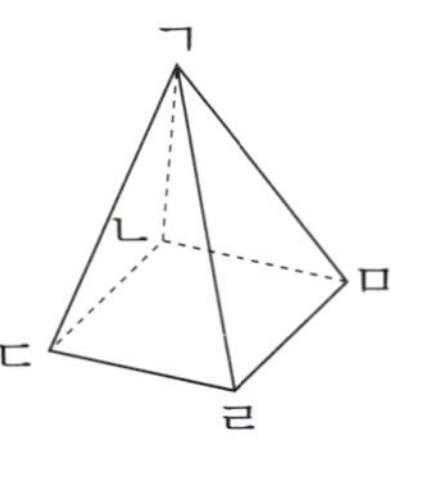

( )

19 다음 입체도형 중에서 모서리의 수가 많은 것부터 차례대로 기호를 써 보세요.

㉠ 삼각기둥	㉡ 오각뿔
㉢ 사각뿔	㉣ 사각기둥

( )

서술형

20 오른쪽 삼각형은 모서리가 10개인 어느 각뿔의 한 옆면입니다. 옆면이 모두 합동일 때, 이 각뿔의 모든 모서리의 길이의 합은 몇 cm인지 풀이 과정을 쓰고 답을 구해 보세요.

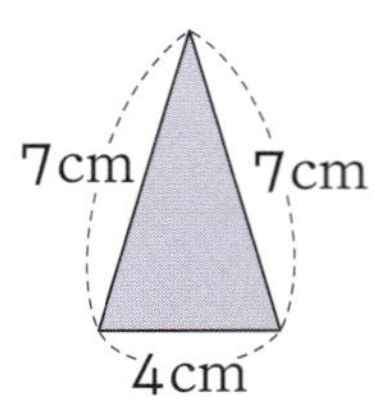

____

____

____

( )

1 □ 안에 알맞은 수를 써넣으세요.

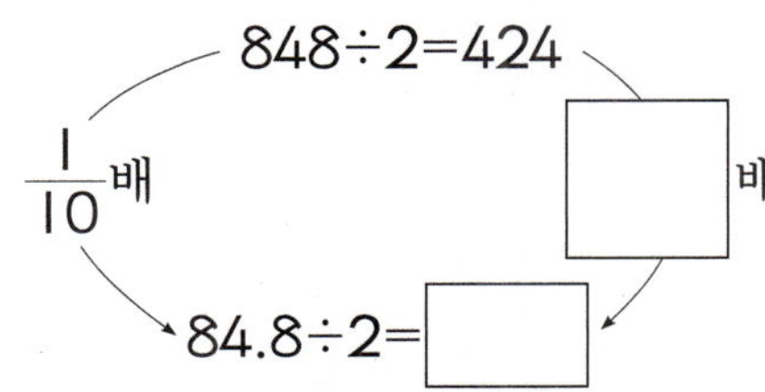

$848 \div 2 = 424$

$\frac{1}{10}$배　　배

$84.8 \div 2 = \boxed{}$

2 분수의 나눗셈으로 바꾸어 계산해 보세요.

(1) $14.7 \div 3 = \dfrac{\boxed{}}{10} \div 3 = \dfrac{\boxed{} \div 3}{10}$

$= \dfrac{\boxed{}}{10} = \boxed{}$

(2) $15.19 \div 7 = \dfrac{\boxed{}}{100} \div 7 = \dfrac{\boxed{} \div 7}{100}$

$= \dfrac{\boxed{}}{100} = \boxed{}$

3 □ 안에 알맞은 수를 써넣으세요.

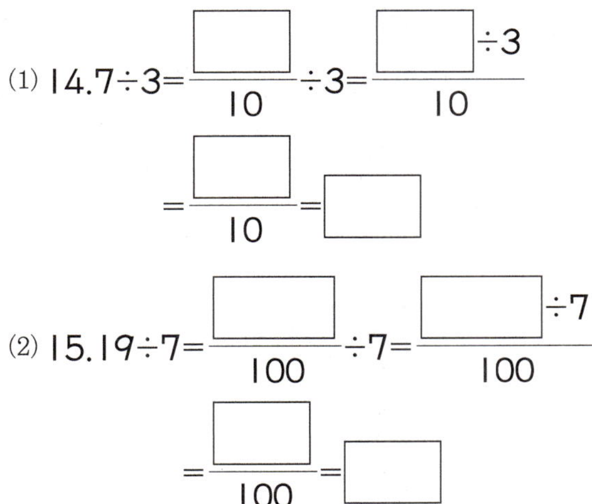

(1) $4 \overline{\smash{)}6.4}$

(2) $15 \overline{\smash{)}58.5}$

4 서영이는 철사를 가지고 미술 시간에 정육면체를 만들었습니다. 정육면체를 만드는 데 사용한 철사의 길이가 75.6 cm라면 정육면체의 한 모서리는 몇 cm인가요?

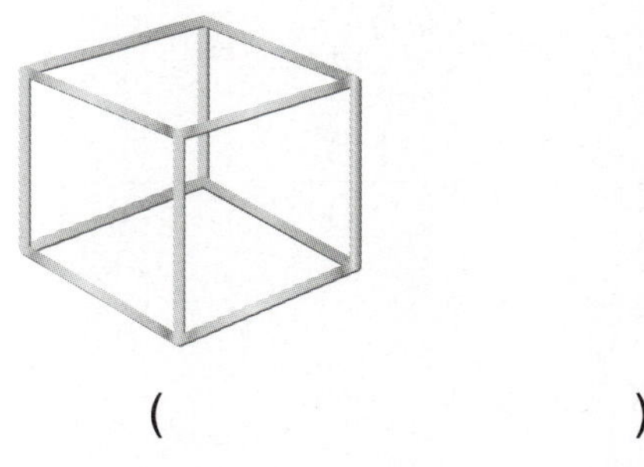

(　　　　　　　　)

5 자동차가 22.95 km를 같은 빠르기로 17분 동안 달렸습니다. 이 자동차는 1분 동안 평균 몇 km를 달린 셈인가요?

(　　　　　　　　)

6 분수의 나눗셈으로 바꾸어 계산해 보세요.

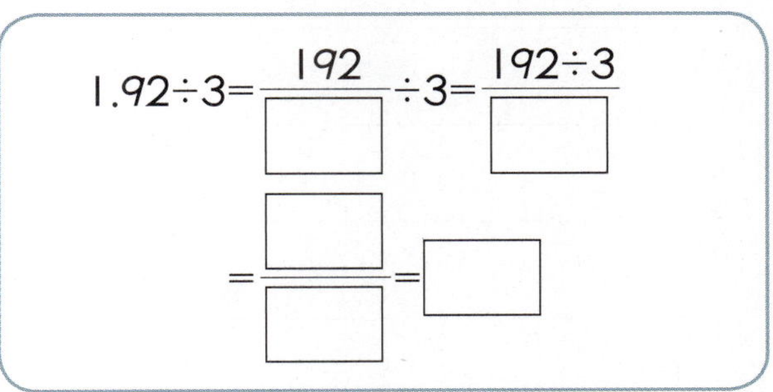

$1.92 \div 3 = \dfrac{192}{\boxed{}} \div 3 = \dfrac{192 \div 3}{\boxed{}}$

$= \dfrac{\boxed{}}{\boxed{}} = \boxed{}$

7 계산이 잘못된 곳을 찾아 바르게 계산해 보세요.

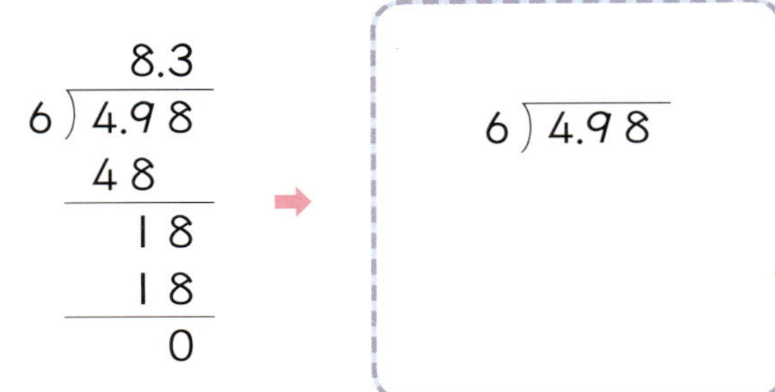

8 몫이 더 큰 것의 기호를 써 보세요.

> ㉠ $1.28 \div 4$　　㉡ $3.15 \div 9$

(　　　　　　)

9 길이가 6.24 m인 빨간색 테이프는 똑같이 8도막으로 자르고, 길이가 7.98 m인 파란색 테이프는 똑같이 14도막으로 잘랐습니다. 한 도막의 길이는 어느 색 테이프가 몇 m 더 긴지 풀이 과정을 쓰고 답을 구해 보세요.

____

____

____

(　　　　　，　　　　　)

[**10~12**] 준호는 가족과 함께 갯벌에서 바지락 8.4 kg을 캤습니다. 이 바지락을 5개의 바구니에 똑같이 나누어 담으려고 합니다. 물음에 답해 보세요.

10 $8.4 \div 5$를 분수의 나눗셈으로 고쳐서 계산해 보세요.

$$8.4 \div 5 = \frac{\boxed{}}{10} \div 5 = \frac{\boxed{}}{100} \div 5$$

$$= \frac{\boxed{}}{100} \div 5 = \frac{\boxed{}}{100} = \boxed{}$$

11 $840 \div 5$와 $8.4 \div 5$의 값을 각각 구해 보세요.

$$840 \div 5 = \boxed{} \qquad 8.4 \div 5 = \boxed{}$$

12 $840 \div 5$의 값을 이용하여 $8.4 \div 5$를 계산하는 방법을 설명해 보세요.

840의 $\boxed{}$ 배가 8.4이므로 $8.4 \div 5$의 몫은

$840 \div 5$의 몫의 $\boxed{}$ 배가 됩니다.

13 빈 곳에 알맞은 수를 써넣으세요.

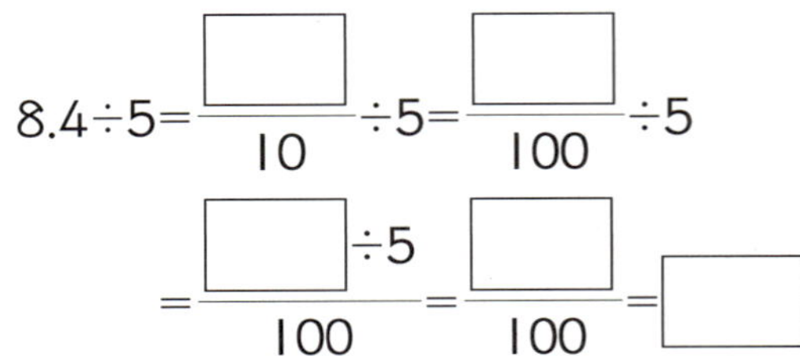

14 몫의 크기를 비교하여 ○ 안에 >, <를 알맞게 써넣으세요.

$$30.9 \div 5 \;\bigcirc\; 77.7 \div 14$$

15 계산해 보세요.

$$8\,\overline{)\,24.4}$$

16 다음 중 몫의 소수 첫째 자리 숫자가 0인 나눗셈을 찾아 기호를 써 보세요.

㉠ $12 \div 32$ ㉡ $45.6 \div 8$
㉢ $12.32 \div 4$ ㉣ $9.12 \div 6$

(   )

17 은정이는 철사 40.5 cm를 가지고 그림과 같은 별 모양을 만들었습니다. 각 변의 길이가 모두 같을 때, 한 변은 몇 cm인가요?

(   )

18 □ 안에 알맞은 수를 써넣으세요.

(1) $3 \div 25 = \dfrac{3}{25} = \dfrac{3 \times \square}{25 \times \square} = \dfrac{\square}{100}$

$= \square$

(2) $7 \div 2 = \dfrac{7}{2} = \dfrac{7 \times \square}{2 \times \square} = \dfrac{\square}{10}$

$= \square$

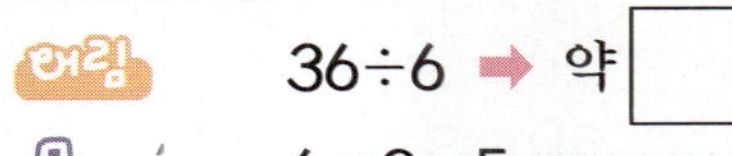

19 쌀 25 kg을 4명에게 똑같이 나누어 주려고 합니다. 한 사람에게 줄 수 있는 쌀은 몇 kg인지 풀이 과정을 쓰고 답을 구해 보세요.

____

____

____

(   )

20 몫을 어림하여 몫의 소수점 위치를 찾아 소수점을 찍어 보세요.

(1) 나눗셈식 $36.3 \div 6$

어림 $36 \div 6 \;\Rightarrow\;$ 약 $\square$

몫 $6\square0\square5$

(2) 나눗셈식 $39.8 \div 5$

어림 $40 \div 5 \;\Rightarrow\;$ 약 $\square$

몫 $7\square9\square6$

1 연필 수와 지우개 수를 비교하여 □ 안에 알맞은 수를 써넣고 알맞은 말에 ○표 하세요.

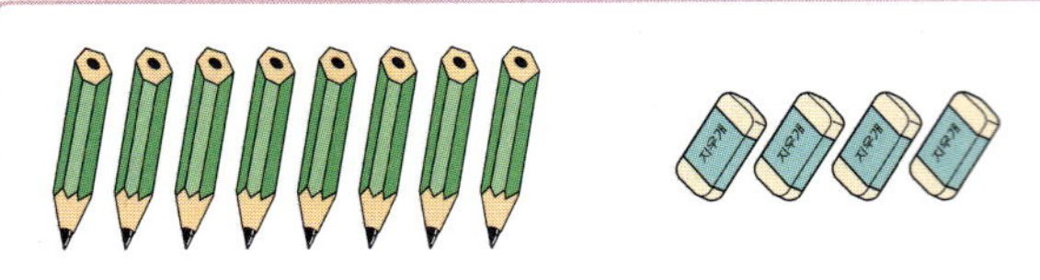

(1) 연필이 지우개보다 □개 더 (많습니다 , 적습니다).

(2) 연필 수는 지우개 수의 □배입니다.

2 그림을 보고 □ 안에 알맞은 수를 써넣으세요.

(1) 바나나 수에 대한 원숭이 수의 비 ➡ □ : □

(2) 원숭이 수에 대한 바나나 수의 비 ➡ □ : □

3 □ 안에 알맞은 수를 써넣으세요.

(1) 35의 12에 대한 비 ➡ □ : □

(2) 15에 대한 21의 비 ➡ □ : □

4 공원에 두발자전거가 7대, 세발자전거가 10대 있습니다. 세발자전거 수에 대한 두발자전거 수의 비를 구해 보세요.

(   )

5 그림을 보고 □ 안에 알맞은 수를 써넣으세요.

(1) ⭐에 대한 🤍의 비는 □ : □ 입니다.

(2) 🤍의 ⭐에 대한 비율은 $\dfrac{□}{□}$ 입니다.

6 비를 보고 □ 안에 알맞은 수를 써넣으세요.

3 : 4

(1) 기준량은 □입니다.

(2) 비교하는 양은 □입니다.

(3) 비율을 분수로 나타내면 $\dfrac{□}{□}$ 입니다.

(4) 비율을 소수로 나타내면 □입니다.

7 현주는 수학 문제 20개 중에서 17개를 맞혔습니다. 전체 문제 수에 대한 맞힌 문제 수의 비율을 분수와 소수로 나타내어 보세요.

분수 (   )

소수 (   )

·서술형·

8 와이드형 텔레비전 화면의 가로에 대한 세로의 비율은 $\dfrac{9}{16}$라고 합니다. 이 화면의 세로가 72 cm이면 가로는 몇 cm인지 풀이 과정을 쓰고 답을 구해 보세요.

____

____

____

(   )

[9~10] 찬호는 과학 시험을 봤습니다. 25문제 중에서 21문제를 맞혔습니다. 물음에 답해 보세요.

9 찬우의 과학 시험 정답률은 얼마인지 소수로 나타내어 보세요.

(   )

10 찬우의 과학 시험 점수를 100점 만점으로 계산하면 몇 점인가요? (단, 모든 문제의 점수는 같습니다.)

(   )

11 비율을 백분율로 <u>잘못</u> 나타낸 것은 어느 것인가요?

(   )

① $\dfrac{3}{5}$ ➡ 60 %   ② $\dfrac{13}{20}$ ➡ 65 %

③ 1.08 ➡ 108 %   ④ 0.42 ➡ 42 %

⑤ 0.203 ➡ 23 %

12 비율을 보고 물음에 답해 보세요.

140 %	$\dfrac{9}{10}$	$1\dfrac{1}{5}$
1.01	99 %	0.7

(1) 비교하는 양이 기준량보다 큰 비율을 모두 찾아 써 보세요.

(   )

(2) 기준량이 비교하는 양보다 큰 비율을 모두 찾아 써 보세요.

(   )

13 비율만큼 색칠해 보세요.

37.5 %

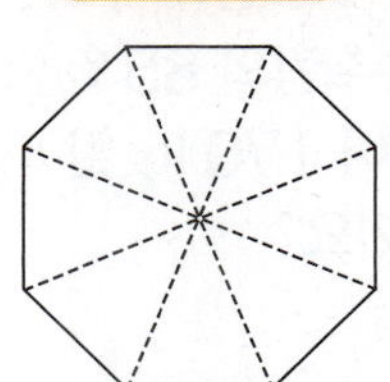

14 비율이 가장 큰 것은 어느 것인가요? (   )

① 12 : 16
② $\dfrac{5}{4}$
③ 85 %
④ 0.983
⑤ 18 : 15

15 마라톤 대회에 참가한 선수는 400명입니다. 그중에서 368명이 완주하였습니다. 완주한 선수 수는 참가한 선수 수의 몇 %인가요?

(   )

16 태오네 마을의 넓이는 3 km²이고 인구는 50535명입니다. 태오네 마을의 넓이에 대한 인구수의 비율은 얼마인가요?

(   )

17 정훈이네 밭에서 올해 수확한 고구마 수확량은 작년의 고구마 수확량의 85 %입니다. 올해 정훈이네 고구마 수확량이 170 kg일 때, 작년의 고구마 수확량은 몇 kg인가요?

(   )

[18~19] 백화점에서 한 대당 55000원인 선풍기를 할인하여 판매하고 있습니다. 선풍기를 구매하는 고객은 다음 할인 조건 중에서 하나를 선택할 수 있습니다. 물음에 답해 보세요.

㉠ 15 % 할인   ㉡ 7000원 할인

18 선풍기를 더 싸게 구입할 수 있는 할인 조건의 기호를 써 보세요.

(   )

19 두 할인 조건의 가격 차는 얼마인가요?

(   )

〔서술형〕

20 그림과 같은 직사각형에서 가로와 세로를 각각 35 %, 25 % 더 늘려서 만든 새로운 사각형의 넓이는 몇 cm²인지 풀이 과정을 쓰고 답을 구해 보세요.

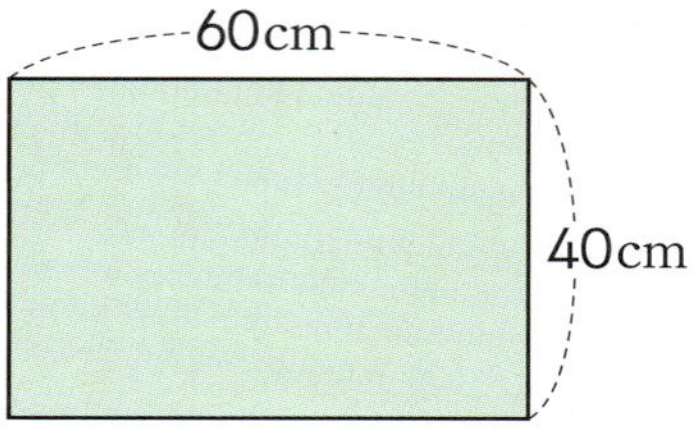

60cm

40cm

(   )

[1~2] 대륙별 스마트폰 사용 인구 수를 조사하여 나타낸 그림그래프입니다. 물음에 답해 보세요.

대륙별 스마트폰 사용 인구

대륙	스마트폰 사용 인구 수
아시아	•
북아메리카	2억 3천만 명
남아메리카	7천 만 명
유럽	2억 4천만 명
아프리카	5천만 명
오세아니아	1천만 명

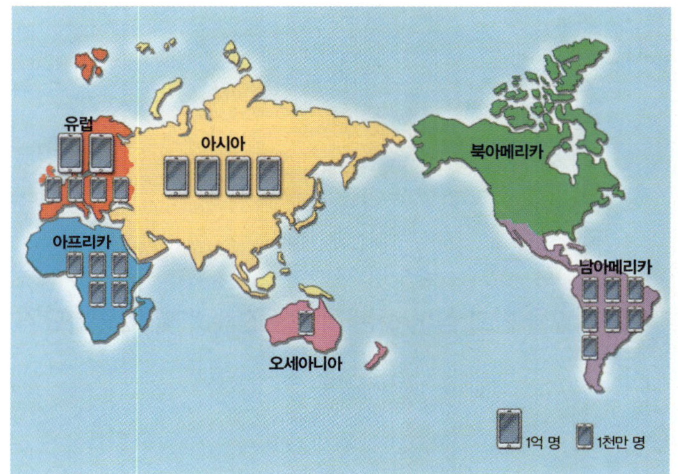

1 아시아의 스마트폰 사용 인구는 모두 몇 명인가요?

(   )

2 스마트폰 사용 인구 수를 나타내지 않은 북아메리카에 알맞은 그림을 넣어 그림그래프를 완성하려고 합니다. 지도 위에 그려 넣을 그림의 개수를 □ 안에 각각 알맞게 써넣으세요.

□ : □개, □ : □개

3 전 세계 주요국에 흩어진 우리나라의 문화재들의 수를 그림그래프로 나타낸 것입니다. 그래프를 보고 외국에 있는 문화재 수가 많은 나라부터 차례대로 3개 써 보세요.

외국에 있는 우리나라 문화재 수

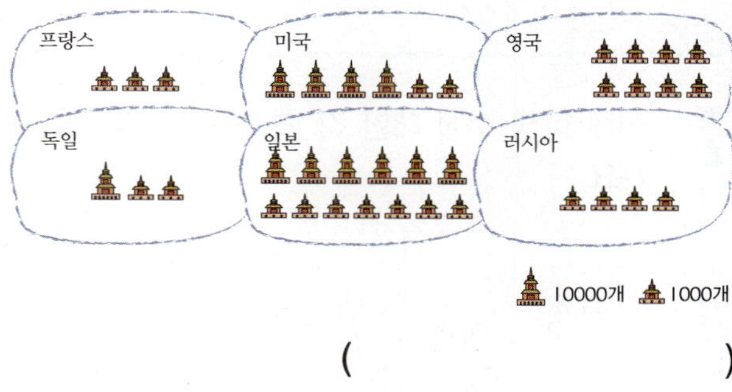

(   )

[4~6] 수지네 학교 6학년 학생들의 아버지의 직업을 조사하여 나타낸 띠그래프입니다. 물음에 답해 보세요.

아버지의 직업

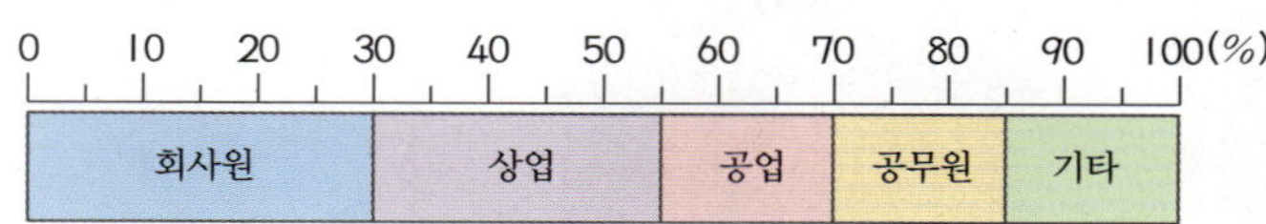

4 띠그래프의 작은 눈금 한 칸은 몇 %를 나타내나요?

(   )

5 아버지의 직업이 상업인 학생은 전체의 몇 %인가요?

(   )

6 아버지의 직업이 회사원인 학생 수는 아버지의 직업이 공무원인 학생 수의 몇 배인가요?

(   )

[7~10] 지민이네 학교 학생들의 혈액형을 조사하여 나타낸 표입니다. 물음에 답해 보세요.

학생들의 혈액형

혈액형	A형	B형	O형	AB형	합계
학생 수(명)	126	72	108	54	360

7 전체 학생 수에 대한 각 혈액형의 백분율을 구해 보세요.

(1) A형: $\dfrac{\boxed{}}{360} \times 100 = \boxed{}$ (%)

(2) B형: $\dfrac{\boxed{}}{360} \times 100 = \boxed{}$ (%)

(3) O형: $\dfrac{\boxed{}}{360} \times 100 = \boxed{}$ (%)

(4) AB형: $\dfrac{\boxed{}}{360} \times 100 = \boxed{}$ (%)

8 표를 보고 띠그래프로 나타내어 보세요.

학생들의 혈액형

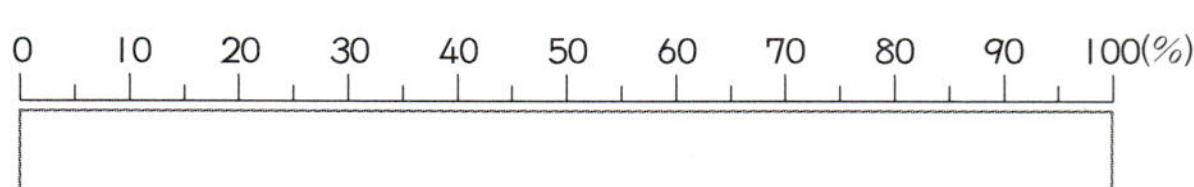

9 혈액형이 A형과 B형인 학생은 전체 학생의 몇 %인가요?

(   )

10 혈액형이 O형인 학생 수는 AB형인 학생 수의 몇 배인가요?

(   )

[11~13] 윤호네 학교 학생 200명을 대상으로 생일에 받고 싶어 하는 선물을 조사하여 나타낸 원그래프입니다. 물음에 답해 보세요.

받고 싶어 하는 선물

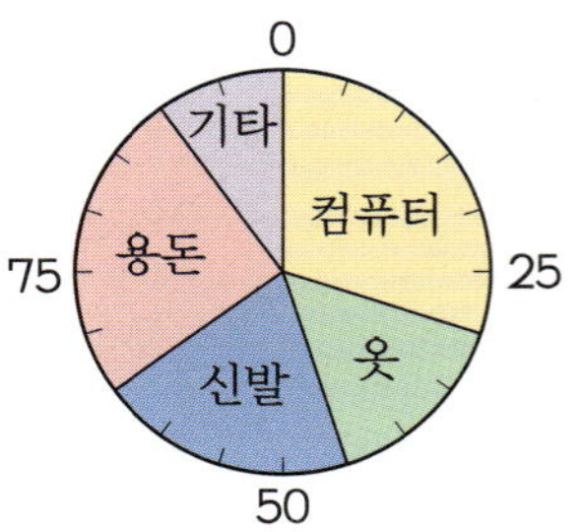

11 원그래프의 눈금 한 칸은 몇 %를 나타내나요?

(   )

12 신발을 받고 싶어 하는 학생은 전체의 몇 %인가요?

(   )

• 서술형 •

13 용돈을 받고 싶어 하는 학생은 몇 명인지 풀이 과정을 쓰고 답을 구해 보세요.

____

____

____

____

(   )

[14~15] 근혁이네 농장에서 기르는 동물의 종류를 조사하여 표로 나타낸 것입니다. 물음에 답해 보세요.

동물의 종류

동물의 종류	돼지	닭	소	오리	합계
동물의 수(마리)		20		6	40
백분율(%)	30	50		15	100

14 표를 완성해 보세요.

15 표를 보고 원그래프로 나타내어 보세요.

동물의 종류

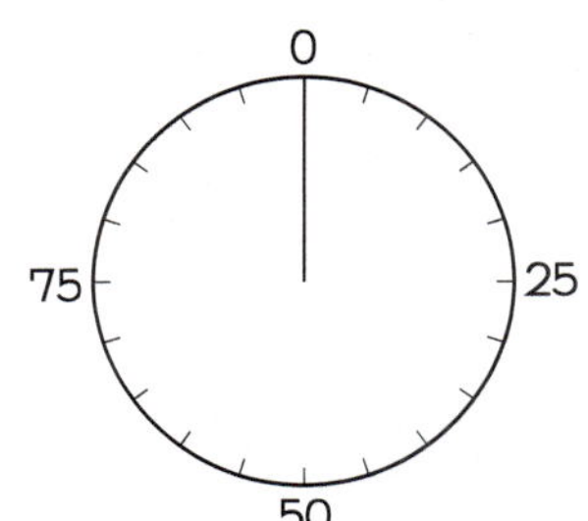

16 현아네 반 학생들이 좋아하는 계절을 나타낸 띠그래프입니다. 띠그래프의 전체 길이가 30 cm일 때, 여름이 차지하는 부분은 몇 cm인지 풀이 과정을 쓰고 답을 구해 보세요.

좋아하는 계절

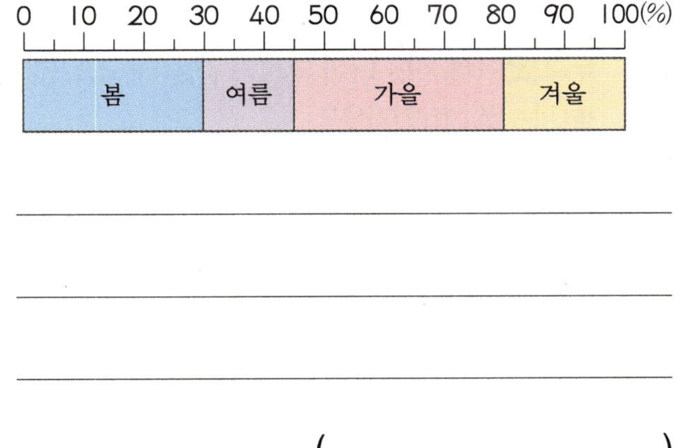

( )

[17~19] 2018년과 2022년 현재네 집의 한 달 생활비 항목을 조사하여 나타낸 띠그래프입니다. 물음에 답해 보세요.

현재네 한 달 생활비

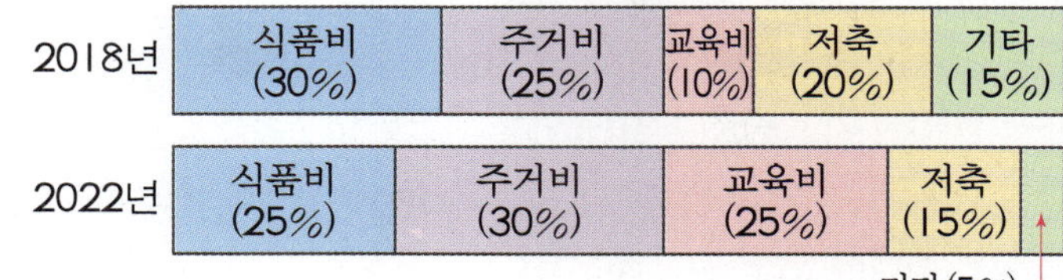

17 2018년에 비해 2022년에 비율이 늘어난 항목을 모두 찾아 써 보세요.

( )

18 2018년 식품비, 주거비, 교육비 비율의 합은 저축 비율의 몇 배인가요?

( )

19 2022년 띠그래프에서 다른 항목의 지출을 절약하여 앞으로 저축을 2배로 늘리게 된다면 저축 금액은 얼마가 될까요?
(단, 2022년 한 달 생활비는 360만 원입니다.)

( )

20 띠그래프 또는 원그래프를 이용하면 편리하게 알 수 있는 것을 찾아 기호를 써 보세요.

> ㉠ 우리 반 학생들이 좋아하는 음식
> ㉡ 우리 마을 포장도로의 길이
> ㉢ 우리 고장 각 마을의 인구
> ㉣ 이번 주간 날씨와 온도의 변화
> ㉤ 우리 반과 옆 반의 수학 시험 성적 평균

( )

1 2개의 선물 상자에 크기가 같은 쌓기나무를 담아 보았습니다. 누구의 선물 상자의 부피가 더 큰가요?

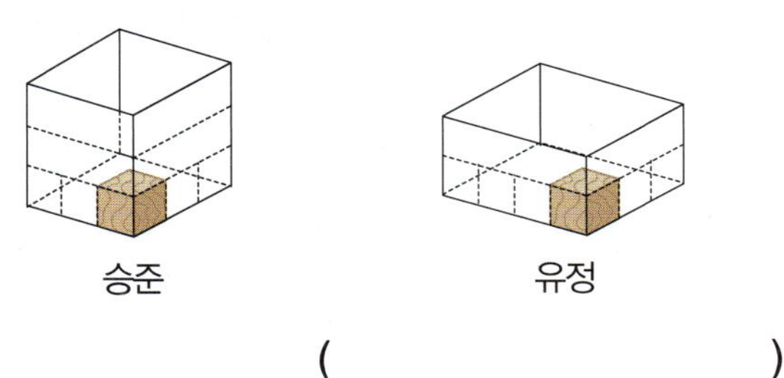

승준   유정

(   )

2 한 모서리가 1 cm인 쌓기나무를 그림과 같이 쌓았습니다. 쌓기나무의 수를 세어 직육면체의 부피를 구해 보세요.

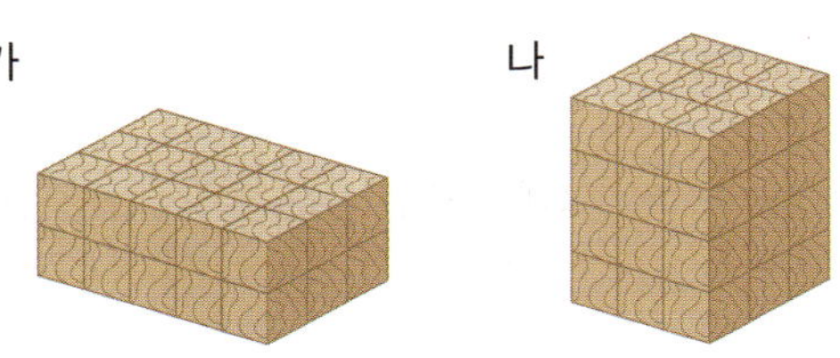

가   나

도형	가	나
쌓기나무의 수(개)		
부피(cm³)		

3 직육면체의 부피는 몇 cm³인가요?

(1)
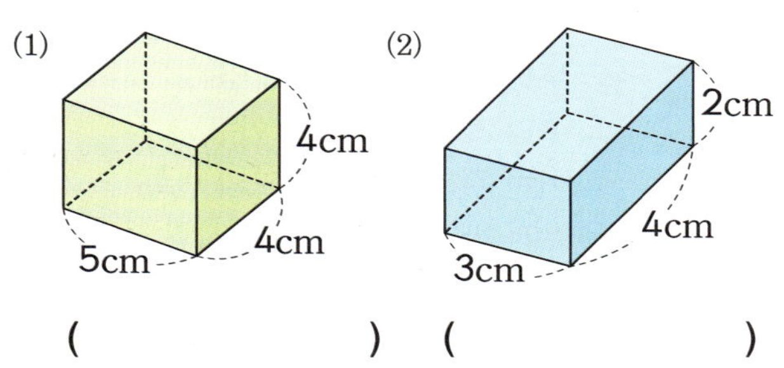
5cm   4cm   4cm

(   )

(2)
2cm   4cm   3cm

(   )

4 부피가 더 큰 것을 찾아 기호를 써 보세요.

⊙ 한 모서리가 4 cm인 정육면체
ⓒ 가로가 3 cm, 세로가 4 cm, 높이가 5 cm 인 직육면체

(   )

5 부피가 162 cm³인 직육면체 모양의 상자가 있습니다. 이 상자의 높이는 얼마인지 □ 안에 알맞은 수를 구해 보세요.

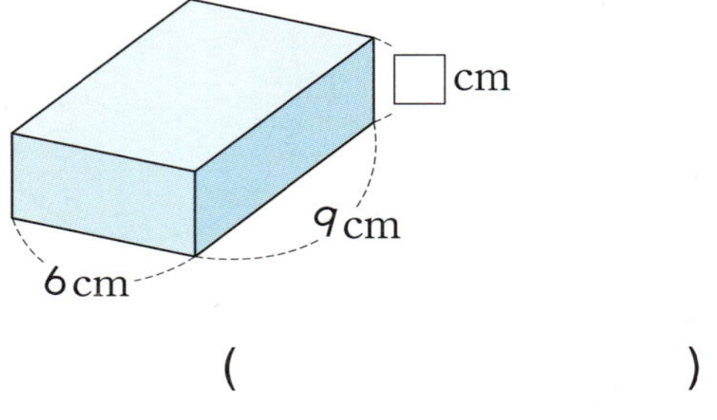
□cm   9cm   6cm

(   )

6 두 직육면체 가와 나의 부피가 같을 때, 직육면체 나의 높이는 몇 cm인가요?

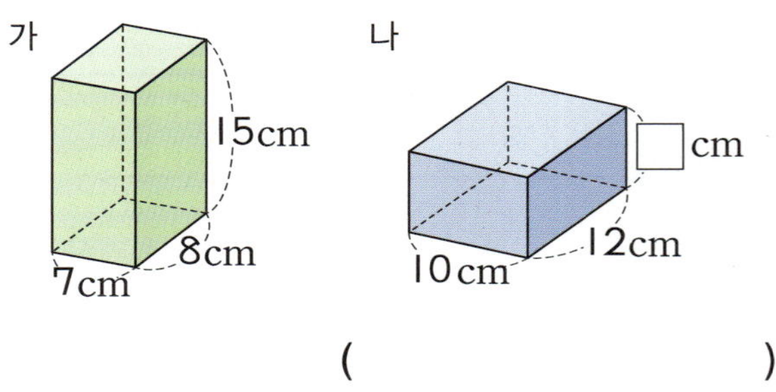
가   15cm   7cm   8cm
나   □cm   10 cm   12cm

(   )

7 유미는 정사각형 6개로 그린 전개도를 이용하여 선물 상자를 만들려고 합니다. 만들려는 선물 상자의 부피는 몇 cm^3인가요?

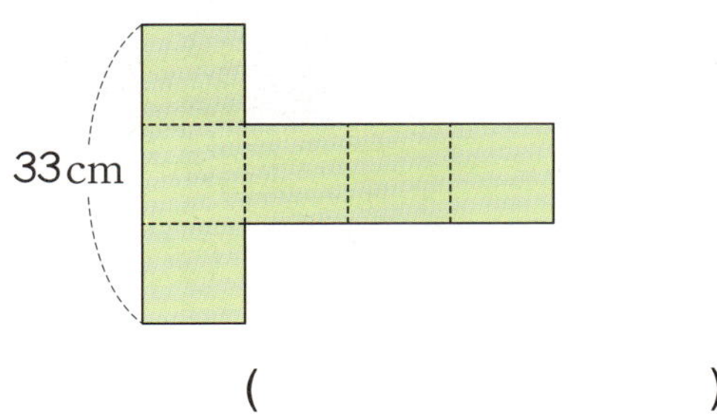

33cm

(   )

8 그림과 같은 직육면체의 각 모서리를 2배로 늘인다면 늘인 직육면체의 부피는 처음 직육면체의 부피의 몇 배가 되는지 풀이 과정을 쓰고 답을 구해 보세요.

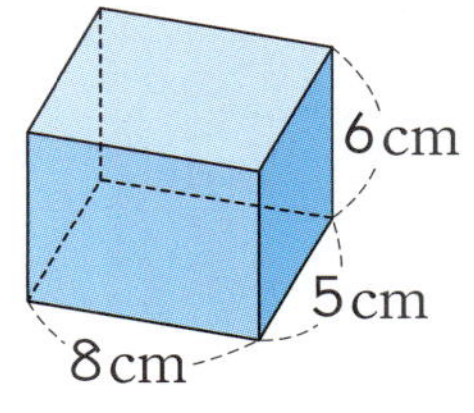

6cm
5cm
8cm

(   )

9 입체도형의 부피는 몇 cm^3인가요?

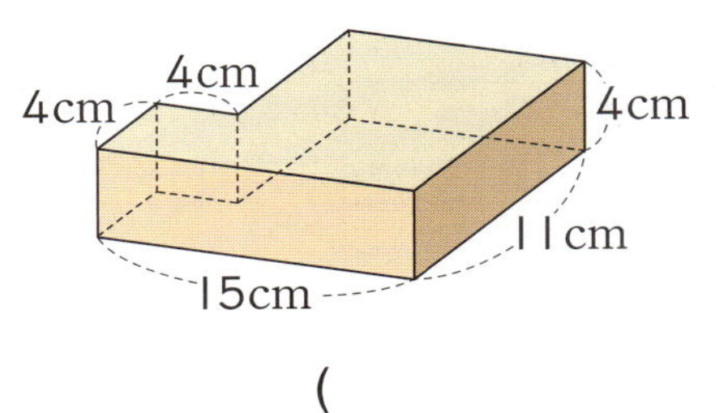

4cm
4cm
4cm
11cm
15cm

(   )

10 ☐ 안에 알맞은 수를 써넣으세요.

(1) ☐ $cm^3 = 1\ m^3$

(2) $1700000\ cm^3 =$ ☐ m^3

11 경수의 방에 있는 침대의 부피는 $1\ m^3$이고 서랍장의 부피는 $520000\ cm^3$입니다. 침대와 서랍장의 부피의 차는 몇 cm^3인가요?

(   )

12 직육면체의 부피를 구해 주어진 단위로 나타내어 보세요.

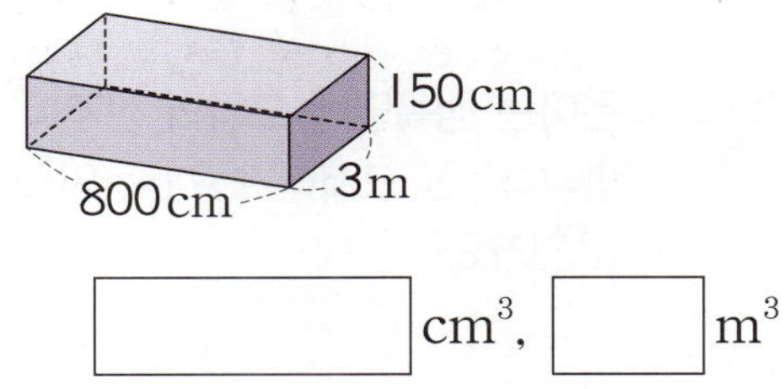

150cm
800cm
3m

☐ cm^3, ☐ m^3

13 어느 것의 부피가 몇 m^3 더 큰지 구해 보세요.

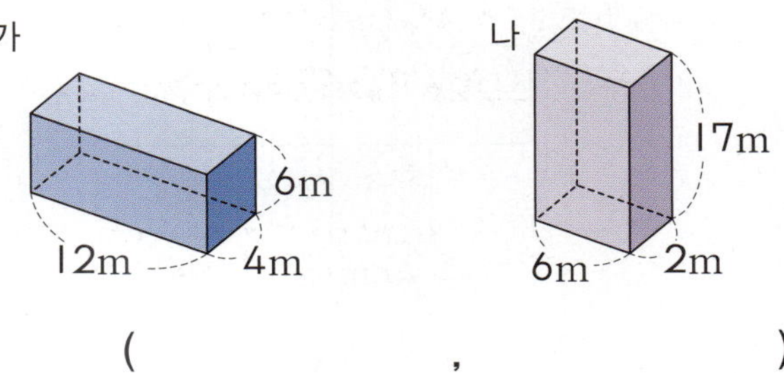

(,   )

14 직육면체의 겉넓이는 몇 cm^2인가요?

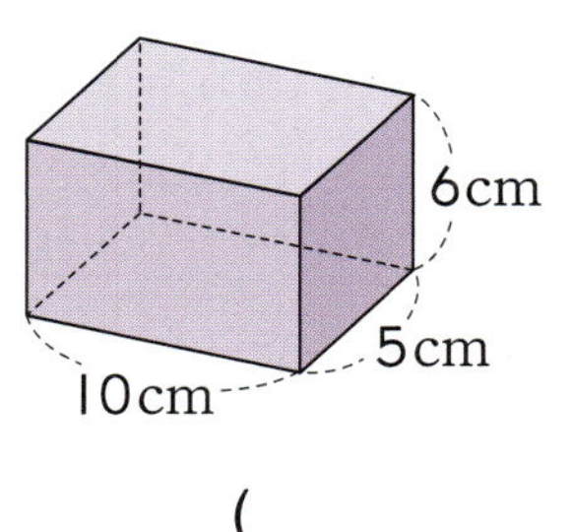

( )

15 윤성이는 인형을 직육면체 모양의 상자에 넣어 동생에게 선물하려고 합니다. 상자의 겉넓이는 몇 cm^2인가요?

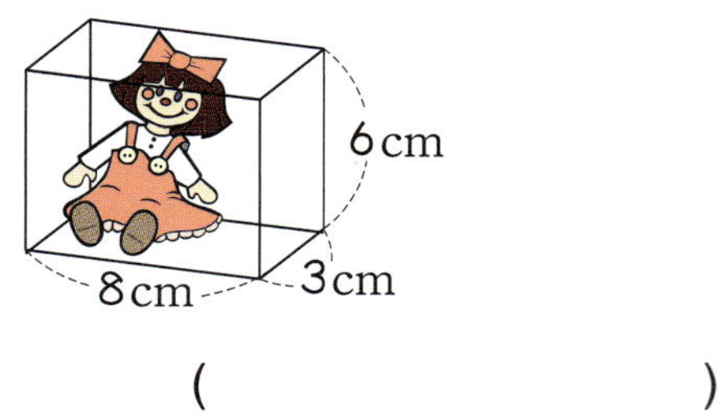

( )

16 지은이는 정육면체 모양의 상자에 들어 있는 꽃병을 샀습니다. 한 모서리가 9 cm인 상자의 겉넓이는 몇 cm^2인가요?

( )

17 다음 전개도로 만들 수 있는 입체도형의 겉넓이는 몇 cm^2인가요?

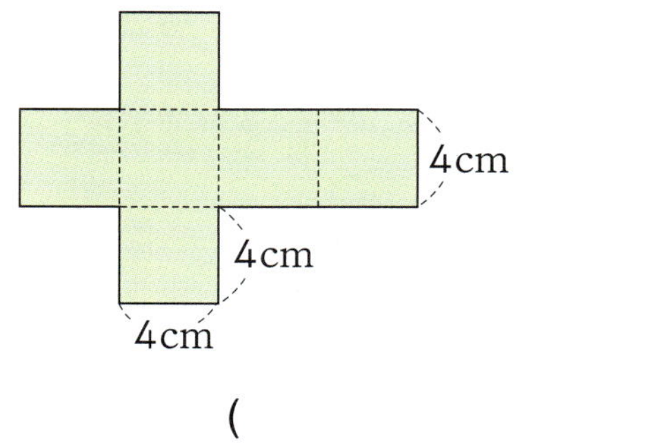

( )

18 부피가 $1260 \, cm^3$인 상자가 있습니다. 이 상자의 겉넓이는 몇 cm^2인가요?

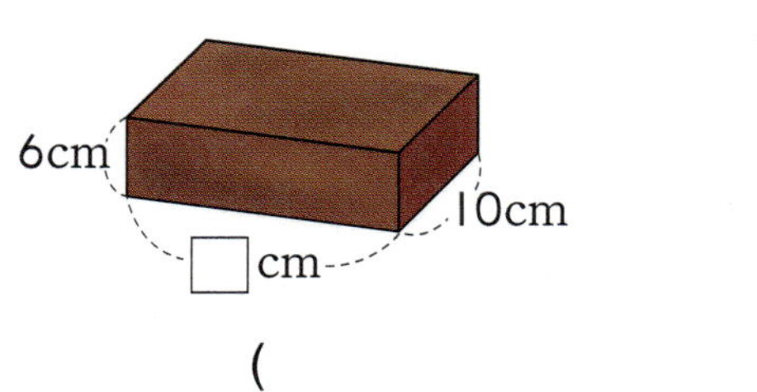

( )

19 직육면체의 겉넓이는 $292 \, cm^2$입니다. 이 직육면체의 높이는 몇 cm인가요?

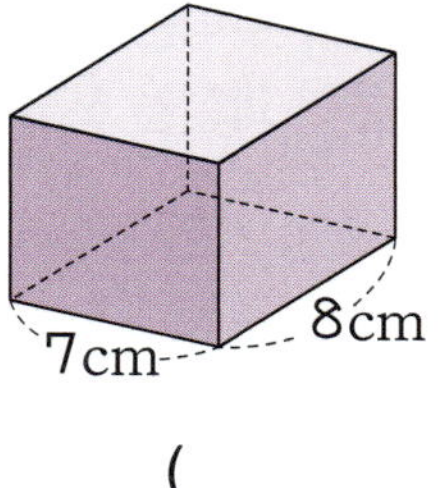

( )

20 정은이가 스파게티 소스를 만들기 위해 직육면체 모양의 버터를 그림과 같이 4등분 했을 때, 나눈 버터 4조각의 겉넓이는 모두 몇 cm^2인지 풀이 과정을 쓰고 답을 구해 보세요.

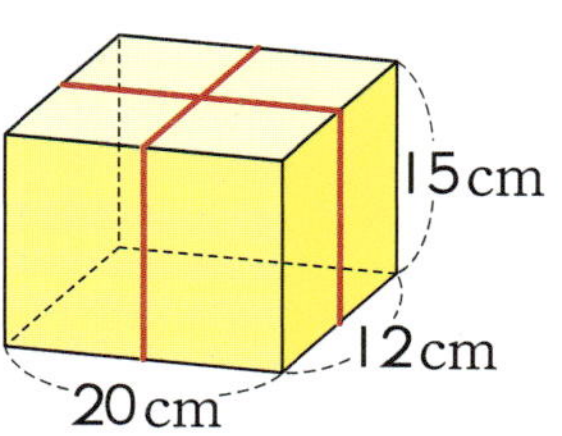

____

____

____

( )

10종 교과서 종합평가 **2**회

1. 분수의 나눗셈

1 보기와 같이 나눗셈의 몫을 분수로 나타내어 보세요.

$$5 \div 7 = \frac{5}{7}$$

(1) $6 \div 11$　　　　(2) $8 \div 15$

2 □ 안에 알맞은 수를 써넣으세요.

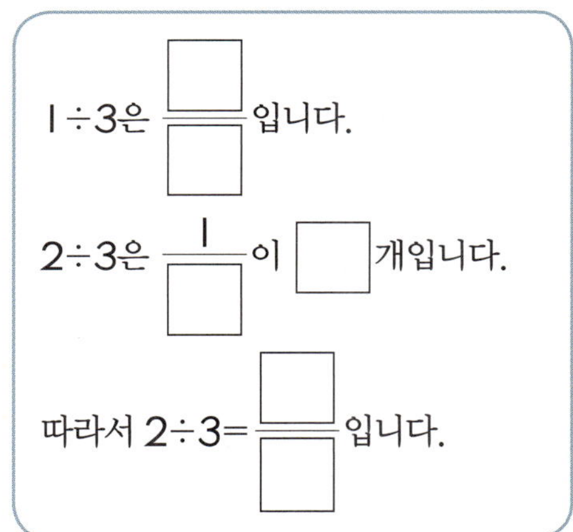

$1 \div 3$은 $\dfrac{\square}{\square}$ 입니다.

$2 \div 3$은 $\dfrac{1}{\square}$ 이 $\square$ 개입니다.

따라서 $2 \div 3 = \dfrac{\square}{\square}$ 입니다.

3 나눗셈의 몫이 1보다 큰 것은 어느 것인가요?

(　　　)

① $3 \div 2$　　　　② $5 \div 8$
③ $19 \div 19$　　　④ $16 \div 21$
⑤ $6 \div 7$

4 지은이 아버지의 몸무게는 지은이 동생 몸무게의 4배라고 합니다. 아버지의 몸무게가 $82\ \mathrm{kg}$이라면 지은이 동생의 몸무게는 몇 kg인지 분수로 나타내어 보세요.

(　　　　　　　　　　　)

5 □ 안에 알맞은 수를 써넣으세요.

(1) $\dfrac{6}{11} \div 3 = \dfrac{\square \div 3}{11} = \dfrac{\square}{11}$

(2) $\dfrac{14}{19} \div 7 = \dfrac{\square \div 7}{19} = \dfrac{\square}{19}$

6 계산해 보세요.

(1) $\dfrac{7}{15} \div 2$

(2) $\dfrac{2}{3} \div 3$

7 그림을 보고 □ 안에 알맞은 수를 써넣으세요.

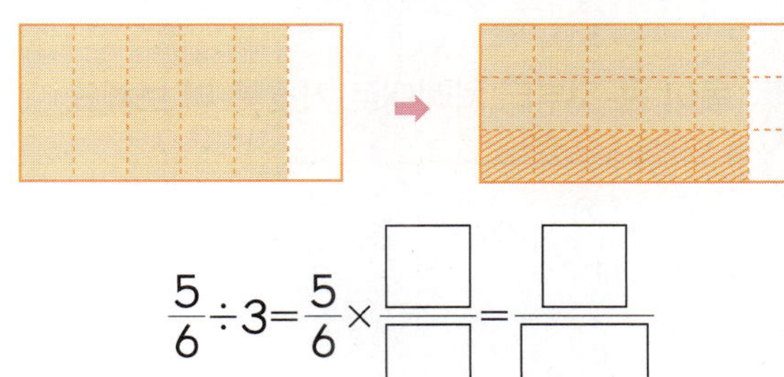

$$\frac{5}{6} \div 3 = \frac{5}{6} \times \frac{\square}{\square} = \frac{\square}{\square}$$

8 몫의 크기를 비교하여 ○ 안에 >, <를 알맞게 써넣으세요.

$$\frac{6}{13} \div 18 \bigcirc \frac{3}{7} \div 3$$

9 빈 곳에 알맞은 수를 써넣으세요.

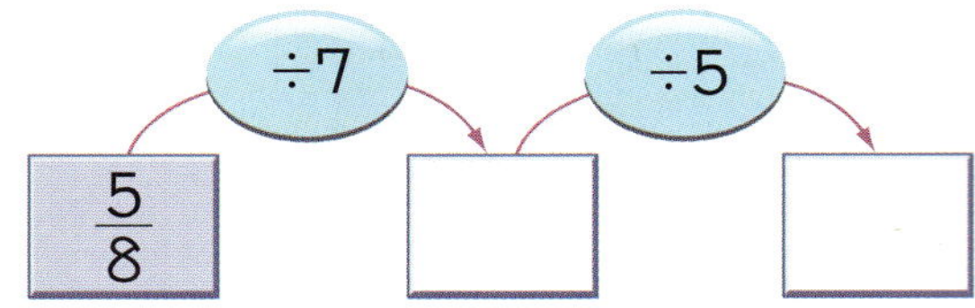

10 ㉠과 ㉡의 합을 구해 보세요.

$$㉠ \ \frac{8}{3} \div 2 \qquad ㉡ \ \frac{12}{5} \div 3$$

( )

11 몫이 큰 것부터 차례대로 기호를 써 보세요.

$$㉠ \ \frac{8}{13} \div 24 \qquad ㉡ \ \frac{2}{9} \div 6 \qquad ㉢ \ \frac{5}{12} \div 10$$

( )

12 둘레가 $\frac{23}{24}$ m인 정삼각형이 있습니다. 이 정삼각형의 한 변의 길이는 몇 m인가요?

( )

· 서술형 ·

13 어떤 수를 4로 나누어야 할 것을 잘못하여 4를 곱하였더니 $\frac{3}{5}$이 되었습니다. 바르게 계산했을 때의 몫은 얼마인지 풀이 과정을 쓰고 답을 구해 보세요.

____

____

____

____

( )

14 관계있는 것끼리 선으로 이어 보세요.

| $5\frac{1}{4} \div 7$ | · | · | $\frac{2}{7}$ |
| $4\frac{2}{7} \div 15$ | · | · | $\frac{3}{4}$ |

15 □ 안에 들어갈 숫자들의 합은 얼마인가요?

$$5\dfrac{5}{6} \div 7 = \dfrac{\square}{\square}$$

(   )

16 몫이 큰 것부터 차례대로 ○ 안에 번호를 써넣으세요.

17 직사각형의 넓이는 $18\dfrac{2}{7}$ cm²입니다. 이 직사각형의 세로는 몇 cm인가요?

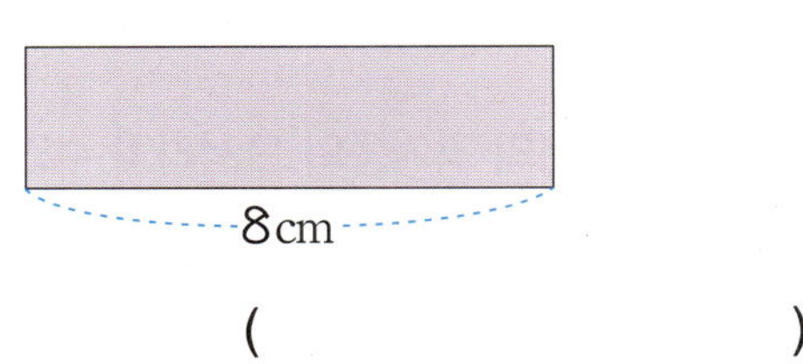

(   )

18 '이상한 나라의 앨리스' 작가인 루이스 캐럴은 유명한 수학자입니다. 그래서인지 그의 이야기 속에는 다양한 수학적 사고가 숨어 있습니다. 다음은 주스가 $8\dfrac{1}{3}$ mL 들어 있는 병에 달린 꼬리표입니다. 앨리스가 마셔야 할 주스의 양은 몇 mL인가요?

> '나를 작은 병 5개에 똑같이 나누어 담은 다음 한 병을 마셔요.'

(   )

19 □ 안에 들어갈 수 있는 가장 큰 자연수는 얼마인지 풀이 과정을 쓰고 답을 구해 보세요.

$$12\dfrac{4}{5} \div 4 > \square$$

____

____

(   )

20 지훈이는 학교 운동장을 14분 동안 $3\dfrac{1}{2}$ 바퀴 돌 수 있다고 합니다. 같은 빠르기로 20분 동안 몇 바퀴를 돌 수 있나요?

(   )

1 다음과 같이 평면도형이 <u>아닌</u> 도형을 무엇이라고 하나요?

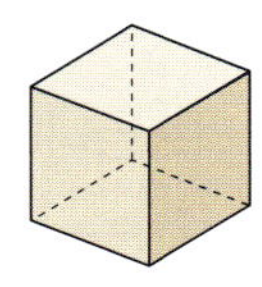 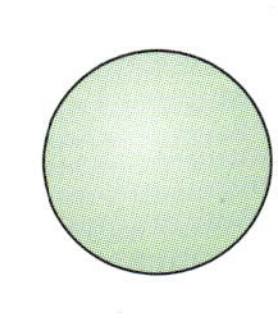 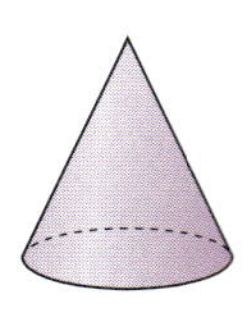

(　　　　　　　　)

2 각기둥이 <u>아닌</u> 것은 어느 것인가요? (　　　　)

① 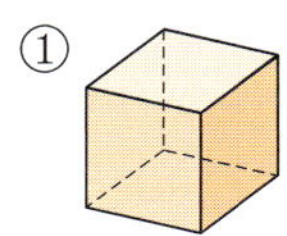　② 　③ 

④ 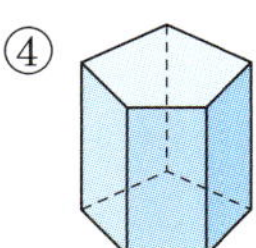　⑤ 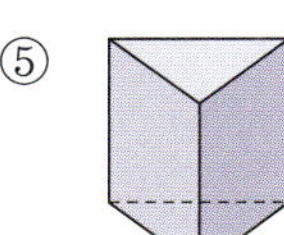

[3～4] 사각기둥을 보고 물음에 답해 보세요.

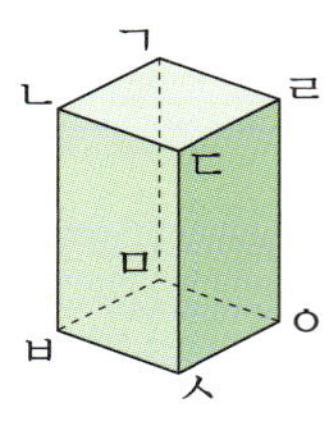

3 밑면에 수직인 면은 몇 개인가요?

(　　　　　　　　)

4 면 ㄱㄴㄷㄹ이 밑면일 때, 높이를 잴 수 있는 모서리를 모두 찾아 써 보세요.

(　　　　　　　　)

5 각기둥에 대한 설명으로 <u>틀린</u> 것은 어느 것인가요?

(　　　　　　　　)

① 밑면이 다각형입니다.
② 밑면은 옆면에 수직입니다.
③ 옆면은 항상 직사각형입니다.
④ 곡선으로 둘러싸인 도형입니다.
⑤ 위아래에 있는 면이 서로 평행합니다.

[6～7] 세윤이는 소인국 테마파크로 현장학습을 가서 '바위의 돔'이라는 이스라엘 건축물을 보았습니다. 물음에 답해 보세요.

6 ○ 부분의 각기둥의 각 부분의 이름을 알맞게 써넣으세요.

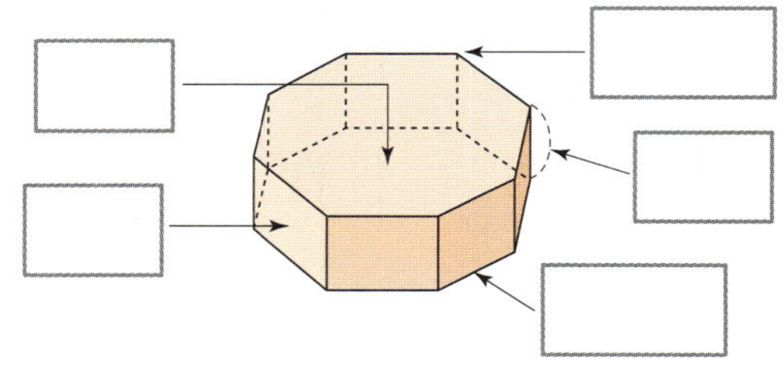

7 ○ 부분의 각기둥의 모서리의 수와 꼭짓점의 수의 합을 구해 보세요.

(　　　　　　　　)

8 삼각기둥의 전개도를 바르게 그린 것을 찾아 ○표 하세요.

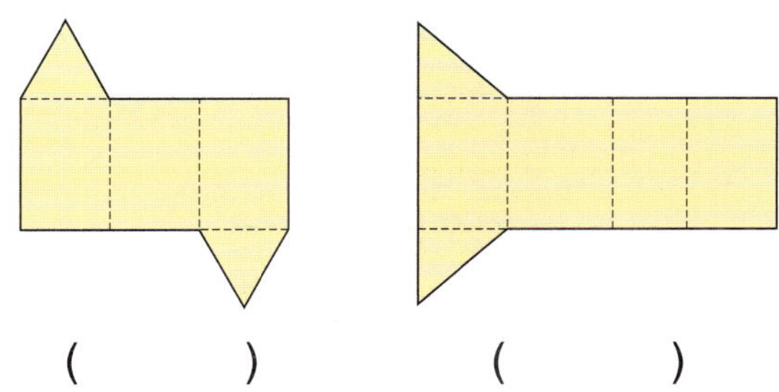

(   )   (   )

9 각기둥과 그 전개도를 보고 □ 안에 알맞은 수를 써넣으세요.

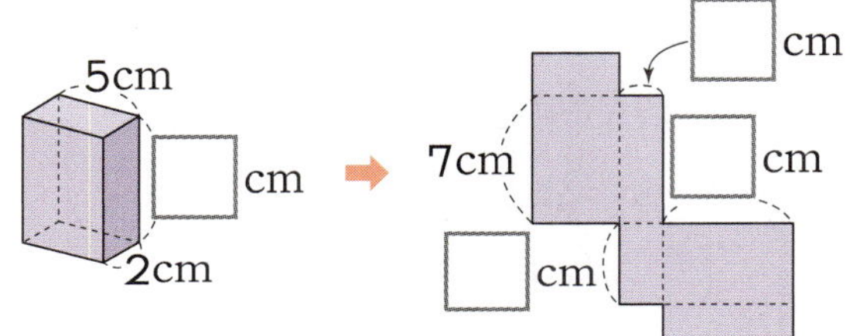

10 다음 전개도를 접었을 때, 만들어지는 입체도형의 밑면의 둘레는 몇 cm인지 풀이 과정을 쓰고, 답을 구해 보세요.

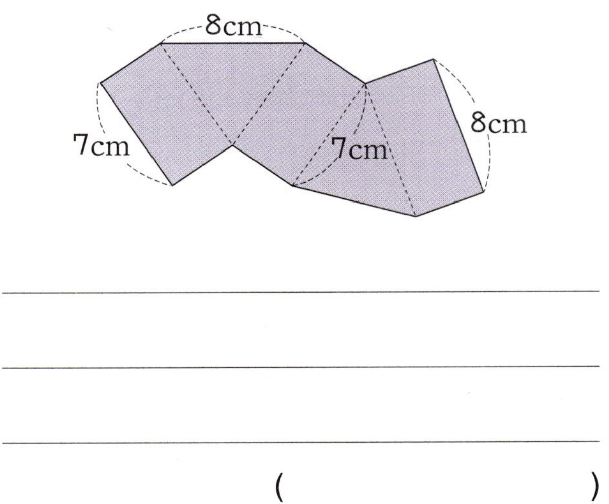

____

____

____

(   )

[**11~12**] 사각기둥의 전개도를 보고 물음에 답해 보세요.

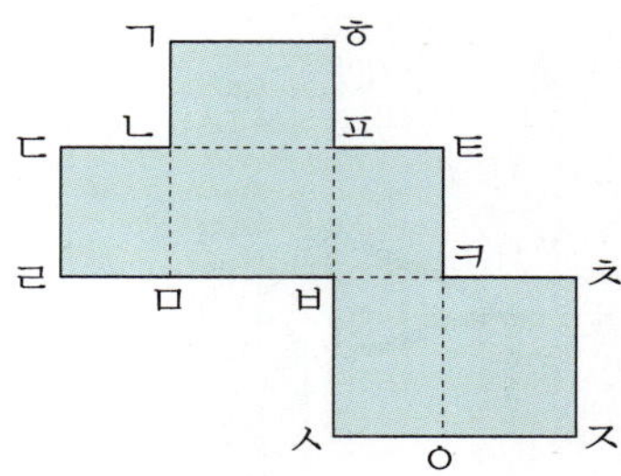

11 전개도를 접었을 때, 점 ㄷ과 만나는 점을 모두 찾아 써 보세요.

(   )

12 전개도를 접었을 때, 면 ㄱㄴㅍㅎ과 수직인 면을 써 보세요.

(   )

13 높이가 5 cm, 밑면의 한 변이 3 cm이고 정오각형인 각기둥의 전개도를 완성해 보세요.

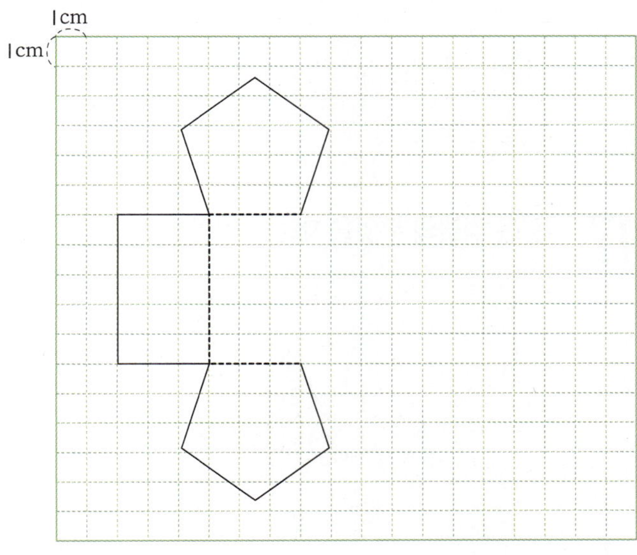

[14~15] 입체도형을 보고 물음에 답해 보세요.

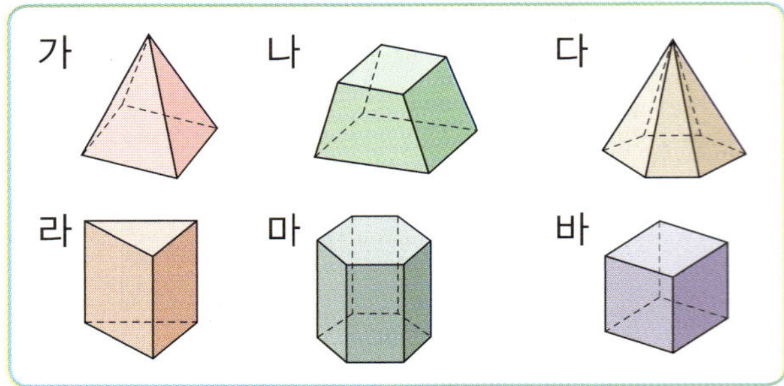

14 각뿔을 모두 찾아 기호를 써 보세요.

( )

15 입체도형 가와 마의 이름을 각각 써 보세요.

가 ( )
마 ( )

16 삼각뿔에서 면 ㄴㄷㄹ이 밑면일 때, 옆면을 모두 찾아 써 보세요.

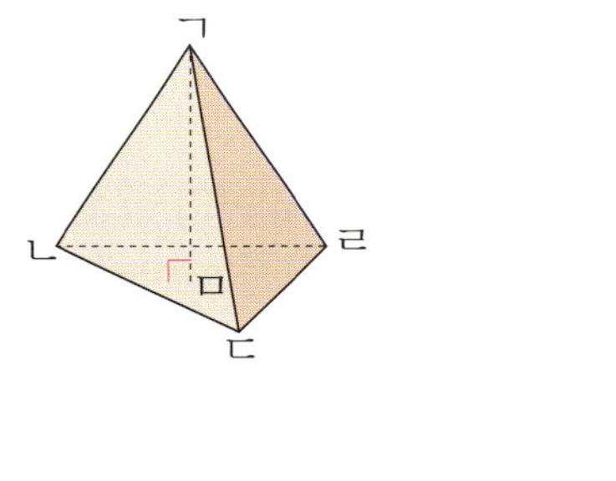

( )

17 그림은 각뿔의 무엇을 재는 그림인가요?

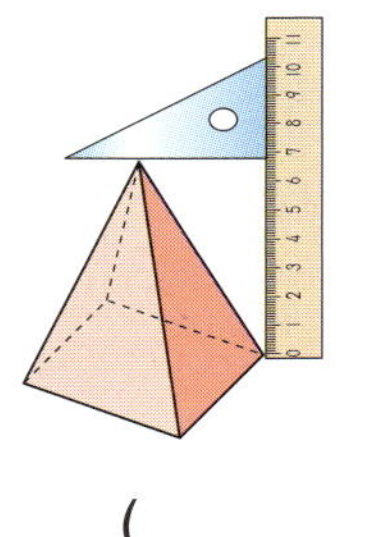

( )

18 칠각뿔과 십각뿔의 모서리 수의 차를 구해 보세요.

( )

19 두 입체도형을 보고 빈칸에 알맞게 써넣으세요.

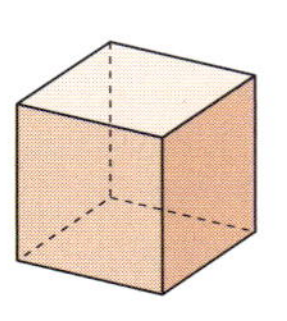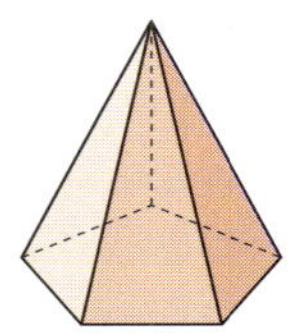

도형	사각기둥	오각뿔
밑면의 모양		
옆면의 모양		
밑면의 수		
꼭짓점의 수		
면의 수		
모서리의 수		

• 서술형 •

20 준원이는 옆면이 그림과 같은 도형 5개로 이루어진 각뿔을 만들었습니다. 만들어진 각뿔의 모든 모서리의 길이의 합은 몇 cm인지 풀이 과정을 쓰고 답을 구해 보세요.

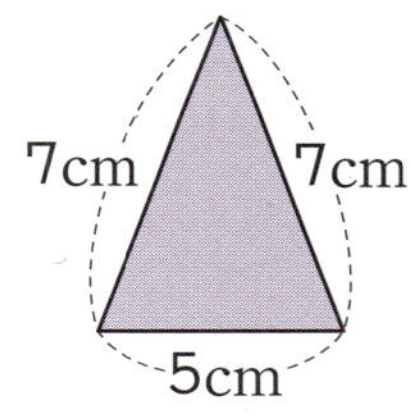

( )

1 □ 안에 알맞은 수를 써넣으세요.

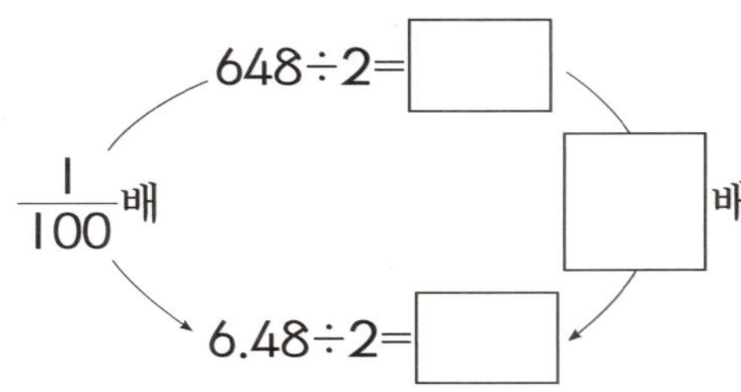

$648 \div 2 =$ □

$\dfrac{1}{100}$배 □배

$6.48 \div 2 =$ □

2 분수의 나눗셈으로 바꾸어 계산해 보세요.

(1) $9.2 \div 4 = \dfrac{92}{10} \div 4 = \dfrac{□ \div □}{10}$

$= \dfrac{□}{10} = □$

(2) $6.93 \div 3 = \dfrac{693}{100} \div 3 = \dfrac{□ \div □}{100}$

$= \dfrac{□}{100} = □$

3 □ 안에 알맞은 수를 써넣으세요.

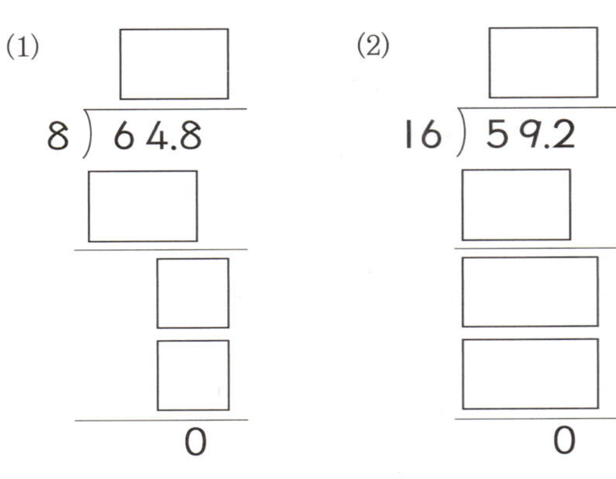

(1)

$8\overline{)\,64.8}$

(2)

$16\overline{)\,59.2}$

4 진섭이가 살고 있는 12층 아파트의 높이를 재어 보니 27.6 m였습니다. 이 아파트의 한 층의 높이는 몇 m 인가요?

(   )

· 서술형 ·

5 모양과 크기가 같은 상자 14개를 차례로 쌓아 올렸더 니 상자 전체의 높이는 228.2 cm가 되었습니다. 상 자 한 개의 높이는 몇 cm인지 풀이 과정을 쓰고 답을 구해 보세요.

____

____

____

(   )

6 분수의 나눗셈으로 바꾸어 계산해 보세요.

$4.68 \div 9 = \dfrac{468}{100} \div 9 = \dfrac{□ \div □}{100}$

$= \dfrac{52}{□} = □$

[7~9] 야구장이 얼마나 크고 넓은지 물음에 답해 보세요.

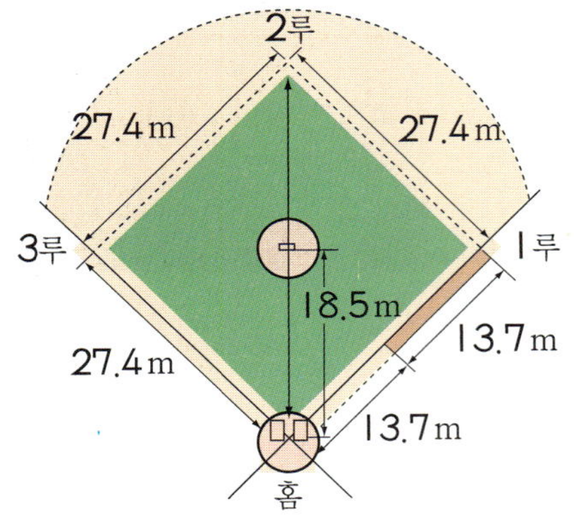

7 야구장에서 각 베이스 사이의 거리는 27.4 m입니다. 각 베이스의 중간 위치에 수비수가 서 있다고 한다면 1루와 2루 사이에 서 있는 수비수는 1루에서 몇 m 떨어져 있나요?

( )

8 경기장에서 투수와 포수 사이의 거리는 18.5 m라고 합니다. 투수가 던진 공을 포수가 받았을 때 2초가 걸렸다고 한다면 1초 동안 공이 이동한 거리는 몇 m인가요?

( )

9 타자가 홈런을 날렸습니다. 홈런을 친 타자가 홈에서 1루, 2루, 3루를 거쳐 홈까지 다시 들어오는 데 16초가 걸렸다면 1초 동안 타자가 달린 거리는 평균 몇 m인가요?

( )

10 몫이 1보다 작은 것은 어느 것인지 기호를 써 보세요.

$\bigcirc$ 3.12÷2
$\bigcirc$ 7.5÷5
$\bigcirc$ 24.94÷29

( )

11 빈 곳에 알맞은 수를 써넣으세요.

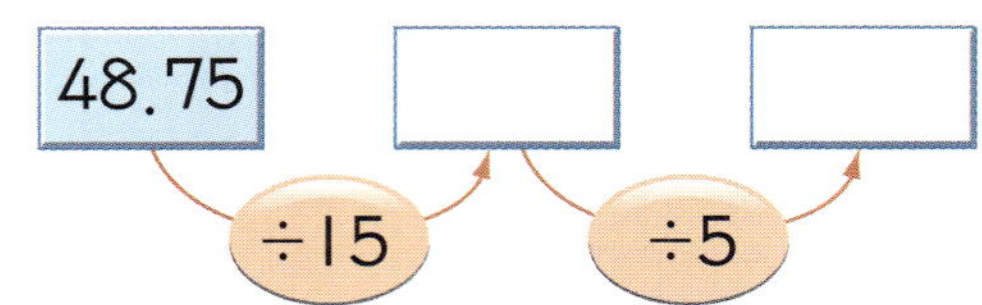

12 2.25 L의 간장을 3개의 병에 똑같이 나누어 담았습니다. 병 한 개에 담긴 간장의 양은 몇 L인가요?

( )

13 □ 안에 알맞은 수를 써넣으세요.

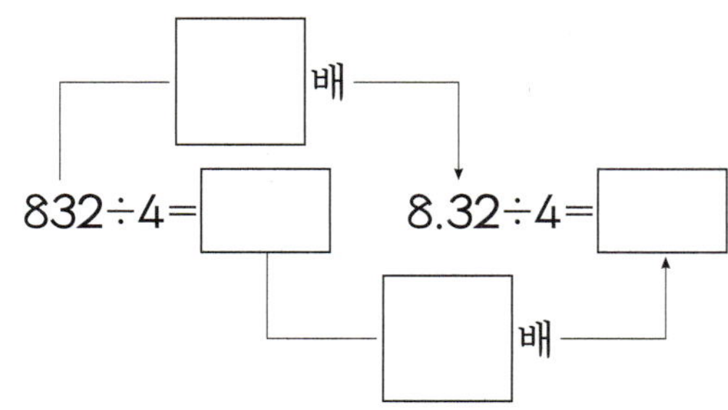

14 관계있는 것끼리 선으로 이어 보세요.

| 5.1÷5 | · | · | 1.03 |
| 4.12÷4 | · | · | 1.02 |

15 ㉠과 ㉡의 합을 구해 보세요.

> ㉠ 35.4÷5　　㉡ 20.2÷5

(　　　　　　　　　　)

16 계산이 <u>잘못된</u> 곳을 찾아 바르게 계산해 보세요.

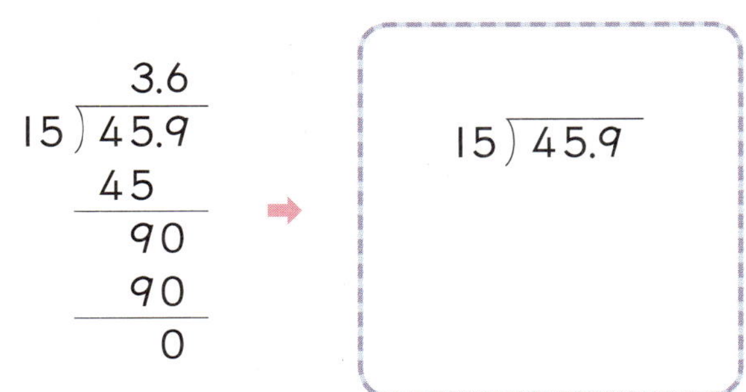

17 몫의 크기를 비교하여 ○ 안에 >, <를 알맞게 써넣으세요.

48.4÷8 ○ 78.78÷13

18 ㉠과 ㉡을 각각 구해 보세요.

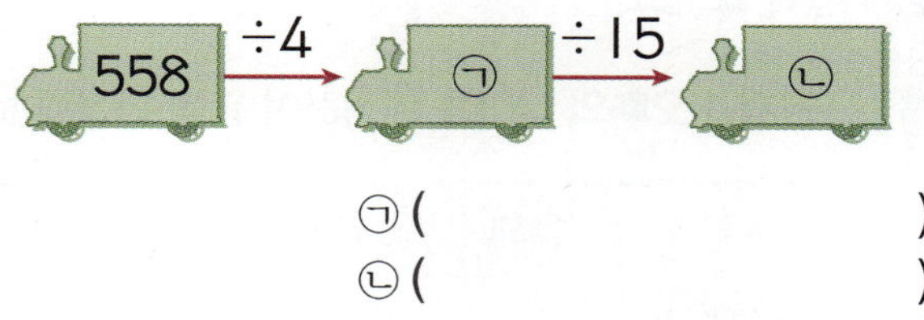

㉠ (　　　　　　　　　　)
㉡ (　　　　　　　　　　)

19 거리가 34 m인 도로의 한 쪽에 가로수 9그루를 일정한 간격으로 도로의 처음부터 심으려고 합니다. 가로수와 가로수 사이의 거리는 몇 m로 해야 하는지 풀이 과정을 쓰고 답을 구해 보세요.

____

____

____

____

(　　　　　　　　　　)

20 ●보기●와 같이 소수를 반올림하여 자연수로 나타내어 어림해 보세요.

> ●보기●
> 7.8÷4 ➡ 8÷4 ➡ 약 2

(1) 18.1÷6 ➡ ☐ ÷ ☐ ➡ 약 ☐

(2) 62.7÷7 ➡ ☐ ÷ ☐ ➡ 약 ☐

[1~2] 올해 민지는 I3살, 민지의 오빠는 I7살입니다. 물음에 답해 보세요.

1 민지와 오빠의 나이를 예상하여 표를 완성해 보세요.

나이	올해	I년 후	2년 후	3년 후
민지(살)	13			
오빠(살)	17			

2 □ 안에 알맞은 수를 써넣고 알맞은 말에 ○표 하세요.

민지는 항상 오빠보다 ☐ 살 (많습니다 , 적습니다).

오빠는 항상 민지보다 ☐ 살 (많습니다 , 적습니다).

3 □ 안에 알맞은 수를 써넣으세요.

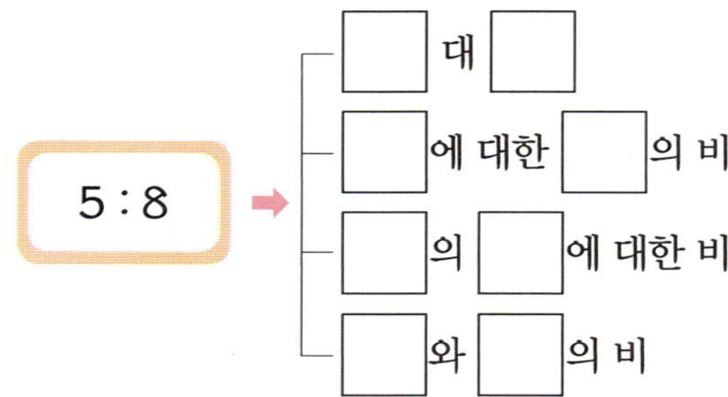

4 다음 비에서 기준량은 얼마인가요?

(1) $9 : 20$ ➡ ( )

(2) $14 : 9$ ➡ ( )

5 냉장고에 사과 7개와 배 4개가 있습니다. 배 수에 대한 사과 수의 비는 어느 것인지 기호를 써 보세요.

㉠ 7 : 4   ㉡ 7 : 11
㉢ 4 : 7   ㉣ 4 : 11

( )

서술형

6 지연이는 전체 25개의 사탕 중 I2개를 먹었습니다. 전체 사탕 수에 대한 먹고 남은 사탕 수의 비는 얼마인지 풀이 과정을 쓰고 답을 구해 보세요.

____

____

____

( )

7 전체에 대한 색칠한 부분의 비율을 분수와 소수로 나타내어 보세요.

분수 ( )

소수 ( )

8 비율을 소수로 나타내어 보세요.

(1) 8대 25

(　　　　　　　　　)

(2) 6의 8에 대한 비

(　　　　　　　　　)

9 운동장에 여학생이 20명, 남학생이 7명 있습니다. 여학생 수에 대한 남학생 수의 비율을 분수와 소수로 나타내어 보세요.

분수 (　　　　　　　　)
소수 (　　　　　　　　)

10 4의 25에 대한 비율을 모두 고르세요.

(　　　　　　　)

① $\dfrac{25}{4}$　　　② $\dfrac{4}{25}$　　　③ 6.25 %

④ 0.16　　　⑤ 25 : 4

11 비율만큼 색칠해 보세요.

75 %

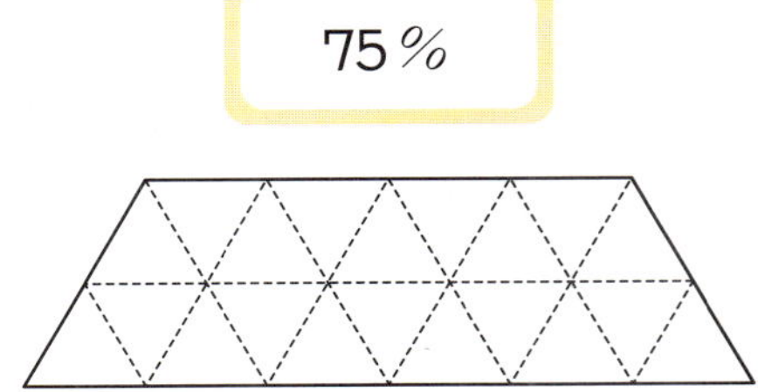

12 '황금비'는 수학자 피타고라스가 정오각형 모양 안의 별에서 짧은 변과 긴 변의 길이의 비가 5 : 8인 것을 보고 발견하였습니다. 황금비 5 : 8을 소수와 백분율로 나타내어 보세요.

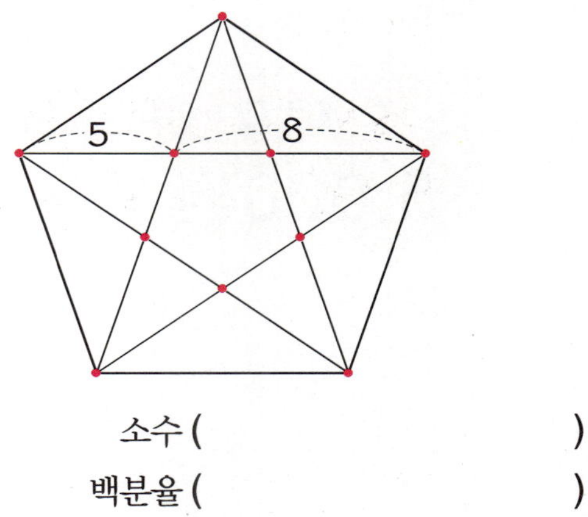

소수 (　　　　　　　　　)
백분율 (　　　　　　　　)

13 비율을 백분율로 나타내어 보세요.

(1) $\dfrac{51}{100}$ ➡ (　　　　　　　　)

(2) $\dfrac{16}{25}$ ➡ (　　　　　　　　)

(3) 0.85 ➡ (　　　　　　　　)

(4) 2.09 ➡ (　　　　　　　　)

14 비율이 큰 것부터 차례대로 기호를 써 보세요.

㉠ 6 : 12　　　㉡ 7 : 10
㉢ 3 : 5　　　㉣ 7 : 25

(　　　　　　　　　)

15 어느 통신사에서 휴대 전화와 인터넷을 이용할 경우 휴대 전화 요금에서 5000원 추가 할인을 해 준다고 합니다. 어떤 고객이 평소 25000원의 요금을 낸다면 이 고객은 휴대 전화 요금의 몇 %를 할인 받을 수 있나요?

휴대전화+인터넷 이용 고객
5,000원 즉시 할인

( )

16 정우는 물에 코코아가루 60 g을 넣어 250 g의 핫초코를 만들어 먹었습니다. 이 핫초코의 진하기는 몇 % 인가요?

( )

17 빵집에서 10000원짜리 케이크를 8400원에 판매한다고 합니다. 이 빵집은 케이크를 몇 % 할인한 금액으로 판매하고 있나요?

( )

18 표를 보고 두 마을의 넓이에 대한 인구수의 비율을 각각 구하고, 비율이 더 낮은 마을을 써 보세요.

마을	넓이(km^2)	인구(명)	비율
행복 마을	24	3120	
사랑 마을	17	2244	

( )

19 어느 마트에서는 저녁 8시 이후에 물건을 25 % 할인된 가격에 판다고 합니다. 15000원짜리 물건을 저녁 8시 이후에 산다면 얼마에 살 수 있나요?

( )

• 서술형 •

20 어느 과수원에 사과나무는 전체의 $\dfrac{7}{25}$만큼 심어져 있고, 감나무는 나머지의 절반만큼 심어져 있습니다. 감나무가 심어진 땅은 전체 과수원의 몇 %인지 풀이 과정을 쓰고 답을 구해 보세요.

( )

[1~3] 어느 날 우리나라 미세 먼지의 농도를 나타낸 그림그래프입니다. 물음에 답해 보세요.

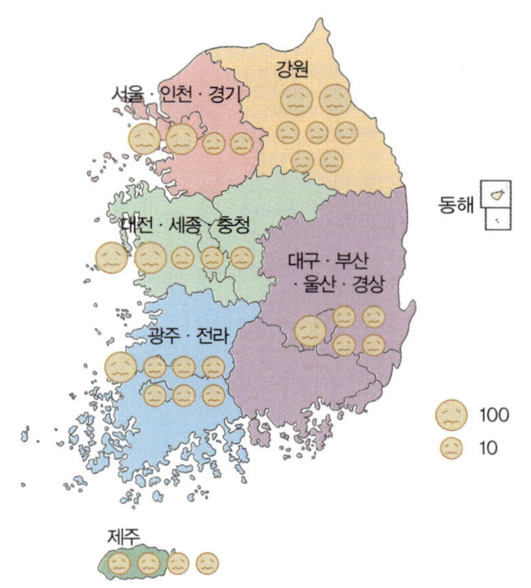

1 이 날 서울·인천·경기의 미세 먼지 농도는 얼마인가요?

( )

2 미세 먼지 농도가 121~200이면 '나쁨', 81~120이면 '약간 나쁨'으로 보고 노약자는 장기간 실외 활동을 자제하는 것이 좋다고 합니다. 이 날 '나쁨'에 해당하는 지역들은 어디어디인가요?

(,)

3 미세 먼지 농도가 가장 좋은 지역과 안 좋은 지역은 각각 어느 곳인가요?

가장 좋은 지역 ( )
가장 안 좋은 지역 ( )

[4~5] 혜진이네 반 학생들이 좋아하는 과목을 조사하여 나타낸 띠그래프입니다. 물음에 답해 보세요.

좋아하는 과목

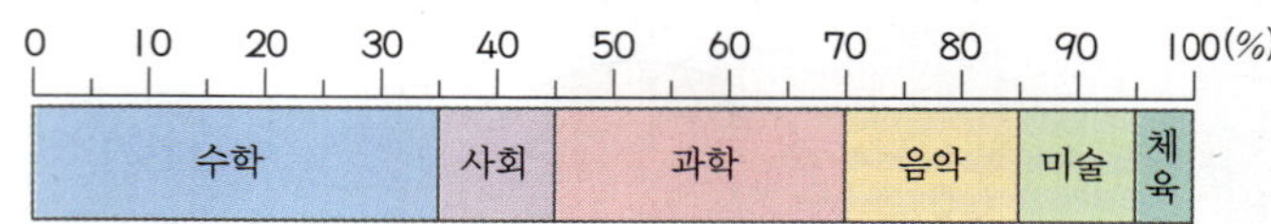

4 과학을 좋아하는 학생과 미술을 좋아하는 학생은 전체의 몇 %인가요?

( )

5 수학을 좋아하는 학생 수는 체육을 좋아하는 학생 수의 몇 배인가요?

( )

[6~7] 지우네 학교 학생들의 동아리 활동 신청 현황을 조사하여 나타낸 표입니다. 물음에 답해 보세요.

동아리 활동 신청 현황

동아리 활동	스포츠부	합창부	미술부	독서부	합계
신청자 수(명)	162	90	72	36	360
백분율(%)					

6 백분율을 구하여 표를 완성해 보세요.

7 띠그래프로 나타내어 보세요.

동아리 활동 신청 현황

0 10 20 30 40 50 60 70 80 90 100(%)

[8~11] 민성이네 반 친구들이 좋아하는 과일을 조사하여 나타낸 원그래프입니다. 물음에 답해 보세요.

좋아하는 과일

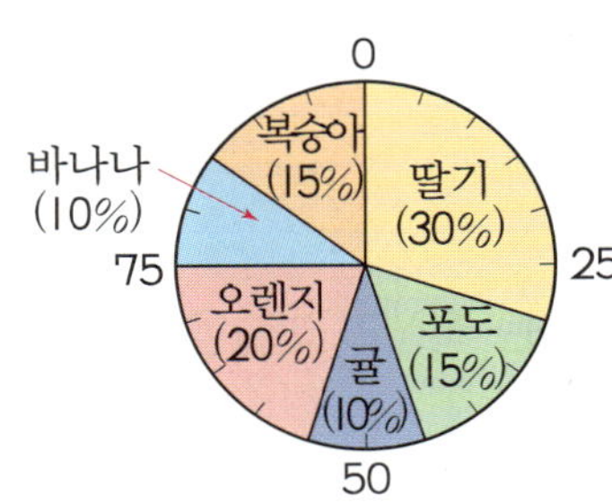

8 가장 많은 학생들이 좋아하는 과일은 무엇인가요?

(   )

9 복숭아와 같은 비율을 차지하는 과일은 무엇인가요?

(   )

10 포도를 좋아하는 학생의 비율과 바나나를 좋아하는 학생의 비율은 전체의 몇 %인가요?

(   )

11 오렌지를 좋아하는 학생 수는 귤을 좋아하는 학생 수의 몇 배인가요?

(   )

[12~13] 영은이네 학교 학생회장 선거의 후보자별 득표 수를 조사한 표입니다. 물음에 답해 보세요.

후보자별 득표 수

후보자	규영	현석	유정	수연	합계
득표 수(표)	240	120	150	90	600

12 전체 득표 수에 대한 각 후보자별 득표 수의 백분율을 구해 보세요.

(1) 규영: $\dfrac{\boxed{}}{600} \times 100 = \boxed{}$ (%)

(2) 현석: $\dfrac{\boxed{}}{600} \times 100 = \boxed{}$ (%)

(3) 유정: $\dfrac{\boxed{}}{600} \times 100 = \boxed{}$ (%)

(4) 수연: $\dfrac{\boxed{}}{600} \times 100 = \boxed{}$ (%)

13 표를 보고 ☐ 안에 알맞은 수를 써넣으세요.

후보자별 득표 수

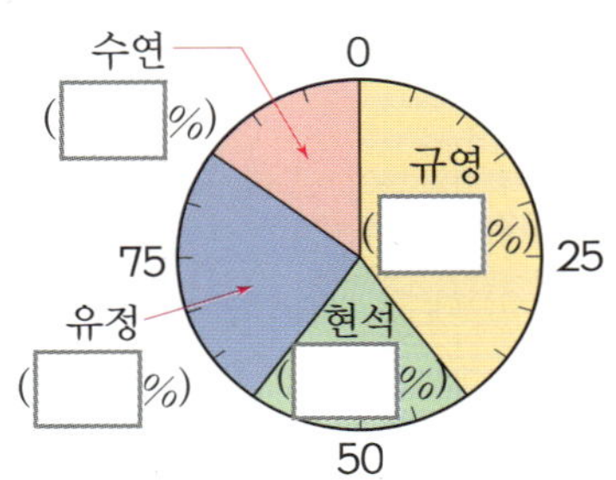

14 성재네 과일 가게에서 여름철과 겨울철에 판매되는 과일의 양을 조사하여 나타낸 원그래프입니다. 여름철에 가장 잘 팔리는 과일과 겨울철에 가장 잘 팔리는 과일은 각각 무엇이고 몇 %인가요?

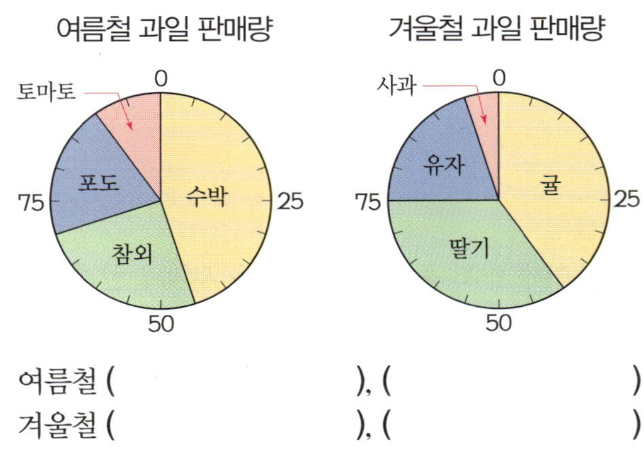

여름철 (   ), (   )
겨울철 (   ), (   )

[15~16] 시우네 학교 750명 학생들의 여행 가고 싶은 나라를 조사하여 나타낸 띠그래프입니다. 물음에 답해 보세요.

여행 가고 싶은 나라

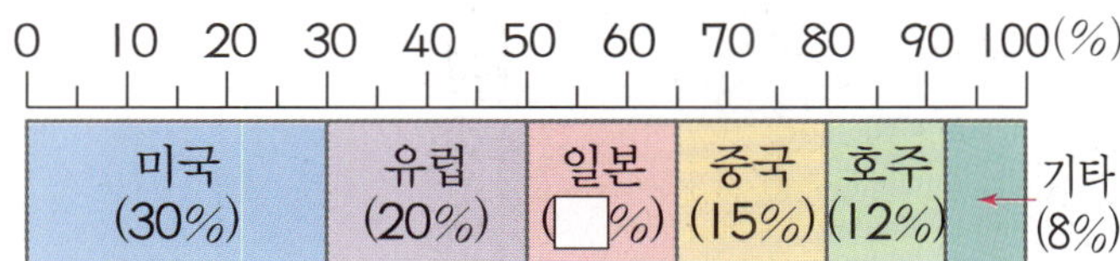

15 일본으로 여행 가고 싶은 학생은 몇 %인가요?

(   )

• 서술형 •

16 유럽으로 여행 가고 싶은 학생은 몇 명인지 풀이 과정을 쓰고 답을 구해 보세요.

____

____

(   )

17 승준이네 학교의 학년별 학생 수의 변화를 띠그래프로 나타내었습니다. 알맞은 말에 ○표 하세요.

학년별 학생 수의 변화

2016년	1학년 (14%)	2학년 (15%)	3학년 (15%)	4학년 (18%)	5학년 (18%)	6학년 (20%)
2019년	1학년 (11%)	2학년 (12%)	3학년 (15%)	4학년 (20%)	5학년 (20%)	6학년 (22%)
2022년	1학년 (10%)	2학년 (11%)	3학년 (13%)	4학년 (20%)	5학년 (22%)	6학년 (24%)

앞으로 저학년(1~3학년)의 비율은 (줄어들고 / 늘어나고) 고학년(4~6학년)의 비율은 (줄어들 / 늘어날) 것으로 예상할 수 있습니다.

[18~20] 윤정이네 학교 학생 200명에게 아침밥을 먹는지 조사하였습니다. 물음에 답해 보세요.

아침 식사

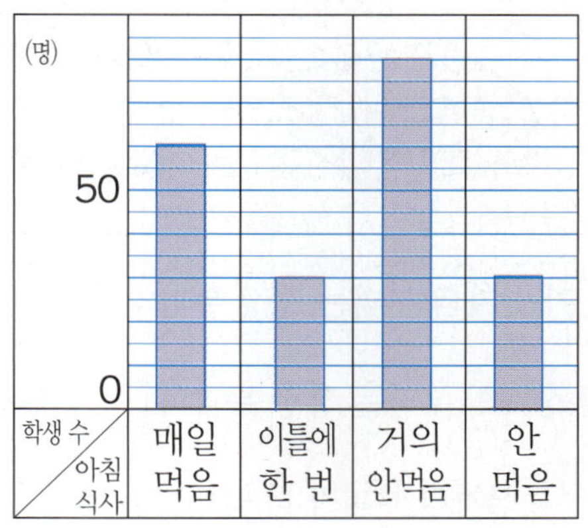

18 자료를 표로 나타내어 보세요.

아침 식사

구분	백분율(%)
매일 먹음	30
이틀에 한 번	
거의 안 먹음	
안 먹음	
합계	100

19 표를 보고 원그래프로 나타내어 보세요.

아침 식사

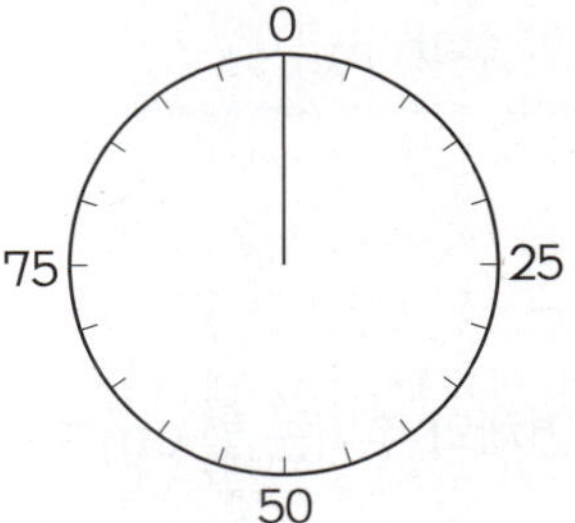

20 아침 식사를 이틀에 한 번 이상 먹는 학생은 전체의 몇 %인가요?

(   )

1 두 상자에 같은 크기의 강정을 빈틈없이 가득 넣었더니, 가에는 14개, 나에는 21개까지 넣을 수 있었습니다. □ 안에 알맞은 수나 말을 써넣으세요.

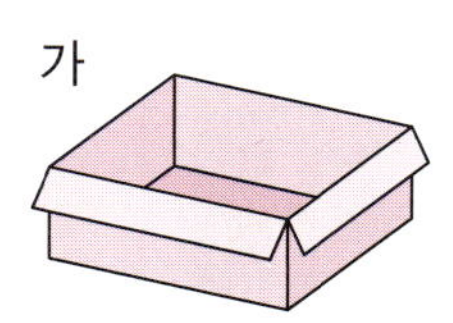 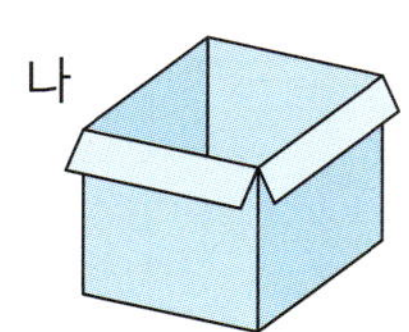

가 상자의 부피는 강정 부피의 □ 배이고

나 상자의 부피는 강정 부피의 □ 배이므로

□ 상자의 부피가 더 큽니다.

2 한 모서리가 1cm인 쌓기나무를 그림과 같이 쌓았습니다. 쌓기나무의 수를 세어 직육면체의 부피를 구해 보세요.

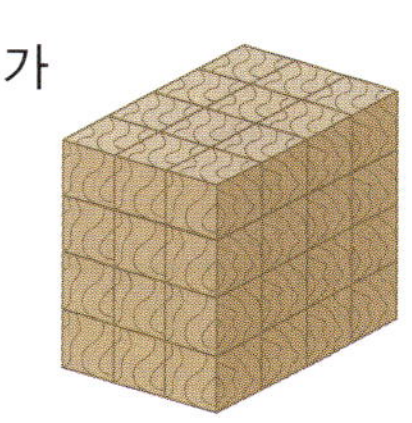 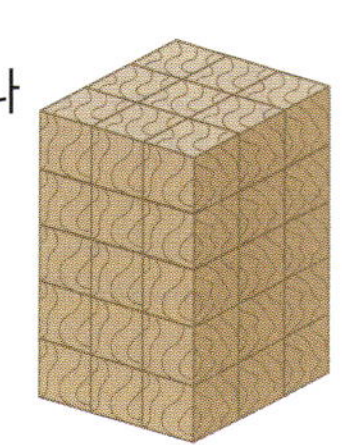

도형	가	나
쌓기나무의 수(개)		
부피(cm³)		

3 직육면체의 부피는 몇 cm³인가요?

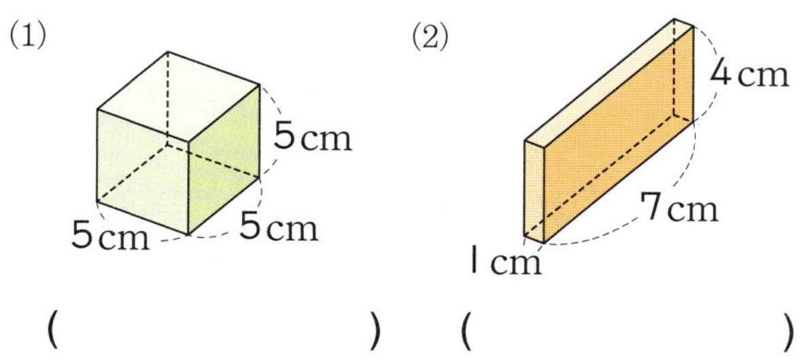

(1) (   ) (2) (   )

4 직육면체 모양의 물건들 중 부피가 더 큰 것을 찾아 기호를 써 보세요.

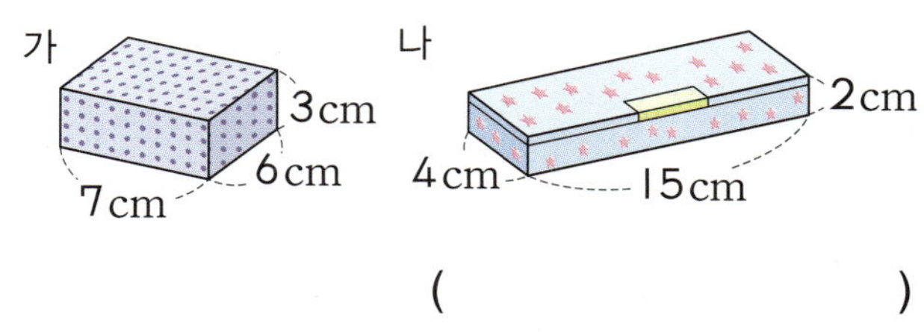

(   )

5 부피가 270 cm³인 직육면체입니다. 색칠한 면의 넓이가 30 cm²일 때, □ 안에 알맞은 수를 구해 보세요.

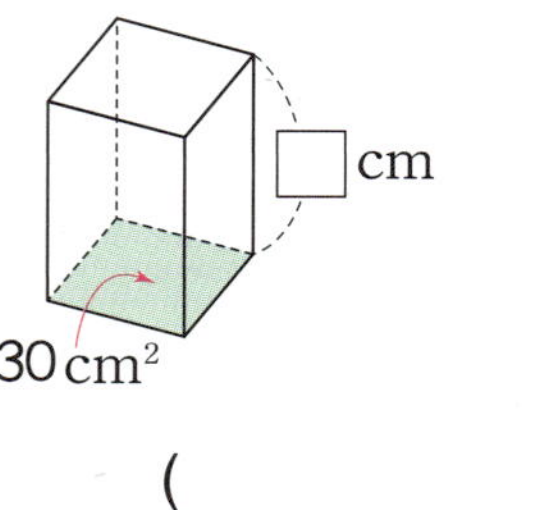

(   )

서술형

6 아래 직육면체의 부피는 한 모서리가 12 cm인 정육면체의 부피와 같습니다. □ 안에 알맞은 수는 얼마인지 풀이 과정을 쓰고 답을 구해 보세요.

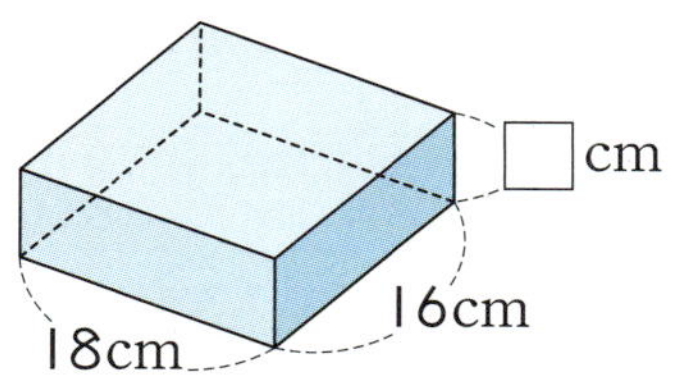

____

____

____

(   )

7 다음은 직육면체의 전개도입니다. 이 전개도로 만든 직육면체의 부피는 몇 cm^3인가요?

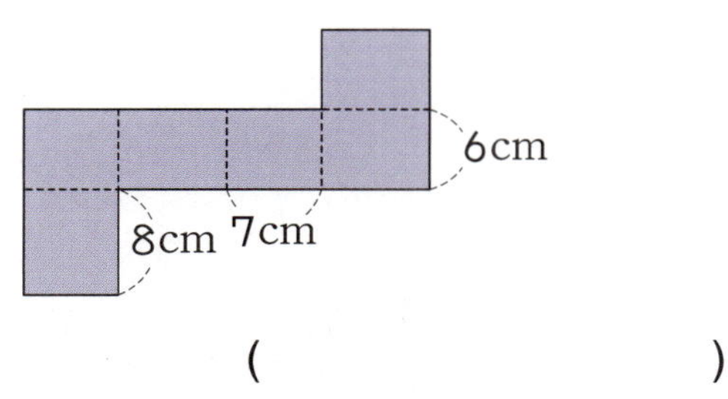

(   )

8 입체도형의 부피는 몇 cm^3인가요?

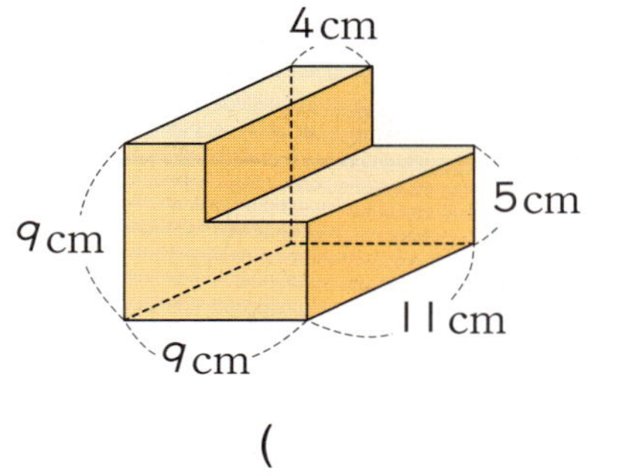

(   )

9 오른쪽 그림과 같이 물이 12 cm 높이만큼 들어 있는 직육면체 모양의 어항에 큰 돌을 완전히 잠기게 넣었더니 물의 높이가 3 cm만큼 높아졌습니다. 돌의 부피는 몇 cm^3인지 풀이 과정을 쓰고 답을 구해 보세요. (단, 어항의 두께는 생각하지 않습니다.)

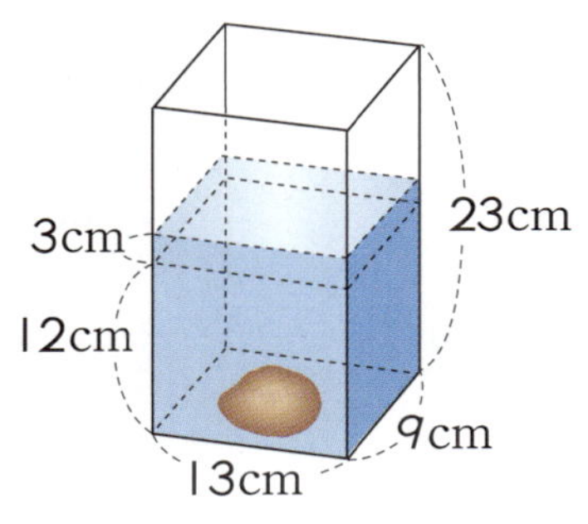

____

____

(   )

10 □ 안에 알맞은 수나 말을 써넣으세요.

> 한 모서리가 □ cm인 정육면체의 부피를 1 m^3라 하고, □ 라고 읽습니다.

11 □ 안에 알맞은 수를 써넣으세요.

(1) $8 \ m^3 = $ □ cm^3

(2) $20000000 \ cm^3 = $ □ m^3

12 직육면체의 부피는 몇 m^3인가요?

(1)   (2)

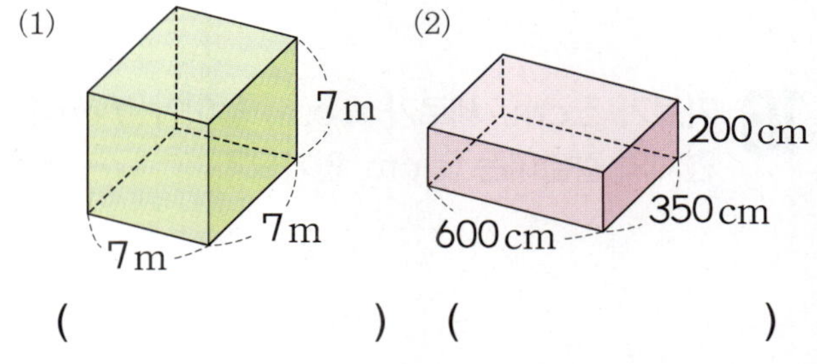

(   ) (   )

13 어느 것이 부피가 몇 m^3 더 큰지 구해 보세요.

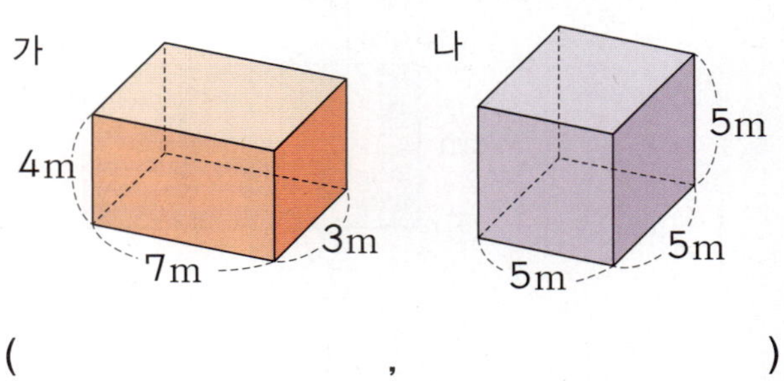

(   )

14 직육면체의 겉넓이는 몇 cm²인가요?

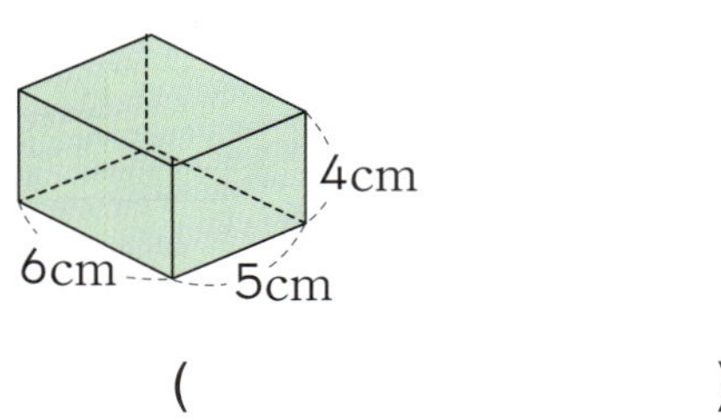

(   )

15 정육면체 모양의 상자의 모든 겉면에 시트지를 겹치지 않게 빈틈없이 붙이려고 합니다. 필요한 시트지의 넓이는 몇 cm²인가요?

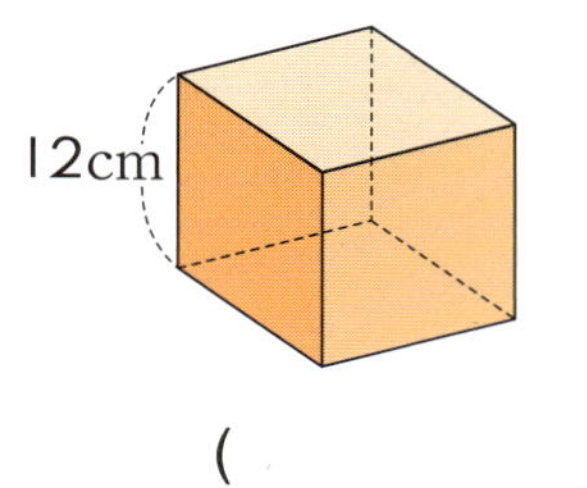

(   )

16 가로가 5 cm, 세로가 4 cm, 높이가 7 cm인 직육면체의 겉넓이는 몇 cm²인가요?

(   )

17 다음 전개도를 이용하여 정리함을 만들려고 합니다. 만들려고 하는 정리함의 겉넓이는 몇 cm²인가요?

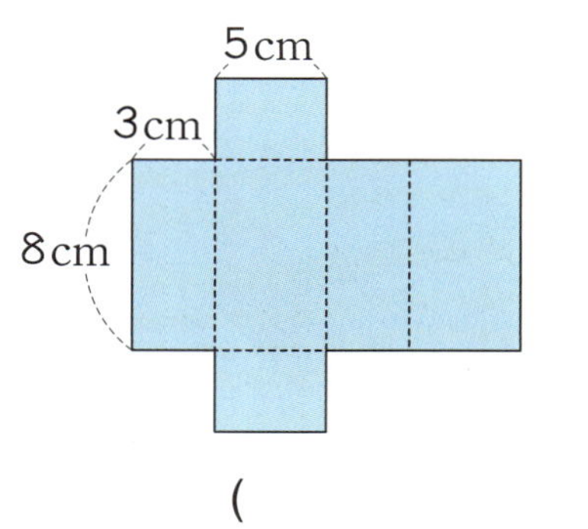

(   )

18 민호는 우체국에 가서 택배로 물건을 보내려고 합니다. 우체국 택배 제1호 상자의 겉넓이는 몇 cm²인가요?

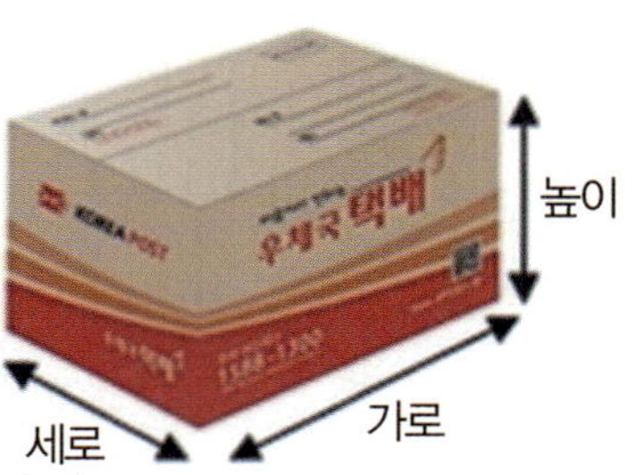

호	규격(가로+세로+높이)	가격
제1호	22+19+9=50(cm)	400원
제2호	27+18+15=60(cm)	500원
제3호	34+25+21=80(cm)	800원

(   )

19 다음 직육면체와 겉넓이가 같은 정육면체의 한 모서리는 몇 cm인가요?

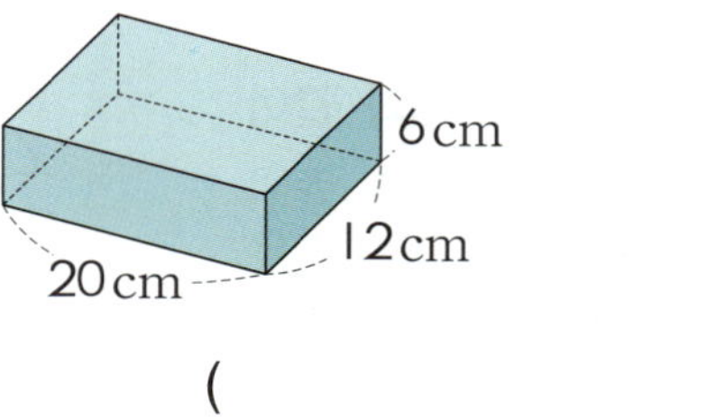

(   )

20 색칠한 면의 둘레가 28 cm이고 부피가 336 cm³인 직육면체의 겉넓이는 몇 cm²인가요?

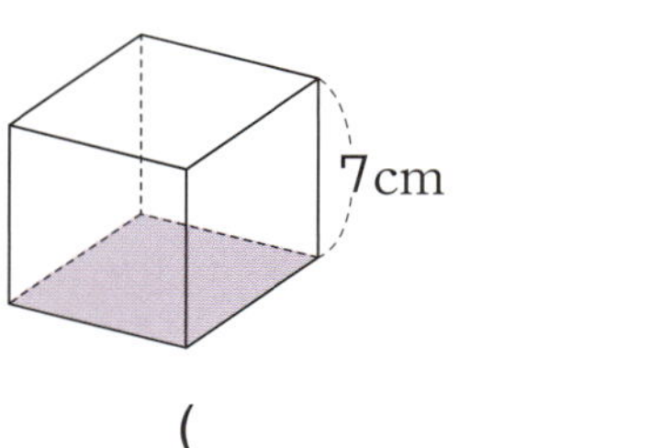

(   )

1회   1. 분수의 나눗셈   1~3쪽

1 $\dfrac{1}{7}$ **2** $\dfrac{1}{5}$, 3, $\dfrac{3}{5}$ **3** $\dfrac{17}{25}$ **4** $\dfrac{5}{8}$; $1\dfrac{6}{11}$

5 $\dfrac{2}{5}$ 바퀴   **6** (1) 28, 4   (2) 10, 10 ; 5   **7** <

8 예 (한 병에 들어가는 저지방 우유의 양)=(전체 저지방 우유의 양)÷(병수)=$\dfrac{8}{9}÷3=\dfrac{24}{27}÷3=\dfrac{8}{27}$(L) ; $\dfrac{8}{27}$ L

9 $\dfrac{1}{5}$, $\dfrac{4}{25}$ **10** ㉢   **11** ㉡   **12** $\dfrac{3}{28}$

13 (1) $\dfrac{4}{15}$ (2) $1\dfrac{1}{5}$ (3) $\dfrac{11}{24}$ (4) $\dfrac{23}{28}$ **14** 4

15 5개   **16** $\dfrac{11}{12}$ **17** $\dfrac{7}{30}$ L   **18** $1\dfrac{1}{8}$ m^2

19 예 (색 테이프 한 도막의 길이)

$=5\dfrac{1}{3}÷5=\dfrac{16}{3}×\dfrac{1}{5}=\dfrac{16}{15}$(m)

남은 색 테이프는 5−2=3(도막)이므로 길이는

$\dfrac{16}{15}×3=\dfrac{16}{5}=3\dfrac{1}{5}$(m)입니다. ; $3\dfrac{1}{5}$ m

20 $\dfrac{1}{5}$ kg

풀이

3 $17÷25=\dfrac{17}{25}$

4 $5÷8=\dfrac{5}{8}$, $17÷11=\dfrac{17}{11}=1\dfrac{6}{11}$

5   (한 명이 달리는 거리)=(전체 거리)÷(사람 수)

$=2÷5=\dfrac{2}{5}$(바퀴)

6   (2) $\dfrac{5}{8}÷2=\dfrac{5×2}{8×2}÷2=\dfrac{10}{16}÷2=\dfrac{10÷2}{16}=\dfrac{5}{16}$

7 $\dfrac{4}{7}÷8=\dfrac{8}{14}÷8=\dfrac{8÷8}{14}=\dfrac{1}{14}$,

$\dfrac{8}{11}÷2=\dfrac{8÷2}{11}=\dfrac{4}{11}$

➡ $\dfrac{1}{14} < \dfrac{4}{11}$

9 $\dfrac{4}{5}÷5$는 $\dfrac{4}{5}$를 똑같이 5로 나눈 것 중 하나입니다.

10   ㉠ $\dfrac{5}{8}÷5=\dfrac{5}{8}×\dfrac{1}{5}=\dfrac{1}{8}$

㉡ $\dfrac{1}{4}÷2=\dfrac{1}{4}×\dfrac{1}{2}=\dfrac{1}{8}$

㉢ $\dfrac{1}{8}÷2=\dfrac{1}{8}×\dfrac{1}{2}=\dfrac{1}{16}$

11   ㉠ $\dfrac{23}{5}÷4=\dfrac{23}{5}×\dfrac{1}{4}=\dfrac{23}{20}$(가분수),

㉡ $\dfrac{15}{7}÷9=\dfrac{15}{7}×\dfrac{1}{9}=\dfrac{5}{21}$(진분수),

㉢ $\dfrac{16}{3}÷5=\dfrac{16}{3}×\dfrac{1}{5}=\dfrac{16}{15}$(가분수)

12   가득 찬 상태를 1이라고 했을 때 (나)의 연료 계량기의 양은 $\dfrac{3}{4}$입니다. 일주일 동안 써야 하므로 7로 나누면 됩니다.

따라서 $\dfrac{3}{4}÷7=\dfrac{3}{4}×\dfrac{1}{7}=\dfrac{3}{28}$입니다.

13   (1) $2\dfrac{2}{3}÷10=\dfrac{8}{3}×\dfrac{1}{10}=\dfrac{4}{15}$

(2) $10\dfrac{4}{5}÷9=\dfrac{54}{5}×\dfrac{1}{9}=\dfrac{6}{5}=1\dfrac{1}{5}$

(3) $6\dfrac{7}{8}÷15=\dfrac{55}{8}×\dfrac{1}{15}=\dfrac{11}{24}$

(4) $3\dfrac{2}{7}÷4=\dfrac{23}{7}×\dfrac{1}{4}=\dfrac{23}{28}$

14 $4\dfrac{2}{3}÷7=\dfrac{14}{3}×\dfrac{1}{7}=\dfrac{2}{3}$,

$\dfrac{2}{3}×6=4$

15 $2\dfrac{2}{9}÷4=\dfrac{20}{9}×\dfrac{1}{4}=\dfrac{5}{9}$

따라서 $\dfrac{5}{9}$는 $\dfrac{1}{9}$이 5개인 수입니다.

16   □$=\dfrac{11}{3}÷4=\dfrac{11}{3}×\dfrac{1}{4}=\dfrac{11}{12}$

17 $1\dfrac{2}{5}÷6=\dfrac{7}{5}×\dfrac{1}{6}=\dfrac{7}{30}$(L)

18 $7\dfrac{7}{8}÷7=\dfrac{63}{8}×\dfrac{1}{7}=\dfrac{9}{8}=1\dfrac{1}{8}$(m^2)

20 먼저 줄어든 몸무게를 구해 보면

$$33\frac{3}{5}-32\frac{1}{5}=1\frac{2}{5}(\text{kg})$$입니다.

따라서 하루에 줄어든 몸무게는

$$1\frac{2}{5}\div7=\frac{7}{5}\times\frac{1}{7}=\frac{1}{5}(\text{kg})$$입니다.

1회 **2. 각기둥과 각뿔** 4~6쪽

1 나, 다, 라, 마, 바 **2** 마, 바 **3** 풀이 참조
4 꼭짓점 ; 모서리, 높이 **5** 8, 6, 12 **6** 25
7 예 어떤 각기둥을 □각기둥이라고 하면 꼭짓점의 수는
□×2, 모서리의 수는 □×3입니다.
□×2+□×3=35, □×5=35, □=35÷5=7
따라서 칠각기둥의 면은 7+2=9(개)입니다. ; 9개
8 면 ㅇㅈㅅ, 면 ㄴㄷㄹ **9** 선분 ㅈㅊ
10 예 각기둥의 전개도에서 서로 만나는 선분의 길이는
같습니다.
(선분 ㄱㄷ)=13+5=18(cm),
(선분 ㄴㄹ)=8+5+8+5=26(cm)
따라서 (선분 ㄴㄹ)-(선분 ㄱㄷ)=26-18=8(cm)입니
다. ; 8 cm
11 (위에서부터) 3 ; 8 ; 5 **12** 풀이 참조
13 (1) 오각형, 삼각형 (2) 오각뿔 (3) 6개 **14** 사각뿔
15 풀이 참조 **16** 모서리 ㄱㄷ **17** 4 cm
18 면 ㄱㄴㄷ, 면 ㄱㄷㄹ, 면 ㄱㄹㅁ, 면 ㄱㄴㅁ
19 ㄹ, ㄴ, ㄱ, ㄷ
20 예 모서리가 10개인 각뿔은 오각뿔입니다.
따라서 모든 모서리의 길이의 합은
(7×5)+(4×5)=35+20=55(cm)입니다. ; 55 cm

풀이

2 위아래에 있는 면이 서로 평행하고 합동인 다각형으
로 이루어진 기둥 모양의 입체도형을 찾습니다.
도형 나는 위아래에 있는 면이 다각형이 아닙니다.
도형 라는 위아래에 있는 면이 합동이 아닙니다.

3

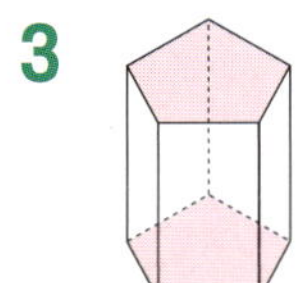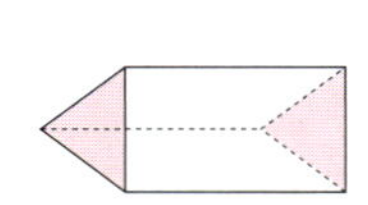

서로 평행한 두 면에 색칠합니다.

5 (꼭짓점의 수)=(한 밑면의 변의 수)×2=4×2=8
(면의 수)=(한 밑면의 변의 수)+2=4+2=6
(모서리의 수)=(한 밑면의 변의 수)×3=4×3=12
6 각기둥에서 옆면의 수는 한 밑면의 변의 수와 같습니
다. 옆면이 직사각형 5개이므로 오각기둥입니다. 오각
기둥의 모서리의 수는 15, 꼭짓점의 수는 10입니다.
➡ 15+10=25
8 삼각기둥의 두 밑면이 서로 평행한 면이므로 두 밑면
을 찾습니다.
9 점 ㅇ은 점 ㅊ과 만납니다.
11 전개도를 접었을 때 만나는 선분의 길이는 같습니다.
12 주어진 삼각기둥의 밑면은 정삼각형입니다.

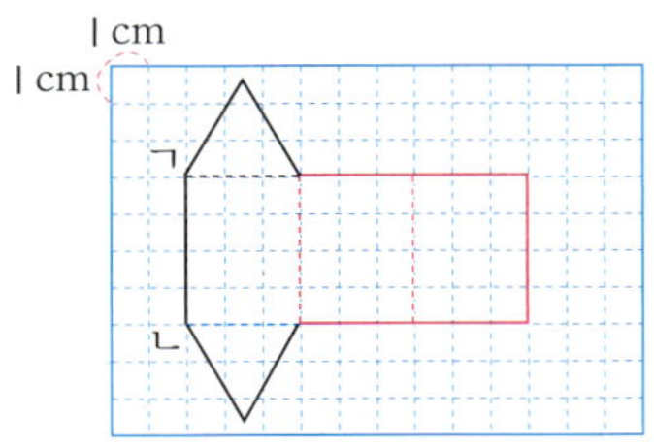

13 (2) 밑면의 모양이 오각형이므로 오각뿔입니다.
(3) (꼭짓점의 수)=(밑면의 변의 수)+1
$$=5+1=6$$
14 피라미드는 밑면이 사각형이고 옆면이 모두 삼각형
이므로 사각뿔입니다.

15

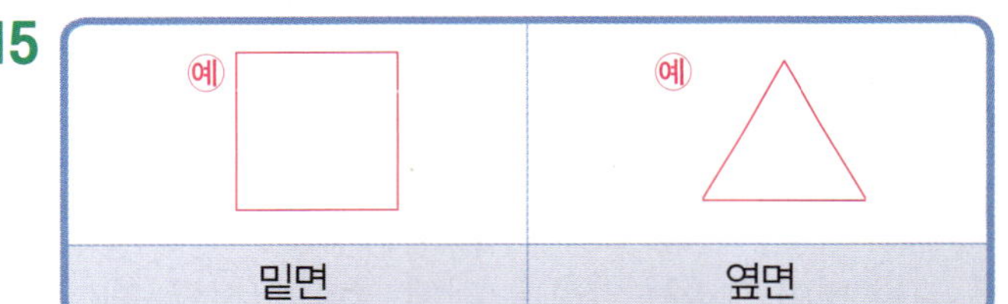

피라미드의 밑면은 사각형, 옆면은 모두 삼각형입
니다.
16 면 ㄱㄴㄷ과 면 ㄱㄷㄹ이 만나서 생기는 모서리는 모서
리 ㄱㄷ입니다.
17 각뿔의 높이는 각뿔의 꼭짓점에서 밑면에 수직인 선분
의 길이입니다.
18 사각뿔의 밑면의 모양은 사각형이고, 옆면은 4개입
니다.
19 각각 모서리의 수를 구해 보면
㉠ 3×3=9
㉡ 5×2=10
㉢ 4×2=8
㉣ 4×3=12

1회   3. 소수의 나눗셈

1 $\frac{1}{10}$, 42.4   **2** (1) 147, 147 ; 49, 4.9   (2) 1519,
1519 ; 217, 2.17   **3** 풀이 참조   **4** 6.3 cm

5 1.35 km   **6** 100, 100 ; $\frac{64}{100}$, 0.64

7 풀이 참조   **8** ㉡

9 ㉔ 한 도막의 길이가
빨간색 테이프는 6.24÷8=0.78(m)이고
파란색 테이프는 7.98÷14=0.57(m)이므로
빨간색 테이프가 0.78−0.57=0.21(m) 더 깁니다. ;
빨간색 테이프, 0.21 m

10 84, 840 ; 840, 168, 1.68   **11** 168, 1.68

12 $\frac{1}{100}$, $\frac{1}{100}$ **13** 3.82   **14** >   **15** 풀이 참조

16 ㉢   **17** 4.05 cm

18 (1) 4 ; 4, 12 ; 0.12   (2) 5 ; 5, 35 ; 3.5

19 ㉔ (한 사람에게 줄 수 있는 쌀의 양)
=(전체 쌀의 양)÷(사람 수)=25÷4=6.25(kg) ;
6.25 kg

20 (1) 6 ; 6.□0□5 (2) 8 ; 7.□9□6

풀이

1 나누어지는 수가 $\frac{1}{10}$ 배가 되면 몫도 $\frac{1}{10}$ 배가 됩니다.

2 소수 한 자리 수는 분모가 10인 분수로, 소수 두 자리 수는 분모가 100인 분수로 바꾸어 계산합니다.

3 (1)
$$\begin{array}{r} 1.6 \\ 4\overline{)6.4} \\ \underline{4} \\ 2\,4 \\ \underline{2\,4} \\ 0 \end{array}$$
(2)
$$\begin{array}{r} 3.9 \\ 15\overline{)58.5} \\ \underline{45} \\ 13\,5 \\ \underline{13\,5} \\ 0 \end{array}$$

4 정육면체는 12개의 모서리를 가지고 있습니다.
(한 모서리의 길이)
= (정육면체를 만드는 데 든 철사의 길이)
   ÷(모서리의 수)
=75.6÷12=6.3(cm)

5 (자동차가 1분 동안 달린 거리)
= (간 거리)÷(달린 시간)
=29.95÷17=1.35(km)

6 소수 두 자리 수이므로 $1.92=\frac{192}{100}$로 바꾸어 계산합니다.

7
$$\begin{array}{r} 0.83 \\ 4\overline{)4.98} \\ \underline{4\,8} \\ 1\,8 \\ \underline{1\,8} \\ 0 \end{array}$$

8 1.28÷4=0.32,
3.15÷9=0.35
➡ 0.32 < 0.35

10 $8.4÷5=\frac{84}{10}÷5=\frac{840}{100}÷5$
$=\frac{840÷5}{100}=\frac{168}{100}=1.68$

13
$$\begin{array}{r} 3.82 \\ 5\overline{)19.10} \\ \underline{15} \\ 4\,1 \\ \underline{4\,0} \\ 1\,0 \\ \underline{1\,0} \\ 0 \end{array}$$

14 30.9÷5=6.18,
77.7÷14=5.55
➡ 6.18 > 5.55

15
$$\begin{array}{r} 3.05 \\ 8\overline{)24.40} \\ \underline{24} \\ 4\,0 \\ \underline{4\,0} \\ 0 \end{array}$$
나눌 수 없을 때에는 몫에 0을 써서 계산합니다.

16 ㉠ 12÷32=0.375
㉡ 45.6÷8=5.7
㉢ 12.32÷4=3.08
㉣ 9.12÷6=1.52

17 변이 모두 10개 있으므로 40.5÷10=4.05(cm)입니다.

18 (1) 분모를 100으로 만들어 계산합니다.
(2) 분모를 10으로 만들어 계산합니다.

1_회 4. 비와 비율

1 (1) 4, 많습니다에 ○표 합니다. (2) 2

2 (1) 2, 5 (2) 5, 2 **3** (1) 35, 12 (2) 21, 15

4 7, 10 **5** (1) 5, 8 (2) $\dfrac{5}{8}$

6 (1) 4 (2) 3 (3) $\dfrac{3}{4}$ (4) 0.75 **7** $\dfrac{17}{20}$; 0.85

8 (예) 화면의 가로에 대한 세로의 비율이 $\dfrac{9}{16}$이므로 화면의 가로는 $72 \div \dfrac{9}{16} = 72 \times \dfrac{16}{9} = 128$(cm)입니다. ; 128 cm

9 0.84 **10** 84점 **11** ⑤

12 (1) 140%, $1\dfrac{1}{5}$, 1.01 (2) $\dfrac{9}{10}$, 99%, 0.7

13 풀이 참조 **14** ② **15** 92%

16 16845 **17** 200 kg **18** ㉠ **19** 1250원

20 (예) (늘인 후의 가로)$=60+60\times0.35$
$\qquad\qquad\qquad\quad =60+21=81$(cm)
(늘인 후의 세로)$=40+40\times0.25$
$\qquad\qquad\qquad\quad =40+10=50$(cm)
(새로운 사각형의 넓이)$=81\times50=4050$(cm^2) ; $4050 \ cm^2$

·풀이·

1 연필은 8개, 지우개는 4개입니다.
(1) $8-4=4$이므로 연필이 지우개보다 4개 더 많습니다.
(2) $8\div4=2$이므로 연필 수는 지우개 수의 2배입니다.

2 ■에 대한 ▲의 비 ➡ ▲ : ■

3 ● : ▲ ➡ ● 대 ▲
$\qquad\qquad$ ▲에 대한 ●의 비
$\qquad\qquad$ ●의 ▲에 대한 비
$\qquad\qquad$ ●와 ▲의 비

4 (두발자전거 수) : (세발자전거 수)$=7 : 10$

5 (1) 8에 대한 5의 비는 $5 : 8$입니다.
(2) 5의 8에 대한 비에서 기준량이 8이고 비교하는 양이 5이므로 비율은 $\dfrac{5}{8}$입니다.

6 $3 : 4$ ➡ $\dfrac{3}{4} = \dfrac{75}{100} = 0.75$

7 (맞힌 문제 수) : (전체 문제 수)$=17 : 20$
(비율)$=\dfrac{17}{20} = \dfrac{85}{100} = 0.85$

9 $\dfrac{21}{25} = \dfrac{84}{100} = 0.84$

10 $100\times0.84=84$(점)

11 ⑤ $0.203=20.3\%$

12 (1) 비율을 분수로 나타냈을 때 가분수가 되는 것을 찾습니다.
$\qquad$ ➡ $140\% = \dfrac{140}{100}$, $1\dfrac{1}{5} = \dfrac{6}{5}$, $1.01 = \dfrac{101}{100}$
(2) 비율을 분수로 나타냈을 때 진분수가 되는 것을 찾습니다.
$\qquad$ ➡ $\dfrac{9}{10}$, $99\% = \dfrac{99}{100}$, $0.7 = \dfrac{7}{10}$

13 (예)
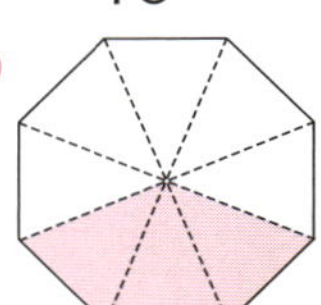
37.5% ➡ $0.375 = \dfrac{375}{1000} = \dfrac{3}{8}$
따라서 8칸 중 3칸을 색칠합니다.

14 ① $12 : 16$ ➡ $\dfrac{12}{16} = \dfrac{3}{4} = \dfrac{75}{100} = 0.75$
② $\dfrac{5}{4} = \dfrac{125}{100} = 1.25$
③ 85% ➡ $85\times\dfrac{1}{100} = 0.85$
④ 0.983
⑤ $18 : 15$ ➡ $\dfrac{18}{15} = \dfrac{6}{5} = \dfrac{12}{10} = 1.2$
비율이 가장 큰 것은 ② $\dfrac{5}{4}$입니다.

16 넓이에 대한 인구수의 비율은 (인구 수)$\div$(넓이)이므로 $50535\div3=16845$

17 (올해의 고구마 수확량)
$=$(작년의 고구마 수확량)$\times85\%$이므로
(작년의 고구마 수확량)
$=$(올해의 고구마 수확량)$\div85\%$
$=170\div0.85=200$(kg)

18 ㉠ 15% 할인: $55000\times0.85=46750$(원)
㉡ 7000원 할인: $55000-7000=48000$(원)
➡ ㉡을 더 싸게 살 수 있습니다.

19 $48000-46750=1250$(원)

1 4억 명　**2** 2, 3　**3** 일본, 미국, 독일　**4** 5 %
5 25 %　**6** 2배
7 (1) 126, 35　(2) 72, 20　(3) 108, 30　(4) 54, 15
8 풀이 참조　**9** 55 %　**10** 2배　**11** 5 %
12 20 %
13 ⑩ 용돈을 받고 싶어 하는 학생의 비율은 25 %입니다. 조사에 참여한 학생이 200명이므로 용돈을 받고 싶어 하는 학생은 $200 \times \dfrac{25}{100} = 50$(명)입니다. ; 50명
14 풀이 참조　**15** 풀이 참조
16 ⑩ 여름은 전체의 15 %를 차지합니다.
따라서 여름이 차지하는 부분의 길이는
$30 \times \dfrac{15}{100} = 4.5$(cm)입니다. ; 4.5 cm
17 주거비, 교육비　**18** 3.25배　**19** 108만 원
20 ㉠, ㉢

풀이

1 1억 명 그림이 4개이므로 4억 명입니다.

2 북아메리카의 스마트폰 사용 인구는 2억 3천만 명이므로 1억 명 그림 2개, 1천만 명 그림 3개를 그려 넣으면 됩니다.

3 🏛가 10000개, ⛪가 1000개를 나타내므로 일본이 67000개로 가장 많고 미국이 42000개로 그 다음이며 독일이 12000개로 그 다음입니다.

4 띠그래프의 작은 눈금 한 칸은 $10 \div 2 = 5$(%)를 나타냅니다.

5 작은 눈금 한 칸의 크기는 5 %이고 상업은 5칸이므로 $5 \times 5 = 25$(%)입니다.

6 아버지의 직업이 회사원인 학생: 30 %
아버지의 직업이 공무원인 학생: 15 %
➡ $30 \div 15 = 2$(배)

7 (1) $\dfrac{126}{360} \times 100 = 35$(%)
(2) $\dfrac{72}{360} \times 100 = 20$(%)
(3) $\dfrac{108}{360} \times 100 = 30$(%)
(4) $\dfrac{54}{360} \times 100 = 15$(%)

8
학생들의 혈액형

A형 (35%)	B형 (20%)	O형 (30%)	AB형 (15%)

작은 눈금 한 칸의 크기는 5 %를 나타냅니다.
➡ A형: 7칸, B형: 4칸, O형: 6칸, AB형: 3칸으로 나타냅니다.

9 A형: 35 %, B형: 20 %
➡ $35 + 20 = 55$(%)

10 O형: 30 %, AB형: 15 %
➡ $30 \div 15 = 2$(배)

11 전체 눈금의 수가 20이므로 눈금 한 칸은 $100 \div 20 = 5$(%)입니다.

12 신발은 4칸이므로 $5 \times 4 = 20$(%)입니다.

14

동물의 종류	돼지	닭	소	오리	합계
동물의 수(마리)	12	20	2	6	40
백분율(%)	30	50	5	15	100

돼지: $40 \times \dfrac{30}{100} = 12$(마리),
소: $40 - (12 + 20 + 6) = 2$(마리)
소의 비율: $100 - (30 + 50 + 15) = 5$(%)

15
동물의 종류

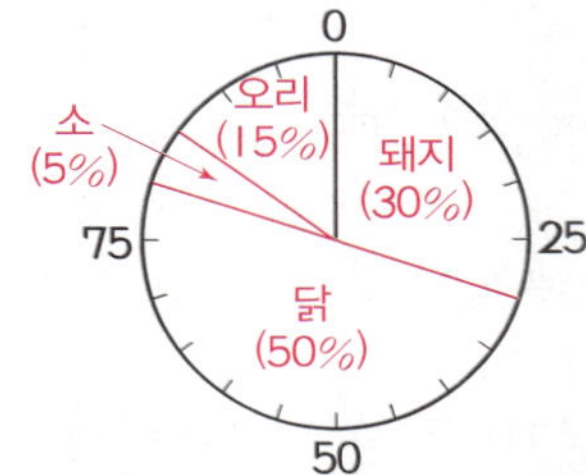

각 항목의 비율만큼 원을 나눕니다.

17 주거비는 25 %에서 30 %로, 교육비는 10 %에서 25 %로 증가하였습니다.

18 $(30 + 25 + 10) \div 20 = 65 \div 20 = 3.25$(배)

19 저축을 2배로 늘리면 30 %가 됩니다.
➡ $360 \times \dfrac{30}{100} = 108$(만 원)

20 ㉠ 띠그래프, 원그래프, 막대그래프
㉡ 그래프로 그릴 수 없습니다.
㉢ 띠그래프, 원그래프
㉣ 꺾은선그래프
㉤ 막대그래프

1회 6. 직육면체의 부피와 겉넓이
16~18쪽

1 승준 **2** 풀이 참조 **3** (1) 80 cm³ (2) 24 cm³
4 ㉠ **5** 3 **6** 7 cm **7** 1331 cm³
8 ⑩ 직육면체의 각 모서리를 2배로 늘이면 가로 16 cm, 세로 10 cm, 높이 12 cm가 됩니다.
(처음 직육면체의 부피)=8×5×6=240(cm³),
(늘인 직육면체의 부피)=16×10×12=1920(cm³)
1920÷240=8이므로 직육면체의 각 모서리를 2배로 늘인 직육면체의 부피는 처음 직육면체의 부피의 8배가 됩니다. ; 8배
9 548 cm³ **10** (1) 1000000 (2) 1.7
11 480000 cm³ **12** 36000000, 36
13 가, 84 m³ **14** 280 cm² **15** 180 cm²
16 486 cm² **17** 96 cm² **18** 792 cm²
19 6 cm
20 ⑩ 4등분 한 작은 버터의 가로는 10 cm, 세로는 6 cm, 높이는 15 cm입니다.
(작은 버터 한 개의 겉넓이)
=(10×6+6×15+10×15)×2
=300×2=600(cm²)이고 작은 버터가 모두 4조각이므로 600×4=2400(cm²)입니다. ; 2400 cm²

풀이

1 쌓기나무를 승준이의 선물 상자에는
3×3×3=27(개),
유정이의 선물 상자에는 4×3×2=24(개) 담을 수 있습니다.
승준이의 선물 상자에 쌓기나무를 더 많이 넣을 수 있으므로 승준이의 선물 상자의 부피가 더 큽니다.

2

도형	가	나
쌓기나무 수(개)	30	36
부피(cm³)	30	36

가: 5×3×2=30(개) ➡ 30 cm³
나: 3×3×4=36(개) ➡ 36 cm³
3 (1) 5×4×4=80(cm³)
(2) 3×4×2=24(cm³)
4 ㉠ 4×4×4=64(cm³)
㉡ 3×4×5=60(cm³)

5 6×9×□=162이므로
54×□=162, □=162÷54=3입니다.
6 (가의 부피)=7×8×15=840(cm²)
가와 나의 부피가 같으므로
10×12×□=840, □=7
7 여섯 면이 모두 정사각형이므로 정육면체의 전개도입니다. 세 모서리의 합이 33 cm이므로 한 모서리는 11 cm입니다. 따라서 만들려는 선물 상자의 부피는 11×11×11=1331(cm³)입니다.
8 전체 직육면체의 부피에서 잘린 작은 직육면체의 부피를 뺍니다.
(전체 직육면체의 부피)=15×11×4
=660(cm³)
(작은 직육면체의 부피)=4×7×4
=112(cm³)
➡ 660−112=548(cm³)
10 1000000 cm³=1 m³입니다.
11 1 m³=1000000 cm³이므로
1000000−520000=480000(cm³)입니다.
12 3 m=300 cm이므로
800×300×150=36000000(cm³),
800 cm=8 m, 150 cm=1.5 m이므로
8×3×1.5=36(m³)
13 (가의 부피)=12×4×6=288(m³)
(나의 부피)=6×2×17=204(m³)
➡ 가의 부피가 288−204=84(m³) 더 큽니다.
14 (10×5+5×6+10×6)×2=140×2
=280(cm²)
15 (8×3+3×6+8×6)×2=90×2
=180(cm²)
16 9×9×6=486(cm²)
17 한 모서리가 4 cm인 정육면체의 전개도입니다.
(겉넓이)=4×4×6=96(cm²)
18 상자의 부피가 1260 cm³이므로
□×10×6=1260, □=21(cm)입니다.
➡ (상자의 겉넓이)=(21×10+10×6+21×6)×2
=396×2=792(cm²)
19 높이를 □cm라고 하면
(7×8+7×□+8×□)×2=292
56+7×□+8×□=146
15×□=90, □=6

1 (1) $\dfrac{6}{11}$ (2) $\dfrac{8}{15}$ **2** $\dfrac{1}{3}$, 3, 2, $\dfrac{2}{3}$ **3** ①

4 $20\dfrac{1}{2}$ kg **5** (1) 6, 2 (2) 14, 2

6 (1) $\dfrac{7}{30}$ (2) $\dfrac{2}{9}$ **7** $\dfrac{1}{3}$, $\dfrac{5}{18}$ **8** <

9 $\dfrac{5}{56}$, $\dfrac{1}{56}$ **10** $2\dfrac{2}{15}$ **11** ㉢, ㉡, ㉠ **12** $\dfrac{23}{72}$ m

13 (예) 어떤 수를 □라고 하면

□$\times4=\dfrac{3}{5}$, □$=\dfrac{3}{5}\div4=\dfrac{3}{5}\times\dfrac{1}{4}=\dfrac{3}{20}$입니다.

따라서 바르게 계산하면 $\dfrac{3}{20}\div4=\dfrac{3}{20}\times\dfrac{1}{4}=\dfrac{3}{80}$입니

다. ; $\dfrac{3}{80}$

14 ✕   **15** 11   **16** 3, 1, 2   **17** $2\dfrac{2}{7}$ cm

18 $1\dfrac{2}{3}$ mL

19 (예) $12\dfrac{4}{5}\div4=\dfrac{\overset{16}{\cancel{64}}}{5}\times\dfrac{1}{\cancel{4}}=\dfrac{16}{5}=3\dfrac{1}{5}$이므로

$3\dfrac{1}{5}>$□입니다. 따라서 □ 안에 들어갈 수 있는 가장

큰 자연수는 3입니다. ; 3

20 5바퀴

풀이

1 (1) $6\div11=\dfrac{6}{11}$

  (2) $8\div15=\dfrac{8}{15}$

3 나누어지는 수가 나누는 수보다 크면 몫이 1보다 큽
니다.

4 (아버지의 몸무게)=(동생의 몸무게)$\times4$
  ➡ (동생의 몸무게)=(아버지의 몸무게)$\div4$

$$=82\div4=\dfrac{\overset{41}{\cancel{82}}}{\cancel{4}_{2}}=\dfrac{41}{2}=20\dfrac{1}{2}\,(\text{kg})$$

5 (1) $\dfrac{6}{11}\div3=\dfrac{6\div3}{11}=\dfrac{2}{11}$

  (2) $\dfrac{14}{19}\div7=\dfrac{14\div7}{19}=\dfrac{2}{19}$

6 (1) $\dfrac{7}{15}\div2=\dfrac{7\times2}{15\times2}\div2=\dfrac{14}{30}\div2=\dfrac{14\div2}{30}=\dfrac{7}{30}$

  (2) $\dfrac{2}{3}\div3=\dfrac{2\times3}{3\times3}\div3=\dfrac{6}{9}\div3=\dfrac{6\div3}{9}=\dfrac{2}{9}$

7 오른쪽 그림에서 색칠한 부분은 전체의 $\dfrac{5}{18}$입니다.

8 $\dfrac{6}{13}\div18=\dfrac{6}{13}\times\dfrac{1}{\underset{3}{\cancel{18}}}=\dfrac{1}{39}$, $\dfrac{3}{7}\div3=\dfrac{\cancel{3}}{7}\times\dfrac{1}{\cancel{3}_{1}}=\dfrac{1}{7}$

➡ $\dfrac{1}{39}<\dfrac{1}{7}$

9 $\dfrac{5}{8}\div7=\dfrac{5}{8}\times\dfrac{1}{7}=\dfrac{5}{56}$, $\dfrac{5}{56}\div5=\dfrac{\cancel{5}}{56}\times\dfrac{1}{\cancel{5}_{1}}=\dfrac{1}{56}$

10 ㉠ $\dfrac{8}{3}\div2=\dfrac{\overset{4}{\cancel{8}}}{3}\times\dfrac{1}{\cancel{2}}=\dfrac{4}{3}=1\dfrac{1}{3}$

  ㉡ $\dfrac{12}{5}\div3=\dfrac{\overset{4}{\cancel{12}}}{5}\times\dfrac{1}{\cancel{3}}=\dfrac{4}{5}$

  ➡ ㉠$+$㉡$=1\dfrac{1}{3}+\dfrac{4}{5}=1\dfrac{5}{15}+\dfrac{12}{15}=2\dfrac{2}{15}$

11 ㉠ $\dfrac{8}{13}\div24=\dfrac{\cancel{8}}{13}\times\dfrac{1}{\underset{3}{\cancel{24}}}=\dfrac{1}{39}$

  ㉡ $\dfrac{2}{9}\div6=\dfrac{\cancel{2}}{9}\times\dfrac{1}{\underset{3}{\cancel{6}}}=\dfrac{1}{27}$

  ㉢ $\dfrac{5}{12}\div10=\dfrac{\cancel{5}}{12}\times\dfrac{1}{\underset{2}{\cancel{10}}}=\dfrac{1}{24}$

  ➡ $\dfrac{1}{24}>\dfrac{1}{27}>\dfrac{1}{39}$ ➡ ㉢$>$㉡$>$㉠

12 (정삼각형의 한 변의 길이)
  $=$(정삼각형의 둘레)$\div3$

  $=\dfrac{23}{24}\div3=\dfrac{23}{24}\times\dfrac{1}{3}=\dfrac{23}{72}\,(\text{m})$

14 $5\dfrac{1}{4}\div7=\dfrac{\overset{3}{\cancel{21}}}{4}\times\dfrac{1}{\cancel{7}}=\dfrac{3}{4}$,

  $4\dfrac{2}{7}\div15=\dfrac{\overset{2}{\cancel{30}}}{7}\times\dfrac{1}{\cancel{15}}=\dfrac{2}{7}$

15 $5\dfrac{5}{6}\div7=\dfrac{\overset{5}{\cancel{35}}}{6}\times\dfrac{1}{\cancel{7}}=\dfrac{5}{6}$

따라서 $6+5=11$입니다.

16 $2\dfrac{2}{3}\div10=\dfrac{4}{15}$, $10\dfrac{4}{5}\div3=3\dfrac{3}{5}$, $6\dfrac{7}{8}\div5=1\dfrac{3}{8}$

➡ $3\dfrac{3}{5}>1\dfrac{3}{8}>\dfrac{4}{15}$

17 (직사각형의 세로)
=(넓이)÷(가로)
$=18\dfrac{2}{7}\div8=\dfrac{\overset{16}{\cancel{128}}}{7}\times\dfrac{1}{\cancel{8}}=\dfrac{16}{7}=2\dfrac{2}{7}$(cm)

18 주스 $8\dfrac{1}{3}$ mL를 작은 병 5개에 똑같이 나누어 담으므로 $8\dfrac{1}{3}\div5$로 계산할 수 있습니다.

$8\dfrac{1}{3}\div5=\dfrac{\overset{5}{\cancel{25}}}{3}\times\dfrac{1}{\cancel{5}}=\dfrac{5}{3}=1\dfrac{2}{3}$(mL)

20 (1분 동안 도는 바퀴 수)
$=3\dfrac{1}{2}\div14=\dfrac{\overset{1}{\cancel{7}}}{2}\times\dfrac{1}{\underset{2}{\cancel{14}}}=\dfrac{1}{4}$(바퀴)

(20분 동안 도는 바퀴 수)$=\dfrac{1}{4}\times\overset{5}{\cancel{20}}=5$(바퀴)

2회 **2. 각기둥과 각뿔** 22~24쪽

1 입체도형 **2** ③ **3** 4개
4 모서리 ㄱㅁ, 모서리 ㄴㅂ, 모서리 ㄷㅅ, 모서리 ㄹㅇ
5 ④ **6** 풀이 참조 **7** 40
8 (○)( ) **9** (위에서부터) 2, 7, 7, 5
10 ⓔ 밑면의 모양은 삼각형이고, 전개도에서 만나는 선분의 길이는 같으므로 (밑면의 둘레)=7+7+8=22(cm)입니다. ; 22 cm **11** 점 ㄱ, 점 ㅈ
12 면 ㄷㄹㅁㄴ, 면 ㄴㅁㅂㅍ, 면 ㅍㅂㅋㅌ, 면 ㅋㅇㅈㅊ
13 풀이 참조 **14** 가, 다 **15** 사각뿔 ; 육각기둥
16 면 ㄱㄴㄷ, 면 ㄱㄷㄹ, 면 ㄱㄴㄹ **17** 높이
18 6 **19** 풀이 참조
20 ⓔ 옆면이 삼각형 5개로 이루어진 도형은 오각뿔입니다. 따라서 오각뿔의 밑면은 한 변이 5 cm인 오각형이므로 각뿔의 모든 모서리의 길이의 합은
(5×5)+(7×5)=25+35=60(cm)입니다. ; 60 cm

풀이

1 평면도형이 아닌 도형을 입체도형이라고 합니다.
2 위아래에 있는 면이 서로 평행하고 합동인 다각형으로 이루어진 기둥 모양의 입체도형을 각기둥이라고 합니다. ➡ ③은 사각뿔입니다.
4 합동인 두 밑면의 대응하는 꼭짓점을 이은 모서리의 길이는 각기둥의 높이와 같습니다.
5 각기둥의 모든 면은 다각형입니다.
6 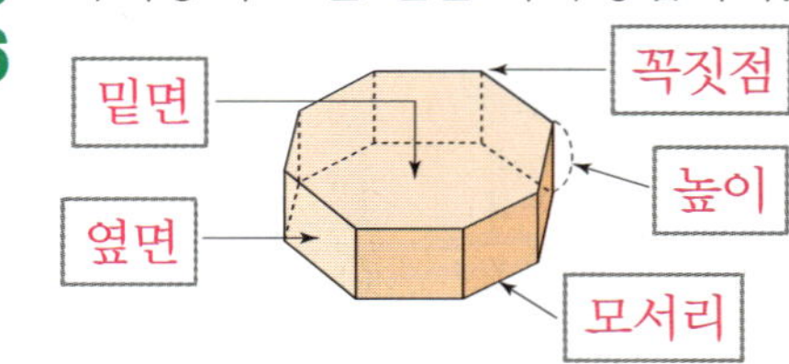

각기둥에서 서로 평행한 두 면을 밑면이라 하고 밑면에 수직인 면을 옆면이라고 합니다. 또, 면과 면이 만나는 선분을 모서리, 모서리와 모서리가 만나는 점을 꼭짓점, 두 밑면 사이의 거리를 높이라고 합니다.
7 팔각기둥의 모서리의 수는 8×3=24, 꼭짓점의 수는 8×2=16입니다. ➡ 24+16=40
8 밑면이 삼각형이고 옆면이 직사각형이므로 삼각기둥의 전개도입니다. 삼각기둥은 삼각형 모양의 밑면 2개와 직사각형 모양의 옆면 3개로 이루어져 있습니다.
9 전개도를 접었을 때 만나는 선분의 길이는 같습니다.
11 전개도를 접었을 때, 점 ㄷ과 만나는 점은 점 ㄱ, 점 ㅈ입니다.
12 한 면과 수직인 면은 4개로 면 ㄷㄹㅁㄴ, 면 ㄴㅁㅂㅍ, 면 ㅍㅂㅋㅌ, 면 ㅋㅇㅈㅊ입니다.
13 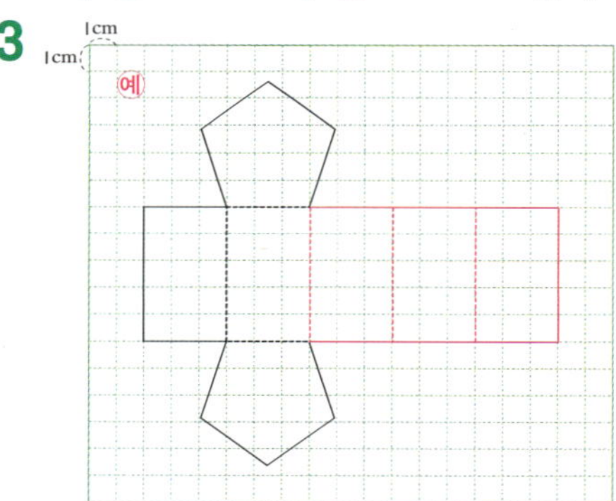

밑면의 모양이 오각형이므로 오각기둥의 전개도를 완성합니다.
14 각뿔의 밑면은 다각형이고, 옆면은 모두 삼각형입니다.
15 가는 밑면이 사각형이고 옆면이 삼각형이므로 사각뿔이고 마는 밑면이 육각형이고 옆면이 직사각형이므로 육각기둥입니다.

17 각뿔의 꼭짓점에서 밑면에 수직인 선분의 길이는 높이입니다.

18 (칠각뿔의 모서리의 수)=7×2=14
(십각뿔의 모서리의 수)=10×2=20
➡ 20−14=6

19

도형	사각기둥	오각뿔
밑면의 모양	사각형	오각형
옆면의 모양	직사각형	삼각형
밑면의 수	2	1
꼭짓점의 수	8	6
면의 수	6	6
모서리의 수	12	10

사각기둥: (꼭짓점의 수)=4×2=8,
　　　　　(면의 수)=4+2=6,
　　　　　(모서리의 수)=4×3=12
오각뿔: (꼭짓점의 수)=5+1=6,
　　　　(면의 수)=5+1=6,
　　　　(모서리의 수)=5×2=10

2회 3. 소수의 나눗셈
25~27쪽

1 324 ; $\dfrac{1}{100}$; 3.24

2 ⑴ 92, 4 ; 23, 2.3　⑵ 693, 3 ; 231, 2.31

3 풀이 참조　**4** 2.3 m

5 ⑩ (상자 한 개의 높이)=(상자 전체의 높이)÷(상자의 수)=228.2÷14=16.3(cm) ; 16.3 cm

6 100, 468, 9 ; 100, 0.52　**7** 13.7 m

8 9.25 m　**9** 6.85 m　**10** ㉢　**11** 3.25, 0.65

12 0.75 L　**13** $\dfrac{1}{100}$; 208, 2.08 ; $\dfrac{1}{100}$

14 ✕　**15** 11.12　**16** 풀이 참조　**17** <

18 ㉠ 139.5　㉡ 9.3

19 ⑩ 9그루를 심으려면 가로수끼리의 간격은 9−1=8(군데)입니다.
(가로수와 가로수 사이의 거리)=34÷8=4.25(m) ; 4.25 m

20 ⑴ 18, 6, 3　⑵ 63, 7, 9

3
⑴
```
        8.1
  8 ) 64.8
      64
       8
       8
       0
```
⑵
```
         3.7
  16 ) 59.2
       48
      11 2
      11 2
        0
```

4 (한 층의 높이)=(전체 높이)÷(층 수)
　　　　　　　　=27.6÷12=2.3(m)

6 소수 두 자리 수이므로 4.68=$\dfrac{468}{100}$로 바꾸어 계산합니다.

7 27.4÷2=13.7이므로 1루와 2루 사이에 서 있는 수비수는 1루에서부터 13.7 m 떨어져 있습니다.

8 (1초 동안 공이 이동한 거리)
=(전체 거리)÷(걸린 시간)
=18.5÷2=9.25(m)

9 타자가 홈에서 1루, 2루, 3루를 거쳐 홈까지 다시 돌아오는 데 달린 거리는 27.4×4=109.6(m)입니다.
(1초 동안 달린 거리)=(전체 거리)÷(걸린 시간)
　　　　　　　　　　=109.6÷16=6.85(m)

10 나누어지는 수가 나누는 수보다 작으면 몫은 1보다 작습니다.

11 48.75÷15=3.25, 3.25÷5=0.65

12 (병 한 개에 담긴 간장의 양)
=(전체 간장의 양)÷(병 수)
=2.25÷3=0.75(L)

14 51.5÷5=1.02, 4.12÷4=1.03

15 ㉠ 35.4÷5=7.08　㉡ 20.2÷5=4.04
➡ ㉠+㉡=7.08+4.04=11.12

16
```
         3.06
  15 ) 45.90
       45
        90
        90
         0
```
9를 15로 나눌 수 없으므로 몫의 첫째 자리에 0을 쓰고, 나누어지는 소수의 오른쪽 끝자리에서 0을 내려 계산합니다.

17 48.4÷8=6.05, 78.78÷13=6.06

18 ㉠ 558÷4=139.5
㉡ 139.5÷15=9.3

2회 4. 비와 비율
28~30쪽

1 풀이 참조 **2** 4, 적습니다에 ○표 ; 4, 많습니다에 ○표
3 5, 8 ; 8, 5 ; 5, 8 ; 5, 8 **4** (1) 20 (2) 9 **5** ㉠
6 ⓔ (먹고 남은 사탕 수)=25−12=13(개) ➡ (먹고 남은 사탕 수):(전체 사탕 수)=13:25 ; 13:25
7 $\frac{9}{12}\left(=\frac{3}{4}\right)$; 0.75 **8** (1) 0.32 (2) 0.75
9 $\frac{7}{20}$; 0.35 **10** ②, ④ **11** 풀이 참조
12 0.625 ; 62.5 %
13 (1) 51 % (2) 64 % (3) 85 % (4) 209 %
14 ㉡, ㉢, ㉠, ㉣ **15** 20 % **16** 24 % **17** 16 %
18 130 ; 132 ; 행복 마을 **19** 11250원
20 ⓔ 사과나무가 전체의 $\frac{7}{25}$=0.28만큼 심어져 있으므로 사과나무가 심어지지 않은 부분은 1−0.28=0.72입니다. 따라서 감나무가 심어진 부분은 0.72의 절반이므로 감나무는 전체 과수원의 0.72÷2=0.36 ➡ 36 %입니다. ; 36 %

• 풀이 •

1 민지와 오빠의 나이는 1년이 지날수록 한 살씩 많아집니다.

2 민지는 항상 오빠보다 4살 적습니다.
오빠는 항상 민지보다 4살 많습니다.

3 ● : ▲ ➡ ● 대 ▲, ▲에 대한 ●의 비,
●의 ▲에 대한 비, ●와 ▲의 비

4 (1) 비교하는 양 : 9, 기준량 : 20
(2) 비교하는 양 : 14, 기준량 : 9

5 기준량이 배, 비교하는 양이 사과입니다.
➡ (사과 수) : (배 수)=7 : 4

7 12칸 중 9칸이 색칠되어 있으므로 비로 나타내면 9 : 12입니다.
➡ $\frac{9}{12}=\frac{3}{4}=\frac{75}{100}$=0.75

8 (1) 8 : 25 ➡ $\frac{8}{25}=\frac{32}{100}$=0.32
(2) 6 : 8 ➡ $\frac{6}{8}=\frac{3}{4}=\frac{75}{100}$=0.75

9 (비율)=$\frac{(비교하는\ 양)}{(기준량)}=\frac{(남학생\ 수)}{(여학생\ 수)}=\frac{7}{20}=\frac{35}{100}$
=0.35

10 4 : 25 ➡ $\frac{4}{25}$=0.16 ➡ 16 %

11 ⓔ

75 % ➡ $\frac{75}{100}=\frac{15}{20}$이므로 20칸 중 15칸을 색칠합니다.

12 5 : 8 ➡ $\frac{5}{8}$=0.625 ➡ 62.5 %

13 (1) $\frac{51}{100}\times100$=51(%) (2) $\frac{16}{25}\times100$=64(%)
(3) 0.85×100=85(%) (4) 2.09×100=209(%)

14 ㉠ $\frac{6}{12}=\frac{1}{2}=\frac{5}{10}$=0.5 ㉡ $\frac{7}{10}$=0.7
㉢ $\frac{3}{5}=\frac{6}{10}$=0.6 ㉣ $\frac{7}{25}=\frac{28}{100}$=0.28
➡ 0.7 > 0.6 > 0.5 > 0.28

15 (할인율)=$\frac{(할인\ 금액)}{(휴대\ 전화\ 요금)}$
=$\frac{5000}{25000}\times100$=20(%)

16 (핫초코의 진하기)=$\frac{60}{250}=\frac{6}{25}=\frac{24}{100}$=0.24
➡ 24 %

17 할인된 금액은 1600원입니다.
(할인율)=$\frac{(할인\ 금액)}{(케이크\ 가격)}=\frac{1600}{10000}\times100$=16(%)

18

마을	넓이(km^2)	인구(명)	비율
행복 마을	24	3210	130
사랑 마을	17	2244	132

(넓이에 대한 인구수의 비율)=(인구)÷(넓이)이므로
(행복 마을)=3120÷24
=130
(사랑 마을)=2244÷17
=132
따라서 비율이 더 낮은 마을은 행복 마을입니다.

19 25 %를 분수로 나타내면 $\frac{25}{100}$이므로
(할인 금액)=15000×$\frac{25}{100}$=3750(원)
(할인된 물건의 가격)=15000−3750=11250(원)

2회 5. 여러 가지 그래프
31~33쪽

1 220 **2** 광주·전라, 대구·부산·울산·경상
3 제주 ; 강원 **4** 35 % **5** 7배 **6** 풀이 참조
7 풀이 참조 **8** 딸기 **9** 포도 **10** 25 %
11 2배 **12** ⑴ 240, 40 ⑵ 120, 20 ⑶ 150, 25
⑷ 90, 15 **13** 풀이 참조
14 수박, 45 % ; 귤, 40 % **15** 15 %
16 ⑩ 전체 학생 수가 750명이므로 유럽으로 여행 가

고 싶은 학생은 $750 \times \dfrac{20}{100} = 150$(명)입니다.

17 줄어들고 ○표, 늘어날에 ○표 **18** 풀이 참조
19 풀이 참조 **20** 45 %

• 풀이

1 100 그림이 2개, 10 그림이 2개이므로 220입니다.

2 광주·전라: 160, 대구·부산·울산·경상: 140이 나
쁨에 해당하는 지역입니다.

3 미세 먼지 농도는 제주가 40으로 가장 좋고 강원이
250으로 가장 좋지 않습니다.

4 과학을 좋아하는 학생: 25 %,
미술을 좋아하는 학생: 10 %
➡ 25+10=35(%)

5 수학을 좋아하는 학생 : 35 %,
체육을 좋아하는 학생 : 5 %
➡ 35÷5=7(배)

6 동아리 활동 신청 현황

동아리 활동	스포츠부	합창부	미술부	독서부	합계
신청자 수(명)	162	90	72	36	360
백분율(%)	45	25	20	10	100

7 동아리 활동 신청 현황

0 10 20 30 40 50 60 70 80 90 100(%)

스포츠부 (45%)	합창부 (25%)	미술부 (20%)	독서부 (10%)

8 딸기를 좋아하는 학생이 30 %로 가장 높은 비율을
차지하고 있습니다.

9 복숭아를 좋아하는 학생의 비율은 15 %이고 포도를
좋아하는 학생의 비율도 15 %로 같습니다.

10 포도를 좋아하는 학생: 15 %,
바나나를 좋아하는 학생: 10 %
➡ 15+10=25(%)

11 오렌지를 좋아하는 학생: 20 %,
귤을 좋아하는 학생: 10 %
➡ 20÷10=2(배)

13
후보자별 득표 수

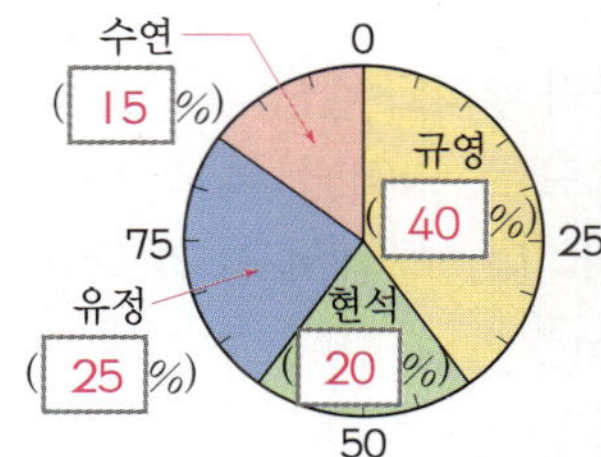

각 후보자별 득표 수의
백분율을 원그래프에 써
넣습니다.

14 원그래프에서 가장 많은 부분을 차지하는 항목이 가
장 잘 팔리는 과일입니다. 원그래프의 눈금 한 칸은
5 %입니다.

15 100−(30+20+15+12+8)=15(%)
또는 한 칸에 5 %이므로 3칸이면 15 %입니다.

17 저학년의 비율은 44 %, 38 %, 34 %로 줄어들고,
고학년의 비율은 56 %, 62 %, 66 %로 늘어났으므
로 앞으로 저학년의 비율은 줄어들고 고학년의 비율
은 늘어날 것으로 예상할 수 있습니다.

18
아침 식사

구분	백분율(%)
매일 먹음	30
이틀에 한 번	15
거의 안 먹음	40
안 먹음	15
합계	100

19
아침 식사

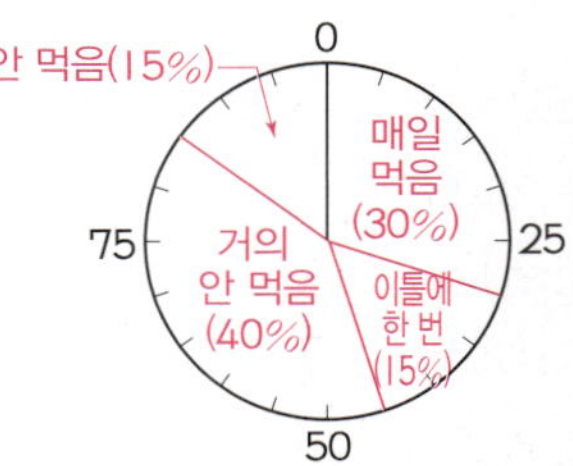

20 매일 먹는 학생도 이틀에 한 번 이상 먹는 학생에 포
함됩니다.
➡ 30+15=45(%)

2회 6. 직육면체의 부피와 겉넓이
34~36쪽

1 14, 21, 나 **2** 풀이 참조
3 (1) 125 cm³ (2) 28 cm³ **4** 가 **5** 9
6 예 (한 모서리가 12 cm인 정육면체의 부피)
=12×12×12=1728(cm³)
18×16×□=1728, □=1728÷288=6(cm)
7 336 cm³ **8** 671 cm³
9 예 돌의 부피는 늘어난 물의 부피와 같습니다. 물의 높이가 3 cm만큼 높아졌으므로 늘어난 물의 부피는
13×9×3=351(cm³)입니다. 따라서 돌의 부피는
351 cm³입니다. ; 351 cm³
10 100, 1 세제곱미터 **11** (1) 8000000 (2) 20
12 (1) 343 m³ (2) 42 m³ **13** 나, 41 m³
14 148 cm² **15** 864 cm² **16** 166 cm²
17 158 cm² **18** 1574 cm² **19** 12 cm
20 292 cm²

풀이

1 가 상자에는 강정을 14개 넣을 수 있고, 나 상자에는 강정을 21개 넣을 수 있으므로 나 상자의 부피가 더 큽니다.

2

도형	가	나
쌓기나무의 수(개)	48	45
부피(cm³)	48	45

쌓기나무의 한 모서리가 1 cm이므로 쌓기나무의 수가 부피가 됩니다.

3 (1) 5×5×5=125(cm³)
(2) 1×7×4=28(cm³)

4 가: 7×6×3=126(cm³),
나: 4×15×2=120(cm³),
➡ 126 > 120 ➡ 가 > 나

5 (직육면체의 부피)=(가로)×(세로)×(높이)입니다.
(가로)×(세로)=30 cm²이므로
270=30×□, □=9(cm)

7 가로, 세로, 높이가 각각 8 cm, 7 cm, 6 cm인 직육면체가 만들어집니다.
(부피)=8×7×6=336(cm³)

8 1층과 2층으로 나누어 각각의 부피를 구합니다.
(2층의 부피)=4×11×4=176(cm³)
(1층의 부피)=9×11×5=495(cm³)
➡ 176+495=671(cm³)

10 한 모서리가 100 cm인 정육면체의 부피는
100×100×100=1000000(cm³)이고 100 cm는 1 m이므로 1×1×1=1(m³)와 같습니다.

11 1 m³=1000000 cm³입니다.

12 (1) 7×7×7=343(m³)
(2) 600×350×200=42000000(cm³)=42(m³)

13 (가의 부피)=7×3×4=84(m³)
(나의 부피)=5×5×5=125(m³)
➡ 나의 부피가 125−84=41(m³) 더 큽니다.

14 여섯 면의 넓이의 합을 구합니다.
6×5+6×5+5×4+5×4+6×4+6×4=148(cm²)

15 정육면체 모양의 상자 겉면에 시트지를 붙이려면 정육면체의 겉넓이만큼의 시트지가 필요합니다.
(정육면체의 겉넓이)=12×12×6=864(cm²)

16 합동인 세 쌍의 넓이의 합을 2배합니다.
(5×4+4×7+5×7)×2=83×2=166(cm²)

17 (8×3+8×5+3×5)×2=79×2=158(cm²)

18 (22×19+22×9+19×9)×2
=787×2=1574(cm²)

19 (직육면체의 겉넓이)
=(20×12+12×6+20×6)×2=864(cm²)
겉넓이가 864 cm²인 정육면체의 한 면의 넓이는
864÷6=144(cm²)이므로 정육면체의 한 모서리는 144=12×12에서 12 cm입니다.

20 (직육면체의 부피)=(가로)×(세로)×(높이),
336=(가로)×(세로)×7에서
(가로)×(세로)=48(cm²)입니다.
이때, 색칠한 면의 둘레가 28 cm이므로
옆으로 둘러싸인 면의 넓이는 28×7=196(cm²)입니다.
(직육면체의 겉넓이)=(여섯 면의 넓이의 합)이므로 색칠한 면의 넓이의 2배와 옆으로 둘러싸인 면의 넓이의 합을 구하면 48×2+196=292(cm²)입니다.

복습
BOOK

복습 BOOK

실력편 6·1

정답과 풀이

초등 수학 실력 향상 유형서

실력편

6·1

진도 BOOK

복습 BOOK

정답과 풀이

정답과 풀이

수학 익힘 풀기

9쪽

1 풀이 참조 ; $\dfrac{4}{6}$ **2** (1) $\dfrac{1}{9}$ (2) $\dfrac{7}{26}$

3 $2\div5=\dfrac{2}{5}$, $\dfrac{2}{5}$ L **4** 풀이 참조 ; $\dfrac{6}{4}$, 1, 1

5 1, 1, 1, 1, 9 **6** (1) $\dfrac{12}{5}\left(=2\dfrac{2}{5}\right)$ (2) $\dfrac{25}{6}\left(=4\dfrac{1}{6}\right)$

풀이

1 예

$1\div6$은 $\dfrac{1}{6}$입니다. $4\div6$은 $\dfrac{1}{6}$이 4개인 것과 같으므로 $4\div6=\dfrac{4}{6}$입니다.

2 (자연수)÷(자연수)의 몫을 분수로 나타내는 방법은 $\blacktriangle\div\bullet=\dfrac{\blacktriangle}{\bullet}$입니다.

4 예 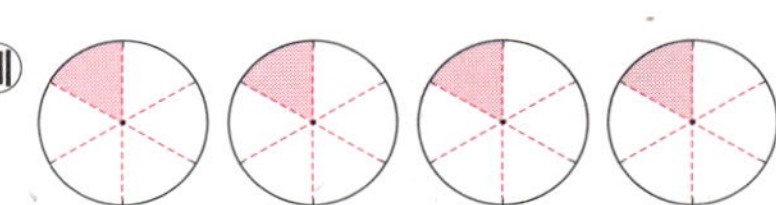

$1\div4$는 $\dfrac{1}{4}$입니다. $6\div4$는 $\dfrac{1}{4}$이 6개인 것과 같으므로 $6\div4=\dfrac{6}{4}=1\dfrac{2}{4}=1\dfrac{1}{2}$입니다.

5 $9\div4$의 몫은 2이고, 나머지는 1입니다. 나머지 1을 다시 4로 나누면 $\dfrac{1}{4}$이므로 $9\div4=2\dfrac{1}{4}=\dfrac{9}{4}$입니다.

수학 익힘 풀기

11쪽

1 풀이 참조 ; $\dfrac{4}{18}\left(=\dfrac{2}{9}\right)$ **2** (1) $\dfrac{3}{17}$ (2) $\dfrac{13}{45}$

3 은영 **4** $\dfrac{1}{6}$ **5** (1) $\dfrac{5}{35}\left(=\dfrac{1}{7}\right)$ (2) $\dfrac{5}{24}$

6 $\dfrac{3}{5}\div7=\dfrac{3}{35}\left($또는 $\dfrac{3}{7}\div5=\dfrac{3}{35}\right)$

풀이

1 예 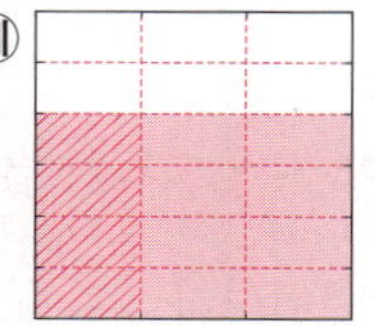

$\dfrac{4}{6}\div3=\dfrac{4\times3}{6\times3}\div3=\dfrac{12}{18}\div3=\dfrac{12\div3}{18}=\dfrac{4}{18}\left(=\dfrac{2}{9}\right)$

2 (1) $\dfrac{15}{17}\div5=\dfrac{15\div5}{17}=\dfrac{3}{17}$

(2) $\dfrac{13}{15}\div3=\dfrac{13\times3}{15\times3}\div3=\dfrac{39}{45}\div3=\dfrac{39\div3}{45}=\dfrac{13}{45}$

3 $\dfrac{5}{9}\div3=\dfrac{5\times3}{9\times3}\div3=\dfrac{15}{27}\div3=\dfrac{15\div3}{27}=\dfrac{5}{27}$

4 $\dfrac{\blacktriangle}{\bullet}\div\blacklozenge$를 $\dfrac{\blacktriangle}{\bullet}\times\dfrac{1}{\blacklozenge}$로 고쳐서 계산합니다.

5 (1) $\dfrac{5}{7}\div5=\dfrac{5}{7}\times\dfrac{1}{5}=\dfrac{5}{35}\left(=\dfrac{1}{7}\right)$

(2) $\dfrac{5}{6}\div4=\dfrac{5}{6}\times\dfrac{1}{4}=\dfrac{5}{24}$

6 결과가 가장 작은 나눗셈식을 만들려면 분모가 커지도록 식을 만들어야 합니다. 나누는 수가 자연수인 경우 나누어지는 수의 분모와 곱해지기 때문에 $\dfrac{3}{5}\div7$ 또는 $\dfrac{3}{7}\div5$를 만들면 됩니다.

수학 익힘 풀기

13쪽

1 $\dfrac{1}{8}$, $\dfrac{1}{8}$, $\dfrac{1}{8}$, $\dfrac{7}{24}$ **2** (1) $\dfrac{7}{25}$ (2) $\dfrac{6}{20}\left(=\dfrac{3}{10}\right)$

3 창국 **4** (1) $\dfrac{13}{5}$, $\dfrac{7}{7}$, $\dfrac{13}{35}$ (2) $\dfrac{13}{5}$, $\dfrac{1}{7}$, $\dfrac{13}{35}$

5 (1) ㉠ (2) ㉢ (3) ㉡

6 (1) $\dfrac{2}{5}$ (2) $\dfrac{28}{15}\left(=1\dfrac{13}{15}\right)$

풀이

2 (1) $\dfrac{7}{5}\div5=\dfrac{7}{5}\times\dfrac{1}{5}=\dfrac{7}{25}$

(2) $\dfrac{6}{5}\div4=\dfrac{6}{5}\times\dfrac{1}{4}=\dfrac{6}{20}\left(=\dfrac{3}{10}\right)$

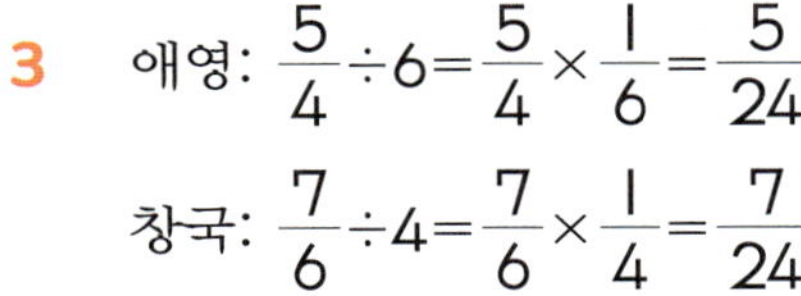

3 애영: $\dfrac{5}{4}\div6=\dfrac{5}{4}\times\dfrac{1}{6}=\dfrac{5}{24}$

창국: $\dfrac{7}{6}\div4=\dfrac{7}{6}\times\dfrac{1}{4}=\dfrac{7}{24}$

4 (1) 분자를 자연수로 나누는 방법입니다.
(2) 분수의 곱셈으로 나타내어 계산하는 방법입니다.

5 (1) $2\dfrac{3}{4}\div5=\dfrac{11}{4}\times\dfrac{1}{5}=\dfrac{11}{20}$

(2) $2\dfrac{4}{5}\div4=\dfrac{14}{5}\times\dfrac{1}{4}=\dfrac{14}{20}$

(3) $1\dfrac{7}{10}\div2=\dfrac{17}{10}\times\dfrac{1}{2}=\dfrac{17}{20}$

6 (1) $2\dfrac{2}{5}\div6=\dfrac{12}{5}\div6=\dfrac{12\div6}{5}=\dfrac{2}{5}$

(2) $5\dfrac{3}{5}\div3=\dfrac{28}{5}\div3=\dfrac{28}{5}\times\dfrac{1}{3}=\dfrac{28}{15}=1\dfrac{13}{15}$

1회 단원평가  연습   14~16쪽

1 $\dfrac{1}{5}$ **2** (1) $\dfrac{1}{8}$ (2) $\dfrac{4}{15}$ **3** $\dfrac{15}{31}$ kg   **4** 3, 3, 3, 3, 7   **5** 예 어떤 수를 $\square$라고 하면 $\square\times3=24$, $\square=8$입니다. 따라서 바르게 계산하면 $8\div3=\dfrac{8}{3}$ $\left(=2\dfrac{2}{3}\right)$입니다. ; $\dfrac{8}{3}\left(=2\dfrac{2}{3}\right)$ **6** $<$ **7** (1) 6, 2 (2) 15, 15, 3   **8** $\dfrac{10\div2}{11}=\dfrac{5}{11}$ **9** (위에서부터) $\dfrac{5}{36}$, $\dfrac{8}{18}\left(=\dfrac{4}{9}\right)$ **10** (   )(○)(   )   **11** $\dfrac{4}{50}\left(=\dfrac{2}{25}\right)$ m   **12** $\dfrac{9}{40}$ **13** 3, 21, 21, 7   **14** 3, $\dfrac{7}{12}$ **15** $\dfrac{17}{40}$ **16** ③   **17** $\dfrac{44}{9}\div4=\dfrac{44\div4}{9}=\dfrac{11}{9}=1\dfrac{2}{9}$ **18** ㉠ $1\dfrac{9}{44}$ ㉡ $\dfrac{53}{88}$ ㉢ $\dfrac{53}{66}$ **19** $\dfrac{20}{15}\left(=\dfrac{4}{3}=1\dfrac{1}{3}\right)$ cm²

---

20 예 한 병에 담은 주스의 양은 $8\dfrac{1}{2}\div3=\dfrac{17}{2}\times\dfrac{1}{3}=\dfrac{17}{6}$ (L)이므로 한 사람이 마신 주스의 양은 $\dfrac{17}{6}\div5=\dfrac{17}{6}\times\dfrac{1}{5}=\dfrac{17}{30}$ (L)입니다. ; $\dfrac{17}{30}$ L

풀이

1 $1\div5$는 1을 똑같이 5로 나눈 것 중 하나이므로 $1\div5=\dfrac{1}{5}$입니다.

2 (1) $1\div$ ● $=\dfrac{1}{●}$ (2) ▲ $\div$ ■ $=\dfrac{▲}{■}$

3 5월의 날수는 31일이므로 매일 $15\div31=\dfrac{15}{31}$ (kg)씩 먹어야 합니다.

4 $7\div4$의 몫은 1이고 나머지는 3입니다. 나머지 3을 다시 4로 나누면 $\dfrac{3}{4}$이므로 $7\div4=1\dfrac{3}{4}=\dfrac{7}{4}$입니다.

6 $16\div7=\dfrac{16}{7}=2\dfrac{2}{7}$
$14\div3=\dfrac{14}{3}=4\dfrac{2}{3}$ $16\div7 \,<\, 14\div3$

8 (분수)÷(자연수)를 계산할 때 분자가 자연수의 배수이면 분수의 분자를 자연수로 나눕니다.

9 $\dfrac{5}{6}\div6=\dfrac{5}{6}\times\dfrac{1}{6}=\dfrac{5}{36}$
$\dfrac{8}{3}\div6=\dfrac{8}{3}\times\dfrac{1}{6}=\dfrac{8}{18}\left(=\dfrac{4}{9}\right)$

10 $\dfrac{5}{9}\div2=\dfrac{5}{9}\times\dfrac{1}{2}=\dfrac{5}{18}$, $\dfrac{5}{8}\div2=\dfrac{5}{8}\times\dfrac{1}{2}=\dfrac{5}{16}$,
$\dfrac{5}{3}\div6=\dfrac{5}{3}\times\dfrac{1}{6}=\dfrac{5}{18}$

11 $\dfrac{4}{5}\div10=\dfrac{4}{5}\times\dfrac{1}{10}=\dfrac{4}{50}\left(=\dfrac{2}{25}\right)$ (m)

12 $\square=\dfrac{9}{10}\div4=\dfrac{9}{10}\times\dfrac{1}{4}=\dfrac{9}{40}$

13 대분수를 가분수로 바꾸고 분수의 분자를 3의 배수로 바꾸어 계산하는 방법입니다.

14 대분수를 가분수로 바꾸고 나눗셈을 곱셈으로 나타내어 계산하는 방법입니다.

15 $2\dfrac{1}{8}\div5=\dfrac{17}{8}\div5=\dfrac{17}{8}\times\dfrac{1}{5}=\dfrac{17}{40}$

16 ①, ② $9\dfrac{3}{4}\div3=9\dfrac{3}{4}\times\dfrac{1}{3}=\dfrac{39}{4}\times\dfrac{1}{3}$

④, ⑤ $9\dfrac{3}{4}\div3=\dfrac{39}{4}\div3=\dfrac{39\div3}{4}$

18 ㉠ $4\dfrac{9}{11}\div4=\dfrac{53}{11}\times\dfrac{1}{4}=\dfrac{53}{44}=1\dfrac{9}{44}$

㉡ $4\dfrac{9}{11}\div8=\dfrac{53}{11}\times\dfrac{1}{8}=\dfrac{53}{88}$

㉢ $4\dfrac{9}{11}\div6=\dfrac{53}{11}\times\dfrac{1}{6}=\dfrac{53}{66}$

19 (직사각형의 넓이)

$=3\dfrac{1}{3}\times2=\dfrac{10}{3}\times2=\dfrac{20}{3}(\text{cm}^2)$이므로

(색칠한 부분의 넓이)

$=\dfrac{20}{3}\div5=\dfrac{20}{3}\times\dfrac{1}{5}=\dfrac{20}{15}=\dfrac{4}{3}=1\dfrac{1}{3}(\text{cm}^2)$

2회 단원평가 도전

17~19쪽

1 (1) $\dfrac{1}{3}$ (2) $\dfrac{5}{8}$ **2** 풀이 참조   **3** $\dfrac{1}{6}$ m

4 (1) $\dfrac{4}{3}\left(=1\dfrac{1}{3}\right)$ (2) $\dfrac{20}{7}\left(=2\dfrac{6}{7}\right)$ **5** $\dfrac{25}{4}\left(=6\dfrac{1}{4}\right)$

6 예 (철근 1 m의 무게)=(철근의 무게)÷(철근의 길이)$=11\div6=\dfrac{11}{6}=1\dfrac{5}{6}(\text{kg})$입니다. ; $1\dfrac{5}{6}$ kg

7 (1) $\dfrac{1}{7}$, $\dfrac{2}{21}$ (2) $\dfrac{1}{8}$, 4, 1   **8** ㉡   **9** (1) $\dfrac{4}{15}$

(2) $\dfrac{8}{42}\left(=\dfrac{4}{21}\right)$ **10** ㉠   **11** $\dfrac{8}{45}$ kg

12 $\dfrac{5}{9}$, 3 ; $\dfrac{5}{27}$ **13** $\dfrac{45}{8}\div9=\dfrac{45\div9}{8}=\dfrac{5}{8}$

14 $\dfrac{9}{4}\div3=\dfrac{9}{4}\times\dfrac{1}{3}=\dfrac{9}{12}=\dfrac{3}{4}$

15 ( ) (○)   **16** $\dfrac{13}{18}$

17 $\dfrac{19}{12}\left(=1\dfrac{7}{12}\right)$, $\dfrac{19}{36}$ **18** $\dfrac{25}{24}\left(=1\dfrac{1}{24}\right)$

19 $\dfrac{14}{18}\left(=\dfrac{7}{9}\right)$ m

---

20 예 $2\dfrac{1}{2}\div4=\dfrac{5}{2}\div4=\dfrac{5}{2}\times\dfrac{1}{4}=\dfrac{5}{8}$입니다.

$\dfrac{\square}{8}<\dfrac{5}{8}$이므로 $\square$ 안에 들어갈 수 있는 자연수는 1, 2, 3, 4로 모두 4개입니다. ; 4개

풀이

1 (1) $1\div\bullet=\dfrac{1}{\bullet}$ (2) $\blacktriangle\div\blacksquare=\dfrac{\blacktriangle}{\blacksquare}$

2 

3 (한 명이 가지는 색 테이프의 길이)$=1\div6=\dfrac{1}{6}(\text{m})$

5 $25\div4=25\times\dfrac{1}{4}=\dfrac{25}{4}\left(=6\dfrac{1}{4}\right)$

7 $\dfrac{\blacktriangle}{\blacksquare}\div\bullet=\dfrac{\blacktriangle}{\blacksquare}\times\dfrac{1}{\bullet}$

8 (분수)÷(자연수)를 계산할 때 분자가 자연수의 배수가 아닐 때에는 크기가 같은 분수 중에서 분자가 자연수의 배수인 분수로 바꾸어 계산합니다.

9 (1) $\dfrac{4}{5}\div3=\dfrac{4}{5}\times\dfrac{1}{3}=\dfrac{4}{15}$

(2) $\dfrac{8}{7}\div6=\dfrac{8}{7}\times\dfrac{1}{6}=\dfrac{8}{42}\left(=\dfrac{4}{21}\right)$

10 ㉠ $\dfrac{5}{6}\div6=\dfrac{5}{6}\times\dfrac{1}{6}=\dfrac{5}{36}$

㉡ $\dfrac{7}{4}\div9=\dfrac{7}{4}\times\dfrac{1}{9}=\dfrac{7}{36}$ ➡ ㉠<㉡

11 $\dfrac{8}{9}\div5=\dfrac{8}{9}\times\dfrac{1}{5}=\dfrac{8}{45}(\text{kg})$

12 몫이 가장 크게 되려면 가장 작은 수인 3을 나누는 수에 넣고, 나머지 수로 진분수를 만들어 나누어지는 수에 넣어야 합니다. ➡ $\dfrac{5}{9}\div3=\dfrac{5}{9}\times\dfrac{1}{3}=\dfrac{5}{27}$

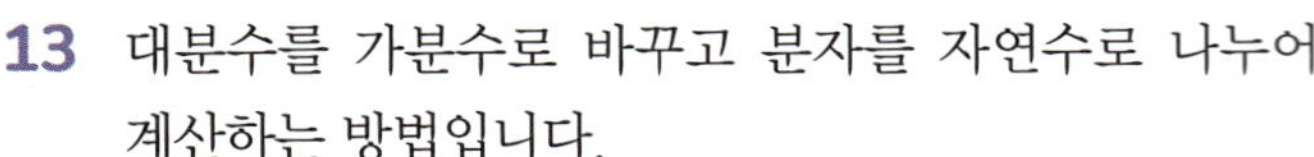

13 대분수를 가분수로 바꾸고 분자를 자연수로 나누어 계산하는 방법입니다.

14 대분수를 가분수로 바꾸고 나눗셈을 곱셈으로 나타내어 계산하는 방법입니다.

15 $4\dfrac{1}{3} \div 5 = \dfrac{13}{3} \times \dfrac{1}{5} = \dfrac{13}{15}$

$3\dfrac{4}{7} \div 2 = \dfrac{25}{7} \times \dfrac{1}{2} = \dfrac{25}{14} = 1\dfrac{11}{14}$

[다른 풀이] 나누어지는 수가 나누는 수보다 크면 몫은 1보다 큽니다.

16 $4\dfrac{1}{3} \div 6 = \dfrac{13}{3} \times \dfrac{1}{6} = \dfrac{13}{18}$

17 $6\dfrac{1}{3} \div 4 = \dfrac{19}{3} \times \dfrac{1}{4} = \dfrac{19}{12}\left(=1\dfrac{7}{12}\right)$

$\dfrac{19}{12} \div 3 = \dfrac{19}{12} \times \dfrac{1}{3} = \dfrac{19}{36}$

18 $\square = 3\dfrac{1}{8} \div 3 = \dfrac{25}{8} \times \dfrac{1}{3} = \dfrac{25}{24}\left(=1\dfrac{1}{24}\right)$

19 $\dfrac{14}{9} \div 2 = \dfrac{14}{9} \times \dfrac{1}{2} = \dfrac{14}{18}\left(=\dfrac{7}{9}\right)(\text{m})$

3회 단원 평가 기출 20~22쪽

1 풀이 참조 ; $\dfrac{1}{4}$　**2** (위에서부터) $\dfrac{7}{13}$, $\dfrac{9}{20}$, $\dfrac{7}{9}$, $\dfrac{13}{20}$

3 나　**4** ㉡, ㉢　**5** $\dfrac{31}{5}\left(=6\dfrac{1}{5}\right)$cm　**6** 풀이 참조 ;

$\dfrac{2}{5}$　**7** ②　**8** $\dfrac{3}{28}$, $\dfrac{3}{48}\left(=\dfrac{1}{16}\right)$　**9** $\dfrac{19}{18}$

$\left(=1\dfrac{1}{18}\right)$　**10** 예 설탕이 모두 $\dfrac{5}{9} \times 2 = \dfrac{10}{9}$(kg)

있으므로 한 통에 $\dfrac{10}{9} \div 4 = \dfrac{10}{9} \times \dfrac{1}{4} = \dfrac{10}{36}\left(=\dfrac{5}{18}\right)$

(kg)씩 담아야 합니다. ; $\dfrac{10}{36}\left(=\dfrac{5}{18}\right)$kg　**11** $\dfrac{2}{45}$

12 $\dfrac{9}{4} \div 4 = \dfrac{9}{4} \times \dfrac{1}{4} = \dfrac{9}{16}$　**13** $\dfrac{9}{14}$　**14** $\dfrac{11}{6}$

$\div 3 = \dfrac{11}{6} \times \dfrac{1}{3} = \dfrac{11}{18}$; 예 대분수를 가분수로 고치지

않고 계산하였습니다.　**15** $\dfrac{3}{60}\left(=\dfrac{1}{20}\right)$　**16** >

17 $\dfrac{36}{35}\left(=1\dfrac{1}{35}\right)$m　**18** $\dfrac{13}{12}\left(=1\dfrac{1}{12}\right)$

19 $\dfrac{23}{10}\left(=2\dfrac{3}{10}\right)$cm²　**20** 예 쌀 한 봉지의 무게

는 $10\dfrac{1}{2} \div 10 = \dfrac{21}{2} \times \dfrac{1}{10} = \dfrac{21}{20}$(kg)입니다. 팔고

남은 쌀은 $10 - 6 = 4$(봉지)이므로 $\dfrac{21}{20} \times 4 = \dfrac{84}{20}$

$= \dfrac{21}{5}\left(=4\dfrac{1}{5}\right)$(kg)입니다. ; $\dfrac{21}{5}\left(=4\dfrac{1}{5}\right)$kg

---

풀이

1 예 

4칸 중 1칸에 색칠합니다.

2 $7 \div 13 = \dfrac{7}{13}$, $9 \div 20 = \dfrac{9}{20}$,

$7 \div 9 = \dfrac{7}{9}$, $13 \div 20 = \dfrac{13}{20}$

3 병 가에는 $1 \div 2 = \dfrac{1}{2}\left(=\dfrac{3}{6}\right)$(L),

병 나에는 $2 \div 3 = \dfrac{2}{3}\left(=\dfrac{4}{6}\right)$(L) 들어 있으므로 병 나에 물이 더 많습니다.

4 나누어지는 수가 나누는 수보다 크면 몫은 1보다 큽니다.

[다른 풀이] ㉠ $\dfrac{3}{4}$　㉡ $\dfrac{7}{4} = 1\dfrac{3}{4}$　㉢ $\dfrac{9}{10}$

㉢ $\dfrac{12}{5} = 2\dfrac{2}{5}$

5 $31 \div 5 = \dfrac{31}{5}\left(=6\dfrac{1}{5}\right)$(cm)

6 예

수직선에 $\dfrac{4}{5}$만큼 표시하고 이를 두 부분으로 나누면

$\dfrac{2}{5}$가 됩니다.

7 $\dfrac{\blacktriangle}{\blacksquare} \div \bullet = \dfrac{\blacktriangle}{\blacksquare} \times \dfrac{1}{\bullet}$

8
$$\frac{3}{4}\div 7=\frac{3}{4}\times\frac{1}{7}=\frac{3}{28}$$
$$\frac{3}{4}\div 12=\frac{3}{4}\times\frac{1}{12}=\frac{3}{48}\left(=\frac{1}{16}\right)$$

9
$$\frac{19}{3}=6\frac{1}{3}\text{이므로 }6<\frac{19}{3}\text{입니다.}$$
$$\text{따라서 }\frac{19}{3}\div 6=\frac{19}{3}\times\frac{1}{6}=\frac{19}{18}\left(=1\frac{1}{18}\right)$$

11
$$\frac{2}{3}\div 3=\frac{2}{3}\times\frac{1}{3}=\frac{2}{9}\text{이므로 }\blacksquare=\frac{2}{9}\text{입니다.}$$
$$\frac{2}{9}\div 5=\frac{2}{9}\times\frac{1}{5}=\frac{2}{45}\text{이므로 }\bullet=\frac{2}{45}\text{입니다.}$$

12 대분수는 가분수로, 나눗셈은 곱셈으로 나타내어 계산합니다.

13
$$4\frac{1}{2}\div 7=\frac{9}{2}\div 7=\frac{9}{2}\times\frac{1}{7}=\frac{9}{14}$$

15 어떤 수를 $\square$라고 하면 $\square\times 4=\frac{3}{5}$,
$$\square=\frac{3}{5}\div 4=\frac{3}{5}\times\frac{1}{4}=\frac{3}{20}$$
따라서 어떤 수를 3으로 나눈 몫은
$$\frac{3}{20}\div 3=\frac{3}{20}\times\frac{1}{3}=\frac{3}{60}\left(=\frac{1}{20}\right)\text{입니다.}$$

16
$$4\frac{1}{4}\div 3=\frac{17}{4}\times\frac{1}{3}=\frac{17}{12}=\frac{34}{24}$$
$$5\frac{1}{6}\div 4=\frac{31}{6}\times\frac{1}{4}=\frac{31}{24}$$

17
$$7\frac{1}{5}\div 7=\frac{36}{5}\times\frac{1}{7}=\frac{36}{35}\left(=1\frac{1}{35}\right)(\text{m})$$

18
$$6\frac{1}{2}\div 2=\frac{13}{2}\times\frac{1}{2}=\frac{13}{4}$$
$$\frac{13}{4}\div 3=\frac{13}{4}\times\frac{1}{3}=\frac{13}{12}=1\frac{1}{12}$$

19 6등분한 것 중 한 칸의 넓이는
$$4\frac{3}{5}\div 6=\frac{23}{5}\times\frac{1}{6}=\frac{23}{30}(\text{cm}^2)\text{이므로 색칠한 3칸의}$$
넓이는 $\dfrac{23}{30}\times 3=\dfrac{69}{30}=\dfrac{23}{10}\left(=2\dfrac{3}{10}\right)(\text{cm}^2)$입니다.

4회 단원평가 〔실전〕
23~25쪽

1 풀이 참조 ; $\dfrac{3}{4}$　**2** 7　**3** $\dfrac{5}{8}$ kg　**4** $\dfrac{29}{6}$
$\left(=4\dfrac{5}{6}\right)$cm　**5** ①, ③　**6** 〔예〕 우유가 $\dfrac{7}{5}\times 5=7(\text{L})$
있으므로 하루에 마셔야 할 우유는 $7\div 6=\dfrac{7}{6}\left(=1\dfrac{1}{6}\right)(\text{L})$
입니다. ; $\dfrac{7}{6}\left(=1\dfrac{1}{6}\right)$L　**7** $\dfrac{1}{4}$, $\dfrac{1}{20}$　**8** $\dfrac{7\times 3}{9\times 3}$
$\div 3=\dfrac{21}{27}\div 3=\dfrac{21\div 3}{27}=\dfrac{7}{27}$　**9** $\dfrac{6}{35}$　**10** (1)
ⓒ (2) ⓛ (3) ⓗ　**11** 〔예〕 정사각형 1개를 만드는 데 사
용한 철사의 길이는 $\dfrac{2}{3}\div 3=\dfrac{2}{3}\times\dfrac{1}{3}=\dfrac{2}{9}(\text{m})$입니다.
따라서 정사각형의 한 변의 길이는 $\dfrac{2}{9}\div 4=\dfrac{2}{9}\times\dfrac{1}{4}=$
$\dfrac{2}{36}\left(=\dfrac{1}{18}\right)(\text{m})$입니다. ; $\dfrac{2}{36}\left(=\dfrac{1}{18}\right)$m　**12** $\dfrac{2}{5}\div 7$
$=\dfrac{2}{35}\left(\text{또는 }\dfrac{2}{7}\div 5=\dfrac{2}{35}\right)$　**13** $\dfrac{8}{15}$　**14** $\dfrac{21}{32}$ m
15 〔예〕 ⓗ $1\dfrac{1}{8}\div 3=\dfrac{9}{8}\times\dfrac{1}{3}=\dfrac{9}{24}$ ⓛ $2\dfrac{5}{6}\div 4=\dfrac{17}{6}$
$\times\dfrac{1}{4}=\dfrac{17}{24}$ ➡ ⓛ－ⓗ$=\dfrac{17}{24}-\dfrac{9}{24}=\dfrac{8}{24}\left(=\dfrac{1}{3}\right)$;
$\dfrac{8}{24}\left(=\dfrac{1}{3}\right)$　**16** $\dfrac{24}{49}$　**17** (위에서부터) $\dfrac{16}{15}$
$\left(=1\dfrac{1}{15}\right)$, $\dfrac{11}{9}\left(=1\dfrac{2}{9}\right)$, $\dfrac{16}{33}$, $\dfrac{5}{9}$　**18** $\dfrac{17}{24}$
19 4개　**20** 〔예〕 (오렌지 8개의 무게)$=3\dfrac{1}{5}-\dfrac{4}{5}=$
$2\dfrac{6}{5}-\dfrac{4}{5}=2\dfrac{2}{5}(\text{kg})$이므로 (오렌지 한 개의 무게)$=$
$2\dfrac{2}{5}\div 8=\dfrac{12}{5}\div 8=\dfrac{12}{5}\times\dfrac{1}{8}=\dfrac{12}{40}\left(=\dfrac{3}{10}\right)(\text{kg})$
입니다. ; $\dfrac{12}{40}\left(=\dfrac{3}{10}\right)$kg

풀이

1 〔예〕

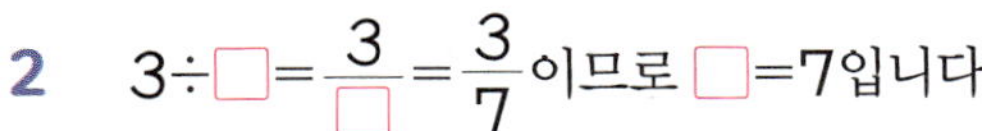

2 $3\div\square=\dfrac{3}{\square}=\dfrac{3}{7}$ 이므로 $\square=7$입니다.

3 (배 한 개의 무게)$=5\div8=\dfrac{5}{8}$ (kg)입니다.

4 정육각형은 변이 6개이고 길이가 모두 같으므로

(한 변의 길이)$=29\div6=\dfrac{29}{6}\left(=4\dfrac{5}{6}\right)$ (cm)입니다.

5 ② $5\div3=\dfrac{5}{3}\left(=1\dfrac{2}{3}\right)$ ④ $15\div7=\dfrac{15}{7}\left(=2\dfrac{1}{7}\right)$

⑤ $2\div9=\dfrac{2}{9}$

7 $\dfrac{1}{\blacksquare}\div\bullet=\dfrac{1}{\blacksquare}\times\dfrac{1}{\bullet}$

8 (분수)÷(자연수)를 계산하려면 분수의 분자를 자연수로 나눕니다.

9 $\dfrac{6}{7}\div5=\dfrac{6}{7}\times\dfrac{1}{5}=\dfrac{6}{35}$

10 $\dfrac{\blacktriangle}{\blacksquare}\div\bullet=\dfrac{\blacktriangle}{\blacksquare}\times\dfrac{1}{\bullet}$

12 결과가 가장 작은 나눗셈식을 만들려면 분모가 커지도록 식을 만들어야 합니다. 나누는 수가 자연수인 경우 나누어지는 수의 분모와 곱해지기 때문에 $\dfrac{2}{5}\div7$ 또는 $\dfrac{2}{7}\div5$를 만들 수 있습니다.

➡ $\dfrac{2}{5}\div7=\dfrac{2}{5}\times\dfrac{1}{7}=\dfrac{2}{35}$

13 $1\dfrac{3}{5}\div3=\dfrac{8}{5}\times\dfrac{1}{3}=\dfrac{8}{15}$

14 $2\dfrac{5}{8}\div4=\dfrac{21}{8}\times\dfrac{1}{4}=\dfrac{21}{32}$ (m)

16 $\square\times7=3\dfrac{3}{7}$, $\square=3\dfrac{3}{7}\div7=\dfrac{24}{7}\times\dfrac{1}{7}=\dfrac{24}{49}$

17 $5\dfrac{1}{3}\div5=\dfrac{16}{3}\times\dfrac{1}{5}=\dfrac{16}{15}\left(=1\dfrac{1}{15}\right)$,

$11\div9=\dfrac{11}{9}\left(=1\dfrac{2}{9}\right)$,

$5\dfrac{1}{3}\div11=\dfrac{16}{3}\times\dfrac{1}{11}=\dfrac{16}{33}$, $5\div9=\dfrac{5}{9}$

18 $2\dfrac{1}{8}\div3=\dfrac{17}{8}\times\dfrac{1}{3}=\dfrac{17}{24}$ (km)

19 $2\dfrac{5}{6}\div2=\dfrac{17}{6}\times\dfrac{1}{2}=\dfrac{17}{12}=1\dfrac{5}{12}$,

$22\dfrac{1}{2}\div4=\dfrac{45}{2}\times\dfrac{1}{4}=\dfrac{45}{8}=5\dfrac{5}{8}$ 이므로 $\square$ 안에 들어갈 수 있는 자연수는 2, 3, 4, 5입니다.

1 **1단계** $\dfrac{15}{4}\left(=3\dfrac{3}{4}\right)$ m   **2단계** $\dfrac{225}{16}\left(=14\dfrac{1}{16}\right)$ m²

3단계 $\dfrac{225}{80}\left(=\dfrac{45}{16}=2\dfrac{13}{16}\right)$ m²

1-1 예 정사각형의 네 변의 길이는 모두 같으므로 꽃밭의 한 변의 길이는 $21\div4=\dfrac{21}{4}\left(=5\dfrac{1}{4}\right)$ (m)입니다.

꽃밭의 넓이는 $\dfrac{21}{4}\times\dfrac{21}{4}=\dfrac{441}{16}\left(=27\dfrac{9}{16}\right)$ (m²)이므로 장미를 심은 부분의 넓이는 $\dfrac{441}{16}\div5=\dfrac{441}{16}\times\dfrac{1}{5}=\dfrac{441}{80}\left(=5\dfrac{41}{80}\right)$ (m²)입니다. ; $\dfrac{441}{80}\left(=5\dfrac{41}{80}\right)$ m²

2 **1단계** $\dfrac{8}{15}$ **2단계** $\dfrac{3}{5}$ **3단계** $\dfrac{17}{15}\left(=1\dfrac{2}{15}\right)$

2-1 예 $10☆6=10\div(6+1)=10\div7=\dfrac{10}{7}\left(=1\dfrac{3}{7}\right)$,

$4◎\dfrac{15}{7}=\dfrac{15}{7}\div4=\dfrac{15}{7}\times\dfrac{1}{4}=\dfrac{15}{28}$, 따라서 주어진 식의 값은 $\dfrac{10}{7}-\dfrac{15}{28}=\dfrac{40}{28}-\dfrac{15}{28}=\dfrac{25}{28}$입니다. ; $\dfrac{25}{28}$

3 **1단계** $\dfrac{73}{35}\left(=2\dfrac{3}{35}\right)$ kg   **2단계** 2 kg

3단계 $\dfrac{2}{14}\left(=\dfrac{1}{7}\right)$ kg

3-1 예 테니스공 한 상자의 무게는 $7\dfrac{2}{3}\div6=\dfrac{23}{3}\times\dfrac{1}{6}=\dfrac{23}{18}\left(=1\dfrac{5}{18}\right)$ (kg)입니다. 테니스공 18개의 무게는 $\dfrac{23}{18}-\dfrac{5}{18}=\dfrac{18}{18}=1$ (kg)이므로 테니스공 한 개의 무게는 $1\div18=\dfrac{1}{18}$ (kg)입니다. ; $\dfrac{1}{18}$ kg

4 ⓐ $4 ☆ 5\dfrac{1}{2}=(4÷3)+\left(5\dfrac{1}{2}÷3\right)=\dfrac{4}{3}+\dfrac{11}{2}×\dfrac{1}{3}$

$=\dfrac{4}{3}+\dfrac{11}{6}=\dfrac{8}{6}+\dfrac{11}{6}=\dfrac{19}{6}\left(=3\dfrac{1}{6}\right),\ 3◎4\dfrac{1}{4}$

$=4\dfrac{1}{4}÷3=\dfrac{17}{4}×\dfrac{1}{3}=\dfrac{17}{12}\left(=1\dfrac{5}{12}\right)$입니다.

주어진 식의 값은 $\dfrac{19}{6}+\dfrac{17}{12}=\dfrac{38}{12}+\dfrac{17}{12}=\dfrac{55}{12}$

$\left(=4\dfrac{7}{12}\right)$입니다. ; $\dfrac{55}{12}\left(=4\dfrac{7}{12}\right)$

5 ⓐ 농구공 한 상자의 무게는 $14\dfrac{1}{3}÷4=\dfrac{43}{3}×\dfrac{1}{4}$

$=\dfrac{43}{12}\left(=3\dfrac{7}{12}\right)$ (kg)입니다. 농구공 6개의 무게는

$\dfrac{43}{12}-\dfrac{1}{6}=\dfrac{43}{12}-\dfrac{2}{12}=\dfrac{41}{12}\left(=3\dfrac{5}{12}\right)$ (kg)이므로

농구공 한 개의 무게는 $\dfrac{41}{12}÷6=\dfrac{41}{12}×\dfrac{1}{6}=\dfrac{41}{72}$

(kg)입니다. ; $\dfrac{41}{72}$ kg

풀이

1 **1단계** $15÷4=\dfrac{15}{4}\left(=3\dfrac{3}{4}\right)$ (m)

 2단계 $\dfrac{15}{4}×\dfrac{15}{4}=\dfrac{225}{16}\left(=14\dfrac{1}{16}\right)$ (m²)

 3단계 $\dfrac{225}{16}÷5=\dfrac{225}{16}×\dfrac{1}{5}$

 $=\dfrac{225}{80}\left(=\dfrac{45}{16}=2\dfrac{13}{16}\right)$ (m²)

2 **1단계** $1\dfrac{3}{5}÷(2+1)=1\dfrac{3}{5}÷3=\dfrac{8}{5}×\dfrac{1}{3}=\dfrac{8}{15}$

 2단계 $3÷5=\dfrac{3}{5}$

 3단계 $\dfrac{8}{15}+\dfrac{3}{5}=\dfrac{8}{15}+\dfrac{9}{15}=\dfrac{17}{15}\left(=1\dfrac{2}{15}\right)$

3 **1단계** $10\dfrac{3}{7}÷5=\dfrac{73}{7}×\dfrac{1}{5}=\dfrac{73}{35}\left(=2\dfrac{3}{35}\right)$ (kg)

 2단계 $\dfrac{73}{35}-\dfrac{3}{35}=\dfrac{70}{35}=2$ (kg)

 3단계 $2÷14=\dfrac{2}{14}\left(=\dfrac{1}{7}\right)$ (kg)

2 각기둥과 각뿔

수학 익힘 풀기 31쪽

1 평행, 합동 **2** 나 **3** 풀이 참조 **4** (위에서부터)
삼각형, 사각형 ; 직사각형, 직사각형 **5** (1) ⓒ (2) ⓛ
(3) ㉠ **6** (위에서부터) $3, 4\ ;\ 6, 8\ ;\ 5, 6\ ;\ 9, 12$

풀이

1 각기둥의 서로 평행한 두 면은 합동인 다각형입니다.

2 서로 평행한 두 면이 합동인 다각형으로 이루어진 입체도형은 나입니다. 가는 서로 평행한 두 면이 다각형이 아니고, 다는 서로 평행한 두 면이 없습니다.

3 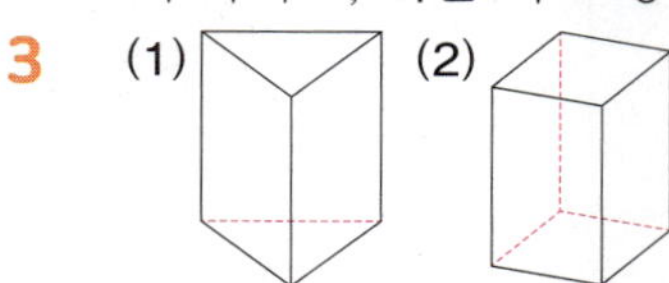

(1) (2)

입체도형의 겨냥도를 그릴 때 보이는 모서리는 실선으로, 보이지 않는 모서리는 점선으로 나타냅니다.

4 각기둥의 옆면은 모두 직사각형입니다.

5 • 높이: 두 밑면 사이의 거리를 높이라고 합니다.

 • 모서리: 면과 면이 만나는 선분을 모서리라고 합니다.

 • 꼭짓점: 모서리와 모서리가 만나는 점을 꼭짓점이라고 합니다.

수학 익힘 풀기 33쪽

1 삼각기둥 **2** 선분 ㅇㅅ
3 면 ㄱㄴㄷㅊ, 면 ㅊㄷㅁㅇ, 면 ㅇㅁㅂㅅ
4 8 cm **5** 풀이 참조 **6** 풀이 참조

풀이

1 삼각형인 밑면이 2개이고, 직사각형인 옆면이 3개이므로 삼각기둥입니다.

3 면 ㄷㄹㅁ은 밑면이고, 밑면과 만나는 면은 옆면이므로 삼각기둥의 옆면이 되는 면을 찾으면 면 ㄱㄴㄷㅊ, 면 ㅊㄷㅁㅇ, 면 ㅇㅁㅂㅅ입니다.

4 전개도를 접으면 육각기둥이 됩니다. 옆면의 모서리의 길이는 각기둥의 높이와 같습니다.

5 예
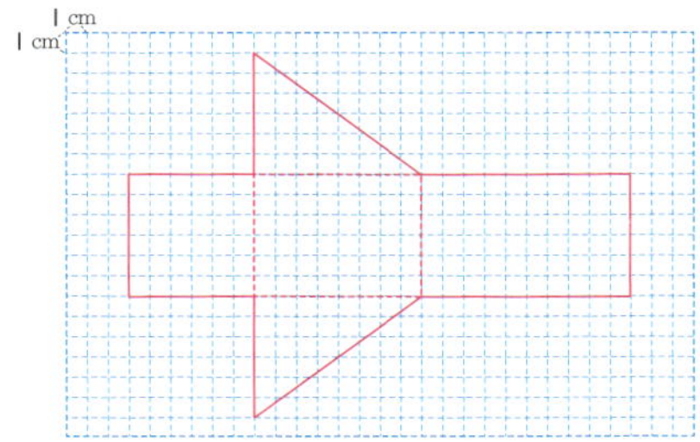

각기둥의 옆면은 모두 직사각형입니다.

6 예
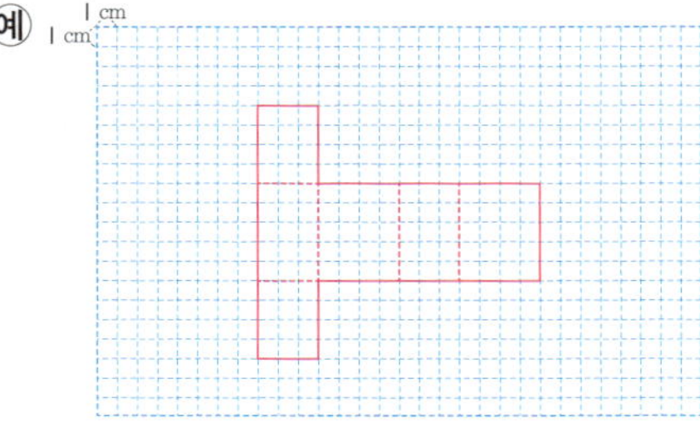

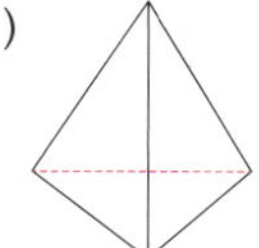 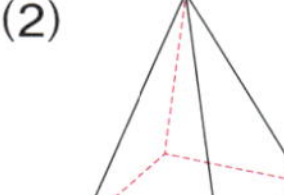 풀기
35쪽

1 오각형, 1개   **2** 5개   **3** 오각뿔   **4** 풀이 참조
5 (위에서부터) 삼각형, 삼각형 ; 직사각형, 삼각형 ; 2, 1
6 (1) ⓒ (2) ⓒ (3) ㉠
7 (위에서부터) 3, 4 ; 4, 5 ; 4, 5 ; 6, 8

풀이

1 밑면의 모양은 오각형이고 1개입니다.

2 밑면과 만나는 면을 옆면이라고 하고, 옆면은 5개입니다.

3 밑면의 모양은 오각형이고 한 개이므로 오각뿔입니다.

4 (1)   (2)

입체도형의 겨냥도를 그릴 때 보이는 모서리는 실선으로, 보이지 않는 모서리는 점선으로 나타냅니다.

5 각뿔의 옆면은 모두 삼각형입니다.

6 꼭짓점 중에서도 옆면이 모두 만나는 점을 각뿔의 꼭짓점이라 합니다.

1회 단원평가  연습
36~38쪽

1 가, 바   **2** 면 ㄱㄴㄷ, 면 ㄹㅁㅂ   **3** 3개   **4** (위에서부터) 삼각형, 오각형 ; 삼각기둥, 오각기둥   **5** ㉠ 꼭짓점 ⓒ 옆면 ⓒ 모서리 ⓔ 높이   **6** 예 각기둥에서 면과 면이 만나는 선분을 모서리라 하므로 팔각기둥의 모서리는 8×3=24(개)입니다. ; 24개   **7** 56
8 칠각기둥   **9** 오각기둥   **10** 풀이 참조   **11** (위에서부터) 3, 6, 4   **12** 풀이 참조   **13** 다, 마   **14** 풀이 참조 ; 4개   **15** 오각뿔   **16** 나   **17** 예 옆면이 삼각형이 아니고 사각형이므로 각뿔이 아닙니다.
18 (위에서부터) 5, 5, 8 ; 9, 9, 16   **19** 6개   **20** 2

풀이

1 서로 평행한 두 면이 합동인 다각형으로 이루어진 입체도형은 가, 바입니다.

2 각기둥에서 서로 평행하고 나머지 다른 면에 수직인 두 면을 밑면이라고 합니다.

3 밑면에 수직인 면은 옆면입니다.

4 각기둥의 이름은 밑면의 모양에 따라 정해집니다.

7 (구각기둥의 면의 수)=9+2=11(개)
(구각기둥의 모서리의 수)=9×3=27(개)
(구각기둥의 꼭짓점의 수)=9×2=18(개)

8 밑면은 2개이고 합동이며 옆면은 직사각형이므로 각기둥입니다. 옆면이 7개이므로 칠각기둥입니다.

9 밑면은 오각형이고 옆면은 직사각형이므로 오각기둥의 전개도입니다.

10
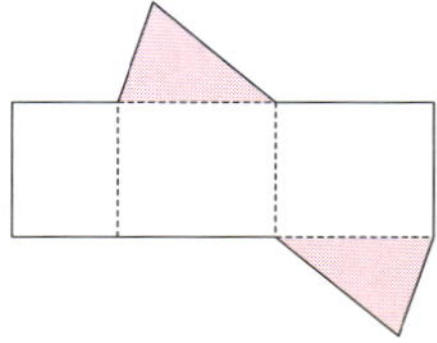
접었을 때 서로 마주 보면서 평행한 면이 밑면입니다.

12 예
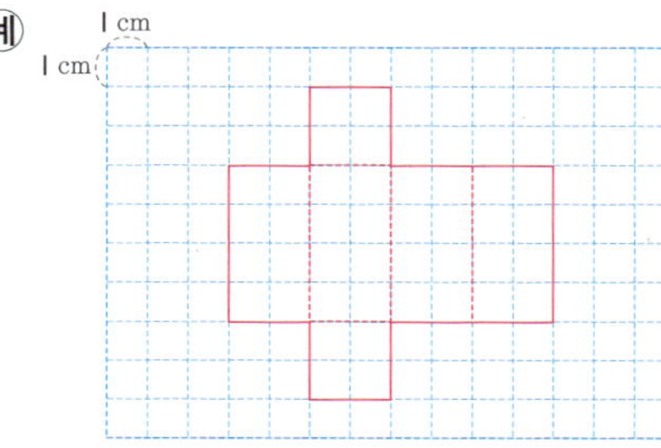
접히는 부분은 점선으로 나타냅니다.

13 밑면이 다각형이고 옆면이 모두 삼각형인 입체도형을 각뿔이라고 합니다.

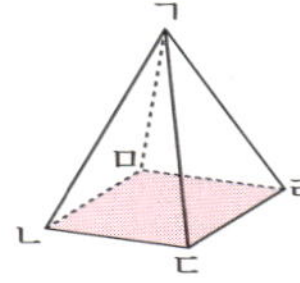

14 밑면은 면 ㄴㄷㄹㅁ입니다.

15 밑면이 오각형이고 옆면이 모두 삼각형이므로 오각뿔입니다.

16 각뿔의 꼭짓점에서 밑면에 수직인 선분의 길이를 높이라고 합니다.

18 (사각뿔의 꼭짓점의 수)=(밑면의 변의 수)+1
$$=4+1=5(개)$$
(사각뿔의 면의 수)=(밑면의 변의 수)+1
$$=4+1=5(개)$$
(사각뿔의 모서리의 수)=(밑면의 변의 수)×2
$$=4×2=8(개)$$
(팔각뿔의 꼭짓점의 수)=(밑면의 변의 수)+1
$$=8+1=9(개)$$
(팔각뿔의 면의 수)=(밑면의 변의 수)+1
$$=8+1=9(개)$$
(팔각뿔의 모서리의 수)=(밑면의 변의 수)×2
$$=8×2=16(개)$$

19 밑면이 오각형인 각뿔이므로 오각뿔입니다.
➡ (오각뿔의 꼭짓점의 수)=(밑면의 변의 수)+1
$$=5+1=6(개)$$

20 육각뿔에서 면의 수는 7개, 꼭짓점의 수는 7개, 모서리의 수는 12개이므로 7+7−12=2입니다.

2회 단원평가   도전   39~41쪽

1 풀이 참조   **2** ㉔ 서로 평행한 두 면이 합동이지만 다각형으로 이루어지지 않았으므로 각기둥이 아닙니다. **3** 7개   **4** 사각기둥   **5** 6개   **6** 9 cm   **7** 팔각기둥   **8** 30   **9** 점 ㄱ, 점 ㅅ   **10** 육각기둥   **11** 24 cm   **12** 풀이 참조   **13** ②   **14** 풀이 참조   **15** ⑤   **16** 육각뿔   **17** 12   **18** ㉔ (각기둥의 한 밑면의 변의 수)=18÷3=6(개) ➡ 육각기둥이고, (각뿔의 밑면의 변의 수)=18÷2=9(개) ➡ 구각뿔입니다. (육각기둥의 면의 수)=6+2=8(개), (구각

뿔의 면의 수)=9+1=10(개)이므로 모서리가 18개인 각기둥과 각뿔의 면의 수의 차는 10−8=2입니다. ; 2   **19** ③, ④   **20** 십각뿔

풀이

1 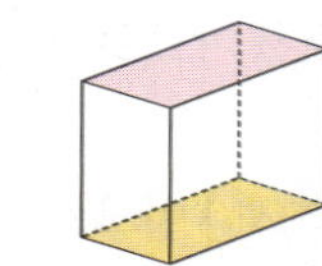 각기둥에서 서로 평행하고 합동인 두 면을 밑면이라고 합니다. 따라서 색칠한 면과 평행하고 합동인 면을 찾습니다.

3 각기둥에서 밑면에 수직인 면은 옆면입니다.

4 두 밑면은 사각형이고 옆면은 모두 직사각형이므로 사각기둥입니다.

5 삼각기둥의 꼭짓점의 수는 3×2=6(개)입니다.

6 각기둥에서 높이는 두 밑면 사이의 거리이므로 9 cm입니다.

7 ■각기둥의 모서리의 수는 (■×3)개입니다.
■×3=24에서 ■=24÷3=8이므로 팔각기둥입니다.

8 각기둥에서 (꼭짓점의 수)=(한 밑면의 변의 수)×2이므로 (한 밑면의 변의 수)=14÷2=7(개)입니다.
따라서 주어진 각기둥은 칠각기둥이고
(면의 수)=7+2=9(개), (모서리의 수)=7×3=21(개)입니다. 따라서 면의 수와 모서리의 수의 합은 9+21=30입니다.

9 변 ㅈㅊ에 맞닿는 모서리는 변 ㄱㅊ이고, 변 ㅈㅇ에 맞닿는 모서리는 변 ㅅㅇ입니다. 따라서 점 ㅈ과 맞닿는 점은 점 ㄱ과 점 ㅅ입니다.

10 두 밑면이 육각형이고 옆면이 6개의 직사각형으로 되어 있으므로 육각기둥입니다.

11 (선분 ㄴㅇ)
=(선분 ㄴㅊ)+(선분 ㅊㅈ)+(선분 ㅈㅇ)
=(선분 ㄴㅊ)+(선분 ㅊㄱ)+(선분 ㄱㄴ)
=8+10+6=24(cm)

12 

13 밑면은 다각형이고 옆면이 모두 삼각형인 입체도형을 찾습니다.

14 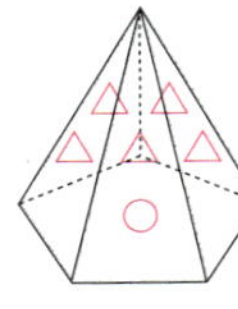 각뿔에서 옆으로 둘러싸인 면을 옆면이라고 합니다.

15 각뿔의 꼭짓점은 꼭짓점 중에서도 옆면이 모두 만나는 점입니다.

16 밑면이 다각형이고, 옆면이 모두 삼각형이므로 각뿔입니다.
(각뿔의 꼭짓점의 수)=(밑면의 변의 수)+1이므로
(밑면의 변의 수)=7−1=6(개)입니다.
따라서 밑면이 육각형이므로 육각뿔입니다.

17 ㉠=(한 밑면의 변의 수)+2=4+2=6
㉡=(밑면의 변의 수)+1=5+1=6
➡ ㉠+㉡=6+6=12

19 ③ 각기둥에서 두 밑면은 서로 평행합니다.
④ (각뿔의 모서리의 수)=(밑면의 변의 수)×2

20 밑면이 1개이고, 옆면은 합동인 삼각형이므로 각뿔입니다. 밑면의 변의 수를 □라 하면
(□+1)+(□×2)=31, □+□×2=30,
□×3=30, □=30÷3=10입니다.
밑면의 변의 수가 10개이므로 각뿔의 이름은 십각뿔입니다.

3회 단원 평가 〔기출〕

42~44쪽

1 나, 라, 마, 바   **2** 마, 바   **3** ⑩ 위와 아래에 있는 면이 서로 평행하지만 합동이 아니므로 각기둥이 아닙니다.   **4** 풀이 참조   **5** 육각기둥   **6** 9개   **7** 사각기둥, 8, 6, 12   **8** ⑩ (오각기둥의 면의 수)=5+2=7(개)이므로 혜원이가 오각기둥에 칠한 색은 모두 7가지입니다. ; 7가지   **9** ①, ④   **10** 면 ㄴㄷㄹ, 면 ㅅㅇㅈ   **11** (위에서부터) 5, 6, 3   **12** 풀이 참조   **13** 풀이 참조 ; 면 ㄱㄴㄷ, 면 ㄱㄴㄹ, 면 ㄱㄹㅁ, 면 ㄱㄷㅁ   **14** ㉠ 각뿔의 꼭짓점 ㉡ 모서리 ㉢ 꼭짓점   **15** 모서리 ㄱㄴ   **16** 9개   **17** 4 cm   **18** ④   **19** ㉣, ㉡, ㉢, ㉠   **20** ⑩ 모서리가 10개인 각뿔은 오각뿔입니다. (모든 모서리의 길이의 합)=(7×5)+(4×5)=35+20=55(cm)입니다. ; 55 cm

---

풀이 

2 서로 평행한 두 면이 합동인 다각형으로 이루어진 입체도형은 마, 바입니다.

4 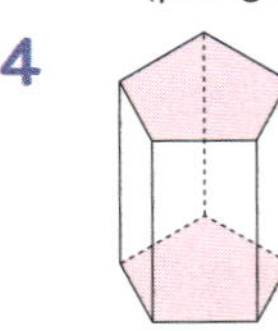 각기둥에서 밑면은 서로 평행하고 합동인 두 면을 말합니다. 따라서 평행하고 합동인 두 면을 찾아 색칠합니다.

5 밑면의 모양이 육각형이므로 육각기둥입니다.

6 면과 면이 만나는 선분을 모서리라고 합니다. 삼각기둥의 모서리는 9개입니다.

7 (꼭짓점의 수)=4×2=8(개)
(면의 수)=4+2=6(개)
(모서리의 수)=4×3=12(개)

9 사각기둥의 면은 6개입니다.

10 삼각기둥에서 서로 평행한 두 면은 밑면이므로 삼각형입니다.

11 각기둥의 전개도를 점선을 따라 접을 때 맞닿는 부분의 길이는 같습니다.

12 ⑩ 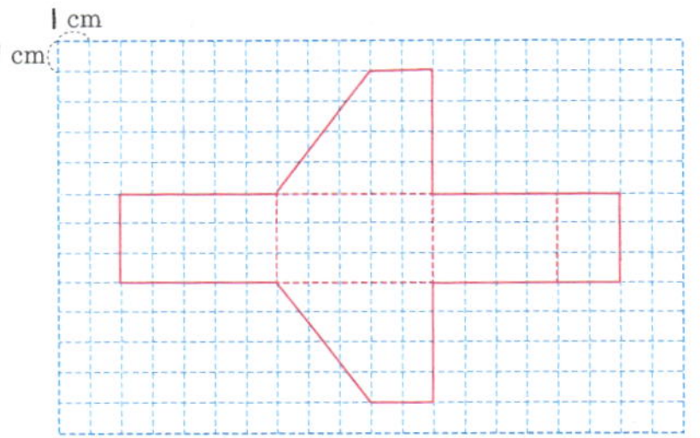

13 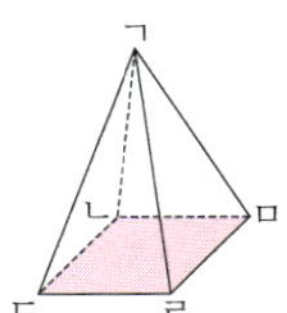 사각뿔의 옆면은 모두 4개이며 삼각형입니다.

15 면 ㄱㄴㄷ과 면 ㄱㄴㄹ이 만나서 생기는 선분을 찾습니다.

16 (팔각뿔의 꼭짓점의 수)
=(밑면의 변의 수)+1=8+1=9(개)

17 각뿔의 높이는 각뿔의 꼭짓점에서 밑면에 수직인 선분의 길이입니다.

18 ④ 각뿔의 옆면은 삼각형입니다.

19 ㉠ 4×2=8(개)
㉡ 5×2=10(개)
㉢ 3×3=9(개)
㉣ 4×3=12(개)

4회 단원평가 실전 

1 다　　**2** 밑면　　**3** 6개　　**4** ⓒ 옆면이 2개인 각기둥은 없습니다.　　**5** 오각기둥　　**6** ③　　**7** 14개
8 예 가는 삼각기둥이므로 (가의 꼭짓점의 수)=(한 밑면의 변의 수)×2=3×2=6(개), 나는 육각기둥이므로 (나의 모서리의 수)=(한 밑면의 변의 수)×3=6×3=18(개) ➡ 6+18=24 ; 24　　**9** 각기둥의 전개도　　**10** ⓒ　　**11** 삼각기둥　　**12** 다
13 풀이 참조　　**14** ②, ④　　**15** 면 ㄴㄷㄹㅁ
16 오각뿔　　**17** ㉠ 각뿔의 꼭짓점 ㉡ 높이 ㉢ 꼭짓점
18 십이각뿔　　**19** 예 각뿔의 모서리의 수는 밑면의 변의 수의 2배입니다. (밑면의 변의 수)=10÷2=5(개)이므로 오각뿔입니다. 따라서 각뿔의 옆면은 모두 5개입니다. ; 5개　　**20** 팔각뿔

풀이

1 서로 평행한 두 면이 합동인 다각형으로 이루어진 입체도형은 다입니다.

2 각기둥에서 서로 평행하고 합동인 두 면을 밑면이라고 합니다. 두 밑면은 평행하므로 서로 만나지 않습니다.

3 각기둥에서 밑면에 수직인 면을 옆면이라고 합니다.

4 옆면의 수가 가장 적은 삼각기둥의 옆면은 3개입니다.

5 밑면의 모양이 오각형이므로 오각기둥입니다.

6 두 밑면 사이의 거리를 나타내는 것을 찾습니다.

7 각기둥의 옆면의 수는 한 밑면의 변의 수와 같으므로 십사각기둥의 옆면은 14개입니다.

10 ㉠, ㉡, ㉣은 사각기둥을 만들 수 없습니다.

11 두 밑면이 합동인 삼각형이고, 옆면이 직사각형이므로 삼각기둥입니다.

12 접었을 때 서로 마주 보는 면을 찾습니다.

13 예
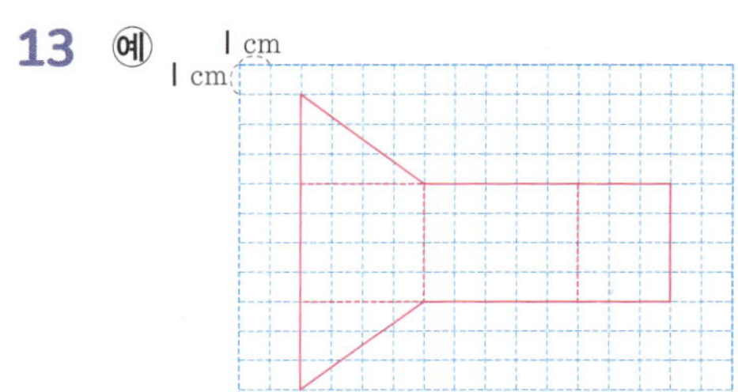

14 밑면이 다각형이고 옆면이 삼각형인 도형을 찾습니다.

16 밑면의 모양이 오각형이므로 오각뿔입니다.

18 360°÷30°=12이므로 밑면이 십이각형입니다. 밑면이 십이각형인 각뿔은 십이각뿔입니다.

20 밑면이 다각형이고 옆면은 모두 삼각형이므로 각뿔입니다. 꼭짓점이 9개이므로
(밑면의 변의 수)=9-1=8(개)입니다.
따라서 팔각뿔입니다.

탐구 서술형 평가

1 **1단계** 면 ㄱㄹㅁㄴ, 면 ㄴㄷㅂㅁ, 면 ㄱㄹㄷㅂ
2단계 91 cm², 104 cm², 130 cm²
3단계 325 cm²

1-1 예 면 ㄱㄴㄷㄹ에 수직인 면은 면 ㄱㄴㅂㅁ, 면 ㄴㅂㅅㄷ, 면 ㄷㅅㅇㄹ, 면 ㄱㅁㅇㄹ입니다.
(면 ㄱㄴㅂㅁ)=3×9=27(cm²), (면 ㄴㅂㅅㄷ)=7×9=63(cm²), (면 ㄷㅅㅇㄹ)=5×9=45(cm²), (면 ㄱㅁㅇㄹ)=3×9=27(cm²)입니다. 면 ㄱㄴㄷㄹ에 수직인 면의 넓이의 합은 27+63+45+27=162(cm²)입니다. ; 162 cm²

2 **1단계** 삼각기둥　**2단계** 9개　**3단계** 63 cm

2-1 예 면의 수가 가장 적은 각뿔은 밑면의 변의 수가 가장 적은 삼각뿔입니다. (삼각뿔의 모서리의 수)=3×2=6(개)입니다. 모서리의 길이의 합은 9×6=54(cm)입니다. ; 54 cm

3 **1단계** 육각기둥　**2단계** 구각뿔　**3단계** 22

3-1 예 (각기둥의 한 밑면의 변의 수)=24÷3=8(개) ➡ 팔각기둥, (각뿔의 밑면의 변의 수)=24÷2=12(개) ➡ 십이각뿔, (팔각기둥의 면의 수)=8+2=10(개), (십이각뿔의 면의 수)=12+1=13(개) ➡ 10+13=23 ; 23

4 예 (다의 넓이)=6×(선분 ㅅㅂ)=54(cm²), (선분 ㅅㅂ)=54÷6=9(cm), (가의 넓이)=4×9=36(cm²), (나의 넓이)=(가의 넓이)×2=36×2=72(cm²), (나의 넓이)=(선분 ㅊㅇ)×9=72(cm²), (선분 ㅊㅇ)=72÷9=8(cm) ; 8 cm

5 예 각기둥의 한 밑면의 변의 수를 □라 할 때, 각기둥의 면, 모서리, 꼭짓점의 수의 합은 (□+2)+(□×3)+(□×2)=62입니다. □×6+2=62, □×6=60, □=60÷6=10, 따라서 이 각기둥의 밑면은 십각형이므로 밑면의 모양이 같은 각뿔은 십각뿔입니다. ; 십각뿔

정답과 풀이 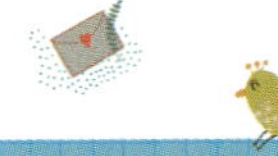

1
1단계 면 ㄱㄴㄷ에 수직인 면은 옆면입니다.

2단계 (면 ㄱㄹㅁㄴ)=7×13=91(cm²),
(면 ㄴㅁㅂㄷ)=8×13=104(cm²),
(면 ㄱㄹㅂㄷ)=10×13=130(cm²)

3단계 91+104+130=325(cm²)

2
1단계 면의 수가 가장 적은 각기둥은 한 밑면의 변의 수가 가장 적은 삼각기둥입니다.

2단계 (삼각기둥의 모서리의 수)
=(한 밑면의 변의 수)×3=3×3=9(개)

3단계 모서리의 길이의 합은 7×9=63(cm)입니다.

3
1단계 (각기둥의 한 밑면의 변의 수)
=18÷3=6(개) ➡ 육각기둥

2단계 (각뿔의 밑면의 변의 수)=18÷2=9(개)
➡ 구각뿔

3단계 (육각기둥의 꼭짓점의 수)=6×2=12(개),
(구각뿔의 꼭짓점의 수)=9+1=10(개)
➡ 12+10=22

3　소수의 나눗셈

수학 익힘 풀기　　　53쪽

1 123, 12.3, 1.23　　**2** (1) 32.1 (2) 21.2 (3) 1.32　　**3** 2.11 m　　**4** (1) $\dfrac{492}{10} \div 4 = \dfrac{492 \div 4}{10} = \dfrac{123}{10} = 12.3$　(2) $\dfrac{6536}{100} \div 8 = \dfrac{6536 \div 8}{100} = \dfrac{817}{100} = 8.17$　　**5** (1) 6.12 (2) 2.35　　**6** 24.9

1
• 나누어지는 수가 $\dfrac{1}{10}$배가 되면 몫도 $\dfrac{1}{10}$배가 되므로 소수점이 왼쪽으로 한 칸 이동합니다.
➡ 123은 12.3이 됩니다.

• 나누어지는 수가 $\dfrac{1}{100}$배가 되면 몫도 $\dfrac{1}{100}$배가 되므로 소수점이 왼쪽으로 두 칸 이동합니다.
➡ 123은 1.23이 됩니다.

2
(1), (2) 나누어지는 수가 $\dfrac{1}{10}$배가 되면 몫도 $\dfrac{1}{10}$배가 되므로 소수점이 왼쪽으로 한 칸 이동합니다.

(3) 나누어지는 수가 $\dfrac{1}{100}$배가 되면 몫도 $\dfrac{1}{100}$배가 되므로 소수점이 왼쪽으로 두 칸 이동합니다.

3 나누어지는 수가 $\dfrac{1}{100}$배가 되면 몫도 $\dfrac{1}{100}$배가 되므로 소수점이 왼쪽으로 두 칸 이동합니다.
➡ 211은 2.11이 됩니다.

5 (1)
```
        6. 1 2
   6 ) 3 6. 7 2
       3 6
           7
           6
           1 2
           1 2
             0
```
(2)
```
        2. 3 5
   7 ) 1 6. 4 5
       1 4
         2 4
         2 1
           3 5
           3 5
             0
```

6
```
        2 4.9
   3 ) 7 4.7
       6
       1 4
       1 2
         2 7
         2 7
           0
```

수학 익힘 풀기　　　55쪽

1 풀이 참조　　**2** (1) 0.92 (2) 0.82
3 1.36÷8=0.17 ; 0.17　　**4** 0.75, 1.44
5 파란색 구슬　　**6** 3, 1, 2

1
```
        0. 8 7
   5 ) 4. 3 5
       4 0
         3 5
         3 5
           0
```
자연수 나눗셈과 같은 방법으로 구한 뒤, 소수점을 올려 찍고 자연수 부분에 0을 씁니다.

2

(1)
```
      0.9 2
   7)6.4 4
     6 3
       1 4
       1 4
         0
```

(2)
```
      0.8 2
   9)7.3 8
     7 2
       1 8
       1 8
         0
```

3 1, 3, 6, 8 중 3개의 수를 이용하여 만들 수 있는 가장 작은 소수 두 자리 수는 1.36입니다. 그러므로 1.36÷8=0.17이 됩니다.

4
```
      0.7 5
   6)4.5 0
     4 2
       3 0
       3 0
         0
```
```
      1.4 4
   5)7.2 0
     5
     2 2
     2 0
       2 0
       2 0
         0
```

5
```
      0.2 5
   6)1.5 0
     1 2
       3 0
       3 0
         0
```
```
      0.4 5
   8)3.6 0
     3 2
       4 0
       4 0
         0
```

6 0.7÷2=0.35, 2.6÷4=0.65, 2.8÷5=0.56

57쪽

1 민지 **2** (1) 1.09 (2) 1.07 **3** 1.25, 3.5
4 (1) 0.25 (2) 1.04 **5** (1) ㉡ (2) ㉠ (3) ㉢ **6** ㉡

풀이

1 $4.1÷2=\dfrac{41}{10}÷2=\dfrac{410}{100}÷2=\dfrac{410÷2}{100}=\dfrac{205}{100}$
=2.05입니다.

2

(1)
```
      1.0 9
   9)9.8 1
     9
       8 1
       8 1
         0
```

(2)
```
      1.0 7
   7)7.4 9
     7
       4 9
       4 9
         0
```

3
```
      1.2 5
   4)5.0 0
     4
     1 0
       8
       2 0
       2 0
         0
```
```
      3.5
  12)4 2.0
     3 6
       6 0
       6 0
         0
```

4

(1)
```
      0.2 5
   8)2.0 0
     1 6
       4 0
       4 0
         0
```

(2)
```
       1.0 4
  25)2 6.0 0
     2 5
       1 0 0
       1 0 0
           0
```

5 소수 첫째 자리에서 반올림하면 3.65는 4, 39.5는 40, 16.2는 16이 됩니다.

6 17.84를 소수 첫째 자리에서 반올림하면 18이 됩니다. 18÷4의 몫은 4보다 크고 5보다 작은 수이므로 17.84÷4=4.46이 답이 됩니다.

58~60쪽

1 132, 132, 13.2 **2** 212, 21.2 **3** 8064, 8064, 1344, 13.44 **4** 풀이 참조 ; 예 몫의 소수점의 위치는 나누어지는 수의 소수점의 위치에 맞춰 찍어야 합니다. **5** (1) 6.37 (2) 4.13 **6** 1.13 L
7 0.42, 32, 16 **8** ( ) ( ) (○)
9 0.96 **10** $\dfrac{510}{100}÷6=\dfrac{510÷6}{100}=\dfrac{85}{100}=0.85$
11 8.45 g **12** 0.78, 0.65 **13** (1) 1.02 (2) 2.05 **14** ②, ④ **15** 예 (정삼각형의 둘레)=2.76×3=8.28(cm)이므로 (정사각형의 한 변의 길이)=8.28÷4=2.07(cm) ; 2.07 cm
16 (위에서부터) 1.25, 0.16, 6.25, 0.8
17 2.8 cm **18** 43.75 km **19** 26.4 ; 4.32
20 2.76÷6=0.46에 ○표

풀이

3 (소수)÷(자연수)를 (분수)÷(자연수)로 바꾸어 계산합니다.

4

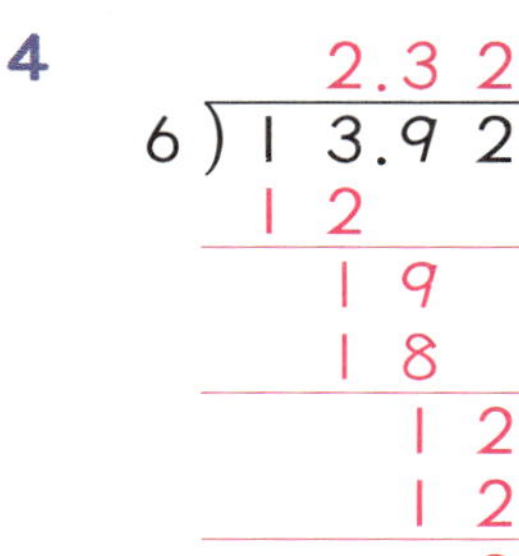

$$\begin{array}{r} 2.32 \\ 6\overline{)13.92} \\ \underline{12} \\ 19 \\ \underline{18} \\ 12 \\ \underline{12} \\ 0 \end{array}$$

5 (1)
$$\begin{array}{r} 6.37 \\ 3\overline{)19.11} \\ \underline{18} \\ 11 \\ \underline{9} \\ 21 \\ \underline{21} \\ 0 \end{array}$$
(2)
$$\begin{array}{r} 4.13 \\ 7\overline{)28.91} \\ \underline{28} \\ 9 \\ \underline{7} \\ 21 \\ \underline{21} \\ 0 \end{array}$$

6 $6.78 \div 6 = 1.13(\text{L})$

7 나누어지는 수 3.36의 자연수 부분 3이 나누는 수 8 보다 작으므로 몫의 자연수 부분에 0을 쓰고 계산합 니다.

8 $4.16 \div 8 = 0.52$, $3.57 \div 7 = 0.51$, $4.77 \div 9 = 0.53$

9 (어떤 수)$\div 3 = 1.92$, (어떤 수)$= 1.92 \times 3 = 5.76$
➡ $5.76 \div 6 = 0.96$

10 (소수)$\div$(자연수)를 (분수)$\div$(자연수)로 바꾸어 계산합 니다

12
$$\begin{array}{r} 0.78 \\ 5\overline{)3.90} \\ \underline{35} \\ 40 \\ \underline{40} \\ 0 \end{array}$$
$$\begin{array}{r} 0.65 \\ 6\overline{)3.90} \\ \underline{36} \\ 30 \\ \underline{30} \\ 0 \end{array}$$

13 나눗셈에서 나누어지는 수가 $\dfrac{1}{100}$배가 되면 몫도

$\dfrac{1}{100}$배가 되므로 소수점이 왼쪽으로 두 칸 이동합니다.

14 ① 0.23 ② 1.04 ③ 1.46 ④ 2.03 ⑤ 4.13

16 $25 \div 20 = 1.25$,
$4 \div 25 = 0.16$,
$25 \div 4 = 6.25$,
$20 \div 25 = 0.8$

17
$$\begin{array}{r} 2.8 \\ 5\overline{)14.0} \\ \underline{10} \\ 40 \\ \underline{40} \\ 0 \end{array}$$

18 (1 L로 달릴 수 있는 거리)$=35 \div 4 = 8.75(\text{km})$이 므로 (5 L로 달릴 수 있는 거리)$=8.75 \times 5$ $=43.75(\text{km})$입니다.

19 소수 첫째 자리에서 반올림하여 소수를 자연수로 만 들어 몫을 어림하여 몫의 소수점의 위치를 쉽게 찾을 수 있습니다.

20 2.76을 소수 첫째 자리에서 반올림하면 3입니다. $3 \div 6$의 몫은 1보다 작으므로 $2.76 \div 6$의 몫도 1보 다 작을 것입니다. 따라서 $2.76 \div 6 = 0.46$입니다.

2회 단원평가  도전
61~63쪽

1 (1) 왼쪽, 한 칸 (2) 왼쪽, 두 칸　**2** 2.11

3 (위에서부터) $\dfrac{1}{100}$; 2368, 23.68 ; $\dfrac{1}{100}$

4 $\dfrac{1652}{100} \div 7 = \dfrac{1652 \div 7}{100} = \dfrac{236}{100} = 2.36$　**5** <

6 (예) 벽의 넓이는 $4 \times 2 = 8(\text{m}^2)$이므로 1 m²의 벽을 칠 하는 데 사용한 페인트는 $24.8 \div 8 = 3.1(\text{L})$입니다. ; 3.1 L　**7** 풀이 참조　**8** 3, 1, 2　**9** 0.6, 0.16, 0.79　**10** 풀이 참조　**11** 1.35 L　**12** (예) (작 은 정사각형 1개의 넓이)$=72.8 \div 16 = 4.55(\text{cm}^2)$이 므로 (색칠한 부분의 넓이)$=4.55 \times 4 = 18.2(\text{cm}^2)$입 니다. ; 18.2 cm²　**13** 510, 510, 102, 1.02
14 ③　**15** 1.08 m　**16** (1) 1.6 (2) 0.16
17 ㉠ 3.4 ㉡ 4.25 ㉢ 6.8　**18** 11.5 cm
19 ㉢　**20** 43.2÷4, 5.6÷5, 6.72÷6에 ○표

풀이

2
$$\dfrac{1}{100}\text{배} \overset{\boxed{633 \div 3 = \boxed{211}}}{\underset{\boxed{6.33 \div 3 = \boxed{2.11}}}{}} \dfrac{1}{100}\text{배}$$

3 71.04는 7104의 $\dfrac{1}{100}$배이므로 결과 값도 $\dfrac{1}{100}$ 배입니다.

4 (소수)$\div$(자연수)를 (분수)$\div$(자연수)로 바꾸어 계산합 니다.

5 $20.96 \div 8 = 2.62$ < $25.47 \div 9 = 2.83$

7

$$6 \overline{)2.0\ 4}$$ 몫 0.34

나누어지는 수 2.04의 자연수 부분 2가 나누는 수 6보다 작으므로 몫의 자연수 부분에 0을 쓰고 계산해야 합니다.

8

$$7 \overline{)1.6\ 8}$$ 몫 0.24

$$5 \overline{)1.4\ 5}$$ 몫 0.29

$$4 \overline{)1.1\ 2}$$ 몫 0.28

9 $4.2÷7=0.6$,
$0.64÷4=0.16$,
$9.48÷12=0.79$

10 (1)
$$6 \overline{)2.1\ 0}$$ 몫 0.35

(2)
$$5 \overline{)8.4\ 0}$$ 몫 1.68

11 $10.8÷8=1.35(L)$

13 $5.1=\dfrac{51}{10}=\dfrac{510}{100}$

14 ①, ②, ④, ⑤ 2.05 ③ 2.08

15 $5.4÷5=1.08(m)$

16

$\dfrac{1}{100}$배 · $\dfrac{1}{10}$배 → $400÷25=16$

$40÷25=1.6$ ← $\dfrac{1}{10}$배

$4÷25=0.16$ ← $\dfrac{1}{100}$배

17 ㉠ $34÷10=3.4$
㉡ $34÷8=4.25$
㉢ $34÷5=6.8$

18 $(32-9)÷2=23÷2=11.5(cm)$

19 33.84를 소수 첫째 자리에서 반올림하면 34입니다. 34÷4의 몫은 8보다 크고 9보다 작은 수이므로 33.84÷4=8.46입니다.

20 나누어지는 수가 나누는 수보다 크면 몫이 1보다 크고, 나누어지는 수가 나누는 수보다 작으면 몫이 1보다 작습니다.

3회 단원평가  기출

1 31.2, 3.12 　**2** (왼쪽에서부터) $\dfrac{1}{100}$, 8.42, 421, 4.21 　**3** 6.14 　**4** 4.08, 1.36
5 4.69 cm 　**6** 예 어떤 수를 □라고 하면 □×4 =26.88, □=26.88÷4=6.72입니다. 따라서 바르게 계산하면 6.72÷4=1.68입니다. ; 1.68
7 195, 195, 65, 0.65 　**8** 36, 28, 5, 56
9 ㉠ 0.39 ㉡ 0.52 　**10** (1) 0.25 (2) 0.28
11 3.65 cm 　**12** 9.8÷4=2.45 ; 2.45 m
13 (1) 2.08 (2) 1.02 　**14** 3.07 cm 　**15** 풀이 참조 ; 2.03 kg 　**16** $\dfrac{8}{25}=\dfrac{32}{100}=0.32$
17 1.2, 1.75 　**18** 예 나누어지는 수가 클수록, 나누는 수가 작을수록 나눗셈의 몫이 커지므로 몫이 가장 큰 나눗셈은 9÷4=2.25입니다. ; 2.25
19 9.54 ; 예 47.7을 소수 첫째 자리에서 반올림하면 48입니다. 48을 5로 나누면 몫은 9보다 크고 10보다 작으므로 47.7÷5의 몫은 9보다 큽니다. 따라서 9 뒤에 소수점을 찍으면 됩니다. 　**20** ㉠, ㉣

풀이

1 나누는 수가 같고 나누어지는 수가 자연수의 $\dfrac{1}{10}$배, $\dfrac{1}{100}$배가 되면 몫도 $\dfrac{1}{10}$배, $\dfrac{1}{100}$배가 됩니다.

2 $842÷2=421$이고, 계산한 값이 $\dfrac{1}{100}$배가 되면 나누어지는 수도 $\dfrac{1}{100}$배가 되어야 합니다.

4 $28.56÷7=4.08$, $4.08÷3=1.36$

5 (높이)=(평행사변형의 넓이)÷(밑변)
　　　=$28.14÷6=4.69$(cm)

7 (소수)÷(자연수)를 (분수)÷(자연수)로 바꾸어 계산합니다.

8

$$7 \overline{)3.\text{㉠}}$$ 몫 0.4 8

7×4=28이므로
㉡=28
7×8=56이므로
㉣=56, ㉢=5, ㉠=36

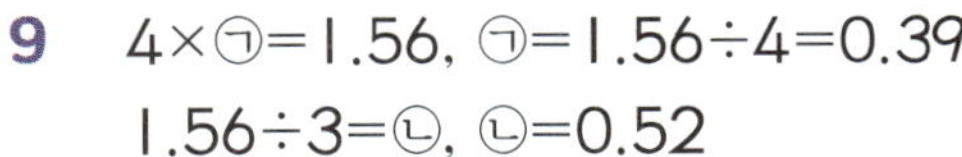

9 $4×㉠=1.56$, $㉠=1.56÷4=0.39$
$1.56÷3=㉡$, $㉡=0.52$

10 나눗셈에서 나누어지는 수를 $\dfrac{1}{100}$ 배 하면 몫도 $\dfrac{1}{100}$ 배가 됩니다.

11 정육각형은 6개의 변의 길이가 모두 같으므로 한 변은 $21.9÷6=3.65$(cm)입니다.

12 나무 사이의 간격 수는 $5-1=4$(곳)이므로 나무 사이의 간격을 $9.8÷4=2.45$(m)로 해야 합니다.

13
(1)
$$\begin{array}{r} 2.08 \\ 4\overline{)8.32} \\ \underline{8} \\ 3\,2 \\ \underline{3\,2} \\ 0 \end{array}$$
(2)
$$\begin{array}{r} 1.02 \\ 9\overline{)9.18} \\ \underline{9} \\ 1\,8 \\ \underline{1\,8} \\ 0 \end{array}$$

14 $18.42÷6=3.07$(cm)

15
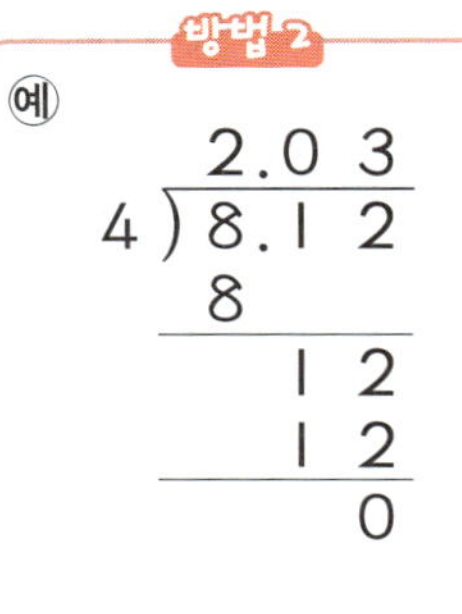

방법 1
(예)
$8.12÷4$
$=\dfrac{812}{100}÷4$
$=\dfrac{812÷4}{100}$
$=\dfrac{203}{100}=2.03$

방법 2
(예)
$$\begin{array}{r} 2.03 \\ 4\overline{)8.12} \\ \underline{8} \\ 1\,2 \\ \underline{1\,2} \\ 0 \end{array}$$

$812÷4=203$ ➡ $8.12÷4=2.03$과 같이 자연수의 나눗셈을 이용하여 계산하는 방법도 있습니다.

16 (자연수)÷(자연수)를 분수로 바꿀 때 나누는 수는 분모가 되고 나누어지는 수는 분자가 됩니다.

20 나누어지는 수가 나누는 수보다 크면 몫이 1보다 크고, 나누어지는 수가 나누는 수보다 작으면 몫이 1보다 작습니다.

4회 단원평가 실전 
67~69쪽

1 321, 321, 3.21　　**2** 132, 13.2, 1.32

3 246, 2.46 ; (예) 9.84는 984의 $\dfrac{1}{100}$ 배이므로 결과 값도 $\dfrac{1}{100}$ 배입니다. $984÷4=246$이므로

$9.84÷4$의 결과 값은 246의 $\dfrac{1}{100}$ 배인 2.46입니다.

4 1.6　**5** 1.69 km　**6** 12.2 cm　**7** (1) 0.29
(2) 0.57　**8** (예) 만들 수 있는 가장 작은 소수 두 자리 수는 2.34이므로 몫을 구하기 위한 식은 $2.34÷6$이고 몫은 0.39입니다. ; 0.39　**9** 0.85　**10** 1번

11 4개　　**12** (예) (사과 한 개의 무게)$=3.3÷5=$ 0.66(kg), (배 한 개의 무게)$=3.4÷4=0.85$(kg)이므로 배 한 개의 무게는 사과 한 개의 무게보다 $0.85-0.66=0.19$(kg) 더 무겁습니다. ; 0.19 kg

13 $\dfrac{918}{100}÷3=\dfrac{918÷3}{100}=\dfrac{306}{100}=3.06$

14 7.08　**15** 2.05 km　**16** 7, 7, 175, 1.75
17 1.5　　**18** (예) 한 시간에 $18÷24=0.75$(초)씩 늦게 가므로 4시간 후에는 $0.75×4=3$(초) 늦게 갑니다. 따라서 4시간 후에 시계가 가리키는 시각은 오후 4시 59분 57초입니다. ; 오후 4시 59분 57초
19 (1) $35÷5$ (2) $120÷4$　**20** ㉡

풀이

2 나누는 수가 같고 나누어지는 수가 자연수의 $\dfrac{1}{10}$ 배, $\dfrac{1}{100}$ 배일 경우에는 몫도 $\dfrac{1}{10}$ 배, $\dfrac{1}{100}$ 배가 됩니다.

4 $22.4÷14=1.6$

5 $8.45÷5=1.69$(km)

6 밑변의 길이를 □ cm라고 하면 $□×8÷2=48.8$, $□=48.8×2÷8=97.6÷8=12.2$(cm)

7
(1)
$$\begin{array}{r} 0.29 \\ 3\overline{)0.87} \\ \underline{6} \\ 2\,7 \\ \underline{2\,7} \\ 0 \end{array}$$
(2)
$$\begin{array}{r} 0.57 \\ 8\overline{)4.56} \\ \underline{4\,0} \\ 5\,6 \\ \underline{5\,6} \\ 0 \end{array}$$

9 1.5와 5.75 사이의 크기는 $5.75-1.5=4.25$이고 4.25를 5등분하였으므로 작은 눈금 한 칸의 크기는 $4.25÷5=0.85$입니다.

10
$$\begin{array}{r} 0.435 \\ 8\overline{)3.480} \\ \underline{3\,2} \\ 2\,8 \\ \underline{2\,4} \\ 4\,0 \\ \underline{4\,0} \\ 0 \end{array}$$

11 $8.6 \div 4 = 2.15$, $33.9 \div 6 = 5.65$이므로
$2.15 < \square.5 < 5.65$
따라서 $\square$ 안에 들어갈 수 있는 자연수는 2, 3, 4, 5
로 모두 4개입니다.

14 $56.64 \div 8 = 7.08$

15 $16.4 \div 8 = 2.05$(km)

17 $6 = \bigcirc \times 4$, $\bigcirc = 6 \div 4 = 1.5$

19 반올림하는 자리의 수가 0~4이면 버리고 5~9이면
올립니다.

20 50.7을 소수 첫째 자리에서 반올림하면 51입니다.
$51 \div 5$의 몫은 10보다 크고 11보다 작으므로
$50.7 \div 5 = 10.14$입니다.

탐구 서술형 평가

70~73쪽

1 **1단계** 2.01 km **2단계** 1.86 km
3단계 38.7 km

1-1 예 오토바이가 1분 동안 달린 거리는 $6.6 \div 4 = 1.65$(km), 스쿠터가 1분 동안 달린 거리는 $3.27 \div 3 = 1.09$(km)입니다. 따라서 5분 동안 달린 후 오토바이와 스쿠터 사이의 거리는 $(1.65 + 1.09) \times 5 = 2.74 \times 5 = 13.7$(km)입니다. ; 13.7 km

2 **1단계** 15.6 m² **2단계** 3.12 m
3단계 0.72 m

2-1 예 텃밭의 넓이는 $7.6 \times 5 = 38$(m²)입니다. 다시 만들려는 텃밭의 세로를 $\square$ m라 하면 $(7.6 - 3.6) \times \square = 38$, $4 \times \square = 38$, $\square = 38 \div 4 = 9.5$(m)입니다. 따라서 텃밭을 다시 만들려면 세로를 $9.5 - 5 = 4.5$(m) 늘려야 합니다. ; 4.5 m

3 **1단계** $94.3 \div 2 = 47.15$; 47.15
2단계 $23.4 \div 9 = 2.6$; 2.6 **3단계** 44.55

3-1 예 몫이 가장 큰 경우의 나눗셈식을 쓰고 몫을 구하면 $86.5 \div 2 = 43.25$이고 몫이 가장 작은 경우의 나눗셈식을 쓰고 몫을 구하면 $25.6 \div 8 = 3.2$입니다. 따라서 몫이 가장 클 때와 몫이 가장 작을 때의 몫의 합은 $43.25 + 3.2 = 46.45$입니다. ; 46.45

4 예 버스가 1분 동안 달린 거리는 $9 \div 6 = 1.5$ (km), 승용차가 1분 동안 달린 거리는 $9.2 \div 5 = 1.84$(km)입니다. 1시간 $= 60$분이므로 1시간 동안 달린 후 버스와 승용차 사이의 거리는 $(1.5 + 1.84) \times 60$

$= 3.34 \times 60 = 200.4$(km)입니다. ; 200.4 km

5 예 밭의 넓이는 $10.5 \times 4 = 42$(m²)입니다. 다시 만들려는 밭의 세로를 $\square$ m라 하면 $(10.5 - 5.5) \times \square = 42$, $5 \times \square = 42$, $\square = 42 \div 5 = 8.4$(m)입니다. 따라서 밭을 다시 만들려면 세로를 $8.4 - 4 = 4.4$(m) 늘려야 합니다. ; 4.4 m

1 **1단계** $16.08 \div 8 = 2.01$(km)
2단계 $9.3 \div 5 = 1.86$(km)
3단계 $(2.01 + 1.86) \times 10 = 3.87 \times 10$
$= 38.7$(km)

2 **1단계** $6.5 \times 2.4 = 15.6$(m²)
2단계 다시 만들려는 꽃밭의 세로를 $\square$ m라 하면
$(6.5 - 1.5) \times \square = 15.6$, $5 \times \square = 15.6$,
$\square = 15.6 \div 5 = 3.12$
3단계 $3.12 - 2.4 = 0.72$(m)

3 **1단계** 몫이 가장 큰 경우는 나누어지는 수가 가장 크고 나누는 수가 가장 작을 때입니다.
2단계 몫이 가장 작은 경우는 나누어지는 수가 가장 작고 나누는 수가 가장 클 때입니다.
3단계 $47.15 - 2.6 = 44.55$

4 비와 비율

수학 익힘 풀기

75쪽

1 (1) (위에서부터) 14, 37 (2) 22살 (3) 22

2 (1) (위에서부터) 2, 6, 10 (2) 30개 (3) 2

3 (1) 6, 9 (2) 9, 6 (3) 6, 9 **4** 풀이 참조 **5** $3 : 5$

1 두 수를 뺄셈(또는 덧셈)으로 비교합니다. 엄마 나이는 내 나이보다 항상 22살 많습니다.

2 두 수를 나눗셈(또는 곱셈)으로 비교합니다.
(닭 다리의 수) $\div$ (닭의 수) $= 2$입니다.

3 (2) 사과 수에 대한 귤 수의 비는 귤 수를 사과 수를 기준으로 하여 비교한 비이므로 $9 : 6$입니다.

(3) 귤 수에 대한 사과 수의 비는 사과 수를 귤 수를 기준으로 하여 비교한 비이므로 6 : 9입니다.

4 (1) 예 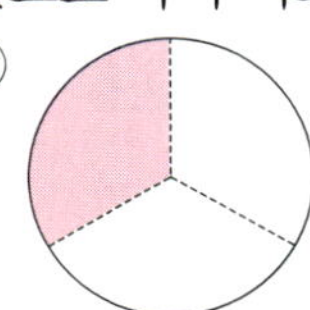

전체 3칸 중 1칸을 색칠합니다.

(2) 예

전체 9칸 중 3칸을 색칠합니다.

5 (암컷 수) : (전체 고양이 수)=3 : 5

---

1 준하　**2** (1) 3　(2) 5　(3) $\dfrac{3}{5}$(=0.6)

3 (1) 18 : 25　(2) $\dfrac{18}{25}$　(3) 0.72　**4** $\dfrac{100}{3}$

5 $\dfrac{210000}{1000}$(=210)　**6** $\dfrac{34}{200}\left(=\dfrac{17}{100}=0.17\right)$

풀이

1 기준량에 대한 비교하는 양의 크기를 비율이라고 합니다.

2 3은 비교하는 양이고 5는 기준량입니다. 그러므로 비율로 나타내면 $\dfrac{3}{5}$ 또는 0.6입니다.

3 동화책의 긴 쪽에 대한 짧은 쪽의 길이의 비율에서 동화책의 긴 쪽은 기준량이고, 짧은 쪽은 비교하는 양입니다.

4 치타가 달리는 데 걸린 시간은 3초이고 달린 거리는 100 m입니다. 따라서 치타가 달리는 데 걸린 시간에 대한 달린 거리의 비율은 $\dfrac{100}{3}$입니다.

5 강릉시의 넓이에 대한 인구의 비율은 $\dfrac{210000}{1000}$(=210)입니다.

6 소금물의 양에 대한 소금의 양의 비율은 $\dfrac{34}{200}\left(=\dfrac{17}{100}=0.17\right)$입니다.

1 (1) 70 %　(2) 25 %　**2** ㉠ 36　㉡ 0.65

3 유승　**4** (1) 70 %　(2) 30 %　**5** ㉠ 40　㉡ 35

6 4 %

풀이

1 (1) 전체 10칸 중 색칠한 부분은 7칸이므로 $\dfrac{7}{10}\times100=70(\%)$입니다.

(2) 전체 16칸 중 색칠한 부분은 4칸이므로 $\dfrac{4}{16}\times100=25(\%)$입니다.

2 ㉠ $0.36\times100=36$ ➡ 36 %

㉡ 65 % ➡ $\dfrac{65}{100}$ ➡ 0.65

3 선미: $0.4\times100=40(\%)$,

유승: $\dfrac{3}{4}\times100=75(\%)$

4 (1) 원래 가격이 5000원이고 할인된 판매 가격이 3500원이므로 $\dfrac{3500}{5000}\times100=70(\%)$입니다.

(2) 5000−3500=1500(원) 할인받은 것이므로 $\dfrac{1500}{5000}\times100=30(\%)$입니다.

5 ㉠ $\dfrac{12}{30}\times100=40(\%)$　㉡ $\dfrac{7}{20}\times100=35(\%)$

6 $\dfrac{2000}{50000}\times100=4(\%)$

---

1 2　**2** 예 13−11=2, 14−12=2, 15−13=2, 16−14=2이므로 지성이의 나이는 동생의 나이보다 항상 2살 많습니다.　**3** (1) 4, 7　(2) 7, 4　**4** (위에서부터) 5, 8, 5, 8, 8　**5** 5 : 3　**6** ㉠ 노란 구슬 수 ㉡ 빨간 구슬 수　**7** $\dfrac{13}{9}\left(=1\dfrac{4}{9}\right)$　**8** ㉠ $\dfrac{7}{10}$ ㉡ 0.7　**9** 예 (전체 구슬 수)=5+3+2=10(개)이

므로 전체 구슬 수에 대한 초록색 구슬 수의 비율은
$\frac{3}{10}=0.3$입니다. ; 0.3   **10** $\frac{1500}{1650}\left(=\frac{10}{11}\right)$

11 ㉠ $\frac{540}{6}(=90)$ ㉡ $\frac{490}{5}(=98)$ **12** 21175,
23710 ; 은빛 마을   **13** (1) 45 % (2) 80 %
14 (왼쪽에서부터) 6, 24   **15** 25 %   **16** (1)
$\frac{31}{100}$ (2) 0.31   **17** 55 %   **18** 20 %
19 ㉠ 25 % ㉡ 20 %   **20** 지아

1 $4\div2=2$이므로 직사각형의 가로는 세로의 2배입니다.
5 여학생 수에 대한 남학생 수의 비
　　➡ (남학생 수) : (여학생 수) ➡ 5 : (8−5) ➡ 5 : 3
6 <u>빨간 구슬 수</u>에 대한 <u>노란 구슬 수</u>의 비율
　　　기준량　　　　　비교하는 양
7 $\dfrac{(노란 구슬 수)}{(빨간 구슬 수)}=\dfrac{13}{9}=1\dfrac{4}{9}$
8 $\dfrac{(자두 수)}{(사과 수)}=\dfrac{7}{10}=0.7$
10 $\dfrac{600+900}{1650}=\dfrac{1500}{1650}=\dfrac{10}{11}$
12 금빛 마을: $\dfrac{42350}{2}=21175,$

　　　은빛 마을: $\dfrac{71130}{3}=23710$

　　➡ 넓이에 대한 인구의 비율이 더 높은 마을이 인구가
　　　더 밀집한 곳이므로 은빛 마을입니다.
13 (1) $0.45\times100=45(\%)$ (2) $\dfrac{4}{5}\times100=80(\%)$
14 전체 사탕 수는 $6+19=25$(개)입니다.
15 $\dfrac{1}{4}\times100=25(\%)$
16 31 % ➡ $\dfrac{31}{100}=0.31$
17 (골 성공률)$=\dfrac{11}{20}\times100=55(\%)$
18 (할인된 금액)$=7500-6000=1500$(원)이므로
　　　(할인율)$=\dfrac{1500}{7500}\times100=20(\%)$

19 지아: $\dfrac{50}{200}\times100=25(\%)$

　　　민주: $\dfrac{30}{150}\times100=20(\%)$
20 백분율이 더 큰 소금물이 더 진합니다.

2회 단원평가  83~85쪽

1 2, 2   **2** 8, 10 ; ㉔ 모둠원 수는 항상 공 수의 3배
입니다.   **3** (1) 7, 5 (2) 27, 64   **4** 7 : 12
5 (1) 30 : 51 (2) 21 : 51   **6** ①   **7** (1) ㉡ (2)
㉢ (3) ㉠   **8** ㉢ 비율을 분수로 나타내면 $\dfrac{7}{8}$입니다.

9 ㉠ $\dfrac{11}{25}$ ㉡ 0.44   **10** $\dfrac{14}{20}\left(=\dfrac{7}{10}\right)$ **11** $\dfrac{1}{20}$
$(=0.05)$ **12** $\dfrac{1}{10}(=0.1)$ **13** ㉠ 도시   **14** (1)
29 % (2) 35 %   **15** (위에서부터) 1.5, 150 ; $\dfrac{75}{100}$
$\left(=\dfrac{3}{4}\right)$, 0.75   **16** 82 %   **17** 50 %   **18** ㉔
$20000-18000=2000$(원)을 할인한 것이므로
(할인율)$=\dfrac{2000}{20000}\times100=10(\%)$입니다. 따라서
10 %를 할인하여 파는 것입니다. ; 10 %   **19** ㉠
2 % ㉡ 3 %   **20** 지은

1 $70\div35=2$
3 (2) ▲에 대한 ■의 비 ➡ ■ : ▲
4 전체 12칸 중에서 색칠한 부분은 7칸이므로 7 : 12
　　입니다.
5 (전체 구슬 수)$=30+21=51$(개)입니다.
6 ①의 기준량은 78, ②, ③, ④, ⑤의 기준량은 62입
　　니다.
7 (1) 7의 8에 대한 비 ➡ 7 : 8 ➡ $\dfrac{7}{8}=0.875$

　　(2) 48에 대한 36의 비 ➡ 36 : 48 ➡ $\dfrac{36}{48}=\dfrac{3}{4}=0.75$

　　(3) 74 대 120 ➡ 74 : 120 ➡ $\dfrac{74}{120}=\dfrac{37}{60}$

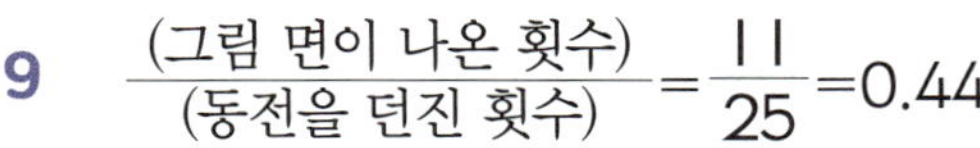

9 $\dfrac{(\text{그림 면이 나온 횟수})}{(\text{동전을 던진 횟수})}=\dfrac{11}{25}=0.44$

10 (모자를 쓰지 않은 학생 수)$=20-6=14$(명)

➡ $\dfrac{14}{20}=\dfrac{7}{10}$

11 2초에 $0.1\,$m 이동하므로 20초에 $1\,$m를 이동합니다.

➡ $\dfrac{1}{20}=0.05$

12 $\dfrac{25}{250}=\dfrac{1}{10}=0.1$

13 넓이에 대한 인구의 비율을 각각 구하면

㉠ 도시: $\dfrac{6760}{13}=520$, ㉡ 도시: $\dfrac{14280}{28}=510$

따라서 인구가 더 밀집한 곳은 ㉠ 도시입니다.

14 (1) $0.29\times100=29$(%) (2) $\dfrac{7}{20}\times100=35$(%)

15 $1\dfrac{1}{2}=1\dfrac{5}{10}=1.5$ ➡ 150%

75% ➡ $\dfrac{75}{100}=\dfrac{3}{4}=0.75$

16 (골 성공률)$=\dfrac{164}{200}\times100=82$(%)

17 (전체 학생 수)$=30+15+45=90$(명)

➡ $\dfrac{45}{90}\times100=50$(%)

19 상우: $\dfrac{1000}{50000}\times100=2$(%)

지은: $\dfrac{1200}{40000}\times100=3$(%)

1 3, 3 **2** ㉎ (지점토 수)÷(모둠원 수)$=2$이므로 지점토 수는 모둠원 수의 2배입니다. **3** 18, 29

4 (1) $9:7$ (2) $9:7$ **5** 풀이 참조 **6** 13, 20,

$\dfrac{13}{20}$, 0.65 **7** (위에서부터) $\dfrac{10}{8}\left(=\dfrac{5}{4}\right)$, 1.25 ; $\dfrac{3}{5}$,

0.6 **8** 2개 **9** ㉠ $\dfrac{3}{12}\left(=\dfrac{1}{4}\right)$ ㉡ 0.25 **10** ㉎

(진호가 틀린 문제 수)$=40-36=4$(문제), (호영이가 틀린 문제 수)$=40-31=9$(문제)이므로 호영이가 틀린 문제 수에 대한 진호가 틀린 문제 수의 비율은 $\dfrac{4}{9}$입니다. ; $\dfrac{4}{9}$ **11** $\dfrac{21}{70}\left(=\dfrac{3}{10}=0.3\right)$ **12** 230,

240, 250 **13** 소망 마을, 희망 마을, 사랑 마을

14 0.43 **15** 50% **16** $>$ **17** ㉎ 16000

$-12000=4000$(원)을 할인한 것이므로 (할인율)

$=\dfrac{4000}{16000}=0.25$ ➡ 25% ; 25% **18** 2%

19 민서네 반 **20** ㉎ 우리 학교 체험 학습에 전체 학생의 95%가 참여했습니다.

풀이

1 $11-8=3$

3 ■ : ▲ ➡ ■의 ▲에 대한 비

5 ㉎
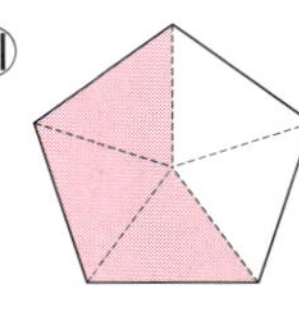

8 기준량이 비교하는 양보다 큰 경우는 비율이 1보다 작은 경우이므로 0.8, $\dfrac{4}{9}$의 2개입니다.

9 $\dfrac{(\text{안경을 낀 학생 수})}{(\text{전체 학생 수})}=\dfrac{3}{12}=\dfrac{1}{4}=0.25$

11 $\dfrac{21}{70}=\dfrac{3}{10}$ ➡ 0.3

12 사랑 마을: $\dfrac{2530}{11}=230$

희망 마을: $\dfrac{2160}{9}=240$

소망 마을: $\dfrac{4000}{16}=250$

13 넓이에 대한 인구의 비율이 높은 마을부터 이름을 쓰면 소망, 희망, 사랑 마을입니다.

14 43% ➡ $\dfrac{43}{100}=0.43$

15 $\dfrac{6}{12}\times100=50$(%)

16 $\dfrac{18}{25}=\dfrac{72}{100}=0.72,\ 62\%\ \rightarrow\ 0.62$

18 (당첨률)$=\dfrac{3}{150}\times100=2(\%)$

19 민서네 반의 찬성률: $\dfrac{14}{25}\times100=56(\%)$

진우네 반의 찬성률: $\dfrac{12}{24}\times100=50(\%)$

따라서 찬성률이 더 높은 반은 민서네 반입니다.

---

6 (사과 수) : (바나나 수)$=7:10$

7 ①, ②, ③, ⑤는 비교하는 양이 5이고, ④는 8입니다.

8 (1) $24:25\ \rightarrow\ \dfrac{24}{25}=\dfrac{96}{100}=0.96$

(2) 6과 15의 비 $\rightarrow\ 6:15\ \rightarrow\ \dfrac{6}{15}=\dfrac{2}{5}=\dfrac{4}{10}=0.4$

9 $4:10\ \rightarrow\ \dfrac{4}{10}=\dfrac{2}{5}=0.4$

10 $\dfrac{(\text{위인전 수})}{(\text{과학책 수})}=\dfrac{52}{80}=\dfrac{13}{20}=\dfrac{65}{100}=0.65$

11 $\dfrac{303900}{60}=5065$

13 $\dfrac{330}{350+330}=\dfrac{330}{680}=\dfrac{33}{68}$

14 $\dfrac{6}{15}\times100=40(\%)$

15 (1) $0.053\times100=5.3(\%)$

(2) $\dfrac{41}{50}\times100=82(\%)$

16 $\dfrac{30}{75}=\dfrac{2}{5}=0.4\ \rightarrow\ 40\%$

17 $\dfrac{17}{25}=\dfrac{68}{100}\ \rightarrow\ 68\%$

19 할인된 가격이 각각 250원, 150원, 300원이므로 할인율을 각각 구하면

볼펜: $\dfrac{250}{1250}\times100=20(\%)$,

공책: $\dfrac{150}{1000}\times100=15(\%)$,

스케치북: $\dfrac{300}{3000}\times100=10(\%)$

20 할인율이 가장 높은 물건은 볼펜입니다.

4회 단원평가 실전

1 (1) 9 (2) 2　**2** (위에서부터) $18,\ 27,\ 36,\ 45$; $6,\ 9,\ 12,\ 15$; ⑩ 모둠 수에 따라 학생 수는 손전등 수보다 각각 6, 12, 18, 24, 30 더 많습니다. 학생 수는 손전등 수의 3배입니다.　**3** $7:12$　**4** (1) $5,\ 7$ (2) $4,\ 9$　**5** 틀립니다 ; ⑩ $4:5$는 기준량이 5이지만 $5:4$는 기준량이 4이기 때문입니다.　**6** $7:10$

7 ④　**8** (1) $\dfrac{24}{25},\ 0.96$ (2) $\dfrac{6}{15}\left(=\dfrac{2}{5}\right),\ 0.4$

9 ㉠ $\dfrac{4}{10}\left(=\dfrac{2}{5}\right)$ ㉡ 0.4　**10** 0.65　**11** 5065

12 ⑩ 가로에 대한 세로의 비율을 각각 구하면 가는 $\dfrac{4}{6}=\dfrac{2}{3}$, 나는 $\dfrac{6}{9}=\dfrac{2}{3}$입니다. 따라서 두 직사각형의 가로에 대한 세로의 비율은 같습니다.　**13** $\dfrac{33}{68}$

14 40%　**15** (1) 5.3% (2) 82%　**16** ㉡
17 68%　**18** ⑩ (처음 정사각형의 넓이)$=5\times5=25(\text{cm}^2)$이고, 줄인 정사각형의 한 변의 길이는 3 cm이므로 넓이는 $3\times3=9(\text{cm}^2)$입니다. 따라서 줄여서 만든 정사각형의 넓이는 처음 정사각형의 넓이의 $\dfrac{9}{25}\times100=36(\%)$입니다. ; 36%

19 $20,\ 15,\ 10$　**20** 볼펜

3 밑변은 7 cm이고, 높이는 12 cm이므로
(밑변) : (높이)$=7:12$입니다.

탐구 서술형 평가

1 **1단계** 440명　**2단계** 800명　**3단계** 0.55

1-1 ⑩ (오늘 읽은 쪽수)$=63+21=84$(쪽)입니다. (동화책의 전체 쪽수)$=63+84=147$(쪽)입니다. 동화책의 전체 쪽수에 대한 오늘 읽은 쪽수의 비율은 $\dfrac{84}{147}=\dfrac{4}{7}$입니다. ; $\dfrac{4}{7}$

2 **1단계** 216 **2단계** 250 **3단계** KTX 열차

2-1 (예) 빨간 자동차의 달리는 데 걸린 시간에 대한 간 거리의 비율은 4시간 30분=4.5시간 ➡ 432÷4.5 =4320÷45 ➡ $\dfrac{4320}{45}$=96입니다. 파란 자동차의 달리는 데 걸린 시간에 대한 간 거리의 비율은 $\dfrac{570}{6}$ =95입니다. 달리는 데 걸린 시간에 대한 간 거리의 비율이 빨간 자동차가 더 크므로 빨간 자동차가 더 빠릅니다. ; 빨간 자동차

3 **1단계** 76 % **2단계** 80 % **3단계** 시형, 준기, 은아

3-1 (예) 예한이의 골 성공률은 $\dfrac{12}{24}×100=50(\%)$입니다. 석현이의 골 성공률은 $\dfrac{11}{20}×100=55(\%)$입니다. 따라서 골 성공률이 높은 사람부터 이름을 쓰면 민석, 석현, 예한입니다. ; 민석, 석현, 예한

4 (예) 흙으로 빚은 도자기가 250개이므로 초벌구이한 도자기 수를 □라 하면 $\dfrac{2}{5}=\dfrac{□}{250}$에서 □=100(개)입니다. 명품 도자기 수는 100개 중 8 %이므로 8개입니다. 따라서 흙으로 빚은 도자기 수에 대한 명품 도자기 수의 비율은 $\dfrac{8}{250}=\dfrac{32}{1000}=0.032$입니다. ; 0.032

5 (예) ⓛ 물건의 인상된 가격이 1800원이므로 ⓛ의 인상률은 $\dfrac{1800}{9000}×100=20(\%)$입니다. 따라서 인상률이 더 높은 물건은 ⓛ입니다. ; ⓛ

풀이

1 **1단계** 360+80=440(명)
2단계 360+440=800(명)
3단계 $\dfrac{(남학생 수)}{(전체 학생 수)}=\dfrac{440}{800}=\dfrac{55}{100}=0.55$

2 **1단계** $\dfrac{432}{2}=216$
2단계 2시간 30분=2.5시간 ➡ 625÷2.5 =6250÷25 ➡ $\dfrac{6250}{25}=250$

3단계 걸린 시간에 대한 간 거리의 비율이 KTX 열차가 더 크므로 KTX 열차가 더 빠릅니다.

3 **1단계** $\dfrac{19}{25}×100=76(\%)$
2단계 $\dfrac{4}{5}×100=80(\%)$

5   여러 가지 그래프

수학 익힘 풀기 97쪽

1 20000, 32000, 36000, 37000, 37000
2 풀이 참조 **3** 표 **4** 그림그래프 **5** 600명
6 ㉠ 25 ㉡ 15 **7** ③

풀이

1 단위가 천 명이므로 2013년 여객 수송량은 19791000명입니다. 이 수를 십만의 자리에서 반올림하면 20000000입니다.

2 연도별 고속철도 여객 수송 현황

연도	여객 수송량
2013년	
2014년	
2015년	
2016년	
2017년	

천만 명   백만 명

3 2013년의 여객 수송량이 19791000명인 것을 알 수 있는 것은 표입니다.

4 그림그래프는 그림의 크기로 많고 적음을 한눈에 알 수 있습니다.

5 240+150+120+90=600(명)

6 ㉠: $\dfrac{150}{600}×100=25(\%)$

ㄴ: $\dfrac{90}{600}×100=15(\%)$

7 ① 축구를 좋아하는 학생이 가장 많습니다.
② 전체 학생 수를 한눈에 잘 알 수 있는 것은 표입니다.
④ 띠그래프에 표시된 눈금은 백분율을 나타냅니다.
⑤ 띠그래프의 작은 눈금 한 칸은 5 %를 나타냅니다.

99쪽

1 (위에서부터) 60, 20, 15　　**2** 풀이 참조　　**3** ㉢, ㉣, ㉡　　**4** (1) 30　(2) 15　　**5** 성희　　**6** 2배

풀이

1 포도를 좋아하는 학생 수:
$300-(90+75+45+30)=60$(명)

포도: $\dfrac{60}{300}\times100=20$(%)

수박: $\dfrac{45}{300}\times100=15$(%)

2 좋아하는 과일별 학생 수

0 10 20 30 40 50 60 70 80 90 100(%)

사과 (30 %)	딸기 (25 %)	포도 (20 %)	수박 (15 %)	기타 (10%)

백분율을 구한 표를 보고 비율에 맞게 띠그래프로 나타냅니다.

3 ㉠ ➡ ㉢ ➡ ㉣ ➡ ㉡ ➡ ㉤의 순서로 합니다.

5 성희가 40 %로 가장 많은 표를 얻었습니다.

6 성희가 얻은 표는 40 %, 현길이가 얻은 표는 20 % 이므로 2배입니다.

101쪽

1 35, 15　　**2** 풀이 참조　　**3** 5　　**4** 2배　　**5** 2명

6 AB형　　**7** $\dfrac{1}{2}$(=0.5)배

풀이

1 축구: $\dfrac{175}{500}\times100=35$(%)

농구: $\dfrac{75}{500}\times100=15$(%)

2 좋아하는 운동별 학생 수

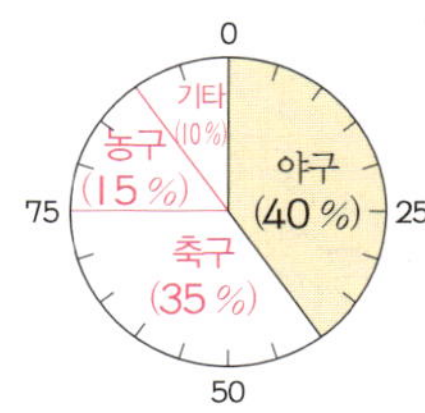

백분율을 구한 표를 보고 비율에 맞게 원그래프로 나타냅니다.

3 (예) $200\div5=40$, $175\div5=35$,
　　$75\div5=15$, $50\div5=10$

4 상품권을 받고 싶은 학생은 30 %, 장난감을 받고 싶은 학생은 15 %이므로 2배입니다.

5 상품권을 받고 싶은 학생 수는 기타를 선택한 학생 수의 3배입니다. 상품권을 받고 싶은 학생이 6명이라면 기타를 선택한 학생은 2명입니다.

7 20 %는 40 %의 $\dfrac{1}{2}$배입니다.

103쪽

1 (위에서부터) 300, 30　　**2** 풀이 참조

3 풀이 참조　　**4** 풀이 참조　　**5** 풀이 참조

풀이

1 장미 마을의 쌀 생산량: $2000-(700+600+400)$
　　　　　　　　　　　$=300$(kg)

난초 마을: $\dfrac{600}{2000}\times100=30$(%)

2 마을별 쌀 생산량

마을	생산량
매화	
난초	
국화	
장미	

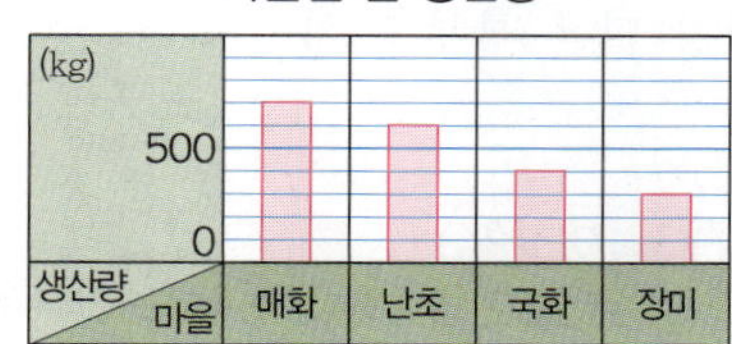

매화 마을의 쌀 생산량은 700 kg이므로 500 kg짜리 1개, 100 kg짜리 2개로 나타냅니다.

3 마을별 쌀 생산량

(kg)				
500				
0				
생산량 \ 마을	매화	난초	국화	장미

4 마을별 쌀 생산량

0 10 20 30 40 50 60 70 80 90 100(%)

매화 (35 %)	난초 (30 %)	국화 (20 %)	장미 (15 %)

백분율을 구한 표를 보고 비율에 맞게 띠그래프로 나타냅니다.

5 마을별 쌀 생산량

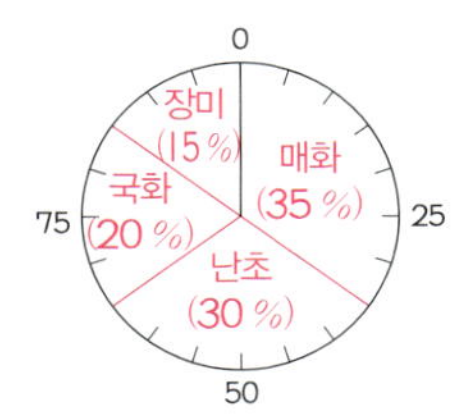

백분율을 구한 표를 보고 비율에 맞게 원그래프로 나타냅니다.

**1**회 **단원평가** ‍연습
104~106쪽

1 풀이 참조 ; 10, 1 **2** 예 마을별 사과 생산량의 많고 적음을 쉽게 알 수 있습니다. **3** 농구 **4** 20, 30, 15, 10 **5** 과학 **6** 풀이 참조 **7** 2배 **8** 25, 25, 35, 15 **9** O형 **10** A형 **11** 3명 **12** (위에서부터) 32, 25, 15 **13** 강아지 **14** 풀이 참조 **15** 피자 **16** 4배 **17** 예 튀김을 좋아하는 학생은 전체의 10 %이므로 민희네 반 전체 학생 수는 4×10=40(명)입니다. 따라서 치킨을 좋아하는 학생은 전체의 15 %이므로 40× $\frac{15}{100}$ =6(명)입니다. ; 6명 **18** 20 % **19** 풀이 참조 **20** 막대그래프

풀이

1 예

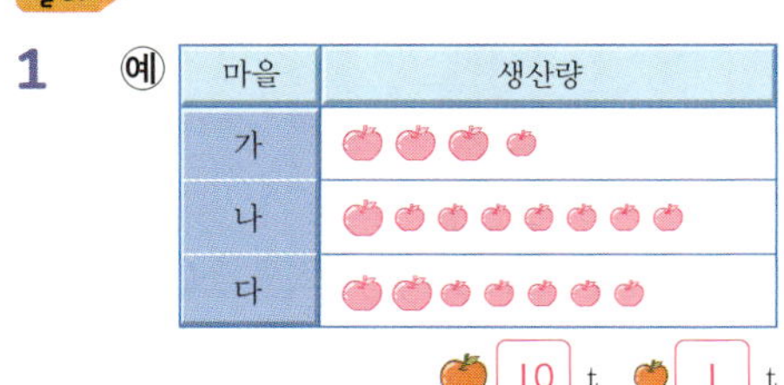

3 띠그래프에서 가장 많은 부분을 차지하고 있는 것은 농구입니다.

4 국어: $\frac{48}{240}$ ×100=20(%)

체육: $\frac{72}{240}$ ×100=30(%)

과학: $\frac{36}{240}$ ×100=15(%)

기타: $\frac{24}{240}$ ×100=10(%)

6 좋아하는 과목별 학생 수

| 수학 (25 %) | 국어 (20 %) | 체육 (30 %) | 과학 (15 %) | 기타 (10%) |

백분율을 구한 표를 보고 비율에 맞게 띠그래프로 나타냅니다.

7 좋아하는 과목이 체육인 학생은 전체의 30 %, 좋아하는 과목이 과학인 학생은 전체의 15 %이므로 2배입니다.

8 작은 눈금 한 칸은 5 %입니다. A형, B형은 각각 5칸을 차지하므로 25 %, O형은 7칸을 차지하므로 35 %, AB형은 3칸을 차지하므로 15 %입니다.

9 띠그래프에서 가장 많은 부분을 차지하고 있는 것은 O형입니다.

10 A형과 B형은 각각 전체의 25 %입니다.

11 AB형은 전체의 15 %이므로 20× $\frac{15}{100}$ =3(명)입니다.

12 토끼를 키우고 싶어 하는 학생 수:
160−(40+48+24+16)=32(명)

고양이: $\frac{40}{160}$ ×100=25(%),

햄스터: $\frac{24}{160}$ ×100=15(%)

13 백분율이 가장 큰 것은 강아지입니다.

14 키우고 싶어 하는 동물별 학생 수

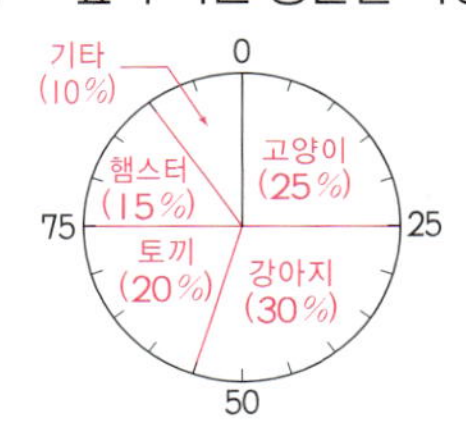

백분율을 구한 표를 보고 비율에 맞게 원그래프로 나타냅니다.

16 피자를 좋아하는 학생은 전체의 40 %이고, 튀김을 좋아하는 학생은 전체의 10 %이므로 4배입니다.

18 100−(35+10+20+15)=20(%)

19 종류별 책 수

| 위인전 (20 %) | 동화책 (35 %) | 추리소설 (10 %) | 만화책 (20 %) | 기타 (15 %) |

원그래프를 보고 비율에 맞게 띠그래프로 나타냅니다.

20 막대그래프는 학생별 팔굽혀펴기 횟수의 많고 적음을 쉽게 비교할 수 있습니다.

1 30, 10 **2** 풀이 참조 **3** 3배 **4** 35 %
5 해바라기 **6** 40명 **7** ⓔ 백합을 좋아하는 학생
은 전체의 20 %이므로 백합이 차지하는 부분의 길이
는 $25 \times \dfrac{20}{100} = 5$(cm)입니다. ; 5 cm **8** 15, 45,
10, 25, 5, 100 **9** 풀이 참조 **10** 컴퓨터 **11** 탄
수화물 **12** 3배 **13** 27 g **14** ⓔ 백분율이 클
수록 들어 있는 영양소의 양도 많습니다. **15** 1.5배
16 20세 미만 **17** ⓔ 60세 이상의 인구의 비율이
점점 늘어나고 있습니다. **18** (위에서부터) 48, 18 ;
15, 20 **19** 풀이 참조 **20** 원그래프

풀이

2
장래 희망별 학생 수

| 의사 (30 %) | 검사 (20 %) | 연예인 (15 %) | 선생님(10 %) | 기타 (25 %) |

백분율을 구한 표를 보고 비율에 맞게 띠그래프로 나
타냅니다.

3 장래 희망이 의사인 학생은 전체의 30 %, 장래 희망
이 선생님인 학생은 전체의 10 %이므로 3배입니다.

4 $100 - (20 + 15 + 20 + 10) = 35$(%)

6 전체 학생 수를 ☐명이라고 하면
$$☐ \times \dfrac{20}{100} = 8, \quad ☐ = 8 \div \dfrac{20}{100} = 8 \times \dfrac{100}{20} = 40(명)$$
입니다.

8 휴대 전화: $\dfrac{3}{20} \times 100 = 15$(%), 컴퓨터: $\dfrac{9}{20} \times 100$
$= 45$(%), 인형: $\dfrac{2}{20} \times 100 = 10$(%), 장난감: $\dfrac{5}{20}$
$\times 100 = 25$(%), 기타: $\dfrac{1}{20} \times 100 = 5$(%)

9
받고 싶어 하는 생일 선물별 학생 수

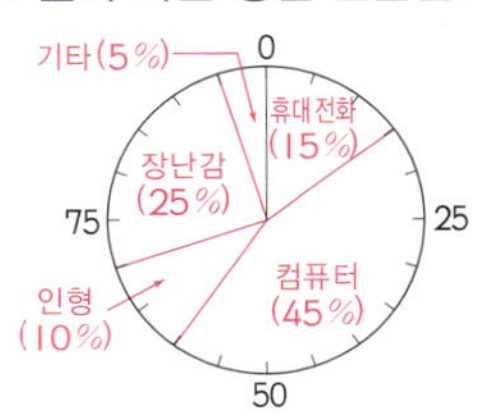

백분율을 구한 표
를 보고 비율에
맞게 원그래프로
나타냅니다.

10 가장 많은 부분을 차지하고 있는 것은 컴퓨터입니다.

11 가장 많은 부분을 차지하고 있는 것은 탄수화물입니다.

12 단백질은 전체의 9 %, 지방은 전체의 3 %이므로 3
배입니다.

13 단백질은 전체의 9 %이므로 밀가루 300 g에 들어
있는 단백질은 $300 \times \dfrac{9}{100} = 27$(g)입니다.

15 1980년도에 20세 미만인 인구는 전체의 36 %,
60세 이상인 인구는 전체의 24 %이므로 $\dfrac{36}{24}$
$= 1.5$(배)입니다.

16 20세 미만의 인구가 1980년도에 36 %에서 2010
년도에 31.5 %로 줄었습니다.

18 희진: $\dfrac{18}{120} \times 100 = 15$(%)

동수: $\dfrac{24}{120} \times 100 = 20$(%)

19
후보자별 득표 수

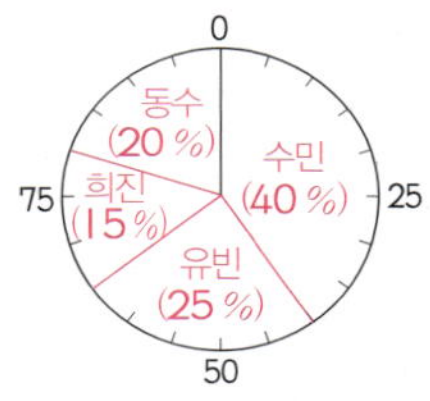

20 원그래프가 각 항목끼리의 백분율을 한눈에 비교하기
더 좋습니다.

1 60명 **2** (위에서부터) 60 ; 35, 25, 20, 15, 5
3 풀이 참조 **4** 지하철 **5** 2배 **6** ⓔ 버스를 이
용하는 직원은 전체의 20 %이므로 전체 직원 수를 ☐
라 하면 $☐ \times \dfrac{20}{100} = 48$, $☐ = 48 \div \dfrac{20}{100} = 48 \times$
$\dfrac{100}{20} = 240$(명)입니다. ; 240명 **7** 4.8 cm
8 45, 25, 15, 10, 5, 100 **9** 풀이 참조
10 30 % **11** 25 % **12** 55 % **13** 590 m²

14 예 과일을 심은 전체 넓이를 □ m²라 하면 과일을 심은 넓이의 55 %가 6490 m²이므로 □$\times\dfrac{55}{100}=$ 6490, □$=6490\div\dfrac{55}{100}=6490\times\dfrac{100}{55}=$ 11800(m²)입니다. ; 11800 m² **15** 컴퓨터

16 65명 **17** 예 (5학년에서 운동이 취미인 학생 수)$=200\times\dfrac{28}{100}=56$(명), (6학년에서 운동이 취미인 학생 수)$=250\times\dfrac{24}{100}=60$(명) ➡ $60-56=4$(명) ; 4 명 **18** ⑤ **19** 1200명 **20** 풀이 참조

풀이

1 (김씨)$=300-(105+75+45+15)=60$(명)

2 이씨: $\dfrac{105}{300}\times100=35(\%)$

박씨: $\dfrac{75}{300}\times100=25(\%)$

김씨: $\dfrac{60}{300}\times100=20(\%)$

장씨: $\dfrac{45}{300}\times100=15(\%)$

기타: $\dfrac{15}{300}\times100=5(\%)$

3
성씨별 사람 수

0 10 20 30 40 50 60 70 80 90 100(%)
이씨(35%) 박씨(25%) 김씨(20%) 장씨(15%) 기타(5%)

백분율을 구한 표를 보고 비율에 맞게 띠그래프로 나타냅니다.

5 지하철을 이용하는 직원은 전체의 32 %, 자전거를 이용하는 직원은 전체의 16 %이므로 2배입니다.

7 20 cm의 24 %이므로 $20\times\dfrac{24}{100}=4.8$(cm)입니다.

8 닭: $\dfrac{216}{480}\times100=45(\%)$

토끼: $\dfrac{120}{480}\times100=25(\%)$

염소: $\dfrac{72}{480}\times100=15(\%)$

돼지: $\dfrac{48}{480}\times100=10(\%)$

소: $\dfrac{24}{480}\times100=5(\%)$

9
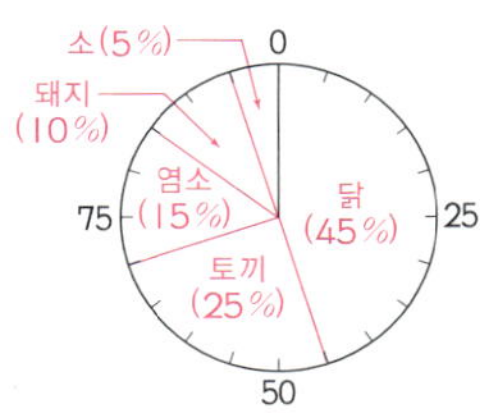

백분율을 구한 표를 보고 비율에 맞게 원그래프로 나타냅니다.

10 한 달 후 토끼 수는 $120+24=144$(마리)이고, 전체 동물 수는 변하지 않았으므로 $\dfrac{144}{480}\times100=30(\%)$입니다.

11 수박을 심은 넓이가 딸기를 심은 넓이의 5배이므로 5 %의 5배인 25 %입니다.

12 $100-(15+5+25)=55(\%)$

13 딸기를 심은 넓이는 포도를 심은 넓이의 $\dfrac{1}{11}$배이므로 $6490\div11=590$(m²)입니다.

15 가장 많은 부분을 차지하고 있는 것은 컴퓨터입니다.

16 (6학년 중 독서가 취미인 학생 수)
$=250\times\dfrac{26}{100}=65$(명)

18 ①, ②, ③은 꺾은선그래프, ④는 막대그래프로 나타내기에 적당합니다.

19 초등학교 학생은 전체의 40 %이므로 $3000\times\dfrac{40}{100}=1200$(명)입니다.

20
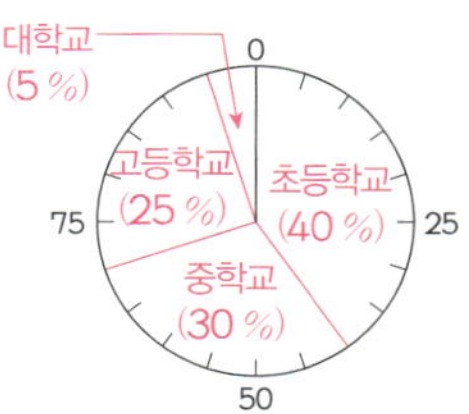

4회 단원평가 실전
113~115쪽

1 (위에서부터) 30 ; 45, 25, 15, 15, 100 **2** 풀이 참조 **3** 예 학생 수를 2로 나누면 백분율의 값과 같습니다. **4** 동화책 **5** 2배 **6** 35 %

7 35, 1890　**8** 25, 20, 40, 15, 100　**9** 풀이 참조　**10** 4 cm　**11** 25 %　**12** 교육비
13 240000원　**14** ⓔ 교육비와 식료품비의 합이 지난 달 생활비의 57 %를 차지합니다. 식료품비는 주거광열비의 1.25배입니다.　**15** 음식물　**16** 재활용　**17** ⓔ 음식물 쓰레기 양의 비율이 계속 증가하고 있으므로 8월에 음식물 쓰레기 양의 비율이 늘어날 것 같습니다. ; ⓔ 음식물　**18** 8000원　**19** 풀이 참조
20 ⓔ 다음 달 저금액은 8000+2000=10000 (원)이므로 다음 달 저금액은 전체의 $\frac{10000}{40000}\times100$ =25(%)입니다. ; 25 %

풀이

1 파랑: $200-(90+50+30)=30$(명)

빨강: $\frac{90}{200}\times100=45(\%)$

노랑: $\frac{50}{200}\times100=25(\%)$

파랑: $\frac{30}{200}\times100=15(\%)$

기타: $\frac{30}{200}\times100=15(\%)$

2
좋아하는 색깔별 학생 수

0 10 20 30 40 50 60 70 80 90 100(%)
빨강(45%) | 노랑(25%) | 파랑(15%) | 기타(15%)

4 가장 많은 부분을 차지하고 있는 것은 동화책입니다.

5 동화책 수는 전체의 30 %, 과학책 수는 전체의 15 %이므로 2배입니다.

6 $20+15=35(\%)$

7 위인전과 과학책은 전체의 35 %이므로
$5400\times\frac{35}{100}=1890$(권)입니다.

8 A형: $\frac{15}{60}\times100=25(\%)$

B형: $\frac{12}{60}\times100=20(\%)$

O형 : $\frac{24}{60}\times100=40(\%)$

AB형: $\frac{9}{60}\times100=15(\%)$

9
혈액형별 학생 수

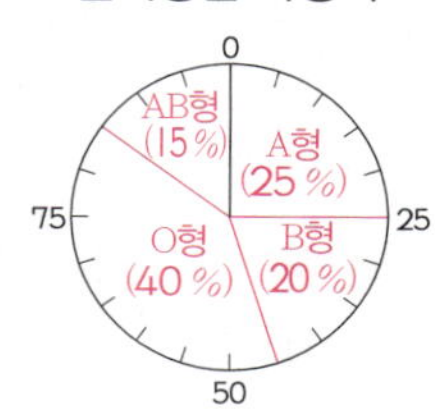

10 B형은 전체의 20 %이므로 $20\times\frac{20}{100}=4$(cm)

11 $100-(10+13+20+32)=25(\%)$

12 가장 많은 부분을 차지하고 있는 것은 교육비입니다.

13 $1200000\times\frac{20}{100}=240000$(원)

15 6월의 쓰레기 중 가장 많은 부분을 차지하고 있는 것은 음식물입니다.

16 재활용 쓰레기가 27 %에서 20 %로 가장 많이 감소하였습니다.

18 저금한 금액은 전체의 20 %이므로
$40000\times\frac{20}{100}=8000$(원)입니다.

19
용돈의 쓰임새별 금액

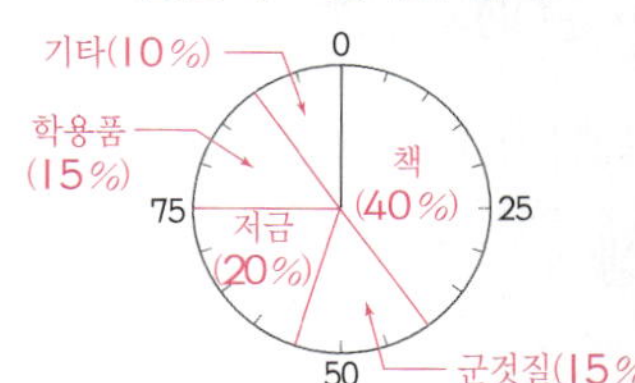

116~119쪽

탐구 서술형 평가

1 **1단계** 840명　**2단계** 25 %　**3단계** 210명
1-1 ⓔ 전체 학생 수를 ☐명이라고 하면 전체의 25 %가 40명이므로 $☐\times\frac{25}{100}=40$, $☐=40\div\frac{25}{100}$ $=40\times\frac{100}{25}=160$(명)입니다. 축구를 좋아하는 학생은 전체의 $100-(25+15+20+10)=30(\%)$이므로 축구를 좋아하는 학생은 $160\times\frac{30}{100}=48$(명)입니다. ; 48명
2 **1단계** 10 %　**2단계** 30 %　**3단계** 12명

2-1 예 콩 생산량은 전체의 20 %, 보리 생산량은 전체의 30 %입니다. 쌀 생산량은 전체의 $100-(30+20+5)=45(\%)$입니다. 따라서 쌀 생산량은 $30000\times\dfrac{45}{100}=13500(\text{t})$입니다. ; $13500\ \text{t}$

3 **1단계** 66명 **2단계** 63명 **3단계** 남학생, 3명

3-1 예 매화 마을의 과학을 좋아하는 학생은 $40\times\dfrac{20}{100}=8(\text{명})$이고, 장미 마을의 과학을 좋아하는 학생은 $30\times\dfrac{30}{100}=9(\text{명})$입니다. 따라서 장미 마을이 $9-8=1(\text{명})$ 더 많습니다. ; 장미 마을, 1명

4 예 저금은 전체의 $\dfrac{3}{15}\times100=20(\%)$입니다. 의류비는 전체의 $100-(40+25+20+5)=10(\%)$입니다. 따라서 교육비는 $300만\times\dfrac{25}{100}=75만$ (원), 의류비는 $300만\times\dfrac{10}{100}=30만$ (원)이므로 교육비를 의류비보다 45만 원 더 사용했습니다. ; 45만 원

5 예 야구를 좋아하는 학생은 전체의 42 %이므로 (야구를 좋아하는 학생 수)$=500\times\dfrac{42}{100}=210(\text{명})$입니다. 야구를 좋아하는 학생 중 여학생은 40 %이므로 (야구를 좋아하는 여학생 수)$=210\times\dfrac{40}{100}=84(\text{명})$입니다. ; 84명

풀이

1 **1단계** 전체 학생 수를 □명이라고 하면 전체의 15 %가 126명이므로 $□\times\dfrac{15}{100}=126$, $□=126\div\dfrac{15}{100}=126\times\dfrac{100}{15}=840(\text{명})$

2단계 $100-(35+20+15+5)=25(\%)$

3단계 ㉮ 마을의 학생은 $840\times\dfrac{25}{100}=210(\text{명})$입니다.

2 **1단계** 체육을 좋아하는 학생이 전체의 20 %이고, 음악을 좋아하는 학생의 2배이므로 음악을 좋아하는 학생은 전체의 10 %입니다.

2단계 수학을 좋아하는 학생은 전체의 $100-(25+20+15+10)=30(\%)$입니다.

3단계 $40\times\dfrac{30}{100}=12(\text{명})$

3 **1단계** $220\times\dfrac{30}{100}=66(\text{명})$

2단계 $180\times\dfrac{35}{100}=63(\text{명})$

3단계 수미를 지지하는 학생은 남학생이 $66-63=3(\text{명})$ 더 많습니다.

6 직육면체의 부피와 겉넓이

수학 익힘 풀기 121쪽

1 가 **2** = **3** > **4** 4 세제곱센티미터 ; 풀이 참조 **5** (1) $380\ \text{cm}^3$ (2) $360\ \text{cm}^3$ **6** (1) $125\ \text{cm}^3$ (2) $343\ \text{cm}^3$

풀이

1 가와 나는 가로와 세로가 같습니다. 따라서 높이가 더 긴 가의 부피가 더 큽니다.

2 직육면체 가의 쌓기나무는 24개, 직육면체 나의 쌓기나무도 24개입니다. 쌓기나무의 개수가 같으므로 부피가 같습니다.

3 과자 상자를 가 포장 상자에는 45개를 담을 수 있고, 나 포장 상자에는 32개를 담을 수 있으므로 가 포장 상자의 부피가 더 큽니다.

4 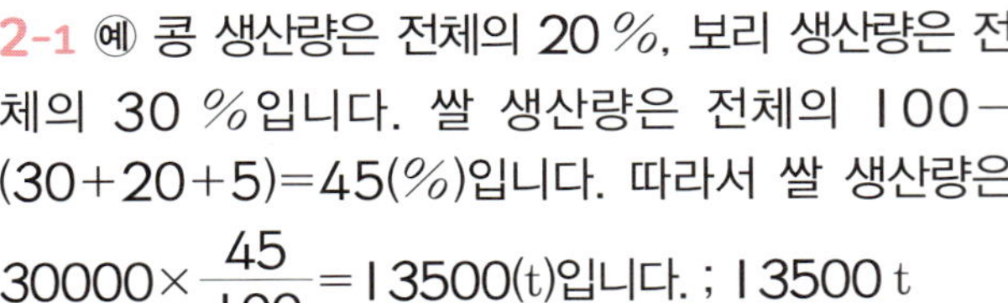

cm는 중심선과 세 번째 선 사이에 크게 쓰고, 3은 첫 번째 선과 중심선 사이에 작게 씁니다.

5 (직육면체의 부피)=(가로)×(세로)×(높이)입니다.
(1) $19\times4\times5=380(\text{cm}^3)$
(2) $12\times15\times2=360(\text{cm}^3)$

6 (정육면체의 부피)=(한 모서리의 길이)×(한 모서리의 길이)×(한 모서리의 길이)입니다.
(1) $5\times5\times5=125(\text{cm}^3)$
(2) $7\times7\times7=343(\text{cm}^3)$

1 5 세제곱미터 ; 풀이 참조   **2** (1) 4000000   (2)
1600000   (3) 6   (4) 2.3   **3** 15 m³   **4** 216
cm²   **5** 216 cm²   **6** 가

풀이

1
$$5\,m^3$$
m는 중심선과 세 번째 선 사이에 크게 쓰고, 3은 첫
번째 선과 중심선 사이에 작게 씁니다.

2 1 m³=1000000 cm³입니다.

3 (직육면체의 부피)=(가로)×(세로)×(높이)이므로
        =2×2.5×3=15(m³)

4 (6×3)×2+(6×10)×2+(10×3)×2
=36+120+60=216(cm²)

5 (정육면체의 겉넓이)
=(한 모서리의 길이)×(한 모서리의 길이)×6
=6×6×6=216(cm²)

6 가: (3×2+2×5+5×3)×2
      =(6+10+15)×2=62(cm²)
나: 3×3×6=54(cm²)

1 나   **2** 다, 가, 나   **3** 120 cm³   **4** 15000개
5 270 cm³   **6** 140 cm³   **7** 432 cm³   **8** 예
(직육면체의 부피)=(가로)×(세로)×(높이)=5×6×
☐=240이므로 30×☐=240, ☐=240÷30
=8(cm)입니다. ; 8   **9** 512 cm³   **10** 72 m³
11 (1) 5000000   (2) 8   (3) 240   (4) 0.69
12 125 m³   **13** (1) 서로 같습니다. (2) 2배
14 312 cm²   **15** 126 cm²   **16** 384 cm²
17 76 cm²   **18** 54 cm²   **19** 예 (가의 겉넓이)
=4×4×6=96(cm²), (나의 겉넓이)=(2×5+5×8
+2×8)×2=132(cm²), 따라서 나의 겉넓이가
132−96=36(cm²) 더 큽니다. ; 나, 36 cm²
20 216 cm²

풀이

1 쌓기나무를 가에 3×3×3=27(개), 나에 4×4×2=
32(개) 담을 수 있으므로 부피가 더 큰 상자는 나입니다.

2 세 직육면체의 높이는 같으므로 밑면의 크기를 비교
합니다.

3 사용한 쌓기나무는 모두 4×5×6=120(개)이므로
직육면체의 부피는 120 cm³입니다.

4 가로: 600÷20=30(개), 세로: 500÷20=25(개),
높이: 400÷20=20(개)
➡ 30×25×20=15000(개)까지 넣을 수 있습니다.

5 (직육면체의 부피)=(가로)×(세로)×(높이)
         =5×9×6=270(cm³)

6 (직육면체의 부피)=7×4×5=140(cm³)

7 (직육면체의 부피)=(한 밑면의 넓이)×(높이)
         =72×6=432(cm³)

9 (정육면체의 부피)
=(한 모서리의 길이)×(한 모서리의 길이)×(한 모서
리의 길이)=8×8×8=512(cm³)

10 (직육면체의 부피)=6×3×4=72(m³)

11 1 m³=1000000 cm³입니다.

12 500 cm=5 m이므로
(정육면체의 부피)=5×5×5=125(m³)
[다른 풀이] (정육면체의 부피)
        =500×500×500
        =125000000(cm³)=125(m³)

14 (과자 상자의 겉넓이)=(8×12+12×3+8×3)×2
        =(96+36+24)×2
        =156×2=312(cm²)

15 (직육면체의 겉넓이)=(5×6+6×3+5×3)×2
        =(30+18+15)×2
        =63×2=126(cm²)

16 (정육면체의 겉넓이)=8×8×6=384(cm²)

17 (직육면체의 겉넓이)=(5×4+4×2+5×2)×2
        =(20+8+10)×2
        =38×2=76(cm²)

18 (정육면체의 겉넓이)=(한 면의 넓이)×6
        =3×3×6=54(cm²)

20 (옆면의 넓이)=(한 면의 넓이)×4이므로
(한 면의 넓이)=144÷4=36(cm²)
(정육면체의 겉넓이)=36×6=216(cm²)

정답과 풀이

2회 단원평가  도전

1 ( ) ( ) (○)　**2** ㉠ 15개 ㉡ 15 cm³
3 120배　**4** 720 cm³　**5** 8　**6** ㉡, ㉢, ㉠
7 8배　**8** 1728 cm³　**9** ④　**10** 예 800 cm=
8 m이므로 (정육면체의 부피)=8×8×8=512(m³)
입니다. ; 512 m³　**11** 6 m³　**12** 6.5
13 108 cm²　**14** 181.5 cm²　**15** 24 cm²
16 96 cm²　**17** 예 (한 모서리의 길이)=(정육면
체의 한 면의 둘레)÷4=28÷4=7(cm)이므로 (정육
면체의 겉넓이)=7×7×6=294(cm²) ; 294 cm²
18 7 cm　**19** 예 (한 면의 넓이)=486÷6=81(cm²),
81=9×9이므로 정육면체의 한 모서리의 길이는
9 cm입니다. (정육면체의 부피)=9×9×9=
729(cm³) ; 729 cm³　**20** 20 cm

풀이

3 (직육면체의 부피)=8×3×5=120(cm³), (정육면
체의 부피)=1×1×1=1(cm³) ➡ 오른쪽 직육면체
의 부피는 왼쪽 정육면체의 부피의 120배입니다.

4 (직육면체의 부피)=(가로)×(세로)×(높이)
　　　　　　　　　　=15×6×8=720(cm³)

5 9×6×□=432, 54×□=432,
□=432÷54=8(cm)

6 ㉠ 3×3×3=27(cm³), ㉡ 2×4×9=72(cm³),
㉢ 16=4×4이므로 한 모서리의 길이는 4 cm이고,
정육면체의 부피는 4×4×4=64(cm³)입니다.
➡ ㉡>㉢>㉠

7 (정육면체의 부피)=(한 모서리의 길이)×(한 모서리의
길이)×(한 모서리의 길이)이므로 상자의 각 모서리가
2배가 되면 처음 상자의 부피의 2×2×2=8(배)가
됩니다.

8 정육면체는 가로, 세로, 높이가 모두 같으므로 직육
면체의 가장 짧은 길이인 12 cm를 정육면체의 한
모서리의 길이로 해야 합니다. 따라서 만들 수 있는
가장 큰 정육면체 모양의 부피는 12×12×12=
1728(cm³)입니다.

9 1 m³=1000000 cm³이므로
6.8 m³=6800000 cm³입니다.

11 가의 부피)=6×6×6=216(m³), 600 cm=6 m

이므로 (나의 부피)=7×6×5=210(m³)
➡ 216-210=6(m³)

12 □×3×4=78, □×12=78,
□=78÷12=6.5(m)

13 (직육면체의 겉넓이)=(4×6+6×3+4×3)×2
　　　　　　　　　　=(24+18+12)×2
　　　　　　　　　　=54×2=108(cm²)

14 (정육면체의 겉넓이)=5.5×5.5×6=30.25×6
　　　　　　　　　　=181.5(cm²)

15 (한 밑면의 넓이)=(180-132)÷2
　　　　　　　　　=48÷2=24(cm²)

16 (정육면체의 겉넓이)=4×4×6=96(cm²)

18 (한 밑면의 넓이)=12×5=60(cm²)
(옆면의 넓이)=358-60×2=238(cm²)
높이를 □ cm라고 하면 (5+12+5+12)×□
=238, 34×□=238, □=238÷34=7(cm)

20 (직육면체의 겉넓이)
=(12×20+20×30+12×30)×2
=(240+600+360)×2
=1200×2=2400(cm²)
(정육면체의 한 면의 넓이)=2400÷6=400(cm²)
400=20×20이므로 정육면체의 한 모서리의 길이
는 20 cm입니다.

3회 단원평가  기출

1 없습니다.　**2** 가: 210개 나: 192개　**3** 가 상자
4 42 cm³　**5** 4　**6** 예 두 정육면체의 부피의 차
는 9×9×9-7×7×7=729-343=386(cm³)
; 386 cm³　**7** 1000 cm³　**8** 3 cm　**9** ㉢
10 ㉡, ㉣, ㉢, ㉠　**11** 9.6 m³　**12** 예 27=3×3
×3이므로 한 모서리의 길이는 3 m입니다. 3 m=
300 cm이고, 300÷3=100이므로 정육면체는
100×100×100=1000000(개)가 만들어집니다.
; 1000000개　**13** 3.2 m³　**14** ②　**15** 152
cm²　**16** 96 cm²　**17** 예 (한 면의 넓이)=150÷
6=25(cm²), 5×5=25이므로 정육면체의 한 모서리
의 길이는 5 cm입니다. ; 5 cm　**18** 풀이 참조 ; 22
cm²　**19** 180 cm²　**20** 4

1 직접 맞대어 비교하려면 가로, 세로, 높이 중에서 두 종류 이상의 길이가 같아야 합니다.

2 가: 가로 7줄, 세로 3줄, 높이 10층
➡ $7 \times 3 \times 10 = 210$(개)
나: 가로 12줄, 세로 2줄, 높이 8층
➡ $12 \times 2 \times 8 = 192$(개)

4 (직육면체의 부피)=(가로)×(세로)×(높이)
$=2 \times 7 \times 3 = 42$($cm^3$)

5 $8 \times \square \times 5 = 160$, $\square = 160 \div 40 = 4$(cm)

7 (정육면체의 부피)=$10 \times 10 \times 10 = 1000$($cm^3$)

8 (쌓기나무의 수)=$2 \times 2 \times 2 = 8$(개)
쌓은 정육면체 모양의 부피가 216 cm^3이므로 쌓기나무 하나의 부피는 $216 \div 8 = 27$(cm^3)입니다. $3 \times 3 \times 3 = 27$이므로 쌓기나무의 한 모서리의 길이는 3 cm입니다.

9 1 m^3는 한 모서리의 길이가 100 cm인 정육면체의 부피입니다.

10 ㉠ 200 cm^3=0.0002 m^3 ㉡ 10000 m^3
㉢ 2 m^3 ㉣ 10000000 cm^3=10 m^3

11 120 cm=1.2 m이므로
(직육면체의 부피)=$2 \times 4 \times 1.2 = 9.6$($m^3$)입니다.

13 80 cm=0.8 m이므로
(상자의 부피)=$2 \times 2 \times 0.8 = 3.2$($m^3$)입니다.

14 ② 직육면체의 부피를 구하는 방법입니다.

15 (직육면체의 겉넓이)=$(6 \times 8 + 8 \times 2 + 6 \times 2) \times 2$
$=(48 + 16 + 12) \times 2$
$=76 \times 2 = 152$(cm^2)

16 (정육면체의 겉넓이)=$4 \times 4 \times 6 = 96$(cm^2)

18 예 
모눈 한 칸의 넓이는 1 cm^2이고, 직육면체의 전개도의 넓이는 모눈 22개와 같으므로 직육면체의 겉넓이는 22 cm^2입니다.

19 색칠한 면의 넓이는 48 cm^2이므로 색칠한 면에서 나머지 한 변의 길이는 $48 \div 8 = 6$(cm)입니다.
(직육면체의 겉넓이)=$(8 \times 6 + 6 \times 3 + 8 \times 3) \times 2$
$=(48 + 18 + 24) \times 2$
$=90 \times 2 = 180$(cm^2)

20 $(2 \times \square + \square \times 3 + 2 \times 3) \times 2 = 52$,
$(5 \times \square + 6) \times 2 = 52$,
$5 \times \square + 6 = 26$, $5 \times \square = 20$,
$\square = 20 \div 5 = 4$(cm)

4회 단원평가  133~135쪽

1 가: 6개 나: 8개 **2** 나 **3** 192개, 192 cm^3
4 ㉠, ㉡ **5** 840 cm^3 **6** 729 cm^3 **7** 예 (직육면체의 부피)=$18 \times 6 \times 2 = 216$($cm^3$), $216 = 6 \times 6 \times 6$이므로 정육면체의 한 모서리의 길이는 6 cm입니다. ; 6 cm **8** 6 cm **9** (1) 600 (2) 11740000 **10** 64 m^3 **11** 예 2.5 m^3=2500000 cm^3이므로 냉장고와 옷장의 부피의 차는 $2500000 - 1950000 = 550000$($cm^3$)입니다. ; 550000 cm^3 **12** 616 m^3 **13** 20 cm
14 90 cm^2 **15** 1176 cm^2 **16** 104 cm^2
17 52 cm^2 **18** 5 cm **19** 예 (한 면의 넓이)=$384 \div 6 = 64$(cm^2)이고, $64 = 8 \times 8$이므로 한 모서리의 길이는 8 cm입니다. ; 8 cm **20** 160 cm^2

1 가: $2 \times 3 = 6$(개), 나: $4 \times 2 = 8$(개)

3 한 층에 $4 \times 8 = 32$(개)씩 6층까지 채워 넣을 수 있으므로 채울 수 있는 쌓기나무는 $32 \times 6 = 192$(개)이고, 쌓기나무 1개의 부피가 1 cm^3이므로 상자의 부피는 192 cm^3입니다.

4 (직육면체의 부피)=(가로)×(세로)×(높이)
$=$(밑면의 넓이)×(높이)

5 (직육면체의 부피)=$12 \times 10 \times 7 = 840$($cm^3$)

6 한 모서리의 길이가 9 cm인 정육면체의 전개도입니다. ➡ (정육면체의 부피)=$9 \times 9 \times 9 = 729$($cm^3$)

8 (큰 정육면체의 부피)=$27 \times 8 = 216$(cm^3)이고, $216 = 6 \times 6 \times 6$이므로 큰 정육면체의 한 모서리의 길이는 6 cm입니다.

9 1 m^3=1000000 cm^3

10 (정육면체의 부피)=$4 \times 4 \times 4 = 64$(m^3)

12 1100 cm=11 m, 700 cm=7 m
➡ (직육면체의 부피)=$11 \times 8 \times 7 = 616$($m^3$)

13 $0.008\ \text{m}^3=8000\ \text{cm}^3$이고, $8000=20\times20\times20$이므로 한 모서리의 길이는 $20\ \text{cm}$입니다.

14 (상자의 겉넓이)$=(6\times3+3\times3+6\times3)\times2$
$\qquad\qquad\quad=(18+9+18)\times2$
$\qquad\qquad\quad=45\times2=90(\text{cm}^2)$

15 (정육면체의 겉넓이)$=14\times14\times6=1176(\text{cm}^2)$

16 (직육면체의 겉넓이)$=(6\times5+5\times2+6\times2)\times2$
$\qquad\qquad\quad=(30+10+12)\times2$
$\qquad\qquad\quad=52\times2=104(\text{cm}^2)$

18 (직육면체의 겉넓이)=(한 밑면의 넓이)$\times2+$(옆면의 넓이)로 구할 수 있습니다.
높이를 $\square\ \text{cm}$라고 하면
$6\times6\times2+6\times4\times\square=192$, $72+24\times\square=192$,
$24\times\square=120$, $\square=120\div24=5(\text{cm})$

20 늘어난 면의 넓이는 잘랐을 때 생기는 면의 넓이와 같습니다. 따라서 두부 4조각의 겉넓이의 합은 처음 두부의 겉넓이보다 $80\times2=160(\text{cm}^2)$ 늘어납니다.

탐구 서술형 평가

136~139쪽

1 **1단계** $8\ \text{m}^3$ **2단계** $7.2\ \text{m}^3$ **3단계** ㉤

1-1 (예) ㉤에서 $16=4\times4$이므로 정육면체의 한 모서리의 길이는 $4\ \text{m}$입니다. (㉤의 부피)$=4\times4\times4=64(\text{m}^3)$, $540\ \text{cm}=5.4\ \text{m}$이므로 (㉢의 부피)$=5\times3\times5.4=81(\text{m}^3)$ 따라서 ㉢의 부피가 가장 큽니다. ; ㉢

2 **1단계** $432\ \text{cm}^2$ **2단계** $12\ \text{cm}$ **3단계** $960\ \text{cm}^3$

2-1 (예) 한 밑면의 넓이가 $6\times4=24(\text{cm}^2)$이므로 옆면의 넓이는 $128-24\times2=80(\text{cm}^2)$입니다. 직육면체의 높이를 $\square$라 하면 $(6+4+6+4)\times\square=80$이므로 $\square=80\div20=4(\text{cm})$입니다. 따라서 직육면체의 부피는 $6\times4\times4=96(\text{cm}^3)$입니다. ; $96\ \text{cm}^3$

3 **1단계** $2\ \text{cm}$ **2단계** $4\ \text{cm}$ **3단계** $64\ \text{cm}^2$

3-1 (예) 전개도를 접었을 때 만나는 변끼리는 길이가 같으므로 색칠한 면의 긴 변의 길이는 $6\ \text{cm}$이고, 짧은 변의 길이는 $20\div2-6=4(\text{cm})$입니다. 색칠한 면이 밑면이면 상자의 높이는 $5\ \text{cm}$입니다. ➡ (상자의 겉넓이)$=(6\times4+4\times5+6\times5)\times2=(24+20+30)\times2=74\times2=148(\text{cm}^2)$; $148\ \text{cm}^2$

---

4 (예) 입체도형을 직육면체 ㉠과 ㉡으로 나누어 부피를 구합니다. (직육면체 ㉠의 부피)$=4\times10\times2=80(\text{cm}^3)$, (직육면체 ㉡의 부피)$=6\times10\times2=120(\text{cm}^3)$이므로 (입체도형의 부피)$=80+120=200(\text{cm}^3)$입니다. ; $200\ \text{cm}^3$

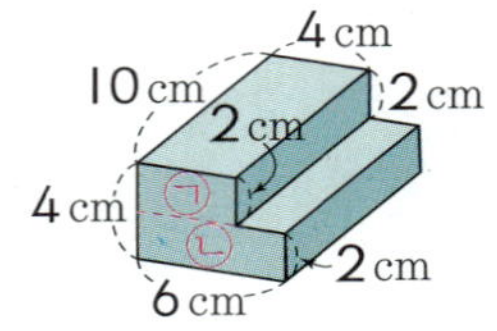

5 (예) 가의 겉넓이는 $8\times8\times6=384(\text{cm}^2)$이고, 나의 전체 겉넓이는 한 모서리의 길이가 $2\ \text{cm}$인 정육면체 $4\times4\times4=64(개)$의 겉넓이와 같으므로 나의 겉넓이는 $2\times2\times6\times64=1536(\text{cm}^2)$입니다. 따라서 나의 정육면체 조각의 전체 겉넓이는 가의 겉넓이의 $1536\div384=4(배)$입니다. ; 4배

풀이

1 **1단계** $4=2\times2$이므로 정육면체의 한 모서리의 길이는 $2\ \text{m}$입니다.
(㉤의 부피)$=2\times2\times2=8(\text{m}^3)$
2단계 $90\ \text{cm}=0.9\ \text{m}$이므로
(㉢의 부피)$=2\times0.9\times4=7.2(\text{m}^3)$
3단계 ㉤의 부피가 가장 큽니다.

2 **1단계** 한 밑면의 넓이가 $10\times8=80(\text{cm}^2)$이므로 옆면의 넓이는 $592-80\times2=432(\text{cm}^2)$입니다.
2단계 직육면체의 높이를 $\square$라 하면 $(10+8+10+8)\times\square=432$이므로 $\square=432\div36=12(\text{cm})$입니다.
3단계 (직육면체의 부피)$=10\times8\times12=960(\text{cm}^3)$입니다.

3 **1단계** 전개도를 접었을 때 만나는 변끼리는 길이가 같으므로 색칠한 면의 긴 변의 길이는 $4\ \text{cm}$이고, 짧은 변의 길이는 $12\div2-4=2(\text{cm})$입니다.
2단계 색칠한 면이 밑면이면 상자의 높이는 $4\ \text{cm}$입니다.
3단계 (상자의 겉넓이)$=(4\times2+2\times4+4\times4)\times2$
$\qquad\qquad\quad=(8+8+16)\times2$
$\qquad\qquad\quad=32\times2$
$\qquad\qquad\quad=64(\text{cm}^2)$

1회 100점 예상문제 142~144쪽

1 $\dfrac{3}{5}$ **2** $1÷4=\dfrac{1}{4}$; $\dfrac{1}{4}$ L **3** (1) $\dfrac{5}{18}$ (2) $\dfrac{2}{3}$

4 ④ **5** $\dfrac{9}{5}\left(=1\dfrac{4}{5}\right),\ \dfrac{4}{15}$ **6** $>$ **7** 예 (엄마 개의 무게)=(아기 강아지의 무게)×7이므로 (아기 강아지의 무게)=$3\dfrac{1}{9}÷7=\dfrac{28}{9}×\dfrac{1}{7}=\dfrac{28}{63}\left(=\dfrac{4}{9}\right)$ (kg)입니다. ; $\dfrac{28}{63}\left(=\dfrac{4}{9}\right)$ kg **8** 풀이 참조 **9** 예 위와 아래에 있는 면이 서로 평행하지만 합동이 아니므로 각기둥이 아닙니다. **10** 8, 6, 12 **11** 오각기둥 **12** 6개

13 칠각뿔 **14** 41.3, 4.13 **15** $\dfrac{165}{100}÷3=\dfrac{165÷3}{100}=\dfrac{55}{100}=0.55$ **16** 4.6, 0.92

17 0.43 m **18** 풀이 참조 **19** 4, 5

20 21.4 ; 4.28

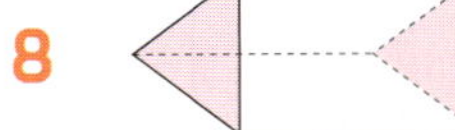

3 (1) $\dfrac{5}{6}÷3=\dfrac{5}{6}×\dfrac{1}{3}=\dfrac{5}{18}$ (2) $\dfrac{14}{3}÷7=\dfrac{14÷7}{3}=\dfrac{2}{3}$

4 ①, ② $\dfrac{6}{7}÷3=\dfrac{6}{7}×\dfrac{1}{3}=\dfrac{6}{21}\left(=\dfrac{2}{7}\right)$

③, ⑤ $2÷7=2×\dfrac{1}{7}=\dfrac{2}{7}$ ④ $\dfrac{6}{7}×3=\dfrac{18}{7}\left(=2\dfrac{4}{7}\right)$

5 $9÷5=\dfrac{9}{5}\left(=1\dfrac{4}{5}\right),\ 2\dfrac{2}{15}÷8=\dfrac{32÷8}{15}=\dfrac{4}{15}$

6 $1\dfrac{3}{4}÷2=\dfrac{7}{4}×\dfrac{1}{2}=\dfrac{7}{8}\left(=\dfrac{14}{16}\right),$

$3\dfrac{1}{4}÷4=\dfrac{13}{4}×\dfrac{1}{4}=\dfrac{13}{16}$

8

10 (꼭짓점의 수)=$4×2=8$(개)
(면의 수)=$4+2=6$(개)
(모서리의 수)=$4×3=12$(개)

11 밑면의 모양이 오각형이므로 오각기둥입니다.

12 밑면의 모양이 육각형이므로 육각뿔입니다. 육각뿔의 옆면은 6개입니다.

13 밑면의 변의 수를 □라 하면 (모서리의 수)+(꼭짓점의 수)+(면의 수)=(□×2)+(□+1)+(□+1)=30입니다. □×4+2=30, □×4=28, □=28÷4=7 따라서 밑면이 칠각형이므로 칠각뿔입니다.

14 나누는 수가 같고 나누어지는 수가 $\dfrac{1}{10}$ 배, $\dfrac{1}{100}$ 배가 되면 몫도 $\dfrac{1}{10}$ 배, $\dfrac{1}{100}$ 배가 됩니다.

16 $9.2÷2=4.6,\ 4.6÷5=0.92$

17 (정사각형 한 개의 둘레)=$8.6÷5=1.72$(m)이므로 (정사각형의 한 변의 길이)=$1.72÷4=0.43$(m)입니다.

18
$$\begin{array}{r}0.7\,5\\8\,\overline{)\,6.0\,0}\\5\,6\\\hline 4\,0\\4\,0\\\hline 0\end{array}$$
나누어지는 수가 나누는 수보다 작으므로 몫의 자연수 부분에 0을 쓰고 계산해야 합니다.

19 $30÷8=3.75,\ 16.41÷3=5.47$
$3.75<□<5.47$이므로 □ 안에 들어갈 수 있는 자연수는 4, 5입니다.

2회 100점 예상문제 145~147쪽

1 3 : 5 **2** $>$ **3** $\dfrac{1}{100000}$ **4** 예 넓이에 대한 인구의 비율을 각각 구하면 ㉠ 도시: $\dfrac{5040}{12}=420,$ ㉡ 도시: $\dfrac{8840}{26}=340$입니다. 따라서 인구가 더 밀집한 곳은 ㉠ 도시입니다. ; ㉠ 도시 **5** 14 **6** 52%

7 40, 35, 10, 15, 100 **8** B 신문 **9** 풀이 참조 **10** 30% **11** 1000권 **12** 8 cm **13** 예 • 가장 많은 비율을 차지하는 것은 동화책입니다. • 위인전은 과학책의 1.5배입니다. **14** 18 cm³

15 예 정육면체는 가로, 세로, 높이가 모두 같으므로 직육면체의 가장 짧은 길이인 4 cm를 정육면체의 한 모서리의 길이로 해야 합니다. 따라서 만들 수 있는 가장 큰 정육면체 모양의 부피는 $4×4×4=64$(cm³)입니다. ; 64 cm³ **16** 가 상자 **17** (1) 9000000 (2) 12

18 343 m³ **19** 158 cm² **20** 216 cm²

정답과 풀이

2 $18:24 \Rightarrow \dfrac{18}{24}=\dfrac{3}{4}=\dfrac{75}{100}=0.75$

$21:30 \Rightarrow \dfrac{21}{30}=\dfrac{7}{10}=0.7$

3 1000 m$=100000$ cm이므로 실제 거리에 대한 지도에서의 거리의 비율은 $\dfrac{1}{100000}$ 입니다.

7 A 신문: $\dfrac{160}{400}\times100=40(\%)$

B 신문: $\dfrac{140}{400}\times100=35(\%)$

C 신문: $\dfrac{40}{400}\times100=10(\%)$

기타: $\dfrac{60}{400}\times100=15(\%)$

9
신문별 구독자 수

A 신문 (40 %)	B 신문 (35 %)	C 신문 (10 %)	기타 (15 %)

10 작은 눈금 한 칸이 $5\,\%$를 나타내고, 위인전은 6칸이므로 전체의 $30\,\%$입니다.

11 전체의 $30\,\%$가 300권이므로 전체 책 수를 $\square$라고 하면 $\square\times\dfrac{30}{100}=300$,

$\square=300\div\dfrac{30}{100}=300\times\dfrac{100}{30}=1000(권)$입니다.

12 40 cm의 $20\,\%$이므로 $40\times\dfrac{20}{100}=8$(cm)입니다.

14 쌓기나무의 수가 $3\times3\times2=18$(개)이므로 직육면체의 부피는 18 cm³입니다.

16 가: $12\times15\times9=1620$(cm³),
나: $18\times9\times9=1458$(cm³)
$\Rightarrow$ 가 상자의 부피가 더 큽니다.

17 1 m³$=1000000$ cm³입니다.

18 한 모서리의 길이가 700 cm$=7$ m이므로 (정육면체의 부피)$=7\times7\times7=343$(m³)

19 (직육면체의 겉넓이)$=(8\times3+3\times5+8\times5)\times2$
$=(24+15+40)\times2=79\times2=158$(cm²)

20 $216=6\times6\times6$이므로 정육면체의 한 모서리의 길이는 6 cm입니다.
(정육면체의 겉넓이)$=6\times6\times6=216$(cm²)

1 (1) $\dfrac{5}{7}$ (2) $\dfrac{11}{3}\left(=3\dfrac{2}{3}\right)$ **2** ㉠, ㉣, ㉢, ㉡

3 $\dfrac{39}{8}\times\dfrac{1}{5}=\dfrac{39}{40}$ **4** $\dfrac{65}{28}\left(=2\dfrac{9}{28}\right)$ cm **5** 5개

6 삼각기둥 **7** ㉠ 밑면이 다각형이고, 옆면이 모두 삼각형이므로 각뿔입니다. (각뿔의 꼭짓점의 수)=(밑면의 변의 수)+1이므로 (밑면의 변의 수)=10−1=9입니다. 따라서 밑면이 구각형이므로 구각뿔입니다. ; 구각뿔 **8** 234, 23.4, 2.34 **9** 1.05 m

10 2번 **11** ①, ④ **12** (위에서부터) $\dfrac{7}{20}$, 0.35 ; $\dfrac{7}{4}$, 1.75 **13** ㉠ 여학생 수는 $20-12=8$(명)이므로 전체 학생 수에 대한 여학생 수의 비율은 $\dfrac{8}{20}=\dfrac{40}{100}=0.4$입니다. ; 0.4 **14** 8 % **15** 노란색 **16** 1 m

17 ㉠ (딸기의 백분율)$=100-(25+17+10+15)=33(\%)$이므로 딸기를 좋아하는 학생 수는 사과를 좋아하는 학생 수의 $33\div10=3.3$(배)입니다. ; 3.3배 **18** ㉠ 54개 ㉡ 54 cm³ **19** ③

20 150 cm²

---

1 $\blacktriangle\div\blacksquare=\dfrac{\blacktriangle}{\blacksquare}$

2 나누어지는 수가 같으므로 나누는 수가 작을수록 몫은 큽니다.

3 대분수를 가분수로 고친 다음 계산합니다.

4 (평행사변형의 넓이)=(밑변)×(높이)이므로
(높이)$=9\dfrac{2}{7}\div4=\dfrac{65}{7}\times\dfrac{1}{4}=\dfrac{65}{28}\left(=2\dfrac{9}{28}\right)$(cm)

5 각기둥에서 밑면에 수직인 면은 옆면이므로 오각기둥의 옆면은 5개입니다.

6 밑면은 삼각형이고 옆면은 직사각형이므로 삼각기둥의 전개도입니다.

8 나누는 수가 같고 나누어지는 수가 $\dfrac{1}{10}$ 배, $\dfrac{1}{100}$ 배가 되면 몫도 $\dfrac{1}{10}$ 배, $\dfrac{1}{100}$ 배가 됩니다.

9 (한 변의 길이)$=8.4\div8=1.05$(m)입니다.

10

$$8 \overline{)14.00} = 1.75 \rightarrow 2번$$

11 나누어지는 수가 나누는 수보다 크면 몫이 1보다 크고, 나누어지는 수가 나누는 수보다 작으면 몫이 1보다 작습니다.

14 설탕물의 양은 $690+60=750$(g)이므로 진하기는

$$\frac{(설탕의\ 양)}{(설탕물의\ 양)} = \frac{60}{750} = 0.08 \rightarrow 8\,\%$$

15 가장 많은 부분을 차지하고 있는 색은 노란색입니다.

16 $(초록색\ 리본의\ 길이) = 5 \times \dfrac{20}{100} = 1\,(m)$

4회 **100**점 **예상문제** 151~153쪽

1 ㉠, ㉣, ㉢, ㉡ **2** $\dfrac{3}{70}$ **3** $\dfrac{14}{9}\left(=1\dfrac{5}{9}\right),\ \dfrac{14}{63}\left(=\dfrac{2}{9}\right)$

4 $4\dfrac{1}{5}\div4=\dfrac{21}{5}\times\dfrac{1}{4}=\dfrac{21}{20}\left(=1\dfrac{1}{20}\right);\ \dfrac{21}{20}\left(=1\dfrac{1}{20}\right)\,m^2$

5 7 cm **6** ③ **7** 16개 **8** < **9** 12.74 m

10 ㉢, ㉣ **11** ㉲ (한 묶음의 사과의 무게)$=$ $11\div5=2.2\,(kg)$이므로 (사과 한 개의 무게)$=$ $2.2\div4=0.55\,(kg)$입니다. ; 0.55 kg

12 19 : 23 **13** 풀이 참조

14 ㉲ 출석한 학생은 $40-3=37$(명)이므로 출석률은 $\dfrac{37}{40}\times100=92.5\,(\%)$입니다. ; 92.5 % **15** 450명

16 30, 40, 20, 10, 100 **17** 풀이 참조

18 가 **19** ㉲ (정육면체의 한 모서리의 길이)$=60\div12=5\,(m)$ $\rightarrow$ (정육면체의 부피)$=5\times5\times5=125\,(m^3)$; 125 m³ **20** 108 cm²

풀이

1 ㉠ $\dfrac{5}{9}$ ㉡ $\dfrac{7}{3}=2\dfrac{1}{3}$ ㉢ $\dfrac{9}{4}=2\dfrac{1}{4}$ ㉣ $\dfrac{11}{12}$

㉠과 ㉣의 크기를 비교하면 $\dfrac{5}{9}=\dfrac{20}{36}<\dfrac{11}{12}=\dfrac{33}{36}$

㉡과 ㉢의 크기를 비교하면 $2\dfrac{1}{3}=2\dfrac{4}{12}>2\dfrac{1}{4}=2\dfrac{3}{12}$

---

2 어떤 수를 ☐라고 하면 $☐\times7=\dfrac{3}{5}$, $☐=\dfrac{3}{5}\div7$

$=\dfrac{3}{5}\times\dfrac{1}{7}=\dfrac{3}{35}$입니다. 따라서 어떤 수를 2로 나눈

몫은 $\dfrac{3}{35}\div2=\dfrac{3}{35}\times\dfrac{1}{2}=\dfrac{3}{70}$입니다.

3 $4\dfrac{2}{3}\div3=\dfrac{14}{3}\times\dfrac{1}{3}=\dfrac{14}{9}\left(=1\dfrac{5}{9}\right)$

$\dfrac{14}{9}\div7=\dfrac{14}{9}\times\dfrac{1}{7}=\dfrac{14}{63}\left(=\dfrac{2}{9}\right)$

4 $4\dfrac{1}{5}\div4=\dfrac{21}{5}\times\dfrac{1}{4}=\dfrac{21}{20}\left(=1\dfrac{1}{20}\right)\,(m^2)$

5 각기둥에서 두 밑면 사이의 거리를 높이라고 합니다.

6 전개도를 접었을 때 서로 겹치는 면이 생기지 않는지 확인합니다.

7 밑면이 팔각형이므로 팔각뿔입니다. 팔각뿔의 모서리의 수는 $8\times2=16$(개)입니다.

8 $5.28\div8=0.66$ ◯ $3.45\div5=0.69$

9 $63.7\div5=12.74$(m)

10 ㉠ $21.6\div6=3.6$ ㉡ $10\div8=1.25$ ㉢ $12.16\div2=6.08$ ㉣ $20.3\div5=4.06$

12 (여학생 수)$=42-23=19$(명) $\rightarrow$ (여학생 수) : (남학생 수)$=19 : 23$

13 ㉲ $0.75=\dfrac{75}{100}=\dfrac{3}{4}=\dfrac{6}{8}$이므로 8칸 중 6칸을 색칠합니다.

15 도보로 통학하는 학생은 전체의 $14\times2=28\,(\%)$이므로 버스로 통학하는 학생은 전체의 $100-(28+18+14)=40\,(\%)$입니다. 전체의 40 %가 180명이므로 (6학년 전체 학생 수)$=180\div\dfrac{40}{100}=450$(명)

17 용돈의 쓰임새별 금액

18 가: $2\times7\times10=140\,(cm^3)$,

나: $3\times5\times9=135\,(cm^3)$

$\rightarrow$ 가의 부피가 더 큽니다.

20 (직육면체의 겉넓이) $=$ (합동인 세 면의 넓이의 합)$\times2$ $=(18+12+24)\times2=54\times2=108\,(cm^2)$

정답과 풀이

1 $\dfrac{1}{3}$, $\dfrac{2}{9}$　**2** $\dfrac{3}{24}\left(=\dfrac{1}{8}\right)$ kg　**3** $\dfrac{23}{6}\div3=\dfrac{23}{6}\times\dfrac{1}{3}=\dfrac{23}{18}=1\dfrac{5}{18}$　**4** 예 $5\dfrac{5}{12}\div3=\dfrac{65}{12}\times\dfrac{1}{3}=\dfrac{65}{36}=1\dfrac{29}{36}$이므로 □ 안에 들어갈 수 있는 가장 작은 자연수는 2입니다. ; 2　**5** ③　**6** 예 밑면이 팔각형이므로 한 밑면의 변의 수는 8입니다. (모서리의 수)=(한 밑면의 변의 수)×3=8×3=24(개) ; 24개　**7** 4개　**8** 314, 31.4, 3.14　**9** 풀이 참조　**10** 1.5 kg　**11** 10.66　**12** ⑴ 3, 7 ⑵ 7, 3 ⑶ 3, 7　**13** 1.75　**14** 예 2000−1800=200(원) 할인한 것이므로 (할인율)=$\dfrac{200}{2000}\times100=10(\%)$; 10 %　**15** 4명　**16** 60 %　**17** 예 (빨간색을 좋아하는 학생)=$400\times\dfrac{30}{100}=120$(명), (노란색을 좋아하는 학생)=$400\times\dfrac{25}{100}=100$(명), 따라서 빨간색을 좋아하는 학생은 노란색을 좋아하는 학생보다 120−100=20(명) 더 많습니다. ; 20명　**18** 4　**19** 1.584 m³　**20** 2 cm²

풀이

5 각기둥은 밑면의 모양에 따라 삼각기둥, 사각기둥, 오각기둥……이라고 합니다.

9

$$3\,)\overline{\,6.2\,4\,}$$

2.0 8

6

2 4

2 4

0

2는 3보다 작으므로 몫의 소수 첫째 자리에 0을 쓰고 4를 내려 계산해야 합니다.

18 전개도를 접으면 가로가 7 cm, 세로가 □ cm, 높이가 8 cm인 직육면체가 만들어집니다.
➡ 7×□×8=224, □=224÷56=4(cm)

19 90 cm=0.9 m이므로
(직육면체의 부피)=1.6×0.9×1.1=1.584(m³)

20 (직육면체의 겉넓이)=(20+15+12)×2
　　　　　　　　＝47×2=94(cm²)
(정육면체의 겉넓이)=4×4×6=96(cm²)

1 ⑴ $\dfrac{1}{3}$, $\dfrac{1}{12}$ ⑵ $\dfrac{1}{5}$, $\dfrac{37}{30}$, $1\dfrac{7}{30}$　**2** $\dfrac{2}{10}\left(=\dfrac{1}{5}\right)$　**3** <　**4** $\dfrac{31}{6}\left(=5\dfrac{1}{6}\right)$ cm　**5** 15 cm　**6** 풀이 참조　**7** 예 오각뿔의 모서리는 5×2=10(개)이므로 모서리의 길이의 합은 8×10=80(cm)입니다. ; 80 cm　**8** ㉢　**9** 6.03　**10** 750 g　**11** ②, ④　**12** 13 : 80　**13** ⑴ ㉡ ⑵ ㉠ ⑶ ㉣ ⑷ ㉢　**14** 예 (가) 가게의 적립률은 $\dfrac{300}{5000}\times100=6\%$, 따라서 적립률이 더 높은 가게는 (나) 가게입니다. ; (나) 가게　**15** 오리　**16** 15마리　**17** 예 조사한 학생 수를 □명이라고 하면 전체의 20 %가 12명이므로 $□\times\dfrac{20}{100}=12$, $□=12\div\dfrac{20}{100}=12\times\dfrac{100}{20}=60$(명) ; 60명　**18** 24 cm³　**19** 예 0.064 m³= 64000 cm³이고, 64000=40×40×40이므로 정육면체의 한 모서리의 길이는 40 cm입니다. ; 40 cm　**20** 31 cm²

풀이

2 $17◎5=(17-5)\div5=12\div5=\dfrac{12}{5}$
➡ $\dfrac{12}{5}◎2=\left(\dfrac{12}{5}-2\right)\div2=\dfrac{2}{5}\div2=\dfrac{2}{10}\left(=\dfrac{1}{5}\right)$

3 $\dfrac{51}{9}\div4=\dfrac{51}{9}\times\dfrac{1}{4}=\dfrac{51}{36}=\dfrac{17}{12}=1\dfrac{5}{12}$

$4\dfrac{3}{7}\div2=\dfrac{31}{7}\times\dfrac{1}{2}=\dfrac{31}{14}=2\dfrac{3}{14}$

4 $15\dfrac{1}{2}\div3=\dfrac{31}{2}\div3=\dfrac{31}{2}\times\dfrac{1}{3}=\dfrac{31}{6}\left(=5\dfrac{1}{6}\right)$(cm)

6

8 ㉠ 2.36 ㉡ 0.76 ㉢ 3.05

12 전체 닭의 수에 대한 수탉의 수의 비 ➡ 13 : 80

16 전체의 25 %이므로 $60\times\dfrac{25}{100}=15$(마리)입니다.

20 (한 밑면의 넓이)=(166−104)÷2=31(cm²)

정답과 풀이

정답과 풀이